高等学校教材·航空、航天、航海系列

飞行器半实物仿真理论概述

常晓飞　陈　康　潘翔宇　符文星　著

西北工业大学出版社
西安

【内容简介】 本书以精确制导武器制导控制半实物仿真环境和飞行器地面综合试验台为对象,围绕飞行器半实物仿真的相关理论和关键技术,聚焦关键设备和试验实施两个重点内容,详细介绍基本理论概念、总体方案设计、仿真模型搭建、模型实时仿真、飞行姿态模拟、气动负载模拟、三维实时视景、红外场景模拟、射频场景模拟、卫星导航模拟、集成联试验收、系统运行维护、仿真试验设计、试验数据分析、结果校核评估和未来发展方向等内容。

　　本书可用作高等院校飞行器设计、制导控制系统设计、自动控制原理等专业的本科生及研究生的教材,也可供从事飞行器设计、制导控制系统研制、半实物仿真实验室建设的相关科研人员阅读、参考。

图书在版编目(CIP)数据

飞行器半实物仿真理论概述 / 常晓飞等著. —西安:
西北工业大学出版社,2024.1
ISBN 978 - 7 - 5612 - 9153 - 5

Ⅰ.①飞… Ⅱ.①常… Ⅲ.①飞行器-半实物仿真系统 Ⅳ.①V47

中国国家版本馆 CIP 数据核字(2024)第 037695 号

FEIXINGQI BANSHIWU FANGZHEN LILUN GAISHU

飞 行 器 半 实 物 仿 真 理 论 概 述

常晓飞　陈康　潘翔宇　符文星　著

责任编辑:曹　江		**策划编辑:**华一瑾	
责任校对:胡莉巾		**装帧设计:**李　飞	
出版发行:西北工业大学出版社			
通信地址:西安市友谊西路 127 号		**邮编:**710072	
电　　话:(029)88493844,88491757			
网　　址:www.nwpup.com			
印　刷　者:兴平市博闻印务有限公司			
开　　本:787 mm×1 092 mm		1/16	
印　　张:25			
字　　数:593 千字			
版　　次:2024 年 1 月第 1 版		2024 年 1 月第 1 次印刷	
书　　号:ISBN 978 - 7 - 5612 - 9153 - 5			
定　　价:128.00 元			

如有印装问题请与出版社联系调换

前　言

半实物仿真作为系统仿真技术的重要形式，具有无破坏性、可重复、安全、经济和可控等优点，可以达到节省研制经费、缩短研制周期、提高研制质量的目的，是飞行器研制过程中的重要检验步骤和评估手段，已经贯穿飞行器研制的全生命周期。

本书围绕飞行器半实物仿真的任务需求，以精确制导武器制导控制半实物仿真环境和飞行器地面综合试验台为对象，内容按照半实物仿真系统的工程研制过程展开。本书从基本概念建立、总体方案设计、仿真模型构建、关键设备研制、仿真试验开展等层面，详细论述半实物仿真技术所涉及的相关理论和仿真设备，主要内容包括基础概念和总体方案、关键仿真设备和仿真试验实施三个方面。首先，通过分析系统、模型和仿真概念的具体内涵，以典型飞行器半实物仿真系统为例，从总体设计思想、功能层次划分、仿真网络框架等层面，引出半实物仿真系统组成方案。其次，围绕飞行器半实物仿真参试部件的工作原理，针对运动、力、光、电、磁等物理特征，基于相似性原理及其实现方法，全面而系统地介绍半实物仿真中的物理效应模拟技术，对其中的模型实时仿真、飞行姿态模拟、气动负载模拟、三维实时视景、红外场景模拟、射频场景模拟和卫星导航模拟等技术，从功能任务、分类组成、性能指标、关键技术、典型代表等维度，详细介绍各种典型物理效应仿真设备。最后，针对半实物仿真系统的研制过程与系统使用，介绍仿真系统的研制过程和总体集成技术，给出仿真试验方案设计和过程管理内容，论述试验数据分析和仿真结果评估方法，从而更好地指导仿真系统使用人员开展飞行器半实物仿真试验。

本书基于 40 课时的教学任务，内容分为 20 章：第 1 章为飞行器仿真基本概念;第 2 章为典型飞行器半实物仿真系统,介绍导弹制导控制系统半实物仿真环境和飞机地面综合试验台的功能任务和系统组成;第 3 章为飞行器半实物仿真系统总体设计技术,涉及总体方案、网络框架和研制流程等内容;第 4 和 5 章介绍典型飞行器建模技术,以及地球、大气、风场、海浪等环境模型;第 6～13 章详细论述半实物仿真系统中所涉及的各种关键的仿真试验装置和相关专项技术,对各种装置的概念、原理和基本组成进行介绍和说明;第 14～18 章介绍半实物仿真系统的集成联试、验收测试、运行维护、试验设计、数据分析和结果评估等内容,并详细给出各项工作的指导原则、工作内容、实施步骤、典型方法等内容;第 19 和 20 章介绍实装-虚拟-构造(Live-Virtual-Constructive,LVC)仿真技术和数字孪生技术这两个飞行器半实物仿真技术的最新发展成果。

本书是笔者在总结所在团队多位教师的教学经验和科研工作的基础上撰写而成的,撰写过程历时多年,得到了笔者所在团队全体教师的大力支持和帮助。闫杰、孙力、于云峰、王民钢、梁志毅等作为笔者的教师和长辈,在一系列科研活动中言传身教,将多年的科研经验毫不吝啬地传递给青年教师,这几位教师基于几十年从事飞行器设计和半实物仿真的科研经验,从本书架构到技术细节,都进行了详细的指导并提出了有用的建议。陈康负责第 4、5、7、8 章的撰写工作,潘翔宇负责第 16、17、18 章的撰写工作,符文星负责第 19、20 章的撰写工作,其余章节由常晓飞撰写,并负责全书的统稿。尉建利、黄勇、张晓峰、许涛、张通、董敏周、张凯、陈凯、孙嗣良、张明环、付斌、郭行、李少毅等教师给本书提供了大量素材和资料。姬晓闯、李跃楠、王乐、陈砚、焦佳玥、田浩东、李如意等研究生参与了相关文献资料的收集和文字校对工作。在此对他们一并表示感谢。笔者借鉴或直接引用了有关专家和学者的论文和著作,在此一并对其作者致以衷心的感谢。

飞行器半实物仿真技术的研究对象组成复杂、任务目标需求多样、涉及的学科和专业众多,涉及的约束条件繁杂,教学内容组织困难。限于篇幅和笔者水平,不足之处在所难免,恳请广大读者批评指正。

著 者

2023 年 6 月

目　　录

第1章 飞行器仿真基本概念

仿真技术是以相似原理、信息理论、计算机技术及其他相关领域为基础,以计算机和各种专用仿真设备为工具,利用一系列数学模型,对实际的或者设想的系统进行试验研究的一门综合性技术。仿真技术作为分析和研究系统运动行为、揭示系统动态过程和内在规律的一种重要手段和方法,是人们认识世界、了解世界、改造世界的重要手段。近年来,系统科学、控制理论的不断深入,计算机技术、信息技术、网络技术的迅猛发展,以及机械精度、信号处理、计算机运算等能力的不断提升,使得系统仿真技术有了很多突破性的进展,其应用深度和应用广度都有了极大的扩展,逐步形成了一门独立发展的综合性学科,被广泛应用于工程设计、科学研究、交通运输、武器研制和航空航天等领域,在国民经济中发挥着重要作用。

飞行器作为航空航天领域的重要代表,其系统结构复杂、涉及专业众多、投入资金巨大、研制风险极高,因此,飞行器的研究与设计工作,必须依赖于科学可靠的仿真理论、仿真方法、仿真环境和仿真试验结果。飞行仿真技术作为现代仿真技术的一个重要分支,贯穿飞行器研制、生产和使用的全过程,能够在方案论证、指标确定、设计分析、生产制造、试验验证、维护训练和故障处理等各个阶段进行全面的系统分析和评估,具有成本低、见效快、安全可靠和可重复利用等优点,为促进航空航天工业的发展发挥了非常重要的作用。

在本章中:首先,给出仿真技术的相关概念;其次,详细介绍相似性理论这一仿真技术基本原理的发展历程和实现方式;再次,给出仿真任务的基本组成和典型步骤;最后,结合飞行器的研制过程,详细介绍仿真技术在各个阶段的任务和应用。

1.1 仿真技术的内涵、发展历程、分类以及重要意义

1.1.1 仿真技术的定义和研究对象

仿真是人类认识世界和改造世界的重要手段,众多科研人员对其定义和内涵进行了描述。本书参考中国仿真学会的相关描述,给出仿真技术的定义和研究对象。

1. 仿真技术的定义

仿真技术是以建模与仿真理论为基础,以计算机系统、物理效应设备及仿真器为工具,根据研究目标,建立并运行模型,对研究对象进行认识与改造的一门综合性、交叉性学科。

2.仿真技术的研究对象

仿真技术的研究对象既可以是已有的现实世界,也可以是设想的虚拟世界。仿真技术是研究建立研究对象模型、构造与运行仿真系统、分析与评估仿真结果三类活动的共性知识的一门综合类技术。其中:模型是对研究对象的实体、现象、过程和工作环境的数学、物理、逻辑或语义等的抽象;仿真是基于模型的活动,利用共性或专用支撑技术,建立仿真系统,对研究对象进行试验、分析、评估。

1.1.2 仿真技术的发展历程

仿真是人类认识世界的一种基本且富有成效的思维模式,其技术雏形可以追溯到古代的沙盘堆设、模型制作等。早在春秋时期,墨子为了避免宋国被楚国进攻,以衣带围作城墙,用木片制作器械,和鲁班进行了一场攻防对抗的仿真,最终避免了一场战争。现代仿真技术的起源与发展与计算机技术的发展密切相关,是在工业化社会向信息化社会前进中产生的新的科学技术产物。社会与经济发展的需求牵引和各门类科学的发展,有力地推动了仿真技术的发展,仿真技术在系统科学、控制科学、计算机科学、管理科学等学科中孕育、交叉、综合和发展,并在各学科、各行业的实际应用中成长,逐渐突破了孕育本学科的原学科范畴,成为一门新兴的学科,并已具有相对独立的理论体系、知识基础和稳定的研究对象。仿真技术的发展大致经历过以下阶段。

1.仿真技术的初级阶段

在第二次世界大战后期,对火炮控制与飞行控制系统的研究促使了仿真技术的发展。20世纪40—60年代,科研人员相继研制成功了通用电子模拟计算机和混合模拟计算机,这是以模拟机实现仿真的初级阶段。1952年,美国成立了世界上第1个专门的仿真学术组织——计算机仿真学会(The Society for Computer Simulation,SCS);1956年,美国又成立了国际数学和仿真计算机联合会(International Association for Mathematics and Computers in Simulation,IMACS)。这两个学术组织的成立,标志着仿真成为一个独立的学科方向。20世纪50年代初,连续系统仿真在模拟计算机上进行,50年代中期出现了数字计算机,自此计算机仿真技术沿着模拟仿真和数字仿真两个方向发展。20世纪60年代初出现了混合模拟计算机,增加了模拟仿真的逻辑控制工作,解决了偏微分方程、差分方程、随机过程的仿真问题。

2.仿真技术的发展阶段

20世纪70年代,随着数字仿真机的诞生,计算机的运算速度不断提高,仿真技术从军事领域迅速扩展到许多工业领域,同时相继出现了一些从事仿真设备和仿真系统研制的专业公司,促使仿真技术进入产业化阶段。20世纪80年代,随着信息技术、计算机技术、网络技术、图像处理技术的不断发展,人们开始借助计算机来描述和建立客观世界中的客观事物,并通过试验研究它们之间的关系。多媒体仿真、分布式交互仿真以及仿真评估技术飞速发展、不断成熟,成为仿真科学技术在各行各业迅猛发展的重要支撑技术。

3.仿真技术发展的成熟阶段

20世纪90年代,在需求牵引和计算机科学与技术的推动下,为了更好地实现信息与仿真资源共享,促进仿真系统的互操作和重用,以美国为代表的发达国家开展了基于网络的仿真,在聚合级仿真、分布式交互仿真、先进并行交互仿真的基础上,大大推动了仿真技术的成熟和完善。

4.复杂系统仿真的新阶段

20 世纪末 21 世纪初,对广泛领域的复杂性问题进行科学研究的需求进一步推动了仿真技术的发展。2000 年,"计算机仿真学会"更名为"国际建模仿真学会(SCS)",一方面是为了强调模型在仿真中的重要性,另一方面也可以避免"计算机仿真"限制人们对仿真技术的全面理解。

目前,仿真已成为人类认识与改造世界的重要方法,在国民经济和国家安全中发挥着重要的作用。仿真学科已形成相对独立并还在迅速发展的、具有完整体系和广泛应用领域的交叉学科。许多高校和研究机构将仿真科学技术作为重要学科而独立设置,培养了大量专业人才,推动了仿真的理论研究和技术突破。

1.1.3　仿真技术的分类

目前,仿真技术已经应用于各行各业,涉及诸多专业和领域,呈现出多种表现形式和工作模式。按照不同的分类依据,仿真技术可以划分为多种类型。

1.按照仿真实现方式的不同进行分类

根据仿真实现方式的不同,可以将仿真分为数学仿真、物理仿真和半实物仿真。

(1)数学仿真。数学仿真(Digital Simulation)将研究对象的数学模型转换为计算机仿真模型,在计算机上通过特殊的仿真软件,完成数学模型和相关问题的求解,达到解决问题的目的。数学仿真不仅包含数值计算,还包含知识处理、仿真语言、仿真程序等内容。数学仿真具有较好的经济性、灵活性和通用性,不需要建立昂贵的仿真系统和专用物理效应设备,其仿真结果的置信度主要由数学模型决定。在飞行器气动计算分析、控制系统设计验证等方面,数学仿真发挥了重要作用。

(2)物理仿真。物理仿真(Physical Simulation)按照实际系统的物理属性,构造系统的物理模型,并依此开展相关的试验研究,例如飞机、导弹模型在风洞中进行的吹风试验,用电学系统模拟力学系统,导弹原理样机的地面测试试验等。物理仿真直观形象,仿真逼真度和置信度较高,但模型成本高、通用性差、周期长、参数调整困难。飞行器的风洞吹风试验、火箭发动机推力试验等科研工作,都是物理仿真的典型代表。

(3)半实物仿真。半实物仿真(Hardware in the Loop Simulation)是将数字仿真和物理仿真结合起来的一种仿真技术,从英文字面理解就是"硬件在回路仿真"。在半实物仿真回路中,部分对象为数字模型,在仿真计算机中运行,部分对象为实物部件或物理模型,直接接入仿真回路。半实物仿真能够将难以考虑到的非线性因素和干扰因素直接引入仿真回路,具有较好的置信度,但它需要构建多种专用仿真设备,建设成本较高,通用性较差,通常只能完成一类对象的仿真试验。目前,围绕飞行器制导控制系统的半实物仿真试验,是飞行器制导控制系统研制过程中的重要检验方法及评估设计性能和精度的有效手段,并且贯穿于制导控制系统研制的全过程。

2. 按照仿真所用计算机的不同进行分类

按照仿真所用计算机的不同,仿真技术可以分为模拟仿真、数字仿真和模拟-数字混合仿真。

(1)模拟仿真是指仿真的相关计算工作均在模拟计算机上完成,研究对象的相关物理属性,如速度、加速度、角度、角速度、位置等参数,均按照一定比例变换为电压量,在模拟计算机上进行求解,从而将系统物理量随时间变化的动态关系转变为电压随时间的变化关系。

(2)数字仿真是指仿真的相关计算机工作均在数字计算机上完成,仿真中所有的物理量均以一定字长的二进制代码表示。

(3)模拟-数字混合仿真是指仿真的相关工作在混合计算机上完成。混合计算机仿真是将模拟计算机和数字计算机通过 AD、DA 接口连接起来组成的数字模拟混合计算系统。

近年来,随着数字计算机及外围接口设备(AD、DA、DIO 等)的迅速发展,数字计算机仿真成为目前主流的仿真方式,已经基本取代模拟计算机仿真和模拟-数字混合计算机仿真。

3. 按照仿真时间尺度的不同进行分类

根据模型仿真时间与真实世界时间之间的相对关系,可以将仿真分为实时仿真和非实时仿真。

当模型仿真时间与真实世界时间完全一致时,称为实时仿真(Real Time Simulation),否则称为非实时仿真。其中,仿真时间比真实时间快的被称为超实时仿真(Fast Time Simulation)。仿真时间比真实时间慢的被称为欠实时仿真(Slow Time Simulation)。

4. 按照研究对象特征的不同进行分类

按照研究对象的特征的不同,可以将仿真分为连续系统仿真和离散事件系统仿真。

(1)连续系统仿真。连续系统仿真(Continuous System Simulation)是指对系统变量随时间连续变化系统的仿真研究。其数学模型包括连续模型(微分方程等)、离散时间模型(差分方程等)以及连续-离散混合模型等。

(2)离散事件系统仿真。离散事件系统仿真(Discrete Events System Simulation)是指对那些系统状态只在一些时间点上,由于某种随机事件的驱动而发生变化的系统进行仿真试验。这类系统的状态量是由事件的驱动而发生变化的,在两个事件之间状态量保持不变,因而是离散变化的,称之为离散事件系统。其数学模型常用流程图或网络图来描述。

5. 按照仿真功能和用途的不同进行分类

按照仿真功能和用途的不同,可以将仿真技术分为工程仿真和训练仿真。

(1)工程仿真。工程仿真(Engineering Simulation)主要用于产品的设计、制造和试验。采用建模、仿真技术,建立数字化虚拟样机、工程模拟器、半实物仿真系统等,可以实现缩短产品开发时间、提高产品质量和服务质量、降低成本和减少污染环境的目标。

(2)训练仿真。训练仿真(Training Simulation)采用各种训练模拟器或者培训仿真系统,主要用于对操作人员进行操作技能的训练,故障应急处理能力的训练,以及对指挥员和管理决策人员的指挥、决策能力的训练。训练仿真系统均具有经济、安全、不受场地和气象条件的限制、缩短训练周期、提高训练效率等优点。

6.按照仿真体系结构的不同进行分类

按照仿真系统的组成体系结构不同,可以将仿真分为单平台仿真或分布式交互仿真。

(1)单平台仿真。单平台仿真(Single Platform Simulation)是指以一台计算机、一个仿真对象及相关的仿真设备构成的一个单平台仿真系统,其任务是利用该仿真系统进行真实设备或系统的设计、分析、试验与评估,或是用于对使用该种设备或系统的人员进行操作技能的培训。

(2)分布式仿真。分布交互式仿真(Distributed Interactive Simulation,DIS)是以通信网络为基础,通过网络技术将分散在不同地方的各类仿真设备连接为一个整体,形成一个在时间和空间上一致的综合环境,完成平台与环境之间、平台与平台之间、环境与环境之间的交互作用仿真和相互影响分析。

7.按照虚实结合程度的不同进行分类

按照虚实结合程度的不同,可以将仿真技术分为构造仿真、虚拟仿真和实装仿真等 3 种情况。

(1)构造仿真。构造仿真(Constructive Simulation)是指在军事仿真的战略级层面,以军兵种的作战单元为仿真实体,建立聚合级仿真模型,可以理解为是由虚拟的人操纵虚拟实体的实时仿真或超实时仿真。例如空战联合仿真中的纯数字飞机模型就是构造仿真。

(2)虚拟仿真。虚拟仿真(Virtual Simulation)是指由各种仿真器和数字仿真实体构成的分布仿真系统,可以理解为是由真实的人操纵真实实体或部分虚拟实体及虚拟环境的实时仿真。例如空战联合仿真中的由飞行员操作的模拟座舱就是虚拟仿真。

(3)实装仿真。实装仿真(Live Simulation)是指在分布式仿真系统中,以真实的装备或设备作为一个仿真实体或仿真实体的一部分,并与其他类型的仿真实体互联,完成统一的实时仿真任务。在这类系统中有真实的人操纵真实的实体。例如空战联合仿真中的由飞行员操作的真实飞机就是实装仿真。

1.1.4　仿真技术的重要意义

仿真已成为人类认识世界与改造世界的重要方法,在国民经济和国家安全中发挥着不可或缺的作用。美国总统信息技术顾问委员会(President's Information Technology Advisory Committee,PITAC)在给总统的报告 *Computational Science:Ensuring America's Competitiveness* 中,将"计算科学"定义为:"建模与仿真学科是计算科学的主要组成部分;计算科学正成为继理论研究和实验研究之后的第三种认识、改造客观世界的重要手段;'计算'开始成为新兴科学中的重要组成部分。"随着科学研究和社会发展所面临的问题复杂性程度的加深,科学研究回归综合、协同、集成和共享已经成为一种趋势,仿真科学正因为具有这些属性而成为现代科学研究的纽带,它具有其他学科难以替代的求解高度复杂问题的能力。因此,仿真技术在国民经济和国家安全中发挥着不可或缺的作用。

(1)仿真技术已经成为人类认识与改造客观世界的重要方法。仿真技术极大地扩展人类认知世界的能力：使人们不受时空的限制，观察和研究已发生或尚未发生的现象，以及在各种假想条件下现象的发生和发展过程；使人们可以深入一般科学及人类生理活动难以到达的宏观或微观世界去进行研究和探索，从而为人类认识世界和改造世界提供全新的方法和手段。

（2）仿真技术具有普适性和广泛重大的应用需求。仿真技术应用于当今社会的各行各业。从国家重大需求来看，仿真技术在许多领域都有重要的应用价值：在公共安全方面，有国家安全、国防、公共安全重大领域信息处理、应急事件处理、安全维稳技术支撑、网络舆情、公共安全监测的技术保障等；在军事仿真方面，有战争模拟、指挥决策控制、战场态势和环境模拟、装备研制、武器使用和维修训练等；在医疗卫生方面，有人员培训、手术规划、数字诊疗、高精度跟踪和实时手术导航、远程医疗、药物监控和康复指导等。

（3）仿真技术对科技发展有着革命性的影响。仿真可以为人类开展科学研究提供多学科交叉研究环境，已经成为拉动多学科发展并不断产生新思想、新技术和新经济生长点的重要领域。仿真在许多行业领域取得了丰硕的应用成果，成为各行业发展的新的信息技术支撑平台，提供了一种新的技术路线，并成为一种其他技术不可替代的全新模式。随着仿真科学与技术理论体系的完善、技术体系的深入以及应用的推广，仿真科学与技术解决各行业领域问题的能力日益增强，其对科技发展的革命性影响日益显现。

（4）仿真技术对实现我国创新型国家战略具有重要意义。当前，仿真技术发展迅速，在理论、方法、算法的研究方面，我国与发达国家差距不大，是一个很好的占领高科技制高点的突破口。发展仿真技术，培养高水平创新人才，对于提高我国的国际竞争力、实现我国创新型国家战略具有重要意义。

1.2　仿真技术的基本原理

经济、有效的仿真技术之所以能够取代昂贵、危险、过慢或目前不可能实现的实际系统试验，是由于被仿真对象和其模型能够建立可信的映射关系，这种映射关系的理论基础就是相似理论。

下面就对相似性理论的发展过程、基本原理和实现方式逐一进行介绍。

1.2.1　相似性理论的发展过程

人们能对实际系统进行仿真，是基于客观世界本身所固有的相似性以及人们对客观世界认识过程的相似性，这是系统仿真技术生存和发展的客观基础。相似的概念由来已久，早在《周易》中就有相似概念的萌芽。作为仿真技术的理论基础，国内外相关科研人员对于相似性理论进行了长期而深入的研究。

早在 1989 年，我国仿真学科创始人之一文传源教授就在《相似理论的探索与研究》一文中给出了系统仿真的定义："系统仿真是一门建立在相似理论、控制理论和计算技术基础上的综合性和试验性学科。"他将相似理论作为仿真学科的基础。1992 年，张光鉴指出，相似是客观事物同和变异的统一,具有功能相似、结构相似、动力相似和几何相似等形式,他还提出了相似的 3 条规律,即相似运动律、相似联系律和相似创造律,并论述了思维创造、认知和学习活动中的相似现象和相似规律。1997 年,周美立提出,相似是系统特性间的相似,具有经典相似、模糊相似、他相似和自相似等形式,提出了相似学的序结构原理(即相似学第一定律)、信息原理(即相似学第二定律)、同源性原理、共适性原理和支配原理,开始构建相似系统论。

2005 年,文传源对综合系统、仿真系统与相似理论作了较系统的论述。此处以飞行模拟器的运动系统为例:讨论了原始系统与仿真系统的相似关系、相似方法、相似程度及其与误差的对应关系;梳理了几何、结构、性能、生理、心理、思维方法、行为过程和群体行动等主要相似方式;提出了完全相似、基本相似、较相似、一般相似和不相似等 5 级相似程度等级;论述了相似关系的符号、表达式、关系处理和有关运算规则,并用以表征有关综合仿真系统的相似方式、相似方法、相似程度,从而形成了一套有关系统仿真的综合相似理论体系。

这一系列研究成果(包括基于相似关系的相似规则与运算法则,以及仿真中相似方式、相似方法、相似建模、相似程度等内容),从各自的角度在不同程度上丰富了相似理论,建立了一套相似理论体系,其成为仿真学科的基础。

1.2.2　相似性理论的基本原理

相似性原理是指按照某种相似方法或相似规则对各种事物进行分类,获得多个类的集合,在每一个集合中选取一个具体事物并对它进行综合性研究,获得相关信息、结论和规律性的东西,这种规律性的东西可以方便地推广到该类集合中的其他事物。相似性理论主要包括以下三个相似定理。

(1)相似第一定理。相似第一定理是以现象相似为前提,研究彼此相似的现象具有的性质,可以表述为:彼此相似的现象,其相似准数的数值相同。这样,根据在与原型相似的模型上得出的相似准数的数值,就可得出原型上相应相似准数的数值,进而得出所研究的物理量的值,使得在模型上的试验结果可以推广到其他与之相似的现象上。根据相似现象的相似准数数值相同,可确定出各物理量的相似常数之间的关系(即模型定律),这是设计模型试验的依据。

(2)相似第二定理。相似第二定理又称相似逆定理,其内容是:凡是有同一特性的现象,若单值条件彼此相似,且由单值条件的物理量所组成的相似准则在数值上相等,则这些现象必定相似。相似第二定理给出了现象相似的充分必要条件。假设两个运动系统的相似准则数值相等,则这两个运动系统可以用符号完全相同的方程来表示。若两个运动系统的单值条件完全相同,则得到的解是一个,这两个运动系统是完全相同的。若两个运动系统的单值条件相似,则得到的解是互为相似的,这两个运动是相似运动。若两个运动的单值条件即不相同又不相似,则这两个运动仅是服从同一自然规律的互不相似运动。

(3)相似第三定理。相似第三定理是关于现象相似的条件的,可以表述为自然规律的互不相似运动。相似第三定理的内容是:当一种现象由 n 个物理量的函数关系来表示,且这些

物理量中含有 m 种基本量纲时,则可得到 $(n-m)$ 个相似准则。描述这种现象的凡物理本质相同的现象,若单值条件相似,且由单值条件中的物理量组成的相似准数数值相同,则现象必定相似。根据这一定理判断出两种现象相似,就可把一种现象的研究结果应用到另一种现象上。

1.2.3 相似性理论的实现方式

相似性理论是系统仿真的基础理论,依据相似性原理,可以建立起研究对象的相似模型,通过对模型进行试验,可以达到认识和干预实际系统的目的。在此,对相似性方式进行简单的归类。

(1)几何相似。几何相似是指构建的物理模型是在被研究对象的几何尺寸上进行一定的放大或缩小而得到的,如风洞吹风试验的飞机模型、水池试验中的船舶模型等。类似的方式还包括时间相似、速度相似、温度相似等。

(2)感觉相似。感觉相似主要包括运动感觉信息、视觉信息、音响信息、电磁信息等,主要是根据人或飞行器所感知的各种物理变量确定相似关系,如虚拟现实(Virtual Reality,VR)、各类训练模拟器等。

(3)性能相似。性能相似是指对于不同的问题,可以用相同的数学模型来描述该问题中被研究对象的性能,即通过对其数学模型的求解,能够获取研究对象的某种性能指标或行为变化。

(4)思维相似。思维是人脑对客观世界反映在人脑中的信息进行加工的过程,包括逻辑思维和形象思维等。逻辑思维相似主要是应用数理逻辑、模糊逻辑、辩证逻辑等理论,通过对问题进行程序化,应用计算机来仿真人的某些行为,例如专家知识库、模糊规则等。形象思维相似主要是应用神经网络等理论来模拟人脑固有的大规模并行分布处理能力,以模拟人的瞬时完成对大量外界信息的感知与控制能力。

(5)生理相似。生理相似主要是用于研究人体本身的生理运行机理,通过对分系统、分器官进行建模和分析研究,从而推动现代医学、生物学的发展。

1.3 仿真任务的组成步骤

仿真技术是人们认识世界和改造世界的重要工具。当开展仿真任务时,需要根据任务要求构建仿真系统,并按照一定的步骤进行仿真研究。下面给出仿真任务的基本组成及典型步骤。

1.3.1 仿真任务的基本组成

对于仿真来说,不管是任何形式,其基本组成均包含三要素——研究对象、对象模型和仿真平台,联系这三要素的基本活动是模型建立、仿真系统搭建和仿真试验。仿真三要素及其联系活动如图 1-1 所示。对于不同的仿真类型,仿真平台各不相同:对于数学仿真,仿真平台通常为计算机及其运行软件;对于半实物仿真或人在回路仿真,仿真平台包含仿真计算机及其仿真软件、各种类型的物理效应仿真设备等。

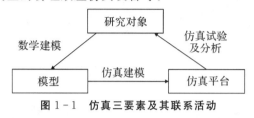

图 1-1　仿真三要素及其联系活动

联系仿真三要素的 3 个基本活动分别如下:

(1)数学建模:这一直是研究的重点,技术成熟,包含抽象的公式、定理等,需要建模人员具有较高的专业知识和数学功底。

(2)仿真建模:这是难点之一,主要是借助相关软件,将数学模型转换为仿真模型,也称为二次建模,技术比较成熟,对建模人员的编程能力和工程经验要求较高。

(3)仿真试验及其分析:工作量较大,建模人员对任务需求和系统性能要有深刻的理解。

1.3.2　仿真任务的典型步骤

仿真过程是一个建立模型并通过模型解算来完成对研究对象分析和理解的过程,其基本步骤如图 1-2 所示。

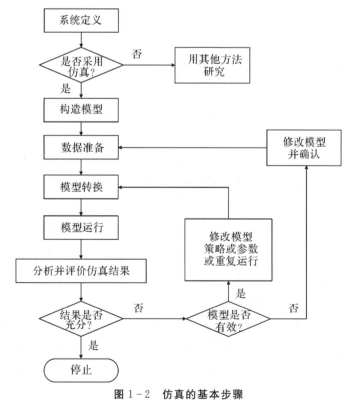

图 1-2　仿真的基本步骤

（1）系统定义：求解问题前，首先，要提出明确的准则来描述系统目标及是否达到衡量标准，其次，必须描述系统的约束条件，确定研究范围。

（2）构造模型：抽象真实系统，并规范化，确定模型要素、变量、参数及其关系，表达约束条件，在建模时，应以研究目标为出发点，模型性质尽量接近原系统，尽可能简化，易于理解、操作和控制。

（3）数据准备：收集数据，决定使用方式，检验数据的完整性和有效性，确定模型相关参数。

（4）模型转换：根据选择的建模工具和仿真平台，采用计算机语言（编程语言或者专用仿真语言）描述数学模型。

（5）模型运行：获取被研究系统的信息，基于仿真平台开展模型解算，获取期望的试验数据。

（6）分析、评价：仿真试验后，针对试验任务和试验目的，开展试验数据的分析处理，并形成相关的试验报告和结论。

1.4　飞行仿真的应用实现

飞行器工作环境的复杂性和任务要求的多样性，导致飞行器总体设计和分系统研制是一个复杂的迭代过程，其研制过程存在涉及部门广、方案选型多、约束条件复杂、精度要求高、研制周期短、试验经费高等诸多问题，是一项综合性、复杂性的系统工作。因此，迫切需要开展大量的测试和试验工作，用于优化设计方案、考核关键技术、验证技术指标、检测产品质量和评估作战方案。在引入仿真技术之前，飞行器性能的考核与验证，主要通过实际飞行试验来完成。为了保证试验精度满足指标、试验内容覆盖实战情况等，就需要试验弹道或飞行科目架次达到要求的数量，从而大大增加试验费用、延长试验周期；否则，试验数量不足，这会大大降低试验结果的可信度，严重时会导致错误的试验结论。因此，迫切需要借助飞行仿真这一有力工具，辅助飞行器相关系统的研制工作。

飞行仿真技术是以数学建模、系统技术、相似理论、控制理论、计算机技术、信息技术及飞行器应用领域的专业技术为基础，以计算机和各种物理效应设备为工具，利用建立的飞行器各分系统数学模型，以及各种专用的物理效应模型，对飞行器进行动态试验和研究的一门综合性技术。飞行仿真技术已成为飞行器前期论证和设计、后期加工、制造、测试，以及完成后的维护和使用过程中的故障排除等各个阶段重要的技术手段，另外它也是飞行员训练的重要工具。飞行仿真技术作为航空航天领域的一项重要技术，受到科研人员的高度重视，在飞行器的各个研制过程中均发挥了重要作用。图1-3给出了飞行器研制过程中不同阶段的仿真任务。

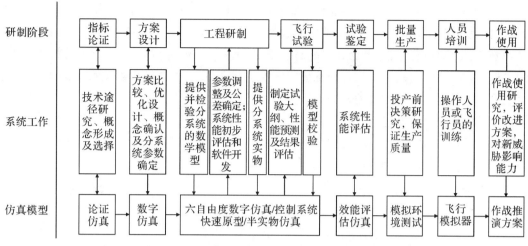

图1-3　飞行器研制过程中不同阶段的仿真任务

从图1-3中可以看出,在飞行器研制的各个阶段,飞行仿真技术都发挥了其特有的作用。

(1)指标论证阶段:构建未来使用场景的相关论证模型,开展数学仿真与指标计算,研究系统战术技术指标的合理性和总体方案的可行性;建立效费仿真模型,研究分析战技指标变化对于装备效能与费用的影响,从而优化出符合国情需要的战技指标和相应的技术途径。

(2)方案设计阶段:根据上述性能指标及要求,建立方案论证及设计的数学仿真模型,通过数学仿真计算,对比各种方案对战术技术指标的满足程度、工程难易程度及研制周期与经费等内容,验证技术方案和关键技术攻关成果,并选定总体和分系统的主要性能参数;通过仿真验证系统设计的正确性、合理性,初步确定控制与制导规律和参数。

(3)工程研制阶段:在该阶段,仿真试验的目的是通过仿真来选择系统参数和验证系统设计。通过细粒度模型仿真、蒙特卡洛全数字仿真、控制系统快速原型、半实物仿真等手段,验证系统设计方案和优化设计指标,考核各分系统之间的协调性,评估系统工作的稳定性、可靠性以及设计的合理性及抗干扰能力,全面检查与验证试样设计的正确性。利用上述仿真结果,对系统与各分系统进行功能与指标上的反复迭代优化,设计出满足总体要求的试样产品。

(4)飞行试验阶段:通过仿真试验,研究在实际可能出现的各种干扰和偏差条件下,预测飞行试验可能的结果,优化试验弹道,提供靶场试验需要的配套数据;当出现故障时,通过半实物仿真试验,在实验室环境下复现飞行试验状态,复现故障,并提出排除故障的技术措施,为验证故障归零、采取改进措施提供依据。同时,基于飞行试验靶场外弹道测量、遥测、参试设备采集的数据,验证和修正系统参数,校验与修正仿真数学模型。

(5)试验鉴定阶段:通过各种态势的系统仿真与模拟打靶,既可减少为设计定型所需要进行的飞行试验次数,又可全面验证武器系统性能,提供设计定型所需要的配套性能数据;通过大量的数学仿真进行统计打靶,对命中概率进行研究,特别是飞行试验中涉及不到的边界条件,如风、浪等自然环境,近程、远程、高空和低空等条件下的命中概率的统计。

（6）批量生产阶段：通过半实物仿真和环境模拟试验，调整参数的公差范围，改进系统方案，优化生产工艺，降低制造成本，辅助完成生产批量抽检，并建立完整的可靠性分析仿真模型，完成装备六性（可靠性、维修性、保障性、测试性、安全性和环境性适应性）的分析与考核。

（7）人员培训阶段：基于飞行训练模拟器等仿真设备，开展飞行员或其他人员的培训，完成人员相关技能和操作方式的培训。

（8）作战使用阶段：通过兵棋推演、LVC①仿真、体系对抗仿真，构建作战使用模型，结合部队实际使用，形成作战操作手册，并辅助人员装备训练。同时，根据实际使用情况和技术发展情况，对新的改进方案进行仿真分析研究。

下面根据仿真工作的层次、广度和深度，结合飞行器研制工作的阶段划分，详细给出飞行仿真在不同阶段的工作任务和应用场景。

（1）飞行仿真在飞行器需求定义与确认阶段的应用。

在各种飞行器和武器装备的研制过程中，需求定义与确认阶段，从可行性论证阶段后期开始跨越了可行性论证阶段和方案论证阶段。该阶段的仿真形式具体表现为系统级、子系统级和部件级的全数字仿真环境，主要工作是从系统层面考虑系统构架，分析系统实现方案的可行性，提出系统的主要性能指标和容差范围。利用仿真技术建立符合基本物理规律和以往型号工程经验的系统模型，可以帮助设计人员建立直观的系统指标关系和相互影响，提高系统设计的正确性和有效性，避免设计和试验出现反复。

（2）飞行仿真在飞行器方案论证与设计阶段的应用。

方案论证与设计阶段包括型号研制中的方案论证阶段和技术设计阶段。该阶段的仿真形式具体表现为全数字仿真环境和工程模拟器，主要工作是完善飞行控制系统技术规范，开展系统技术设计、系统成品研制和控制律设计，建立试验和评估环境，采用闭环仿真对飞行控制系统进行初步评估。

（3）飞行仿真在飞行器详细设计与验证阶段的应用。

详细设计与验证阶段包括型号研制中的工程设计和试制阶段以及试飞和设计定型阶段。该阶段的仿真为全数字仿真环境、半实物仿真和挂飞试验，主要工作包括完成飞行控制系统软硬件详细设计，完成飞行控制系统成品试制和试验，完成子系统和系统综合联试，完成制导控制系统全状态半实物仿真试验或飞机地面综合"铁鸟"试验验证，完成首飞技术准备和试飞技术准备。飞行器首飞前，还需要使用飞行仿真环境，完成机上地面试验和结构模态耦合试验。

（4）飞行仿真在飞行器装备使用与培训阶段的应用。

装备使用与培训阶段包括型号研制中的生产使用和装备作战使用阶段。这个阶段的仿真形式具体表现为全数字仿真环境和飞行训练模拟器。在该阶段：一方面，根据装备性能，将其在全系统中进行联合军演和作战仿真，依次完成作战装备使用手册的编制；另一方面，借助飞行训练模拟器或嵌训装备完成飞行员或武器操作员的日常训练，提升人员对于武器

---

① LVC：真实的（Live）、虚拟的（Virtual）、构造的（Constructive）。

装备的驾驭能力。

1.5　本　章　小　结

　　各式飞机、无人机、导弹、火箭等飞行器,作为航空航天领域的重要代表,涉及专业多、性能要求精、研制难度大、研制成本高,因此,其总体设计和控制系统研制相对复杂。飞行仿真作为仿真技术在航空航天领域的重要应用形式,以数学建模、系统技术、相似理论、控制理论、计算机技术、信息技术及飞行器应用领域的专业技术为基础,以计算机和各种物理效应模拟设备为工具,利用建立的飞行器各分系统数学模型,对飞行器进行动态试验和性能研究,能够大大降低研制经费、缩短研制周期、提升研制质量。其被世界各国认定为科技战略的关键性推动力,是新技术战略的关键技术之一。

　　在本章中:首先,简要给出了仿真技术的定义内涵、发展历程和重要意义;其次,从不同角度出发,给出了仿真技术的典型分类;再次,给出了仿真技术的基本原理和组成步骤;最后,分析了飞行仿真技术在飞行器研制阶段的应用。

1.6　本　章　习　题

　　1.简述仿真技术的定义。

　　2.简述仿真技术的研究对象。

　　3.简述数学仿真的概念。

　　4.简述仿真技术的几种典型分类。

　　5.简述数字仿真的概念和优缺点。

　　6.简述半实物仿真的概念。

　　7.简述实时仿真和非实时仿真的特点。

　　8.简述 LVC 仿真的概念。

　　9.简述仿真相似性的概念。

　　10.简述仿真相似性的 3 个定理。

　　11.简述仿真中相似性的典型实现方式。

　　12.简述仿真三要素的概念及关系。

　　13.简述仿真任务的典型步骤。

　　14.简述飞行仿真在飞行器研制过程中的应用。

第 2 章　典型飞行器半实物仿真系统

由于飞行器类型繁多、价格昂贵、作战环境和作战任务多变,并且要求具有极高的成功率,因此,对系统精度和可靠性均有极高的要求,这就使得飞行器制导控制系统设计变成一个较为复杂的问题,导致其制导控制系统组成复杂、参数耦合性强、涵盖学科领域多、技术指标要求高。为了更好地提高制导控制系统的研制效率,需要借助系统仿真这一强有力的工具,检验方案设计结果,改进系统设计方案。而半实物仿真是一种将数字仿真和物理仿真结合起来的仿真技术,将复杂抽象、难以用准确的数学理论模型描述的物理部件直接用产品实物代替,并与确切的数学理论描述的部分串联起来,构成仿真回路,进行硬件在回路的半实物仿真试验。半实物仿真具有无破坏性、可重复、安全、经济、可控等优点,已成为飞行器制导控制系统研制过程中的重要评估手段,贯穿飞行器系统研制的全寿命周期,在装备研制、航空航天、试验鉴定等领域得到了广泛的应用。

在本章中:首先,简要分析半实物仿真系统的组成、特点和作用;其次,以精确制导武器制导控制系统半实物系统、飞行器地面综合试验装置为例,介绍典型的飞行器半实物仿真系统;最后,给出半实物仿真系统涉及的相关关键技术。

2.1　飞行器半实物仿真系统的组成及任务功能

下面从飞行制导控制系统(简称"飞控系统")的设计难度出发,引出飞行器半实物仿真系统的组成和任务功能。

2.1.1　飞控系统的概念和设计难度

飞控系统作为飞行器的制导控制核心,通过各种传感器件获取飞行器的自身状态和外在环境信息,按照设定的算法计算出控制指令,或者通过相关显示装置、操纵机构等人机交互装置获取飞行人员的操作指令,然后驱动舵面偏转或调整发动机油门,从而改变飞行器受到的力和力矩的大小,最终达到平稳飞行、改善飞行品质、减轻飞行负担、增强任务能力的目的。飞行器发展历程表明,飞控系统的性能在很大程度上决定着飞行器的飞行品质和战术性能。相对于传统的自动控制系统,飞行器是一个具有强非线性、快时变、强耦合和不确定性的被控对象,这使得飞控系统的设计更为复杂,具体体现在以下方面:

（1）飞行器的数学模型是一个非线性的微分方程组，纵向运动和侧向运动之间存在较强的耦合，特别是在大攻角机动时，控制系统通道之间存在复杂的相互作用。

（2）飞行器的力学特性与它飞行时快速变化的飞行速度、高度、质量和转动惯量之间有着密切联系。

（3）飞行器的空间运动、弹体与空间介质的相互作用以及结构弹性引起的操纵机构偏转与弹体运动参数之间有着复杂联系。

（4）飞行器在飞行过程中存在多种限制因素，如强度限制、热限制、速度限制、迎角/侧滑角限制、过载限制、舵面偏度限制等，这些参数与飞行器的安全性、飞行性能和机动性是相互限制的。

（5）飞控系统包含的传感器件类型众多，执行机构复杂，各种测量噪声和控制偏差均会直接影响飞控系统的控制效果。

（6）飞行器的飞行环境（如温度、风、雨、雪、电磁环境和振动环境等）会在很大程度上影响飞行性能。

（7）飞行器的飞行任务和功能需求类型多样，安全性、经济性、精确性等因素都需要综合考虑。因此，飞控系统设计是一个极为复杂的问题，涉及图像处理、电磁信号、控制理论、嵌入式计算、机械结构等诸多学科，其性能指标直接影响装备性能和作战使用性能。飞控系统具有系统组成复杂、参数耦合性强、涵盖学科领域多、技术指标要求高等特点，并且其研发过程是一个漫长而又复杂的过程。因此，在飞控系统设计过程中，必须通过大量的试验验证来考核系统性能指标和飞行品质，检查各种硬件装置的匹配性、考核控制算法的控制能力、评估系统安全性能和应急处理能力。半实物仿真以其无破坏性、可重复、安全、经济、可控、置信度高等特点，成为飞控系统考核验证的必要手段。

2.1.2　半实物仿真系统的结构组成

飞行器半实物仿真系统主要围绕飞控系统进行展开设计。在构建系统时，根据参试设备的工作原理和运行特点，通过研制相应的仿真设备，模拟参试设备的工作环境和激励信号，实现信号的闭环传递，完成硬件在回路的闭环仿真。在导弹、飞机、火箭、卫星、高速列车、汽车等半实物仿真的主要应用领域，研究对象的参试器件和工作原理存在很大不同，导致不同对象的半实物仿真系统组成设备存在较大差异。通过对各类半实物仿真系统的设备组成进行分析，可以根据功能任务的不同对仿真设备进行分类，由此给出典型的半实物仿真系统的结构组成，如图2-1所示。除了参试的实物部件和数学模型，主要还包括以下五类设备。

（1）仿真主控管理设备。半实物仿真系统作为一个典型的分布式仿真系统，通常由多台计算机执行不同的仿真任务。因此，为了更好地管理和调度整个仿真系统，半实物仿真系统通常需要一个主控管理设备，用于完成仿真系统的调度管理、任务推进、时钟同步和状态监控等任务。

（2）仿真模型实时解算设备。在半实物仿真系统中，由于部分对象依然是通过数学模型来进行模拟的，因此需要由专用的仿真设备完成相应数学模型的实时解算。该工作通常由专业的仿真计算机和仿真软件来完成。在仿真运行过程中,根据仿真主控管理设备发出的各种命令,完成数学模型的实时解算,通过相关的硬件接口与参试产品完成数据交互,实现闭环仿真。

(3)物理效应环境模拟设备。为了将参试部件引入仿真回路中,需要根据参试设备的工作原理和仿真需求,研制相应的物理效应环境模拟设备,从而模拟参试对象的敏感信息、构造参试设备的运行环境、复现参试对象的工作状态。不同参试设备的工作原理和工作特性各不相同,使得不同的半实物仿真系统之间存在差异。

在半实物仿真中,只有尽可能真实地复现实物所处的空间、力学、图像、电磁等的复杂物理环境,才能获得准确的实验数据,进而确保具有较高的仿真置信度和置信水平。因此,物理效应环境模拟设备是半实物仿真系统中的关键设备,也是整个建设成本的主要支出。

(4)信号通信及电气接口设备。半实物仿真作为一个典型的分布式仿真系统,包含多个仿真设备和各类参试产品。为实现制导控制系统的闭环仿真,必须将参试产品与仿真设备,以及各仿真设备之间的信号连接起来,形成一个有机的整体。基于实际装备和信号的传递关系,通过各种信号通信网络和电气接口设备,完成各类信号的传输通信。

(5)支撑服务设备。为了完成支撑仿真试验的顺利开展,半实物仿真系统还需要一些支撑服务设备,包括试验数据存储记录、仿真曲线实时显示、三维场景态势显示、投影及音响系统、产品供电管理子系统等,它们用于实现仿真试验任务目标,提高仿真试验的展示度。

需要注意的是,不同对象控制回路的结构组成和器件工作原理各不相同,并且受到试验目的和建设经费的限制,不同类型的半实物仿真系统的组成也存在较大差异。因此,半实物仿真系统组成的设计应该围绕对象的特点和试验的目的来进行。

在本章后续内容中,以精确制导武器制导控制系统半实物仿真环境、飞行器综合地面试验装置为例,对其系统组成进行详细展开。

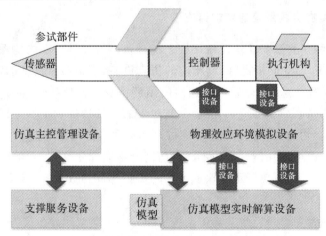

图 2 - 1　典型半实物仿真系统的结构组成

2.1.3　半实物仿真技术的特点分析

在半实物仿真试验中,将复杂抽象、难以用准确的数学理论模型描述的物理部件直接用实物代替,并与确切的数学理论描述的部分串联起来,构成仿真回路,进行硬件在回路的半

实物仿真试验,具备置信度高、经济高效、安全可控等特点,具体包括:

(1)对于部分难以建立精确模型的实物部件,直接以实物的形式引入仿真回路中,能最大程度地避免由建模不精确带来的仿真误差。

(2)通过引入部分实物,研究某些部件和环节特性对制导控制系统的影响;通过对比分析,进行器件选型,开展方案优化,提出改进措施。

(3)将部分实物引入仿真回路中,进行制导控制系统的性能仿真,以检查各分系统是否满足设计指标,为控制系统的参数设计、总体误差分配提供条件。

(4)利用半实物仿真校验数学模型的正确性和数字仿真结果的准确性,并通过仿真试验更加精确地描述系统本质的数学模型。

(5)能够在实验室环境下,复现飞行器控制系统的工作环境和工作流程,全面验证系统的各个部件在工作状态下的性能,考核各个部件之间的工作协调性、接口适配性和信号连接性。

(6)将半实物仿真试验和外场飞行试验相结合,可在小子样试验的条件下,以较高置信度进行系统的性能评估;通过仿真与靶场试验的结合,设计最佳靶场试验方案,提高经济效益。

(7)在各种状态下进行飞行试验仿真和结果分析,进行故障复现,查找出现故障的原因,为故障归零和系统改进提供依据。

2.1.4　半实物仿真在飞控系统研制中的作用

在飞行器控制系统研制过程中,半实物仿真发挥着重要作用,半实物仿真试验已贯穿型号研制的全寿命周期。半实物仿真技术在飞行控制系统的设计过程中的作用主要表现在以下几个方面。

(1)更真实地考核实装产品部件的性能影响。

随着技术的不断进步,飞行器控制系统部件愈发复杂,出现了多种涉及光学、机械、电气、图像、信号处理、软件编写等专业技术的部件,难以构建出高精度的数学模型,导致数学仿真无法逼真、翔实地考核部件性能对于制导控制精度的影响。而在半实物仿真中,将这些难以建模的部分以实物的形式连接到仿真系统中,可以避免针对其进行数学建模时带来的较大误差,更加逼真地考核真实产品部件的性能影响,最大程度地提高仿真结果的置信度。

(2)更全面地评估复杂飞行环境的干扰。

随着作战模式的愈加多变和战场环境日益恶劣,复杂战争环境对于飞行器作战性能的影响愈加重要。考核各种战场环境和敌方作战干扰的影响、提升制导控制系统的抗干扰性能,是武器装备科研人员的重要工作内容。受到外场飞行试验条件的限制,一些特定的、复合的地形地貌或其他环境因素,在外场试验中是无法考核的;同时,敌方的一些典型目标或干扰模式,也无法通过飞行试验的形式来考核。因此,通过半实物仿真技术,能够在实验室环境下构造出虚拟的复杂战场环境,更加全面地评估复杂战争环境的干扰,验证系统的抗干扰算法,提升武器装备在实战情况下的作战能力。

(3)更优化地开展外场飞行试验的科目设置。

随着仿真技术的发展,飞行器制导控制系统的设计与鉴定已经逐步转变为通过大量仿真试验来分析设计,通过小批量的飞行试验进行鉴定的模式。通过半实物仿真试验,可以对试验科目进行优化设计,以更小的试验弹道数据更全面地考核系统性能。同时,通过半实物仿真试验,可以将真实的飞控软件引入仿真回路中,通过一系列故障模态仿真与测试,判断制导控制系统中安全控制策略和故障处理软件的正确性,为飞行试验区域的设置提供有效建议。

（4）更精确地完成任务试验状态的故障归零。

武器装备在飞行试验中可能会出现一些在设计阶段难以考虑的情况,或者一些突发的故障情况,导致试验失败。在试验失败后,需要对故障原因进行定位分析改进,要求做到"定位准确、机理清楚、问题复现、措施有效、举一反三"。借助半实物仿真技术,可以在实验室环境下精确控制试验参数和试验条件,复现故障出现时刻的环境信息、敌方行动或故障问题,从而做到"问题复现",并能够检验"措施有效",确保任务试验状态的故障归零,有效提升武器装备的研制质量。

（5）更高效地推动武器装备型号的研制工作。

半实物仿真为有效设计分析制导控制系统提供了技术保障。通过在可控和可重复试验的实验室环境中进行半实物仿真试验,可以检测出系统的性能指标和受到的限制。由于试验条件能够覆盖已有环境场景的一个较宽的范围,因而得到的数据相较于传统的系统测试方法得到的数据更加详细和完整。由于该试验条件具有实时数据分析能力,因此仿真工作人员可以通过交替改变参数来探索事先未能预见到的现象。经过模型验证和确认有效的半实物仿真,可以为决策者提供可靠的信息资料,减少决策过程的盲目性和不确定因素,从而更加高效地推动武器装备型号的研制工作,缩短研制周期,降低研制成本,提升研制质量。

2.2 精确制导武器制导控制系统半实物仿真环境

精确制导武器系统就是按照特定的基准选择航行路线、控制和导引系统,对目标进行攻击的武器。同传统的非制导武器相比,其具有威力大、射程远、命中精度高、速度快、作战效能高等突出优点,是现代战争中的主要作战武器。精确制导武器主要包括导弹、制导鱼雷、制导炮弹和制导炸弹等武器系统。制导控制系统作为精确制导武器的控制核心,主要是指用于控制弹体运动的所有弹上装置,具体包括导引头、惯性测量组件、卫星导航、飞控计算机和舵机等弹上部件。由于精确制导武器的性能指标需要经过大量的试验验证才能得到,因此为了降低飞行试验成本、缩短项目研制周期,需要针对制导控制系统的主要部件,构建一系列半实物仿真系统,通过半实物仿真试验来充分验证和考核制导控制系统性能。

下面就以导弹为例,给出其制导控制系统半实物仿真系统的任务要求、组成方案和设备功能。

2.2.1 导弹制导控制系统的半实物仿真系统任务要求

半实物仿真系统是导弹制导控制系统设计研制最重要的试验设备之一,是精确制导武器导航、制导、控制系统设计过程中评估系统性能和精度的有效组成。它是制导控制系统研制过程中非常重要的环节,并且贯穿制导控制系统研制的全过程。在系统设计过程中,通过半实物仿真试验检查分系统和全系统的开、闭环特性,各分系统工作的协调性和正确性,控制作用的限制,系统的抗干扰能力,系统参数设计,系统稳定性及各种交叉耦合的影响等,以达到优化系统设计、提高系统可靠性的目的,为导弹系统的研制试验奠定基础。

2.2.2　导弹制导控制系统的半实物仿真系统组成方案

制导控制系统半实物仿真的组成方案,基本上围绕弹上部件的工作原理和信号流向进行设计。不同精确制导武器的探测制导体制工作原理存在显著不同,使得其所需的物理效应设备存在一定差异。下面就以图像寻的制导武器和射频寻的制导武器为例,讨论其组成框架和设备功能。

(1)图像寻的制导武器半实物仿真系统组成方案。

图像寻的制导武器携带图像导引头,主动或被动地接收目标的红外辐射或图像信息,完成目标的识别、跟踪及攻击任务,是目前近距空空格斗导弹、反坦克导弹、空面导弹、巡航导弹的主要制导方式。典型的图像导引头包括红外制导、电视制导等。其中,红外制导靠热源红外痕迹来跟踪目标,电视制导靠目标的外部轮廓与周围环境的相对运动来跟踪目标。

图像寻的制导飞行器的半实物仿真系统组成方案如图 2-2 所示,在该系统中,图像制导飞行器的图像导引头、惯性测量组件、卫星导航设备、弹载计算机和舵机系统作为产品实物,接入闭环仿真回路中。在试验时,各参试产品之间按照实际的电气通信关系进行连接,惯性测量组件安装在三轴转台的台体框架中,四路电动舵机根据通道序号安装在负载模拟台台体上,惯组模拟器子系统和电气通信接口子系统与弹载计算机之间按照设定的电气连接关系进行连接,图像场景模拟器和图像导引头按照弹目关系安装在五轴转台上,所有仿真子系统通过实时网络完成试验数据交互。

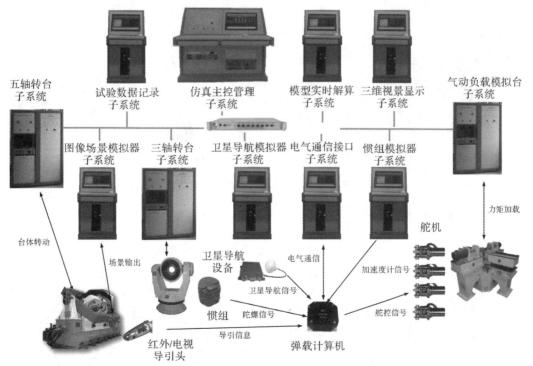

图 2-2　图像寻的制导武器的半实物仿真系统组成方案

（2）射频寻的制导武器的半实物仿真系统组成方案。

射频寻的制导武器通过携带雷达导引头，主动或被动地接收目标反馈的雷达辐射特征，完成目标的识别、跟踪及攻击任务。根据辐射照射源位置的不同，射频制导武器可以分为主动雷达寻的制导、半主动雷达寻的制导和被动雷达寻的制导（反辐射），是目前远距空空导弹、防空导弹、反辐射导弹的主要制导方式。由于电磁波传输的特殊性，射频寻的制导武器在进行半实物仿真系统规划时，需要针对实验室内电磁波无法自由传播的问题，构建专门的试验场地。

射频寻的制导武器半实物仿真系统组成方案如图 2-3 所示，在该系统中，射频寻的制导武器的雷达导引头、惯性测量组件、卫星导航设备、弹载计算机和舵机系统作为产品实物，接入闭环仿真回路中。其中：各个参试产品之间按照实际的电气通信关系进行连接；惯性测量组件安装在三轴转台的台体框架中；四路电动舵机根据通道序号安装在负载模拟台台体上；惯组模拟器子系统和电气通信接口子系统与弹载计算机之间按照设定的电气连接关系进行连接；雷达导引头安装在一个三轴转台上，其与射频目标模拟器中的天线阵列，均安装在微波暗室中。

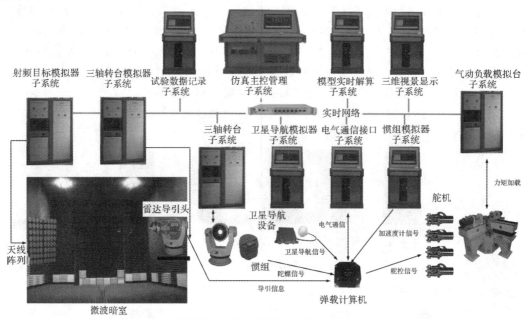

图 2-3　射频寻的制导武器半实物仿真系统组成方案

2.2.3　导弹制导控制系统的半实物仿真系统设备功能

从上面的介绍中可以看出，制导控制系统半实物仿真系统为一个典型的分布式仿真系统，各个仿真设备之间通过实时网络进行连接。所有的仿真设备在仿真主控管理的调度下，按照设定的仿真步长实时推进，从而实现闭环仿真。各子系统的任务功能如下。

（1）仿真主控管理子系统。仿真主控管理子系统的主要任务就是完成仿真试验状态的控制管理，包括仿真系统的准备、开始、应急中止和结束，并且为整个仿真系统提供时钟信号和同步推进信号。在仿真过程中，监控各个节点的运行状态，若某一节点出现异常，则应及时中止仿真任务，保证试验人员、参试产品和仿真设备的安全。

（2）模型实时解算子系统。飞行器的弹体运动、气动特性无法用实物代替,必须通过仿真运算完成动力学、运动学、气动计算、质量惯量计算、发动机推力和弹目运动关系的计算,求解出当前的姿态、位置、过载和铰链力矩等各项信息,为其他仿真设备提供输入信号。在此,模型实时解算子系统对仿真模型进行编译,生成实时代码,根据仿真主控管理子系统发出的控制信息,完成模型实时代码的加载、运行、中止等操作,并通过相关硬件板卡的实时驱动模块,完成仿真数据的交互。

（3）试验数据记录子系统。试验数据记录子系统的主要任务就是记录仿真过程中各个节点产生的仿真数据,并在仿真过程中以曲线或数字的形式进行指示,便于实验人员及时观察弹道曲线。同时,其将仿真数据完整地保存到数据文件中,并提供丰富的数据分析功能,便于事后对仿真数据进行统计、对比、分析等。

（4）三维视景显示子系统。三维视景显示子系统采用三维图形渲染技术,将仿真过程中的导弹、目标等对象的姿态、位置和执行动作等信息,以声、光、画等可视效果进行展示,构建整个攻击过程或飞行过程的三维虚拟场景,使得科研人员可以更加直观地分析飞行过程。

（5）三轴转台子系统。三轴转台子系统的主要任务是复现飞行器的俯仰、偏航和滚转三个通道的飞行姿态,为惯性测量组件的陀螺提供逼真的模拟姿态环境,使其感知与实际飞行过程中相同的姿态变化,输出正确的信号。

（6）卫星导航模拟子系统。卫星导航模拟子系统用于模拟飞行器在飞行过程中接收到的卫星导航信号。根据飞行器当前的位置和速度,按照设定的导航系统参数（如体制、频点、编码等）,计算并输出该速度下的卫星导航电磁信号,在实验室环境下考核验证飞行器的卫星导航设备的相关指标和导航算法的相关性能。

（7）电气通信接口子系统。飞行器的弹载计算机除了接收惯组信号、导引头信号及卫星导航信号、输出舵控信号之外,还具有其他一些电气通信信号,用于与飞行器其他部件进行控制和通信。电气通信接口子系统的主要任务就是用于配合弹载计算机,模拟地测系统、发控系统或载机火控系统等,完成弹载计算机的数据通信,包括时统信号、串行加载、遥测记录、点火指令或起爆指令等。

（8）惯组模拟器子系统。飞行器的运行可以分为 3 个质心方向的线运动和 3 个绕质心转动的角运动。其中,姿态运动利用三轴转台模拟,而质心运动无法在实验室条件下进行动态连续的物理模拟,必须通过解算为弹载计算机注入模拟的加速度计信号。惯组模拟器子系统的主要任务是模拟真实的陀螺和加速度计,将仿真模型计算出的角速度和过载等信息通过惯组模型进行转换计算,并经过信号调理,输出与惯组信号电气特征一致的信号,注入弹载计算机,从而完成信号闭环仿真。

（9）气动负载模拟台子系统。气动负载模拟台子系统用于模拟飞行器中作用于飞行器操作结构（舵机、翼面）上的空气动力相对于操纵机构转轴的负载力矩,使舵伺服系统可以在接近实际飞行条件下工作。同时,采集舵偏角供仿真模型进行闭环计算。根据参试舵机通道的不同,负载模拟台也分为四通道、六通道等类型。

（10）五轴转台子系统。五轴转台子系统的主要任务是模拟导引头与目标之间的相对运动关系。导引头装配在五轴转台的三轴转台上,目标模拟器安装在两轴转台上,两者在安装时必须满足一定的空间几何位置关系要求。在仿真过程中,通过控制内部三轴转台和两轴转台的运动,模拟弹目之间的相对变化,使得导引头完成目标的捕获、识别和跟踪,输出正确的目标视线角和视线角速度,供弹载计算机进行仿真计算。

(11)图像场景模拟器子系统。目标模拟器的主要任务就是生成图像导引头在飞行过程中测量到的图像场景信息。在仿真过程中,图像场景仿真系统能够根据设定的目标类型、目标状态、战场地形、自然环境、干扰方式等参数,基于实时计算出的弹目距离及相对运动关系,以及探测器的视场角等信息,实时生成探测图像信息,模拟目标、背景及干扰等战场态势在参试图像探测器中的探测结果,并通过图像场景模拟器硬件设备生成场景图像。

(12)射频目标模拟器。为了完成射频导引头的闭环接入,需要在实验室环境中,根据设定的作战条件、目标类型、当前弹目关系等参数,实时生成导引头所接收的雷达射频信号。完成上述工作的设备就是射频目标模拟器,它能够根据设定条件和各种参数,模拟包含多普勒距离、距离延迟、距离衰减、雷达散射截面(Radar Cross Section,RCS)起伏等特性在内的目标回波,模拟地/海杂波、多路径等自然散射的电磁信号,模拟有源诱饵干扰、拖曳式干扰、自卫压制干扰、箔条等电子干扰信号,完整复现飞行器在飞行过程中雷达导引头所探测的各类电磁环境信号。

(13)微波暗室。在实验室内开展射频制导半实物仿真时,射频目标模拟器输出的各类射频信号会被墙壁、天花板、地面不断折射,严重影响雷达导引头接收信号的有效性。为了在实验室环境下模拟雷达波在空中自由传播的环境,需要构造一个微波暗室,将射频天线阵列和参试导引头均置于其中,复现目标射频信号到达探测器的自由传播过程。

2.3 飞机地面综合试验台

以电传操纵技术和航电技术为核心的现代飞行控制系统是现代飞机的飞行安全关键系统,是现代飞机体现其电子化、信息化与机械化深度融合的典型标志。在飞机设计开发过程中,飞行控制系统的硬件和软件产品经过设计、加工、调试之后,需在地面试验台架上进行综合测试,以确保飞行控制系统安全可靠、功能性能满足使用要求。

飞机地面综合试验台主要包括飞控液压系统综合试验台架(业内也称为"铁鸟台")、供电系统综合试验平台(业内也称为"铜鸟台")、航电系统综合测试平台(业内也称为"电鸟台"),是对飞机的全机液压系统、飞行控制系统、整机电控系统、飞机起降系统、机载武器系统、信息互联系统、燃油供给系统等多个系统逐项或交联测试研发的重要试验设施之一,是航空飞行器研制生产过程中所必需的大型非标试验设备。

2.3.1 飞机地面综合试验台任务要求

飞机地面综合试验台作为飞机系统综合、优化设计、适航取证、交付运营、持续适航必不可少的关键试验设置,主要用于完成液压系统、起落架系统、飞控系统、供电系统以及航电系统等影响飞行操纵和安全的重要系统的综合研发试验、适航验证试验、驾驶员在环试验以及各系统间的交联试验。这些集成验证试验综合级别高,对机上和飞行环境模拟程度要求高,为了保障系统具有极高的试验置信度,飞机地面综合试验台复制了飞机本身的飞行控制系统及所有交联设备,并要求参试的飞控、液压、起落架系统的机械安装接口、部附件安装位置、液压管路布置走向及安装方式与真实飞机一致。根据相关规范要求,通过地面综合试验对飞行控制系统进行全面考核,验证飞行控制系统的功能和性能,并对试验中暴露的问题进行改进,通过反复迭代,使飞行控制系统不断完善。飞机地面综合试验是一项技术性很强的工程实践,是系统研制工作的主要环节之一,在飞控系统的研制周期内具有十分重要的地位。

飞机地面综合试验台的建设目的是为不同型号的新机研制理论设计提供实际验证和飞机零件性能测试,试飞前,对飞机多个系统的实际工作能力进行测试,以及对多系统交联工作的实际工作状态进行数据积累和性能实际验证。该类试验台主要承担的试验项目包括飞行控制液压管路响应试验、飞行控制电子系统测试试验、飞机机翼方向舵面零件扫频试验、飞机控制液压作动筒测试试验、飞机地面加载飞行系统响应试验、燃油供给及燃油箱散热试验、飞机舱门开闭动作试验、前/主起落架收放动作试验、起落架转换系统试验、减速伞弹射试验、减速板开闭试验、电子控制环境试验、设备故障模拟试验、飞行剖面模拟试验等。

开展飞机地面综合试验的目的包括:验证飞机各活动组件设计的可靠性及工作表现;在模拟的各种环境下测试飞机控制、信息交联、燃油供给、液压控制系统、油箱散热等多个机载系统的性能;测试飞行器的疲劳寿命和飞行续航能力等整体性能;检测飞机故障应急处理能力;为飞机正式试飞积累试验数据,检验飞机在正式试飞前各项指标是否达到设计要求,保证飞机试飞人员的生命安全得到保障。

飞机地面综合试验能够大幅降低研发成本、缩短研发周期、规避试飞风险,世界各大航空飞行器制造商针对其研制型号建立了一大批先进的地面综合试验台。典型飞行器地面综合试验系统如图 2-4 所示。

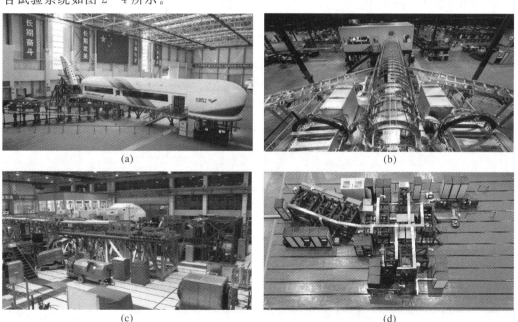

(a)　　　　　　　　　　　　　　　(b)

(c)　　　　　　　　　　　　　　　(d)

图 2-4　典型飞行器地面综合试验系统

(a)C919 地面综合试验系统;(b)A380 地面综合试验系统;

(c)新舟 700 地面综合试验系统;(d)某型大型无人机地面综合试验系统

2.3.2 飞机地面综合试验台组成方案

飞机地面综合试验台是飞机型号研制和取证过程中极其重要的系统集成验证平台,用于设计、综合、优化和验证飞机的飞行控制系统、液压能源系统、起落架及其控制系统、综合航空电子系统、飞机电气系统等关键系统。为了全面考核飞机的综合性能,通常将飞机的电传控制、飞行控制、油门操作、起落架控制、发电供电、航电传感等装置引入地面仿真回路。不同飞机的工作模式和试验台建设目的不同,导致不同飞机的地面综合试验台也会有所差异。图2-5所示为几种地面综合试验系统组成框图。

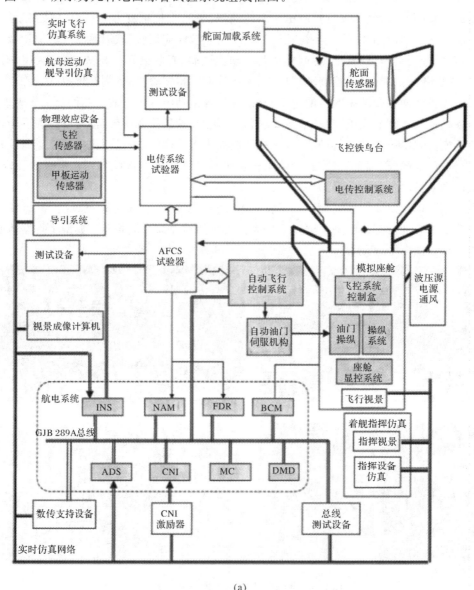

(a)

图2-5 典型飞机地面综合试验系统组成框图

(a)某型飞机地面综合试验系统组成;

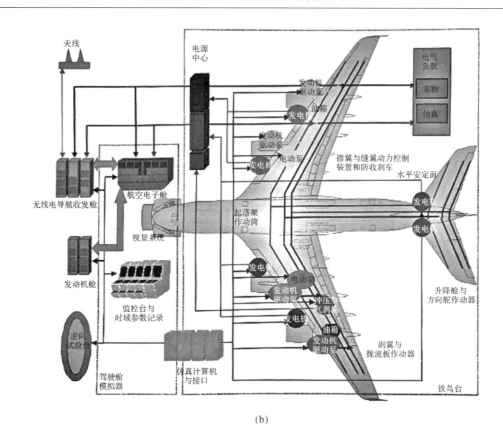

(b)

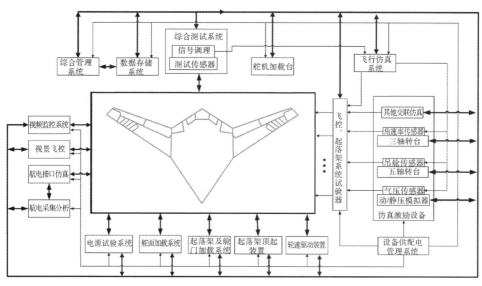

(c)

续图 2-5 典型飞机地面综合试验系统组成框图

(b)A380 地面综合试验系统组成；(c)某型无人机地面综合试验系统组成

2.3.3　飞机地面综合试验台设备功能

飞机地面综合试验台是以参试飞机的动力系统、传动系统、气动系统为试件,采用装机的操纵系统、起动系统、滑油系统、燃油系统、液压系统和相关仪器、仪表装台、配置测试系统、监测报警系统、尾桨独立试验系统以及地面辅助等设备所组成的大型综合试验台。典型的飞机地面综合试验台的设备功能如下。

(1)试验综合管理子系统。试验综合管理子系统是保证飞机地面综合试验所有试验设备协同运行的核心设备。综合管理系统有效地管理设备的运行、组织试验,以便通过协调、管理机载设备和试验设备,保证试验顺利安全地开展。此外还需要进行关键和敏感部位状态健康和故障告警,为试验人员观察和监控各类试验状态提供良好的支持环境,以便灵活、快捷、方便地组织、实施各项试验。

(2)试验台架。试验台架用于实现飞行控制系统、起落架系统各试验件、航电试验设备、电源系统的结构支撑和安装。参考各试验件的装机位置,在满足支撑形式、刚度、强度试验要求的前提下保证各控制类试验件的正常供电工作,以及保证作动类试验件的正常供压和运动。要求系统的机械部分和作动系统的安装形式、安装刚度以及传递形式与参试飞机的真实结构要求相同。

(3)舵面气动负载加载装置。飞机在飞行过程中舵面受到气动载荷的影响,产生的铰链力矩直接影响舵机的动静态性能,进而影响飞控性能和飞行品质。舵面气动负载加载装置就是模拟与飞机飞行状态有关的舵机铰链力矩。要求其能够模拟机翼、尾舵、减速板等各个舵机执行机构的气动负载情况。

(4)起落架及舱门加载装置。起落架及舱门加载装置用来模拟飞机飞行过程中,起落架和舱门在打开和关闭不同状态下受到的气动载荷和起落架收放过程中受到的气动载荷的装置,通过载荷模拟,实现对起落架收放性能的验证。飞机前起落架和主起落架收放形式不同,运动过程中气动载荷的作用也不同,加上自身结构、运动空间等的差异,前起落架、主起落架、前起舱门、主起舱门加载方式可能都有很大的差异。起落架机载一般采用伺服加载原理,舱门加载一般采用均匀加载方式。

(5)前起落架顶起装置。前起落架顶起装置用于起落架转弯系统试验时,模拟前机轮承受的地面载荷、摩擦特性等,以检查前起落架缓冲器的压缩量。要求模拟顶升过程中所有载荷,顶升位置可调节,平台不干涉起落架转弯运动。

(6)轮速驱动装置。轮速驱动装置驱动刹车系统轮速传感器,模拟飞机机轮的转动,为刹车系统提供轮速、空速等信号,完成刹车系统接地保护、防滑刹车、轮间保护、自动刹车等相关功能试验。

(7)起落架控制系统仿真子系统。起落架控制系统仿真子系统完成前轮转弯、起落架收放控制、刹车控制等系统的仿真测试试验。其中,前轮转弯试验主要模拟与转弯控制单元相交联的总线信号、硬线信号(包括传感器信号)及其可能出现的故障。起落架收放控制试验主要完成指令信号的模拟、电感式接近传感器信号模拟、起落架收放电磁阀线圈模拟、故障模拟以及起落架收控系统信号的测试等。刹车控制试验主要完成模拟与刹车系统交联的刹车指令、机轮速度、传感器模拟信号,以及起落架手柄、轮载等离散量信号。

(8)飞控系统试验子系统。飞控试验器完成飞行控制系统内、外部输入、输出信号的断连测试,航电、机电等交联系统的信号仿真、切换功能,支持飞行控制系统以及交联系统的故障注入功能,完成飞控系统独立以及综合试验。

(9)航电系统试验子系统。航电系统试验器主要由航电接口仿真器、航电仿真切换系统、数据采集与监控分析系统、故障注入系统、测试电缆及测试机柜组成。为完成飞机航电系统验证试验、航电与飞行控制计算机综合试验,要求其具备与真实飞机一致的传感器件和电缆特性。

(10)电源系统试验子系统。电源试验子系统用于对飞机电源系统功能、性能和控制逻辑等进行测试验证,同时验证故障模式下设备或系统的保护性能。电源试验系统主要包含的试验项目有电源参数测试试验、电源通道控制逻辑测试试验和电源故障模拟试验等。

(11)液压管路试验子系统。油路试验系统用于对飞机油路系统功能、性能和控制逻辑等进行测试验证,同时验证故障模式下设备或系统的保护性能,主要包括与真实飞机一致的控制液压管路、控制阀、油滤、传感器和功能泵等。

(12)模拟座舱子系统。模拟座舱子系统作为飞行员的人机接口环境,通过集成人感系统、油门操作系统、控制显示系统,为飞行员提供座舱空间感、座舱视觉感、飞行员指令操纵、显示与控制等,主要包括模拟飞机仪表台、模拟座椅、模拟控制按钮、模拟操纵杆等。

(13)飞行实时仿真子系统。飞行实时仿真子系统实时采集舵面位置信号,通过解算飞机非线性六自由度运动方程和发动机推力方程得到飞机运动状态参数。解算得到的飞机运动状态参数通过实时通信接口发送给飞机运动传感器激励设备,解算得到的飞行高度、飞行速度等结果传输给舵面载荷模拟系统作为启动载荷模拟的指令信号。飞行实时仿真子系统提供飞机在起飞、巡航、着陆等不同构型阶段的飞行数据以及通信导航等数据,验证航电设备的正常工作特性。

(14)视景仿真子系统。视景仿真子系统主要用于在各种飞行任务中飞行员所能看到的视景变化及景物纹理的显示,为飞行员提供在地面环境模拟飞行时的真实世界的窗外景象,使飞行员有"身临其境"之感。视景系统为飞行员提供各种自然界视觉效果,如自然地貌、机场、能见度、云/风/雨/雪、空中和地面目标以及特效等。

(15)数据记录子系统。数据存储子系统主要用于完成地面综合试验过程中的数据记录与存储,要求具备良好的数据存储功能以及丰富的数据处理功能,能够方便地完成数据查看与统计分析。

(16)供配电管理子系统。供配电管理子系统作为地面综合试验装置的能源供给设备,为试验设备提供电源并进行统一的分配管理及远程监控,主要包括电源、管理计算机、供配电控制组件、断路器和传感器等。其中,供配电控制组件由现场 PLC 控制模块、接触器、继电器等构成,是实现各用电设备通电、断电的控制设备,使计算机实现对设备供电的统一分配管理、欠压、超压、断路、余度等故障的模拟。

2.4 飞行器半实物仿真关键技术

飞行器半实物仿真技术作为一个综合性的工程技术领域,涉及数学、计算机、光学、电子、机械、图像、射频等学科专业。本节介绍飞行器半实物仿真中的若干关键技术。

2.4.1 半实物仿真系统总体设计技术

总体设计技术是指仿真系统的总体任务规划。总体设计技术工作贯穿系统仿真工作的全过程,是半实物仿真系统研制、建设、试验和分析的指导。其主要内容包括以下几个方面:根据型号研制工作对系统仿真的需求提出仿真系统的建设目的和任务要求;根据仿真系统的设计指标要求,拟订和优化仿真系统的方案,提出实际的布局、连接方式,以及实验室的规模及设计要求;对仿真系统各设备进行指标的分配,并提出各设备(硬件和软件)的研制任务书;仿真试验方案和试验内容的规划与设计;进行研制过程的总体技术协调;进行系统对接联调和仿真系统维护技术研究。

半实物仿真系统的总体设计技术是构建半实物仿真系统的基础,要求设计人员能够根据参试设备的工作特性和仿真试验的任务目标,并考虑试验场地和研制经费等因素的限制,制定仿真系统的设备构成方案和节点任务规划,构建系统网络通信架构和通信协议,分解设备功能指标。

由于半实物仿真系统的规模和经费需求较大,这就要求半实物仿真系统具备一定的通用性和扩展性,能基本上适应一类型号的研制需求和后续设备的扩展需求。在确定仿真系统的研制指标要求和仿真系统方案时应充分考虑这一要求。

2.4.2 仿真模型实时解算技术

半实物仿真系统的一个核心问题就是仿真模型的实时解算,这也是半实物仿真与数字仿真的最大差异。在半实物仿真中,飞行器弹体环节、发动机、飞行环境等部分的数学模型是在仿真计算机中运行的,与制导控制系统产品实物进行信息通信交互,从而构成闭环仿真回路,这就要求仿真计算机对这部分数学模型求解的时间历程必须与实物运行的时间历程同步,否则将导致仿真结果紊乱而得不出正确的结论。

为了实现对仿真模型的实时解算,要求仿真模型的解算步长具有良好的可控性和可预测性。为实现这一点,一方面要求实时仿真计算机能够产生高精度的定时时钟,另一方面要求仿真模型的解算速度必须足够快,其计算耗时不能超过系统仿真步长。

(1)定时精度要求,就是要求实时仿真机能够根据仿真对象的仿真步长,产生与真实时间一致的定时时钟。定时精度和时钟抖动误差必须满足要求,主要涉及计算机操作系统和专业仿真软件等环境。目前,典型飞行器的仿真步长为毫秒级,实时仿真机的时钟精度要求通常为微秒级,这给操作系统和仿真软件等提出了极高的要求。

(2)解算速度要求,就是要求仿真模型的解算速度必须足够快,每一步的运算耗时不能超过设定的仿真步长,这与仿真算法、建模工具、仿真软件、计算机硬件和对象模型复杂程度均有关系。为了满足这个要求:首先,是算法的选择,选择合适的仿真算法能够保证实时仿真以足够的精度顺利完成试验任务;其次,是计算机硬件计算水平,要求计算机的运算速度满足要求,这与计算机主频和内存配置相关;最后,与模型复杂程度相关,对于较为复杂的模型,需要考虑对其进行分割处理,在不同的仿真机内进行分布式计算。

2.4.3 仿真系统信号接口技术

飞行器半实物仿真作为一个典型的分布式仿真系统,包含多个仿真设备和仿真节点,以及各类参试产品。为实现制导控制系统的闭环仿真,必须将参试产品与仿真设备,以及各个仿真设备之间,通过相关硬件接口将各类信号连接起来,形成一个有机的整体。在半实物仿真系统中,包含多个参试产品和仿真设备,存在多种类型的数据信号和电气接口,并且仿真系统中通常还包含一些大型机电设备,使得实验室存在较为显著的电磁干扰。在这种情况下,将参试产品与仿真设备,以及各个仿真设备之间的信号连接起来,并保证通信的可靠性、实时性和准确性,是半实物仿真系统接口技术的基本任务。

对于半实物仿真系统而言,仿真系统的信号接口技术和能力包括:

(1)高速网络通信接口技术:完成不同仿真设备之间的信号传输,要求系统的传输时延在纳秒级,并具有较好的网络拓扑结构、抗过载能力和容错能力,保证不同设备之间的传输实时性。

(2)丰富的电气接口能力:要求系统具备丰富的硬件接口能力,能够覆盖各类参试设备的电气接口,如模拟信号采集、模拟信号输出、数字电平输入/输出、串行通信、ARINC429、ARINC1553B 等。

(3)高速高精度的转换能力:在半实物仿真系统中,模拟信号的采样和转换通常需要耗费较多的时间,为了保证系统电气信号的实时性和准确性,要求系统具备高速的模拟信号采集和输出能力。

(4)电气接口的抗干扰能力:在仿真系统中,经常会遇到电磁干扰和小信号传输的问题,这就需要半实物仿真系统具有良好的抗干扰性能。通常通过增加信号调理机箱实现信号调理和抗干扰的要求,其中涉及隔离传输技术、差动输入/输出技术、屏蔽与接地技术等内容。在设计时,需要针对不同信号和不同干扰进行设计,保证信号采集和传输具有较强的抗干扰性能。

2.4.4 目标场景特性仿真技术

目标场景特性仿真技术是一种在目标探测系统、制导系统性能评价和测试过程中广泛应用的技术,通过目标场景特性仿真技术,可以在实验室内再现实战环境下导引头或相关信息探测设备接收到的动态变化、与真实目标背景一致的目标场景或回波信号,从而完成制导系统跟踪目标或目标信息搜集的全过程仿真。在实际应用中,依据应用对象的工作波长或频率,将目标场景特性仿真技术划分为红外场景仿真技术、射频场景仿真技术、视景仿真技术和激光场景仿真技术等。

由于目标和背景的红外辐射特性与本身的形状、表面温度和表面材料的红外光谱发射率密切相关,所以红外成像目标特性仿真主要用于模拟目标、背景的自身辐射特性。红外场景仿真技术通过红外成像模拟源来模拟出目标本身和周围复杂背景的红外辐射特性以及它们之间的对比度,并提供给红外探测系统进行复杂背景中目标的探测和识别。

射频场景仿真技术主要是目标在雷达发射的电磁波照射下产生的回波特性,从而使雷达探测系统可以探测出目标的运动位置、速度等相关信息。射频目标特性的重要参数包括雷达散射截面(Radar Cross Section,RCS)、角闪烁、极化散射矩阵和散射中心分布等。

视景仿真技术作为一种环境仿真技术,是计算机技术、图形图像技术、光学技术、音响技术、信息合成技术以及图形显示技术等的综合运用。视景仿真技术是随着以上技术的发展而发展的,涉及三维建模技术、图形生成技术、动画生成技术、视景生成及显示技术以及声音的输入/输出技术。

激光场景仿真技术主要通过研究目标在激光束照射下的反射特性,从而模拟目标反射激光回波信号的特征,为激光探测器提供目标空间位置等相关信息。

随着军事技术的发展,单一传感器的飞行器无法满足未来战场的作战需求,多传感器集成技术和信息融合技术广泛应用于军事技术中,可以大大提高作战效能,不同传感器组合实现优势互补,形成了一种全新的高性能制导体制。这些先进技术的研制费用高、研制周期长,使得成本低、可重复性和非破坏性强的复合场景仿真技术成为武器研制的重要手段。

2.4.5　运动特性仿真技术

运动特性仿真技术主要用于模拟对象在空间的运动特性。根据飞行力学知识可知,飞行器的运动特性可以分为绕质心转动的角运动和质心的线运动,因此,飞行器的运动特性仿真也可以分为姿态运动模拟技术和质心运动模拟技术。姿态运动模拟技术又称为角运动仿真技术,主要用于实现在地面模拟飞行器在飞行过程中的姿态运动,复现飞行器在空中飞行时的三个姿态角变化。质心运动模拟技术包括线运动仿真技术和线加速度仿真技术,线运动仿真技术可以实现模拟飞行器在空间的运动特性,加速度仿真技术主要是通过专用的仿真设备,模拟出期望的加速度指令,然后通过一套机械装置进行模拟,使得安装在其上的加速度表能够进行感应。

运动特性仿真主要通过集机、电、气、液于一体的大型的伺服控制系统来实现,涉及传感器件、机械结构、控制理论、能源系统、信号调节等内容。随着电动机和传感器技术的发展、计算机计算能力的提高、精密机械加工能力的发展和现代控制理论的应用,运动特性仿真设备正向着高灵敏度、高精度、宽频响和更易使用的方向发展,广泛应用于武器测试、卫星天线、汽车和飞行器模拟器、娱乐、游戏等领域。

2.4.6　力矩负载特性仿真技术

在制导控制系统中,气动舵机、燃气舵、推力矢量等执行器件在工作过程中受到负载力矩的影响,其工作状态与在空载情况下存在较大差异。力矩负载特性仿真技术就是指在实验室环境下,根据飞行器当前的工作状态,完成力矩负载特性的加载,复现飞行器执行部件在空中飞行时受力的状态,考核器件在带载情况下的工作性能。

力矩负载特性模拟台是一个机、电、气、液一体的大型伺服系统,涉及机械结构、能源系统、传感器件、控制理论、信号调节等内容。但与传统的伺服控制系统相比,力矩负载特性仿真存在一个特殊的问题。负载力矩模拟器与舵机系统互为负载,导致负载力矩模拟器产生与舵机系统运动有关的铰链耦合干扰,即多余力矩问题。这个问题导致在开展力矩负载模拟台设计时,要将其与加载对象一起作为一个力矩加载系统,而不是将其当成一个性能固定的设备使用,这就大大提升了负载模拟装置的设计难度。

2.4.7　导航信号仿真技术

飞行器在飞行过程中,依靠各种导航器件获取相关信息,完成对飞行器当前位置和姿态的解算。因此,在半实物仿真系统中,必须根据导航器件的工作原理研制相关仿真设备,根据飞行器当前状态模拟导航器件的敏感信号,在实验室环境下复现导航器件的工作环境。根据不同导航器件的工作原理,导航信号仿真技术可以分为卫星导航仿真技术、天文导航仿真技术、气压高度导航仿真技术和地磁导航仿真技术。

(1)卫星导航仿真技术主要用于对卫星导航应用系统、各种卫星导航模块或软件提供近乎真实的卫星导航射频信号,实现卫星不在轨,在室内及指定条件下的仿真测试。卫星导航仿真技术包括卫星导航的数据仿真、卫星导航的射频信号仿真及测试结果评估等方面的技术。

(2)天文导航仿真技术能够较为精确地模拟星光传播特性和星敏感器的成像特性,同时模拟载体的位姿变化,从而精确验证天文导航方法并检验天文导航设备的系统特性。天文导航仿真技术包括星图模拟技术和星图识别技术。

(3)气压高度导航仿真技术主要指模拟飞行器上的气压高度表、马赫数表工作时所处的大气环境,通常模拟的是总压和静压两个环境参数。在实验室内一般通过改变固定容腔内的压力来模拟气压高度表和马赫数表所测量的压力变化量,从而完成气压高度表和马赫数表的半实物仿真试验。

(4)地磁导航仿真技术主要完成磁空间模拟,它能够在实验室条件下动态模拟全球各地的地磁场强度,为地磁导航仿真系统提供在实验室条件下的验证,较为真实地模拟飞行器或卫星在飞行途中受到的地球磁场。地磁导航仿真系统引入了磁场仿真环境和磁传感器,为地磁导航提供了更加真实的仿真条件,能同时验证导航匹配算法和地磁匹配程度。

2.4.8　半实物仿真试验设计技术

半实物仿真试验可以提供闭环实验条件下武器系统性能的信息,可以得到飞行试验难以测量的数据,并可以重复进行试验。半实物仿真试验设计技术涉及仿真试验的目的和要求、仿真试验的方案设计、内容及大纲编写、仿真与测试的流程、条件的设置、故障处理及结果分析等内容。

在半实物仿真试验设计技术中,其核心内容是完成试验方案的设计和试验数据的处理分析。主要根据飞行器的作战任务性能指标、仿真试验目的和仿真系统结构组成,规划出合理的试验方案,明确试验内容,确定试验状态,要求试验方案能够评估飞行器在各种误差影响下的性能约束,能够验证制导控制回路的接口匹配,能够满足对于系统指标开展效能评估的条件要求。试验结果数据处理要求根据试验数据内容和仿真试验目的,开展试验数据的预处理、数据统计、假设检验、回归分析、聚类分析等数据统计处理工作,使得在有限的试验数据中最大程度地挖掘对象内部信息,完成试验预期任务。

系统仿真试验技术研究是系统仿真总体技术研究的重要组成部分,也是容易忽视和不被重视的部分。为了达到考核设计方案、评估系统性能的目的,必须重视半实物仿真试验技术的研究工作。

2.4.9 仿真结果的校核、验证与确认技术

作为一个仿真系统,仿真结果的置信度直接影响仿真试验的效果。为了考核仿真结果的有效性,必须开展仿真的校核、验证与确认技术研究。模型校核、验证与确认是保证制导控制系统仿真的逼真度与置信度的技术基础,是开展仿真不可或缺的环节,也是保证和提高仿真置信度的有效途径。

半实物仿真系统是一个复杂的大型系统,对其开展模型校核、验证与确认的工作量较大,有必要着眼工程应用和工作效率来设计针对性强的实现过程,以达到节省资源、提高质量的目的。模型校核、验证与确认作为一项贯穿仿真全阶段的研究工作,涉及统计方法、规则制定、评估理论、校核软件等内容。

2.5 本章小结

飞行器半实物仿真系统作为考核方案、优化设计、适航取证中的关键试验设置,通过构建一系列仿真设备,将真实的飞行器实物部件引入仿真回路,能够在实验室环境下,可控、可靠、重复、精确地开展仿真试验,考核各个真实部件对于飞行性能和控制品质的影响,是飞行器研制过程中必不可少的试验环节。

在本章中,首先,系统地介绍了飞行器半实物仿真系统的任务功能,分析了飞控系统设计的概念和设计难度,梳理了系统组成方案,归纳了半实物仿真的技术特点和在飞行控制研制过程中的作用。其次,以精确制导武器制导控制系统半实物仿真环境和飞机地面综合试验台为例,详细地介绍了半实物仿真技术在导弹制导控制系统和飞机系统研制过程中的作用,给出了各自的任务功能和组成方案。最后,归纳整理了飞行器半实物仿真技术涉及的各项关键技术,引出本书的后续内容。

2.6 本章习题

1. 简述飞行器控制系统的任务。

2. 简述飞控系统设计面临的难点有哪些。

3. 列举半实物仿真系统包括哪些分系统及各分部的功能。

4. 简述半实物仿真技术的特点。

5. 简述半实物仿真技术在飞行器研制过程中的作用。

6. 给出图像寻的武器半实物仿真系统的组成框图。

7. 描述图像寻的武器半实物仿真系统中各个子系统的任务功能。

8. 给出射频寻的武器半实物仿真系统的组成框图。

9. 描述射频寻的武器半实物仿真系统中各个子系统的任务功能。

10. 描述飞机地面站综合试验台的主要试验项目。

11. 简述飞机地面综合试验台开展地面综合试验的目的。

12. 给出飞机地面综合试验台的系统组成及各个子系统的任务功能。

13. 介绍飞行器半实物仿真总体技术的主要工作内容。

14. 分析飞行器半实物仿真中对于实时仿真的需求是什么。

15. 半实物仿真系统的信号接口技术包括哪些内容？

16. 目标场景仿真技术主要包括哪些内容？

17. 仿真试验设计技术主要包括哪些内容？

18. 仿真结果校核、验证与确认的必要性是什么？

第 3 章　飞行器半实物仿真系统总体设计技术

半实物仿真系统作为一个复杂的分布式仿真系统,涉及系统工程、数学、计算机、光学、射频、机械、电气等诸多专业,其设计难度大、任务需求多、调试难度高。因此,半实物仿真系统的总体方案设计和系统研制过程就显得尤为重要。

半实物仿真系统总体设计技术基于飞行器相关专业知识和系统仿真理论方法,根据参试对象的工作原理和信号流向,结合试验目的和试验内容,考虑研制经费和试验场地等限制,提出仿真系统总体组成方案和仿真设备需求,完成仿真节点框架设计和仿真流程设计,明确节点调度机制和网络通信协议,并根据系统组成和特点,参照非标专用设备的研制过程,明确各个阶段的研制任务。总体方案的优劣和研制过程的顺利与否,直接关系到半实物仿真系统的任务目的能否实现、性能指标是否满足、建设成本是否可控。

在本章中,笔者结合团队多年工作经验,深入分析总体方案的设计难度、设计内容和设计要求,开展系统功能层次、组成架构方案和运行调度机制的设计,归纳总结系统研制建设的基本步骤和注意事项,为半实物仿真系统的建设提供理论支持和技术指导。

3.1　飞行器半实物仿真系统的总体方案论证

飞行器半实物仿真系统的研制工作是一项复杂的工程,涉及许多技术领域和科研部门,从系统需求的提出到详细方案的完成,中间要经过多轮讨论和迭代,才能形成合理可行的实施方案,确保系统研制工作的顺利进行。为保证设计方案的可行性,要求设计人员具有专业的知识基础、较好的全局组织能力、科学的决策管理能力。本节通过对设计难度的分析,来梳理总体方案中的设计要求和设计内容。

3.1.1　半实物仿真系统总体方案的难度分析

半实物仿真系统的总体方案设计是一项复杂的设计工作,面临试验对象组成复杂、任务目标多样、涉及专业众多、性能要求先进、设计约束繁多等诸多问题。

(1)试验对象组成复杂。飞行器半实物仿真是围绕飞行器参试装置进行相关设计的,主要包括飞行器的导引头、惯性测量组件、卫星导航、高度表、地磁等各类传感器件,以及弹载/机载计算机和舵机、流量阀等各类执行部件。不同的飞行器,其组成结构存在很大差异,其设备指标、工作原理和操作流程也存在很大不同,这要求设计人员在进行总体方案设计时,必须深入了解试验对象,掌握各种参试设备的工作原理、通信接口和信号流向等内容。

(2)任务目标多样。半实物仿真在飞行器系统研制中,不同的研制单位在不同的研制阶段面临的仿真任务和建设目的各有不同。例如,一些红外导引头研制单位围绕单位主要业务来构造半实物仿真系统,只将红外导引头回路引入仿真回路中,重点考核导引头在各种干扰和诱饵情况下的抗干扰性能。因此,在设计半实物仿真系统时,必须深入了解研制单位的建设目的和任务需求。

(3)涉及专业众多。半实物仿真系统包含多种类型的仿真设备,涉及控制、制导、计算机、图像、光学、机械、电气等专业。因此,要求半实物仿真系统的设计人员具备多个学科的专业知识和丰富的工程经验。由于半实物仿真系统应该围绕试验对象展开,因此建议在组建半实物仿真系统总体方案设计团队时,应该由飞行器控制专业牵头,并要求全面掌握对象、模型、控制、计算机等相关知识,同时针对不同的仿真系统,吸收液/气压、电动机、射频、光学、图像、基建等专业人才。

(4)性能要求先进。在开展半实物仿真系统总体方案设计时,必须在满足试验任务需求的前提下,保证系统的指标具备一定的先进性。对仿真系统关键设备性能指标应保证一定的设计裕量,使得实验室在未来一段时间内都能够满足型号发展的需求。同时在进行方案设计时,需要考虑指标的均衡性和适应性,性能裕量的大小需要根据相关技术的发展趋势和进度进行选取,不宜追求单个设备、单项指标的最优,而应该从整体的角度出发,确保仿真系统整体性能最优。

(5)设计约束繁多。在半实物仿真系统方案设计时,必须考虑诸多因素的限制,如系统建设成本、工程进度、试验场地大小限制、供电供气要求、电磁兼容性等约束情况,从而提出合理可行的试验组成方案和分系统指标要求,在满足仿真任务的基础上,在性能、成本和周期之间保持平衡。

除此之外,半实物仿真系统在进行总体方案设计时,还必须考虑实时性、兼容性、扩展性、安全性等需求,这些需求与前面的问题夹杂在一起,使得方案设计愈加复杂。因此,在开展半实物仿真系统总体方案设计时,必须高度重视总体框架的设计难度和项目实施的复杂性,相关设计工作围绕项目建设需求和参试对象特点展开,切勿在不了解对象特点的情况下进行,这样会导致后期联调联试阶段工作大量增加,研制周期延长,建设经费增加,严重时会导致系统无法完成试验任务,使得系统无法使用,浪费大量的人力、物力、财力。

3.1.2　半实物仿真系统总体方案的设计要求

半实物仿真系统作为一个具体的分布式科研设备,在开展总体方案设计时,必须从工程实践的角度出发,针对仿真试验对象的特点和任务需求,在满足试验任务功能需求的基础上,保证系统的功能性、实时性、兼容性、扩展性、重构性、安全性和灵活性。

(1)半实物仿真系统的功能先进性要求。不同的研制单位和用户,对于半实物仿真系统的任务需求和半实物仿真系统的建设目的是不同的。通常情况下,飞行器总体论证单位侧重对武器系统的总体方案和主要性能参数进行论证;制导控制部件生产单位主要围绕本单位研制的部件进行性能考核和指标评价;制导控制研制单位则主要进行系统设计方案论证、设计和主要系统及部件参数的设计验证、考核和验收;武器系统鉴定单位需要考核武器系统在各种条件下的性能是否都满足研制的总体要求,评估在设定战场条件下的作战性能。因此,构建半实物仿真系统时,必须在研制周期和研制经费的约束下,针对用户需求和参试对象特点开展总体方案设计,完成用户期望的任务功能。为了实现这一点,必须深入分析参试对象特点,按照相似性原理和相似关系,提出仿真设备的需求。同时,对仿真设备指标和可实现性进行论证分析,确保其能够满足系统性能要求。需要注意的是,实物部件中的部分相似性关系,通常需要多个仿真设备配合实现,因此,在设计过程和指标分解过程中,一定要注意系统性能的均衡性和匹配性、系统方案的复杂程度、关键技术的可实现性、项目总体建设成本、系统后期维护使用难度等,选取最优的实现方案。

(2)半实物仿真系统的运行实时性要求。半实物仿真与数字仿真的最大区别,就是在仿真回路中引入了部分产品实物,这就对仿真系统的实时性提出了极大的要求。在半实物仿真中,仿真系统实时性是仿真任务实现和仿真结果可信的基础,是对仿真系统中所有设备提出的共同要求,特别是所有参与闭环信息流的仿真设备,在设计和使用时必须满足实时性要求。为了满足这一要求,应主要关注以下三个方面的内容。

1)高精度的定时时钟:仿真系统应具备高精度的定时时钟,要求模型解算和专用物理效应模拟设备均为实时运行,保证其仿真步长与物理时钟的一致性。作为飞行器半实物仿真,由于对象仿真的飞行速度高、控制周期小,因此,系统的仿真步长通常为毫秒级,为了保证仿真精度,要求系统的时钟精度为微秒级,定时精度高,时钟抖动误差小。

2)小且确定的传输延迟:作为一个包含多个部件和设备的分布式仿真系统,系统涉及大量的数据传输、信号转换等工作,为了减小数据传输延迟对于仿真结果的影响,必须采用高速实时网络和高速信号采集接口,以减小系统数据传输延迟。另外,必须选择高速可靠的传输网络,保证数据传输延迟的确定性,防止传输延迟的随机和不确定性导致仿真异常。需要注意的是,如果部分传输延迟是参试系统中的固有特性,则这部分延迟应与参试对象保持一致。

3)全系统的同步一致:在分布式仿真系统中,由于各个仿真节点之间在每个仿真步长中存在大量的数据交互,因此,要求整个系统的运行过程必须统一,在系统主控的调度下,一致、有序地完成每一步的仿真计算和数据交互,否则,就会导致多次仿真结果不一致的现象,从而大大降低仿真系统的精度和置信度。

(3)半实物仿真系统的系统兼容性要求。分布式仿真系统作为一个大型的仿真系统,其投资金额和建设规模相对巨大。因此,对于一套先进的飞行器半实物仿真环境,在要求其满足主要型号仿真试验需求的基础上,对其兼容性也提出了一定的要求,即要求其能够在一定范围内适应同一类型的多个型号的仿真试验需求。半实物仿真系统在总体设计时,应针对一系列型号的工作特点和仿真需求,总结其型号之间的共性特点,归纳其型号之间的系统差异,包括数学模型、工作流程、电气通信、机械接口等。

各仿真设备的指标,在仿真设备通用性的基础上,要求其性能指标能够满足具有一定的兼容性,能够在一定程度上覆盖相关型号的性能需求。在不同型号仿真时,通过更换相应的仿真模型、电气接口适配器和机械安装连接件等仿真部件,来满足不同系统仿真任务的使用要求,进而大幅降低仿真系统的建设成本,缩短研制周期,提高系统的使用效率和经济性能。

(4)半实物仿真系统的规模扩展性要求。飞行器半实物仿真通常包含多个大型光机电仿真设备,使得其建设成本较高、建设周期较长。因此,受批复经费和场地环境等限制,许多半实物仿真系统采用分阶段建设。这就要求半实物仿真系统在构建时,必须考虑其扩展性要求。

半实物仿真系统的扩展性是指仿真系统和设备通过一定的经费投入和技术改造,在原有的基础上将系统和设备的性能、规模和适用范围进行扩展的能力。当前系统建设成本预算紧张或受到研制进度的严重制约时,总体方案设计应充分规划预留的相应升级、扩展接口,以便在制约因素消除后继续完善系统的建设,尽力避免重复建设。

(5)半实物仿真系统的模式重构性要求。在半实物仿真系统设计中,应充分考虑系统仿真模式运行的可重构性和仿真系统使用的灵活性。

系统可重构性是指通过改变仿真系统的运行结构和工作方式,提高系统综合仿真的能力。在进行半实物仿真试验时,通常根据仿真的试验目的和仿真阶段的不同,将仿真系统规划为若干工作模式,如飞控计算机在回路闭环仿真、舵机在回路闭环仿真、飞控计算机＋惯性测量组件在回路闭环仿真、全系统闭环仿真等。通过对不同的运行模式进行设计,根据任务需求进行工作模式重构,从而满足各种仿真运行要求。

(6)半实物仿真系统的安全可靠性要求。为了将参试实物部件引入仿真回路中,需要构建一系列大型机、电、液一体化设备,这就对系统的安全性和可靠性提出了较高的要求。

在进行半实物仿真系统总体网络架构和节点调度方式等内容设计时,应充分考虑系统的安全性。通过对节点协议和消息内容进行规划,使得系统主控能够实时监控各个节点的运行状态,当某个节点出现故障异常时,系统主控管理节点应能够第一时间作出响应,并通知各个节点进入异常处理模式,中止本次仿真试验,从而保证试验人员、参试部件和仿真设备的安全。需要注意的是,主控系统在进行节点监控时,应该能够覆盖节点故障的各种情况,包括节点能够感知到自身故障从而进行主动上报的情况,以及节点系统已经死机无法上报故障的情况。

在半实物仿真系统总体规划和系统研制过程中,应该严格按照质量工程的概念开展相关研制工作。在研制里程碑节点时,可以通过联席会议的方式进行评审,严格进行质量控制。对于系统软件代码编写、硬件电路设计制造、机械结构设计加工等环节,必须严格遵循相应的国家标准和行业规范,保质保量地完成系统的研制工作,提高系统的可靠性。

3.1.3 半实物仿真系统总体方案的设计内容

半实物仿真系统作为面向飞行器系统设计、验证和评估所建立的大型分布式仿真系统,其总体方案设计的优劣,直接关系到系统建设目的能否实现、系统研制过程是否顺利、系统研制成本是否可控。在进行半实物仿真系统的总体方案设计时,主要设计内容包括明确研制目的、设计组成方案、分配设备指标、规划网络架构、布局设备安装以及策划使用方案等。

(1)明确研制目的。由于半实物仿真系统在飞行器研制不同阶段的作用有所差异,在进行总体方案设计时,一定要结合建设单位的总体情况和任务需求,明确仿真系统的研制目的,使得系统的研制方案和设计规划具有统一的目标。

(2)确定组成方案。半实物仿真系统的总体设计方案的一项重要工作就是根据系统研制目的,确定半实物仿真系统的设备组成方案。对于半实物仿真系统而言,其设备主要包括仿真主控管理设备、仿真模型实时解算设备、物理效应环境模拟设备、信号通信及电气接口,以及支撑服务设备等。通过分析可知,仿真系统组成方案的差异主要体现在物理效应环境设备和信号通信接口的类型和数目上。在构建系统组成方案时,需要根据仿真任务,明确引入仿真回路的参试部件,继而确定半实物仿真系统中的相似关系要求,而相似关系的数量和实现方案就决定了仿真系统的物理效应环境设备和信号通信接口关系。

(3)分配设备指标。总体方案设计的另一项重要工作就是完成系统的指标(包括总体指标和各分项设备指标)分配。

由于半实物仿真系统组成复杂、投资规模大、研制周期长,因此,在确定仿真系统的总体技术指标时,要充分考虑仿真系统的应用范围和试验任务,同时考虑系统扩展性和系统兼容性,相关指标应尽可能兼顾同类仿真对象的试验要求。在明确了仿真系统的总体技术指标后,需要考虑仿真对象各组成部分的技术指标要求,按照一定的性能指标分配原则,确定仿真系统各分系统的技术指标。原则上,各分系统的技术性能越好对全系统越有益,但在工程实践中,必须考虑经济承受能力、工程进度和工程可实现性等因素。同时,需要注意各个分系统和参试设备是作为一个有机整体参与闭环工作的,在分配指标时,一定要注意各个分系统之间的指标匹配性和指标适应性,特别是一些相似性能是依靠多个设备配合完成的。

(4)设计网络架构。半实物仿真系统作为一个典型的分布式仿真系统,各个子系统之间通过通信网络来完成数据交互。因此,仿真网络架构规划也是仿真系统总体方案设计的一项重要内容。在进行网络架构设计时:首先,根据系统组成方案和性能指标要求,选择合适的网络连接形式;其次,结合仿真试验任务和参试对象的工作流程,确定网络组织架构和网络消息调度机制;最后,根据仿真对象和试验分析内容,规划仿真数据通信交互方式和通信协议。

(5)规划设备布局。为了保证仿真系统的正常运行、便于使用维护和发挥设备最大作用，在进行半实物仿真系统总体方案设计时，必须基于系统组成方案，考虑场地限制，对设备安装布局和场地建设提出详细规划。在试验场地布局设计中，必须根据仿真设备的环境需求，并考虑到仿真系统的安全性、维护性和扩展性，对试验室的动力、电气、照明、通风、供水、温度、节能与环保等内容制定详细方案设计。例如，高精度、高速旋转、重载等特殊仿真设施对于地基有特殊要求，在隔振、调平、质量、防护、稳定性等方面均需要提出相应指标要求。一些大型设备的动力来源为液压，因此要求实验室具备液压能源供应条件。

（6）策划使用方案。为了确保系统研制方案与任务目标没有出现偏差，需要对系统方案的使用方案和运行场景进行策划。在对试验系统组成方案进行仿真后，根据试验目的和任务需求，充分考虑系统的扩展性和重构性，完成系统总体使用方案的规划，明确试验运行模式，归纳试验操作流程，设计信号流向，给出仿真系统建设完成后的预期效果。

飞行器半实物仿真系统作为一个大型的分布式仿真系统，其组成结构复杂，涉及专业众多。因此，在进行总体方案设计时，必须根据试验目的和研制要求，考虑单位研制经费和研制周期，并积极吸收相关专家的意见，形成详细的设计方案，邀请各方专家进行评审，确保总体设计方案的完整性和先进性。

3.2　飞行器半实物仿真系统的总体框架设计

从典型的飞行器半实物仿真组成方案可以看出，半实物仿真系统通过实时通信网络，将多个物理效应模拟设备和仿真计算机连接起来形成一个统一的整体，构成一个分布式仿真系统。而对于一个分布式系统，如何完成节点功能、网络框架、通信消息和调度机制的设计，是仿真系统总体框架设计的重点。

在本节中：首先，深入分析飞行器半实物仿真系统仿真框架的特点和差异；其次，给出一种典型半实物仿真系统的设计框架，包括运行阶段设计、事件消息设计、设备节点设计和运行机制设计等内容。该系统总体框架在笔者团队建设的多个半实物仿真实验室中得到运用，有力地支撑了相关型号的科研生产任务，具有结构简单、实时性好、安全性高、扩展方便等特点。

3.2.1　半实物仿真框架设计特点

飞行器半实物仿真通过特定的物理效应环境模拟设备，在实验室环境下，为参试部件构建逼真的仿真试验环境，通过相关硬件接口与实时解算的高精度、细粒度的飞行器数学模型进行连接，完成导引头、惯导、飞控、舵机等实物设备的闭环仿真试验。飞行器半实物仿真系统虽然与用于多武器对抗作战仿真的分布式交互仿真系统在结构上具有一些共同的特点，但是飞行器系统半实物仿真的独有特点，使得它们之间存在着一定的差异。

（1）系统规模相对较小。飞行器半实物仿真系统虽然是一个分布式仿真系统，但系统规模相对较小，试验节点数通常为 10 个左右，并且通常位于同一个实验室内。因此，在进行网络设计时,通常不需要考虑地域上的分布性和大规模的节点交互。

(2)节点耦合关系紧密。在飞行器半实物仿真中,除了视景演示子系统等部分设备,绝大部分设备还处于一个紧耦合的状态,多数子系统之间的数据传输关系为串联关系,即每个设备在当前的输入均作为其他设备的下一个输出。系统之间交互关系紧密,这对系统的同步性提出了较高的要求。

(3)节点任务功能明确。半实物仿真系统的主要功能设备是一系列物理效应环境设备,这些设备通常为定制产品,采用不同的操作系统或软件平台进行开发;每个设备的任务功能相对明确,其输入/输出的接口关系相对固定(如三轴转台,其输入通常为 3 个框架角指令,其输出为 3 个框架角当前位置)。

(4)系统实时要求较高。为了将各个实物部件引入仿真回路,需要一系列专用的物理效应仿真设备,通信网络和硬件接口,与导引头、惯导、舵机等弹上部件协同工作,构成了飞行控制系统的闭环回路。系统交互的通信延迟直接串联到闭环回路中,影响了仿真系统的试验结果和置信水平。同时,系统接入了大量的产品实物,这就要求系统的仿真步长与真实世界的物理时间严格一致。这些因素对于网络通信架构的快速性、实时性和同步性均提出了较高的要求。

1)系统仿真步长很小。由于飞行器具有速度快(速度最快可达十几马赫)、动态特性快(瞬时角速度可达上百度每秒)等特性,因此,为了保证数学模型的解算精度,减小积分误差,要求仿真系统的仿真步长较小;由于仿真系统中包含了转台、负载台等高性能的机电设备,为了保证其控制的平稳性,要求指令相对平滑、连续,这就要求其具有很小的系统仿真步长。目前,典型的飞行器半实物仿真,其仿真步长通常选择 0.5 ms 或 1 ms,这对系统模型解算的实时性和数据交互的同步性均提出了较高的要求。

2)系统安全要求苛刻。在仿真系统中,包含了转台、负载台等一系列大型的机、电、液一体化设备,特别是一些极限偏差试验弹道,可能在运行时出现“飞车失控”的现象,造成人员及财产的损失。为了保证系统安全,一方面,仿真设备在设计时要考虑各种安全措施;另一方面,在网络通信架构时,要求系统能够监控各个节点的运行状态,能够在第一时间发现故障,采取合理的故障处理预案,中止本次仿真。因此,在开展飞行器半实物仿真系统网络通信架构设计时,应该根据飞行仿真研究对象的具体特点来进行重新优化设计。

3.2.2 半实物仿真功能层次设计

基于飞行器半实物仿真的复杂性,其一般涉及不同的学科专业、职能部门和研究层次。因此,为了更好地开展仿真系统总体方案设计,要对系统任务和设计内容进行分析,以及对系统功能进行层次划分。飞行器半实物仿真系统的功能层次设计如图 3-1 所示。

从图 3-1 中可以看出,飞行器半实物仿真系统主要包括模型资源层、通信链路层、核心功能层和任务应用层等,其在试验数据中心的支撑下,完成各种类型的试验任务。

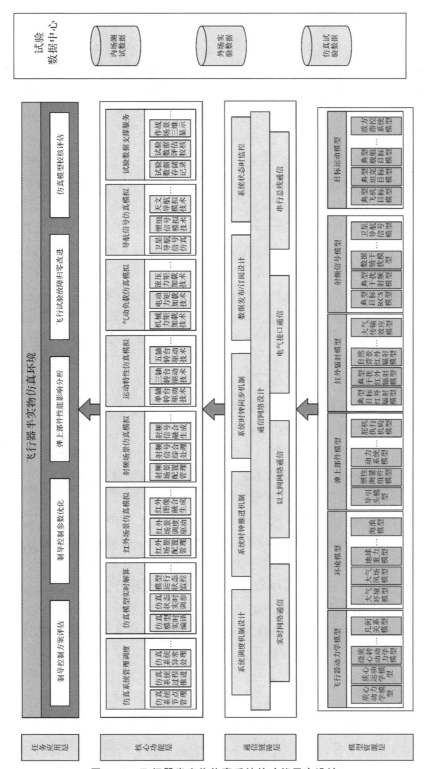

图 3-1　飞行器半实物仿真系统的功能层次设计

1. 仿真系统模型资源层设计

模型资源层是整个半实物仿真系统的基础,模型的准确程度和完备程度直接关系到仿真的置信度水平,模型的接口关系和构建形式直接影响仿真系统的架构和组织,模型的描述方式和搭建环境直接决定仿真机的形式和类型。模型资源层主要完成各类仿真模型的建立和构造,其中主要包括飞行器动力学模型、环境模型、弹上部件模型、红外辐射模型、射频信号模型和目标运动模型,涵盖飞行过程所涉及的各项模型。

(1)飞行器动力学模型主要用于描述飞行器的运动变化和姿态变化,根据制导控制系统输出的控制指令,完成气动计算、动力学计算和运动学计算,得到当前时刻的位置和姿态,为场景生产和仿真设备提供弹体数据来源。其通常包含弹体参数计算、气动计算、质心动力学方程、质心运动学方程、绕质心转动动力学方程、绕质心转动运动学方程以及补充几何关系方程。需要注意的是,由于不同的飞行器的飞行特征存在很大差异,因此其模型描述形式会存在一定的差异。

(2)环境模型主要用于建立飞行器所在环境的数学模型,根据设定的时间、高度等状态,计算出飞行器当前位置姿态下的气压、声速、重力、风速、风向等参数,用于飞行器进行受力计算和环境影响分析。其主要包括大气参数模型、大气风场模型、地球重力模型、海浪模型等。

(3)弹上部件模型主要用于构建弹上相关部件的数学模型,包括导引头模型、惯性测量组件模型、动力系统模型和舵机执行机构模型等。由于弹上部件的类型和工作原理差异较大,因此弹上部件数学模型的描述形式也存在很大不同。

(4)红外辐射模型主要根据规划的作战任务,完成整个作战场景中的红外建模工作,为红外场景仿真提供数据来源,主要内容包括典型目标红外辐射模型、典型干扰红外辐射模型、自然环境红外辐射模型、大气传输效应模型。

(5)射频信号模型主要根据作战任务规划,完成作战场景中的各类射频信号计算工作,为射频目标模拟器、雷达电子战场景模拟等仿真设备提供模型基础,主要内容包括典型目标RCS模型、典型干扰射频模型、数据链干扰模型等。

(6)目标运动模型是主要根据作战想定,完成仿真对象作战目标的数学运动模型。根据目标的类型,其可以分为各类飞机、坦克、舰船等目标模型,要求能够基本反映目标的机动方式和运动位置。另外,在某些仿真条件下,还需要构建敌方作战体系的预警模型和指控系统模型等。

2. 仿真系统通信链路层设计

通信链路层是整个系统的信号传输基础,以面向服务模式向基础平台服务层提供标准访问接口,实现可互操作的、实时的、面向对象的分布式系统应用的建立,支持应用层软件的快速高效集成及系统运行,在保证安全的条件下完成信息传输的任务。通信链路层采用基于对象模型的信息传输模式,在半实物仿真系统运行过程中,各个参试单元的资源和仿真模型之间的所有通信都依据对象模型定义实现资源间的互操作。通过采用基于发布/订阅的数据交换机制,并支持以动态加载模式扩展的远程资源访问接口,实现各个节点和设备之间的数据交互。通信链路层通过调用实时通信网络驱动、以太网通信网络驱动、串行总线通信驱动、电气接口通信驱动等,与各种仿真模型和实物部件完成数据交互和调用;通过相关模块和函数向应用系统提供基本服务,主要包括系统调度机制设计、系统时钟推进机制、系统时钟同步机制、数据发布/订阅设计和系统实时监控等。

3.仿真系统核心功能层设计

仿真系统核心功能层设计是飞行器半实物仿真的核心,通过各种专用仿真设备完成仿真系统管理调度、仿真模型实时解算和物理环境效应模拟等任务,从而将产品实物引入半实物仿真回路。其主要提供仿真系统管理调度、仿真模型实时解算、红外场景仿真模拟、射频场景仿真模拟、运动特性仿真模拟、气动负载仿真模拟、导航信号仿真模拟以及试验数据支撑服务等。

仿真系统管理调度作为系统的管理核心,主要由仿真主控管理设备来实现,完成包括仿真系统节点管理、仿真系统过程推进、时钟消息同步推进、仿真系统状态监控、仿真系统异常处理等任务。仿真模型实时解算主要完成飞行器动力学、环境和目标等数学模型的实时解算任务,通常由实时仿真机来实现,完成仿真模型搭建、仿真模型实时编译、仿真状态实时调参、实时模型运行控制、模型运行状态监控、模型数据交互等任务。红外场景仿真模拟主要完成半实物仿真系统的红外相似性模拟,通常由红外目标模拟器实现,用于为参试的红外导引头提供虚拟的红外场景,主要包括红外场景配置管理、红外场景调度驱动、红外图像融合生成等功能。射频场景仿真模拟主要完成半实物仿真系统的射频信号计算,主要为参试的雷达导引头、数据链装置和其他电子战装置提供射频信号,主要包括射频场景配置管理、射频信号综合处理、射频信号融合生成等功能。运动特性仿真模拟主要用于完成飞行器环境中的运动特性的相似性模拟,根据模拟的自由度数目,可以分为单轴转台、三轴转台、五轴转台等类型。气动负载仿真模拟主要完成飞行器仿真过程中的力矩特性模拟,根据加载力矩驱动形式,可以分为机械力矩加载技术、电动力矩加载技术和液压力矩加载技术等。导航信号仿真模拟主要完成仿真系统中的导航信号模拟,包括卫星导航信号仿真、惯组信号模拟技术、天文导航模拟技术等。试验数据支撑服务主要完成仿真系统的数据记录存储、过程曲线显示、试验结果统计评估、作战过程二维态势/三维场景显示等。

4.仿真系统任务应用层设计

仿真系统任务应用层设计基于飞行器半实物仿真系统,结合用户任务需求,通过界面设置和人机交互优化,制定仿真试验大纲和使用操作说明,完成相应的仿真应用任务,如制导控制方案评估、制导控制参数优化、弹上部件性能影响分析、飞行试验故障归零改进、仿真模型校核评估等仿真应用任务。其功能应用与仿真系统的建设目的和核心要求密切相关。

5.仿真系统试验数据中心设计

试验数据主要包括内场测试数据、外场测试数据和仿真试验数据,应根据数据类型的不同,按照一定格式进行分类存储管理,为开展数据挖掘分析服务、模型置信度评估服务提供支撑。试验数据中心的任务是建立运行稳定、执行效率高的数据存储处理和服务中心,支撑半实物仿真系统的设计仿真试验工作有序开展。

3.2.3 半实物仿真设备节点设计

半实物仿真系统中包含多个仿真任务节点。这些仿真任务节点彼此间的地位是对等的,要想针对复杂的交互关系来实现整个分布式仿真任务,就必须找到一种行之有效的调度管理机制,否则整个仿真系统的效率会变得非常低。在本书中,对不同节点进行功能划分,将其分为主控管理节点、同步计算节点和监听客户节点,从而完成仿真系统的节点任务规划和调度管理工作。

(1)主控管理节点:作为整个系统的控制中枢和监控中心,在仿真过程中发送仿真进程控制消息、控制系统的仿真步长、推动仿真时钟的前进和全系统的同步、监测各仿真节点的设备状态,确保整个仿真过程协调、有序、一致地进行。

(2)同步计算节点:作为整个系统的任务执行节点,为保证系统的闭环运行,要求其时钟推进必须严格准时,任务执行必须严格同步,并且在整个运行过程中,同步计算节点必须在线,不能出现故障、超时、丢帧等情况。各类物理效应模拟设备和数据记录系统均为同步计算节点。

(3)监听客户节点:在半实物仿真系统中,还存在一类节点,该类节点从实时网络读取仿真进程控制消息和仿真数据,而不向网络发布任何数据和仿真设备状态消息,相关数据也不进入闭环回路中。对于整个闭环系统,该节点是否在线、是否正常均不会影响仿真试验的顺利进行,仿真管理节点也不需要关心该节点的运行状态。在半实物仿真系统中,视景仿真节点就属于该类节点。

3.2.4 半实物仿真运行机制设计

飞行器半实物仿真环境是一个大型、复杂、综合性的仿真平台,倘若采用一般的模块组合和功能捆绑方式实现仿真过程,势必导致仿真系统结构、时序和功能混乱,效率、速度和精度降低,难以完成复杂的仿真任务。在事件驱动机制原理的基础上,结合参试对象特点和仿真试验装置,设计合理可行的运行调度机制,以高效、有序、准确地驱动仿真运行过程。

飞行器半实物仿真系统中,主要采用反射内存网络作为实时网络,该网络中提供了中断消息模式和反射内存地址分配等交互机制。在此,基于反射内存网络的通信模式,结合事件消息和节点设计特点,将各类消息进行分类,从而设计出一套简单便捷的交互运行机制。在系统中,主控管理节点可以通过中断消息模式向各个同步计算节点发送事件控制消息。各个同步计算节点通过内存地址的模式,上报自身的状态信息;主控管理节点在发送事件控制消息后,启动查询线程,定时读取规划好的节点状态地址,查询各个节点的运行状态;主控管理节点的消息循环管理机制,按照设定的任务时序和仿真步长,提示用户按照操作顺序完成不同事件消息的推进。

3.2.5　半实物仿真事件消息设计

在飞行器半实物仿真环境中,为了保证整个系统的统一调度,通常基于实时通信网络的数据交互和中断通信机制,采用事件消息机制进行信息交互。事件消息机制就是以事件(或消息)来触发程序运行的方法,在事件驱动的应用程序中,事件消息可以由仿真主控的消息触发,也可以由用户界面操作触发,还可以由其他节点的消息触发。每发生一次事件,就将一条消息发送至仿真主控系统,仿真主控系统将该消息广播给各个试验节点,每个试验节点根据自身情况处理该条消息指令,进而采取适当的操作。在飞行器半实物仿真系统中,所有用户命令和节点产生的内部命令都被转化为事件消息,并以事件消息的形式在系统中流动,进而对各组件的行为产生控制。

为了让各个子系统能够正确识别来自系统的事件消息并作出响应,必须预先定义一系列标准的事件消息类型。在此,根据消息的类型,将其分为节点注册消息、系统控制消息和节点反馈消息,其中,系统控制消息又可以分为离散事件消息和连续推进消息。

1. 节点注册信息

在半实物仿真试验中,不同的试验模式下参与试验的节点各不相同。在每种试验模式下,为保证试验的顺利进行和信号的闭环传递,要求在仿真试验前确保本次参与试验的节点均已就位。因此,在正式进入仿真准备流程之前,需要进行一系列节点注册过程,主要包括试验节点参与消息、参与完成消息等,便于主控节点检查各个节点是否就位。

2. 离散事件消息

离散事件消息主要包括仿真准备阶段的一系列事件消息和仿真结束或中止事件。这些事件消息均具有离散性、顺序性和单次性的特点。其中:离散性是指一些操作事件是突发性的,并不是连续产生的,并且每次发生之后,后续操作的时间未知;顺序性是指一些事件操作的执行有先后逻辑顺序,即后一操作必须在前一操作完成的基础上执行,不能提前执行,否则会出现异常情况导致试验失败;单次性是指部分事件操作是单一事件,并不是重复多次发送。在离散事件之后,通常需要主控管理系统检查各个节点的完成情况,确保任务事件完成后才能执行。

下面给出典型半实物仿真系统中的常用离散事件消息。

(1)SM_PREPARE:仿真准备消息。主控管理子系统需要根据仿真初始条件将导弹姿态角、角速度、目标方位角和舵机铰链初始值发送到实时通信网络;仿真设备在收到该消息后,一般完成仿真初始条件设置、数据文件读取、内存分配、飞控上电等任务。

(2)SM_BINDING:参试装订消息。仿真设备在收到该消息后,完成模型加载、飞控参数装订等任务。

(3)SM_INITIALIZE:仿真初始化消息。各物理效应模拟设备在收到本消息后,从实时通信网络读取仿真初值,驱动设备到初始状态,例如转台运行到初始姿态角、目标模拟器调整到初始距离和方位并生成初始图像、负载模拟器给舵机加载铰链力矩初值,惯组模拟器输出姿态角和角速度初值等。

(4)SM_INITALIGNMENT:初始对准消息。仿真节点在收到该消息后,通过一系列电气通信协议,通知参试设备进行惯组初始对准或发射前的目标锁定。该消息必须在初始化消息完成后才能发送。

(5)SM_START:仿真开始消息。类似真实发射指令,各仿真设备在收到该消息后,仿真计数器清零,导引头和舵机解除锁定并转入伺服跟踪状态,飞控计算机开始工作;转台、目标模拟器、负载模拟器由静态达位模式转换为伺服跟踪模式。

另外,还需要定义仿真结束消息,用于控制仿真系统完成本次仿真试验。

(6)SM_STOP:仿真停止消息。各仿真设备在收到该消息后,停止仿真运行,将仿真设备控制到安全状态,断开设备闭环伺服控制;保存仿真数据到记录文件,清理内存,为下一次仿真做准备。

(7)SM_EMERGENCY:仿真应急停止消息。各仿真设备在收到该消息后,进入应急模式,迅速将仿真设备控制到安全状态,断开设备闭环伺服控制,确保设备和产品安全;保存仿真数据到记录文件,清理内存,为故障排除后继续进行仿真做准备。

需要说明的是,上述相关离散事件信息只是作为参考,在开展半实物仿真系统设计时,需要根据具体的参试产品流程和仿真设备工作模式进行选择,有目的地增加或删减。

3. 连续推进消息

连续推进消息主要用于仿真开始后的时钟同步任务。在仿真开始后,按照设定的仿真步长向网络中各个节点连续广播,发送时钟同步事件消息;整个系统收到该消息后,完成当前数据收发、模型解算和数据处理。通过时钟同步消息,能够确保整个系统时钟的唯一性和整个数据交互的同步性,大大提高了仿真系统的精度和一致性。

SM_CONTINUE:仿真运行消息。各仿真设备在收到该消息后,开始执行一步仿真计算任务,并将自身状态进行回传。

需要注意的是,笔者认为半实物仿真系统与数字仿真系统的差异之一就是半实物仿真无法在仿真过程中处于暂停状态,这是因为部分参试部件的运行时钟无法外部控制,部分仿真设备的运行状态无法保存并恢复。例如,飞控计算机或导航系统,其时钟由自身晶振来推进,无法由仿真系统进行控制;仿真转台在暂停后再次启动时,最多只能保持角度的一致,而暂停时刻的角速度、角加速度等物理特性无法复现。因此,系统没有设计仿真暂停消息和仿真重启消息。

4. 节点反馈消息

节点反馈消息由各仿真设备发送,用于表征自身状态。仿真主控管理根据各节点的反馈状态信息控制整个仿真系统的进程推进。常见的仿真设备状态消息如下。

(1)SM_OK:仿真设备正常,表明仿真设备处于正常状态,可以进行仿真试验。

（2）SM_ERROR：仿真设备故障消息，当仿真设备检测出自身在运行过中出现异常状态时，如整数和浮点溢出、内存和存盘空间不够、中断异常、转台位置超限、力矩电动机故障等，则应通过该消息上报主控管理节点，中止本次仿真试验。

（3）SM_BUSY：仿真设备忙，表明仿真设备正在执行操作指令。该状态通常用于仿真准备阶段，当仿真设备收到离散事件消息后，将自身状态设置为 SM_BUSY，然后开始执行相应操作，完成后再将自身状态设置为 SM_OK。通过这种方式，确保主控系统能够掌握各个节点的任务完成情况，确保试验按照规划顺序完成。

另外，参与试验的仿真设备除了需要向主控管理反馈自身的运行状态外，通常还需要反馈自身的"心跳"信息，表征自身节点处于正常状态，从而避免由节点死机导致无法上报故障的情况。

3.3　飞行器半实物仿真系统的研制流程

飞行器半实物仿真系统的研制是一项任务复杂、专业众多、流程烦琐的工作。在项目的研制过程中，必须按照系统工程的方法，基于系统建设的任务需求，分步骤、分阶段地开展相关的研制工作。

在进行项目研制时，必须以用户的仿真应用需求为出发点，深入分析参试对象的工作原理、信号流向和性能特点，明确参试设备的对象类型以及半实物仿真系统中需要实现的相似关系；结合仿真需求和设备工作机理，初步确定各分系统的技术实现路线；在系统建设投资规模、实验场地限制等条件的约束下，综合分配系统的性能指标，从而初步完成系统总体方案的详细设计；经过大量的调研，初步确定相关分系统的供应商及软硬件选型，形成各分系统的任务书或招标文件；经过一系列商务谈判和设备购置，完成各个分系统、硬件设备、仿真软件等分系统的开发和研制；在各分系统的研制过程中，系统总体需要对各个分系统的研制进度进行把关，明确各系统的接口关系和调度方式，并通过研制节点的验收，确保各分系统的顺利研制；在分系统研制完成后，需要将各个设备集中在实验室环境下，开展总体集成联调联试工作，考核系统性能指标；经过一系列验收测试和商务管理工作，确保半实物仿真试验系统能够满足项目研制目标。

图 3-2 给出了飞行器半实物仿真系统的典型研制过程。

从图 3-2 中可以看出，飞行器半实物仿真系统的研制过程主要分为方案论证、方案设计、系统研制、集成联试和验收交付阶段。在系统整个研制过程中，需要综合考虑仿真需求、参试设备的组成和工作原理、项目研制经费、建设周期、场地限制等各项影响因素。在方案论证阶段和方案设计阶段，需要根据相关情况，对系统方案进行不断的迭代优化。在集成联试阶段和交付验收阶段，需要根据试验模式和联试结果，对操作流程、软件功能等内容进行优化完善。

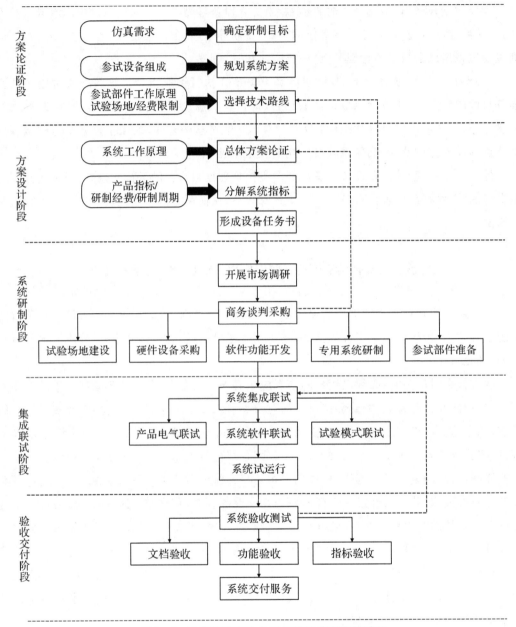

图 3-2 飞行器半实物仿真系统的典型研制过程

下面就以典型的飞行器半实物仿真系统为对象,针对其项目研制过程,详细论述各个阶段的工作目标和研究任务等内容。

3.3.1 飞行器半实物仿真系统的方案论证

在方案论证阶段,主要任务是根据系统研制需求,确定半实物仿真系统的研制目标;然后基于参试设备的组成原理来规划仿真系统的构成方案并考虑项目经费和场地限制,选择合适的仿真技术路线;最终形成系统的初步建设方案。

1. 确定半实物仿真系统的研制目标

在进行半实物仿真系统研制前,必须确定半实物仿真系统的目标和任务。对于飞行器半实物仿真试验而言,就是要在实验室条件下,针对制导控制系统建模困难或不精确的情况,通过模拟实际的飞行环境和工作状态,考核那些对制导控制系统动态特性和制导精度有直接影响的实际制导部件和子系统的性能,为武器性能的考核和评定提供依据。对于典型的飞行器半实物系统,其研制目标主要有以下几点:

(1)验证方案:通过仿真试验,验证控制系统设计方案是否合理。

(2)考核系统连接关系:检验各子系统和部件工作的协调性,考核各分系统的连接和通信是否正确。

(3)考核干扰和拉偏的影响:考核控制系统在各种实战条件下或极限偏差下的抗干扰性能和鲁棒性能。

(4)评估指标:通过实装部件的引入和对各种条件的仿真,评估控制系统的性能指标,为系统优化和方案改进提供试验依据和优化方向。

(5)暴露设计问题:通过全系统闭环回路下的半实物仿真试验,提早暴露软件或硬件中的设计问题。

(6)完善数学模型:校核和完善各分系统的数学模型,并为研究复杂部件及其交联影响的数学模型提供充分的试验数据。

(7)辅助打靶试验:为飞行试验条件的确定和试验模式的规划提供依据。

(8)故障定位归零:在实验室环境下,精确可控地复现飞行故障出现的环境与状态,为产品故障定位提供试验条件,从而开展故障归零的相关工作。

2. 规划半实物仿真系统的构成方案

在确定系统研制目标后,根据飞行器制导控制系统的组成,考虑项目研制经费,确定参试对象。下面给出一些系统实物部件接入半实物仿真系统的基本原则。

(1)飞控计算机作为控制系统的中枢,通过运行相关的控制软件,完成信息融合处理、制导指令生成、控制指令计算、安全策略执行等诸多工作,因此,应尽可能将飞控计算机引入仿真回路。

(2)对于制导控制或导航精度有重大影响的产品部件特性,应当接入仿真回路,通过仿真试验考核产品实物部件特性对于系统总体性能的影响。

(3)对难以用数学模型精确描述或物理特性尚未明确的产品部件,需要接入仿真回路,通过仿真试验,复核校准数学模型,评估部件特性对于系统的影响。

(4)根据系统建设目标和实验室定位来选择产品实物。例如,红外导引头研制单位,实验室的建设目标是考核红外导引头的抗干扰性能,因此,引入设备就围绕红外导引头展开设计。

在确定参试对象后,就可以遵循相似性理论,根据制导控制回路的信号流向和引入设备的工作原理,完成仿真系统相关设备的规划。

3. 选择半实物仿真系统的技术路线

在完成仿真系统构成方案之后,需要根据仿真试验的建设任务和参试设备的性能指标,选择不同设备的技术路线和类型,主要包括以下几方面。

(1)建模工具:根据仿真任务和前期基础,选择合适的建模工具(例如 C 语言方案或 MATLAB/SIMULINK 方案),这在很大程度上决定了实时仿真机的类型,以及后期使用的便捷程度。建议选择与前期数学仿真相一致的建模工具,以减少编程工作量和模型转换过程中的出错概率。

(2)飞行转台形式:根据飞行器的典型弹道和姿态变化范围,选择转台为立式转台还是卧式转台。一般情况下,立式转台适用于偏航角范围较大的飞行器,卧式转台适用于俯仰角范围变化较大的飞行器。另外,根据参数设备的负载重量和尺寸,并考虑飞行器的姿态变化动态范围,选择转台能源为电动转台或液压转台。如果是选择液压转台,则需要考虑实验室内的油路管线问题。

(3)负载模拟器形式:根据负载力矩大小,选择负载模拟器的能源形式是电动加载还是液压加载;根据舵机的布局,选择负载台为"一"字布局还是"十"字布局。

(4)红外场景模拟器类型:根据红外导引头的工作波段和场景需求,确认红外目标模拟器的技术路线,从而选择合适的工作体制。

(5)卫星导航体制:根据参试的卫星导航设备的星座体制和仿真任务要求,选择相应的导航星座体制,确定卫星导航模拟器的星座类型,明确是单一导航体制或包含多个体制。

(6)射频天线的波段:根据雷达导引头的工作波段,确定射频天线阵列和微波暗室的工作波段。

3.3.2 飞行器半实物仿真系统的方案设计

在完成半实物仿真系统的初步论证后,需要开展方案的详细设计,这也是仿真系统研制中的重要环节,其主要内容就是根据系统的初步论证方案,针对用户具体的仿真需求和投资规模,从系统的实用性、先进性、兼容性、扩展性、经济性和便利性等多个维度出发,完成总体方案的设计,提出仿真系统各仿真设备、接口、软硬件的技术要求,分析、论证关键设备的技术指标、技术方案与可行性,最终形成详细方案的设计和各分系统设计的任务书或招标文件,便于指导后期开展采购工作或招标工作。

在进行总体方案设计时,应重点考虑系统的场地布局、调度机制、运行流程和设备指标等内容。

1.设计半实物仿真系统的布局方案

在开展半实物仿真系统设计时,特别是对全新的实验室来说,一个重要的任务就是开展实验室布局的设计,对仿真系统设备安装现场和实验室环境进行整体规划、设计和专门的施工建设,保证试验现场场地和环境条件满足系统仿真设备运输存储、安放调试和试验运行的安全性和可靠性,同时也要考虑试验现场人员的安全性和舒适性要求。根据系统总体组成方案,完成试验设备区域的布局设计、供电设计、线路设计和环境设施设计。

(1)布局设计:根据试验设备的组成和任务,完成试验设备区域的划分、设备的摆放、地基规划等任务。在进行设计时,首先,要考虑安全性,例如转台等大型机电设备的操作与其他设备进行隔离,不同区域之间可以采用防碎复合材料隔离门来进行隔断,防止设备异常时对人员的损伤,并具备良好的观察视角和降噪的效果;其次,要考虑操作的便捷性和信号的传输性,各个参试部件产品的位置应相对紧凑,避免传输线缆带来的误差影响;最后,还要考虑设备的入场问题,一些大型设备的尺寸和质量较大,在进行总体设计时,必须考虑设备安装时的入场路线和安装方案。

(2)供电设计:实验室应安装专门设计的隔离变压器,可以有效隔离系统与市电,缓冲外电网大电流冲击,确保仿真系统的用电安全,同时,按照国家相关标准,应良好接地。

(3)线路设计:半实物仿真实验室中主要包括供电电缆与信号电缆,为了有效防止人员触电事故与线缆损坏,需要进行专门的走线槽设计,所有的电缆均通过走线地沟进行铺设,地面上无电缆摆放。在进行走线设计时,要注意强电信号和弱电信号的隔离,减少信号的电磁干扰。

(4)环境设计:实验室基建过程中,设计专门的新风系统,保证实验室的空气流动性,同时放置消防灭火装置,预防火灾的发生。另外,在一些湿度较大的地区,必须配置除湿装置,使得实验室保持恒温恒湿状态。

2.设计半实物仿真系统的调度方式

对于一个分布式仿真系统,需要根据任务总体要求,完成网络通信调度方式和网络数据交换地址的分配,从而保证整个系统的整体性和交互性。

(1)根据参试对象的工作流程,结合仿真设备特性,规划合理可行的仿真过程和调度流程,制定仿真系统及设备的工作时序和交互逻辑。

(2)基于工作任务时序,制定系统的同步交互方式和消息响应机制,从而保证系统在仿真管理节点的调度下,按照统一的节奏执行仿真任务。

(3)根据系统组成结构,考虑系统扩展性和可重构性需求,完成仿真系统中信号流向的规划,制定所有设备的电气接口连接方式和通信时序,完成各个节点数据的网络地址分配。

3.设计半实物仿真系统的工作模式

为了实现仿真系统交付后的使用便利,在最大程度上发挥半实物仿真系统的设备效能,可以在系统详细方案设计中,对系统的工作模式和仿真使用方式进行规划和设计。因此,在制定半实物仿真系统的构成方案和技术路线之后,根据仿真要求和构成方案,规划完成半实物仿真试验的工作模式;同时,考虑到半实物仿真系统建设投入较大,通常情况下会要求部分设备在完成闭环仿真要求的前提下,具备一定的测试功能。但需要注意的是,仿真系统的核心功能还是闭环仿真试验,开展部件性能指标的测试和考核应该是系统的附加功能,在设计时,切忌削足适履、舍本逐末。

4.确定半实物仿真系统的指标要求

在制定系统构成规划后,就需要根据系统的建设目标和研制经费等因素,分配和确定各个仿真设备子系统的研制指标,从而形成各个设备的系统研制任务书。仿真设备的性能指标的分配应当遵循适用与匹配的原则。

(1)性能指标应满足仿真系统的任务需求。分析设备的性能指标,判断其能否实现仿真目标,能否完成仿真系统集成和仿真试验任务等。

（2）性能指标合理、合适。在确定性能指标能够满足需要后,应判断其参数是否合适。仿真设备指标不宜追求过高,在满足一定的兼容性、安全性和扩展性的要求下,适用即可,过高的指标要求会造成研制经费的大量浪费。

（3）不同设备的性能指标之间、同一设备的不同性能指标之间相互匹配。比如:仿真步长与设备的控制周期必须匹配;仿真步长必须与数据通信速率和更新周期相匹配;转台转速与转台的频带指标相匹配;目标模拟器的视场与其分辨率相匹配。

3.3.3　飞行器半实物仿真系统的项目研制

在完成系统总体设计方案和分系统任务书后,就可以根据系统组成和项目建设预算,确定系统软硬件设备配置清单及投资方案,开展相关设备的招标与采购了。在招标和采购的过程中,可能会根据设备具体情况,对详细方案进行调整和优化。研制阶段的主要工作包括商务谈判与系统采购、评估研制成本和周期、分系统研制,同时开展实验室的基建工作和参试产品的准备工作。

1.开展系统的市场调研和商务谈判

在系统总体方案的基础上,对系统组成进行梳理和分解,明确采购外协的分系统清单。对于外协设备,通过广泛的市场调研,选择若干合适的承研单位或供货商;然后可以以邀标的形式,开展商务谈判,与各个用户开展详细的沟通与交流,分析对比不同承研单位的技术方案、关键技术、相关业绩、项目报价、研制周期和后期服务,综合对比各个承研单位的综合实力和产品性能,按照性能、质量、成本相结合的原则进行选择,切忌"唯低价中标"的情况。

在商务谈判过程中,根据项目预算,最大程度地维护自身及用户的实际利益,保证半实物仿真系统项目的建设成果,努力达到共赢的局面。

2.评估半实物仿真系统的成本周期

在确定各个参试设备后,还需要估算整个半实物仿真系统的研制成本和研制周期。

系统研制成本包括建设成本、使用成本和维护成本等。在确定系统构成和指标后,就可以根据各分系统的构成和指标,计算出其研制成本。注意考虑后续维修和升级,确保较低的使用成本和维护成本。

研制周期一般是指从确定仿真任务需求、签订研制任务书或合同,到系统验收、交付使用的全过程。研制周期取决于仿真任务需求、时间任务节点和性能需求的制约。需要注意的是,在研制过程中,必须考虑本单位的具体情况和系统的复杂程度,留足够的时间进行系统集成和产品匹配联试。

3.实施半实物仿真系统的项目研制

半实物仿真系统研制不仅仅是一项技术性工作,而且包含了大量的管理、商业等事务性工作,需要对系统建设的任务分工、质量、进度、人员等进行管理。项目研制主要包括试验场地建设、硬件设备采购、专用软件开发、外协设备采购和参试部件准备等内容。

（1）试验场地建设:按照总体方案规划,并结合重要大型机电设备的建设需求,完成实验室房屋的建造和改装、设备地基和电缆地沟的施工、供电线路的建设和改造、照明/通风/环控/监控等设备的安装与调试等一系列准备工作。

（2）硬件设备采购：硬件设备采购主要是指系统中计算机、投影、相关板卡等通用设备的采购。在选择产品型号时，应兼顾性能指标和产品报价；选择供应商时，应选择正规和大型的供应商，保证产品质量和售后服务。

（3）专用软件开发：仿真系统专用软件一般是自行开发或由外协定制完成的，其设计依据是在系统设计阶段确定的软件研制任务书或软件需求规格说明书。进行软件开发时，需从系统工程的角度出发，按照系统使用和工作要求，在确保系统整体性能的同时，充分发挥系统软件的作用，改善仿真系统运行的安全性、可靠性和使用的灵活性、便捷性，并且要及时和总体设计人员和后期使用人员进行沟通交流，改进软件使用流程，改善人机交互方式。

（4）外协设备采购：半实物仿真系统中的转台、目标模拟器、负载模拟器等物理效应模拟设备通常为定制化设备，需要由专门的设备制造商进行定制开发。在采购过程中，根据市场调研和商务谈判结果，与设备研制商签订研制合同；开展详细方案的评审，评估其性能指标是否满足需求，并提出相关修改意见进行完善；在研制过程中，通过一系列进度检查，保证设备质量和进度要求；研制完成后，双方讨论形成设备验收大纲，进行出厂验收；在用户现场进行集成联试，并根据联试结果进行优化和完善，开展设备性能指标测试和设备验收工作。

（5）参试设备准备：根据设备研制进度，协调相关部门，确保参试产品的状态和使用时间。

3.3.4　飞行器半实物仿真系统的集成联试

在完成试验场地建设后，就可以逐步安装相关的采购硬件和外协设备，并与产品一起，结合仿真系统的后续使用需求，对整个系统的设备进行联调联试，使之能彼此协调工作，相互配合，形成一个设备整体。集成联试主要包括系统电气联试、仿真软件联试和试验模式联试等内容。在集成联试的最后，按照系统规划的试验运行方案，开展全系统试运行，相关调试结果和运行结果作为系统后续验收的依据。

关于集成联试的目标、内容和步骤，在本书的后续章节进行详细介绍。

3.3.5　飞行器半实物仿真系统的验收交付

在完成系统集成联试和试运行后，就可以根据项目研制要求，开展人员培训、功能测试，准备全系统的验收交付工作。

（1）开展试验人员的培训工作。在实验室试运行完成后，需要根据合同要求，对试验管理人员和设备操作人员进行专业的培训和操作指导，确保半实物仿真系统运行的安全性和工作效率。

人员培训内容如下：系统功能、原理、工作模式及仿真运行操作，各个设备的检测方法、检测工具及检测，各个设备的保养和维护操作，系统常见故障及处理，系统安全及其他注意事项。

（2）开展仿真设备的验收工作。根据合同要求，需要开展仿真设备的验收工作，确保设备的功能、性能各项指标满足研制任务书的要求，以及文档交付资料齐备、规范。

在进行验收测试时，由设备用户或系统集成方按照研制任务书要求，参考相关标准和规范，经讨论后形成相关指标的验收测试大纲，共同组成验收测试小组，借助一系列标准仪表和专用工具，对设备的功能要求和性能指标进行测试。对于验收中出现的、研制任务书中未规定的各种情况，要深入分析其原因，以不影响半实物仿真系统性能为前提，对系统进行整改和完善。

3.4 本 章 小 结

飞行器半实物仿真是集成了计算机技术、网络技术、多媒体技术和图形图像技术等领域，并以飞行器总体设计、飞行力学、空气动力学和自动控制等专业知识为基础，以相似理论与系统技术为依据，对真实的或者在设计中的飞行器系统进行试验和研究的一门综合性技术。半实物仿真系统总体方案的优劣和系统研制过程是否合理，直接影响到仿真系统的建设成败。

（1）本章围绕飞行器半实物仿真系统的总体技术，对相关内容进行了介绍；分析了半实物仿真系统总体方案的设计难度，给出了设计要求，归纳了设计内容，梳理了设计流程，结合本团队多年工程经验，开展了典型的飞行器半实物仿真的总体方案设计，详细分析了飞行器半实物仿真的设计特点；将仿真系统任务功能分为模型资源层、通信链路层、核心功能层、任务应用层和试验数据中心，并分别介绍了不同层次之间的任务需求；将仿真节点分为仿真管理节点、同步计算节点和监听客户节点，并给出了各个节点设备的任务功能；基于实时通信网络工作模式和参试设备特点，给出了系统推进运行机制；在事件消息设计中，将系统中的任务消息分为节点注册消息、离散事件消息、连续推进消息和节点反馈消息。

（2）本章针对系统研制建设内容，参考相关大型非标专用设备的研制流程，将其分为方案论证、方案设计、项目研制、集成联试和验收交付等5个阶段。对每个阶段的工作内容和注意事项进行了展开，从而便于指导设计人员开展半实物仿真系统的研制与建设工作。

3.5 本 章 习 题

1. 简述半实物仿真系统总体方案的设计难度。
2. 简述半实物仿真系统总体方案设计时的主要要求。
3. 简述半实物仿真系统的实时性要求主要体现在哪些方面。
4. 简述半实物仿真系统的总体方案设计内容。
5. 简述半实物仿真系统的总体方案设计流程包含的步骤。
6. 简述半实物仿真系统总体框架相比其他分布式仿真系统，其需求差异体现在什么地方。
7. 简述半实物仿真系统总体功能层次划分。
8. 简述半实物仿真系统在模型资源层主要涉及哪些方面的模型。
9. 简述半实物仿真系统在通信链路层包括哪些内容。

10. 简述半实物仿真系统在核心功能层包括哪些内容。

11. 简述系统半实物仿真系统的事件消息如何设计。

12. 简述常见的离散事件消息及其含义。

13. 半实物仿真系统的设备节点主要可以分为哪三种类型？每种类型的任务功能包括哪些？

14. 简述典型半实物仿真系统的运行机制如何设计。

15. 简述飞行器半实物仿真系统的研制流程包括哪些阶段。

16. 简述半实物仿真系统在方案论证阶段的主要工作内容。

17. 简述半实物仿真系统的研制目标。

18. 简述半实物仿真系统在方案设计阶段的主要工作内容。

19. 简述在开展半实物仿真系统指标论证时的注意事项。

20. 简述半实物仿真系统在集成联试阶段的主要工作内容。

21. 简述半实物仿真系统在验收交付阶段的主要工作内容。

第 4 章　飞行器运动建模技术

数学模型是用数学符号、公式、图表等形式来刻画客观事物的本质属性及内在规律的数学结构,是描述系统某些特征本质的数学表达式。数学模型的建模过程就是将现实问题归结为相应的数学问题,并在其基础上利用数学的概念、方法和理论进行深入分析和研究,从而定性地或定量地刻画实际问题,进而给未解决的现实问题提供精确的数据或可靠的指导。在飞行器半实物仿真系统中,虽然引入了部分产品实物,但依然需要构造相关数学模型,根据飞控系统的控制输出,完成飞行器状态解算,并将相关数据作为激励信号传递给参试的产品部件,从而构成闭环仿真回路。参与试验的数学模型主要包括飞行器动力学和运动学模型及飞行器环境模型等。其中,飞行器动力学和运动学模型根据制导控制系统的相关信息获取飞行器的姿态信息和位置信息,飞行器环境模型用来描述飞行器大气、风场、重力、海浪等环境因素。

飞行器动力学和运动学建模要求科研人员熟练掌握物理、理论力学、飞行力学和计算方法等一系列基础学科中的相关专业知识,这样才能完成飞行器对象的数学建模工作。在本章中,主要围绕飞行器动力学和运动学建模技术进行展开,先介绍飞行器动力学和运动学的建模理论基础,然后以远程导弹、固定翼飞机等典型飞行器为例,给出其动力学运动学模型。

4.1　飞行器动力学和运动学建模理论基础

在飞行器控制系统设计中,控制的目的就是通过改变飞行器的受力情况,来实现对飞行器的位置和姿态的控制。因此,研究飞行器控制系统时,被控对象的数学模型通常为飞行器的动力学和运动学模型。动力学和运动学是经典理论力学的一个学科分支。其中,动力学主要研究作用在物体的力与物体运动的关系,运动学主要研究物体位置随时间的变化规律。在研究时通常将对象视为质点进行考虑,即忽略飞行器的几何形状和尺寸,将所有受力集中在质心。

在进行飞行控制仿真设计时,为便于控制系统设计,通常将飞行器视为一个刚体,忽略热弹、气弹等问题,从而减小模型复杂程度,降低系统设计难度。由经典理论力学可知,对于任何一个自由刚体在空间的任意运动,都可以将其视为刚体质心平移运动和绕质心转动运动的合成运动,即决定刚体质心瞬时位置的 3 个自由度和决定刚体瞬时姿态的 3 个自由度。对于刚体,可以应用牛顿第二定律来研究质心的移动,利用动量矩定理来研究刚体绕质心的转动。

设 m 表示刚体的质量，v 表示刚体的速度矢量，H 表示刚体相对于质心（O 点）的动量矩矢量，则描述刚体质心移动和绕质心转动运动的动力学基本方程的矢量表达式为

$$m \frac{\mathrm{d}v}{\mathrm{d}t} = F \tag{4-1}$$

$$\frac{\mathrm{d}H}{\mathrm{d}t} = M \tag{4-2}$$

式中：F 为作用于刚体上外力的主矢量；M 为外力对刚体质心的主矩。

需要注意的是，上述定律（定理）的使用是有条件的：第一，运动着的物体是常质量的刚体；第二，运动是在惯性坐标系内考察的。

对于实际飞行器而言，飞行器在高速飞行时，气动力和结构弹性的相互作用可能会造成机体外形的弹性或塑性变形；同时，飞行器在飞行过程中需要通过燃烧燃料来产生推力，其质量也是在不断变化的。这就使得上述定律不能直接用于飞行器的动力学和运动学建模中，但如果采用变质量力学来研究，则会大幅提升数学模型的复杂程度。因此，研究飞行器的运动规律时，为使问题易于解决，采用所谓固化原理，即在任意研究瞬时，把变质量系的飞行器视为虚拟刚体，把该瞬时在飞行器所包围的"容积"内的质点"固化"在虚拟的刚体上作为它的组成。同时，把影响飞行器运动的一些次要因素略去，如弹体结构变形对运动的影响等。在这种情况下，在这个虚拟的刚体上作用的力有：对该物体的外力（如气动力、重力等）、反作用力（推力）、哥氏惯性力（液体发动机内流动的液体由于飞行器的转动而产生的一种惯性力）、变分力（由火箭发动机内流体的非定态运动引起的）等。

在采用了"固化原理"后，瞬时的变质量系的飞行器的动力学基本方程就可以写成常质量刚体的形式，用每研究瞬时的质量 $m(t)$ 取代原来的常质量 m。研究飞行器绕质心转动的运动时也可以用同样方式来处理。这样，飞行器动力学基本方程的矢量表达式可写为

$$m(t) \frac{\mathrm{d}v}{\mathrm{d}t} = F + P \tag{4-3}$$

$$\frac{\mathrm{d}H}{\mathrm{d}t} = M + M_P \tag{4-4}$$

式中：P 为发动机推力；M 为作用在飞行器上的外力对质心主矩；M_P 为发动机推力产生的力矩。

在搭建飞行器的动力学运动学模型时：①根据对象特点建立一系列坐标系；②根据相关参数计算飞行器受到的力和力矩，并将相关力矢量和力矩矢量投影到相关坐标系中；③根据牛顿第二定律来建立飞行器动力学微分方程和运动学微分方程；④采用动量矩定律来建立飞行器绕质心转动的动力学微分方程和运动学方程；⑤这些方程加上一系列几何关系方程和补充方程，构成飞行器的动力学运动学方程组。

4.2　远程弹道导弹动力学和运动学模型

远程弹道导弹在飞行过程中，其飞行距离远，飞行时间长。此时，一些短时间可以忽略的因素经过长时间的积累，就会对其飞行弹道产生影响。在对其进行六自由度数学建模时，

需要考虑地球重力差异、附加哥氏力、离心力、地球自转,以及发射点经纬度和射向等因素对于飞行弹道和落点的影响,这就使得远程弹道导弹的六自由度动力学和运动学模型相对复杂。

4.2.1 远程弹道导弹模型的坐标系选择及其转换关系

在开始进行飞行器动力学和运动学数学建模时,要先选取合适的坐标系。坐标系是飞行器运动方程组建立的基础,选择的坐标系不同,得到的运动方程组的具体形式和复杂程度也有所不同。坐标系的选取原则:既要清楚、正确地描述物体的运动,又要使描述物体运动的运动方程组简单明了、清晰易懂。在建立时必须根据研究目标的运动特性,进行坐标系的选择。

1. 远程弹道导弹坐标系描述

由于远程弹道导弹的工作环境需要考虑地球自转、地球重力等因素的影响,因此,在建立动力学方程时,需要将惯性坐标系设置为地球中心,然后再构建一系列坐标系。

(1)地心惯性坐标系 $O_E x_I y_I z_I$。地心惯性坐标系的原点在地心 O_E 处,$O_E x_I$ 轴在赤道面内指向平春分点,$O_E z_I$ 轴垂直于赤道平面,与地球自转重合,指向北极,$O_E y_I$ 轴按右手定则确定。

(2)地心坐标系 $O_E x_E y_E z_E$。地心坐标系的原点在地心 O_E 处,$O_E x_E$ 在赤道平面内指向起始本初子午线(通常取格林尼治皇家天文台所在子午线),$O_E z_E$ 轴垂直于赤道平面指向北极,$O_E y_E$ 按右手定则确定。由于 $O_E x_E$ 的指向随地球转动变化,故该坐标系为动坐标系。

(3)发射坐标系 $O_1 xyz$。发射坐标系的坐标原点与发射点 O_1 固连,$O_1 x$ 轴在发射点水平面内指向发射瞄准方向,$O_1 y$ 轴垂直于发射点水平面指向上方,$O_1 z$ 轴按右手定则确定。由于发射点随地球旋转,故该坐标系为动坐标系。发射坐标系示意图如图 4-1 所示。

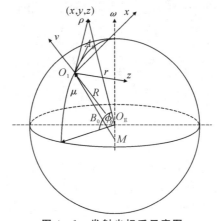

图 4-1 发射坐标系示意图

(4)发射惯性坐标系 $O_A x_A y_A z_A$。飞行器在起飞瞬间,发射惯性坐标系原点 O_A 与发射点重合,各坐标轴与发射坐标系各轴也相应重合,飞行器起飞后点 O_A 及坐标系各轴方向在惯性空间保持不动。

(5)平移坐标系 $O_T x_T y_T z_T$。平移坐标系的原点可以根据需要选择在发射坐标系原点或者飞行器质心,O_T 始终与发射坐标系原点或飞行器质心重合,但坐标轴与发射惯性坐标系各轴始终保持平行。

（6）弹体坐标系 $Ox_1y_1z_1$。弹体坐标系也称为机体坐标系,其原点 O 取在飞行器的质心上;Ox_1 轴与弹体纵轴重合,向头部为正;Oy_1 轴在弹体纵向对称平面内,垂直于 Ox_1 轴,向上为正;Oz_1 轴垂直于 x_1Oy_1 平面,其正方向按右手定则确定。弹体坐标系与飞行器固连,是一个动坐标系。

（7）弹道坐标系 $Ox_2y_2z_2$。原点 O 取在飞行器的质心上;Ox_2 轴同飞行器质心的速度矢量 $\boldsymbol{v}$ 重合;Oy_2 轴位于速度矢量 $\boldsymbol{v}$ 的铅垂平面内,且垂直于 Ox_2 轴,向上为正;Oz_2 轴按右手定则确定。弹道坐标系与飞行器速度矢量 $\boldsymbol{v}$ 固连,是一个动坐标系。

（8）速度坐标系 $Ox_3y_3z_3$。原点 O 取在飞行器的质心上;Ox_3 轴与飞行器质心的速度矢量 $\boldsymbol{v}$ 重合;Oy_3 轴位于弹体纵向对称平面内与 Ox_3 轴垂直,向上为正;Oz_3 轴垂直于 x_3Oy_3 平面,其正方向按右手定则确定。速度坐标系与飞行器速度矢量固连,是一个动坐标系。

2.远程弹道导弹坐标系转换关系描述

一般情况下,在飞行器飞行过程中,根据力的作用方式不同,将力分别定义在不同的坐标系中。发动机推力、重力和气动力作为作用在飞行器上的力被定义在不同坐标系上,需要根据具体的情况进行投影,将其分解到某一特定的可以表征飞行器运动特性的坐标系中,从而建立飞行器的动力学方程。

在此给出不同坐标系之间的转换关系。

（1）地面坐标系与弹体坐标系转换关系。为了描述地面坐标系与弹体坐标之间的相对关系,引入俯仰角 ϑ、偏航角 Ψ、滚转角 γ。其中,俯仰角 ϑ:飞行器的纵轴 Ox_1 与发射平面 xO_1y 上的投影量与 O_1x 轴的夹角,定义纵轴投影量在 O_1x 轴的上方时,俯仰角为正;偏航角 Ψ:飞行器的纵轴 Ox_1 与发射平面 xO_1y 的夹角,当 Ox_1 在发射平面的左方时,定义偏航角 Ψ 为正;滚转角 γ:飞行器绕 Ox_1 轴旋转的角度,当旋转角速度矢量与 Ox_1 轴方向一致,则滚转角 γ 取为正值。

由地面坐标系以此转过 Ψ、ϑ、γ 得到相应的坐标转换矩阵。

由地面坐标系依次转过 Ψ、θ、γ 得到地面坐标系到弹体坐标系的坐标转换矩阵为

$$L(\Psi,\vartheta,\varphi)=\begin{bmatrix} \cos\varphi\sin\Psi & \sin\varphi\cos\Psi & -\sin\Psi \\ \cos\varphi\sin\Psi\sin\gamma-\sin\varphi\cos\gamma & \sin\varphi\sin\Psi\sin\gamma+\cos\varphi\cos\gamma & \cos\Psi\sin\gamma \\ \cos\varphi\sin\Psi\cos\gamma+\sin\varphi\sin\gamma & \sin\varphi\sin\Psi\cos\gamma-\cos\varphi\sin\gamma & \cos\Psi\cos\gamma \end{bmatrix} \quad (4-5)$$

（2）地面坐标系与弹道坐标系转换关系。为了描述地面坐标系和弹道坐标系之间的相对关系,引入弹道倾角 θ' 和弹道偏航角 Ψ_v。其中,弹道倾角 θ:飞行器质心的速度矢量 $\boldsymbol{v}$ 与水平面 xAz 之间的夹角,定义速度矢量在水平面之上为正。弹道偏航角 Ψ_v:飞行器质心的速度矢量 $\boldsymbol{v}$ 在水平面 xAz 上的投影 Ox',沿 Ax 轴向下看,当 Ax 轴沿逆时针方向转到投影线 Ox' 上时,弹道偏航角 Ψ_v 为正,反之为负。

以地面坐标系为基准,依次旋转 θ、Ψ_v,得到地面坐标系到弹体坐标系的转换矩阵为

$$\boldsymbol{L}(\theta,\Psi_v)=\begin{bmatrix} \cos\theta'\cos\Psi_v & \sin\theta' & -\cos\theta'\sin\Psi_v \\ -\sin\theta'\cos\Psi_v & \cos\theta' & \sin\theta'\sin\Psi_v \\ \sin\Psi_v & 0 & \cos\Psi_v \end{bmatrix} \quad (4-6)$$

（3）速度坐标系与弹体坐标系转换关系。为了描述速度坐标系和弹体坐标系的相对关

系,引入攻角 α 和侧滑角 β。攻角 α:速度矢量 v 在纵向对称平面上的投影与纵轴 Ox_1 的夹角,当纵轴位于投影线的上方时攻角为正。侧滑角 β:速度矢量 v 与纵向对称平面之间的夹角,若来流从右侧(沿飞行方向观察)流向弹体,则侧滑角为正。

以速度坐标系为基准,分别围绕相应的坐标轴进行两次旋转,依次转过 β 和 α,得到速度坐标系到弹体坐标系的转换矩阵:

$$L(\beta,\alpha) = \begin{bmatrix} \cos\alpha\cos\beta & \sin\alpha & -\cos\alpha\sin\beta \\ -\sin\alpha\cos\beta & \cos\alpha & \sin\alpha\sin\beta \\ \sin\beta & 0 & \cos\beta \end{bmatrix} \tag{4-7}$$

(4)速度坐标系与弹道坐标系转换关系。由于速度坐标系和弹道坐标系的纵轴均与速度矢量 v 重合,为确定两者相互之间的方位,引入速度倾斜角 γ_v,即位于飞行器纵向对称平面 x_1Oy_1 内的 Oy_3 轴与包含速度矢量 v 的铅垂面之间的夹角,得到弹道坐标系到速度坐标系的转换矩阵:

$$L(\gamma_v) = \begin{bmatrix} 1 & 0 & 0 \\ 0 & \cos\gamma_v & \sin\gamma_v \\ 0 & -\sin\gamma_v & \cos\gamma_v \end{bmatrix} \tag{4-8}$$

(5)地心惯性坐标系与地心坐标系转换关系。欧拉角 Ω_G 为 $O_E x_1$ 与 $O_E x_E$ 之间的夹角。地心惯性坐标系与地心坐标系之间的转换矩阵为

$$E_I = \begin{bmatrix} \cos\Omega_G & \sin\Omega_G & 0 \\ -\sin\Omega_G & \cos\Omega_G & 0 \\ 0 & 0 & 1 \end{bmatrix} \tag{4-9}$$

(6)地心坐标系与发射坐标系转换关系。设地球为球体,用经度 λ_0 和地心纬度 ϕ_0 表示发射点 O_1 在地表的位置,地心方位角 α_0 为过 $O_1 x$ 轴与过发射点的子午北切线的夹角。

先绕 $O_E z_E$ 轴反转 $(90°-\lambda_0)$,再绕新生成坐标系的 $O_E y$ 轴正转 ϕ_0,即可使 $O_E y$ 与 $O_1 y$ 平行,此时再绕 $O_E y$ 反转 $(90°+\alpha_0)$,则以地心坐标系为基准,地心坐标系与发射坐标系之间的转换矩阵为

$$G_E = \begin{bmatrix} -\sin\alpha_0\sin\lambda_0-\cos\alpha_0\sin\phi_0\cos\lambda_0 & \sin\alpha_0\cos\lambda_0-\cos\alpha_0\sin\phi_0\sin\lambda_0 & \cos\alpha_0\cos\phi_0 \\ \cos\phi_0\cos\lambda_0 & \cos\phi_0\sin\lambda_0 & \sin\phi_0 \\ -\cos\alpha_0\sin\lambda_0+\sin\alpha_0\sin\phi_0\cos\lambda_0 & \cos\alpha_0\cos\lambda_0+\sin\alpha_0\sin\phi_0\sin\lambda_0 & -\sin\alpha_0\cos\phi_0 \end{bmatrix}$$

$$\tag{4-10}$$

对于地球的椭球模型,发射点位置可用经度 λ_0 和地理纬度 B_0 确定,发射坐标系 x 轴方向用射击方位角 A_0 表示,以 B_0 和 A_0 分别代替 ϕ_0 和 α_0 即可获得转换矩阵。

(7)平移坐标系或发射惯性坐标系与发射坐标系转换关系。假设地球为圆球,发射惯性坐标系在发射瞬间与发射坐标系重合,由于地球旋转,因此固连在地球上的发射坐标系在惯性空间的方位发生了变化。记从发射瞬时到当前时刻的时间间隔为 t,发射坐标系绕地球转动角即 $\omega_e t$。将发射坐标系和发射惯性坐标系分别绕其 y 轴转动 α_0,再绕各自新侧轴转动 ϕ_0,从而获得坐标系 $O_1\xi\eta\zeta$ 和 $O_A\xi_A\eta_A\zeta_A$ 的转换矩阵为

$$A = \begin{bmatrix} \cos\alpha_0\cos\phi_0 & \sin\phi_0 & -\sin\alpha_0\cos\phi_0 \\ -\cos\alpha_0\sin\phi_0 & \cos\phi_0 & \sin\alpha_0\sin\phi_0 \\ \sin\alpha_0\cos\phi_0 & 0 & \cos\alpha_0 \end{bmatrix} \qquad (4-11)$$

在发射瞬时,$O_1\xi\eta\zeta$ 和 $O_A\xi_A\eta_A\zeta_A$ 重合且第二轴方向与地球自转轴方向一致,因此以 $O_A\xi_A\eta_A\zeta_A$ 为基准,其转换矩阵为

$$B = \begin{bmatrix} 1 & 0 & 0 \\ 0 & \cos\omega_e t & \sin\omega_e t \\ 0 & -\sin\omega_e t & \cos\omega_e t \end{bmatrix} \qquad (4-12)$$

则发射惯性坐标系与发射坐标系之间的转换矩阵为

$$G_A = A^{-1}BA \qquad (4-13)$$

将含有 $\omega_e t$ 的正弦、余弦展开成幂级数,忽略三阶及以上各项,并将 ω_e 投影在地面坐标系,则

$$G_A = \begin{bmatrix} 1-\dfrac{1}{2}(\omega_e^2-\omega_{ex}^2)t^2 & \omega_{ex}t+\dfrac{1}{2}\omega_{ex}\omega_{ey}t^2 & -\omega_{ey}t+\dfrac{1}{2}\omega_{ex}\omega_{ez}t^2 \\ -\omega_{ex}t+\dfrac{1}{2}\omega_{ex}\omega_{ey}t^2 & 1-\dfrac{1}{2}(\omega_e^2-\omega_{ey}^2)t^2 & \omega_{ex}t+\dfrac{1}{2}\omega_{ey}\omega_{ez}t^2 \\ \omega_{ey}t+\dfrac{1}{2}\omega_{ex}\omega_{ez}t^2 & -\omega_{ex}t+\dfrac{1}{2}\omega_{ey}\omega_{ez}t^2 & 1-\dfrac{1}{2}(\omega_e^2-\omega_{ez}^2)t^2 \end{bmatrix} \qquad (4-14)$$

进一步近似化简,有

$$G_A = \begin{bmatrix} 1 & \omega_{ex}t & -\omega_{ey}t \\ -\omega_{ex}t & 1 & \omega_{ex}t \\ \omega_{ey}t & -\omega_{ex}t & 1 \end{bmatrix} \qquad (4-15)$$

4.2.2　远程弹道导弹六自由度动力学模型描述

下面给出远程弹道导弹的质心动力学和运动学方程组。选择地面发射坐标系为描述导弹运动的参考系,该坐标系是定义在将地球看成以角速度 ω_e 进行自转的两周旋转球体上的。

1.远程弹道导弹质心动力学方程

将导弹受力投影到地面发射坐标系中进行求解,有

$$m\begin{bmatrix} \dfrac{\mathrm{d}v_x}{\mathrm{d}t} \\ \dfrac{\mathrm{d}v_y}{\mathrm{d}t} \\ \dfrac{\mathrm{d}v_z}{\mathrm{d}t} \end{bmatrix} = G_B\begin{bmatrix} P_{x1} \\ P_{y1} \\ P_{z1} \end{bmatrix} + G_v\begin{bmatrix} -X_v \\ Y_v \\ Z_v \end{bmatrix} + \dfrac{mg_r'}{r}\begin{bmatrix} x+R_{0x} \\ y+R_{0y} \\ z+R_{0z} \end{bmatrix} + \dfrac{mg_{\omega_e}}{\omega_e}\begin{bmatrix} \omega_{ex} \\ \omega_{ey} \\ \omega_{ez} \end{bmatrix} - $$

$$m\begin{bmatrix} a_{11} & a_{12} & a_{13} \\ a_{21} & a_{22} & a_{23} \\ a_{31} & a_{32} & a_{33} \end{bmatrix}\begin{bmatrix} x+R_{0x} \\ y+R_{0y} \\ z+R_{0z} \end{bmatrix} - m\begin{bmatrix} b_{11} & b_{12} & b_{13} \\ b_{21} & b_{22} & b_{23} \\ b_{31} & b_{32} & b_{33} \end{bmatrix}\begin{bmatrix} \dot{x} \\ \dot{y} \\ \dot{z} \end{bmatrix} \qquad (4-16)$$

式(4-16)等号右边:第一项为推力分量,第二项为气动力分量,第三项和第四项为地球引力分量,第五项为离心惯性力分量,第六项为附加哥氏力分量。

(1)推力分量。导弹的推力分量在弹体坐标系中表示,将弹体坐标系的分量 P_{x1}、P_{y1}、P_{z1} 通过转换矩阵 G_B 投影到地面坐标系中,弹体坐标系到地面坐标系的转换矩阵 G_B 为

$$G_B = \begin{bmatrix} \cos\varphi\cos\Psi & \cos\varphi\sin\Psi\sin\gamma - \sin\varphi\cos\gamma & \cos\varphi\sin\Psi\cos\gamma + \sin\varphi\sin\gamma \\ \sin\varphi\cos\Psi & \sin\varphi\sin\Psi\sin\gamma + \cos\varphi\cos\gamma & \sin\varphi\sin\Psi\cos\gamma - \cos\varphi\sin\gamma \\ -\sin\Psi & \cos\Psi\sin\gamma & \cos\Psi\cos\gamma \end{bmatrix} \quad (4-17)$$

(2)气动力分量。将导弹总体部门提供的速度坐标系下的气动力分量 X、Y、Z 通过转换矩阵 G_v 投影到地面坐标系中,速度坐标系到地面坐标系的转换矩阵 G_v 为

$$G_v = \begin{bmatrix} \cos\theta\cos\Psi_v & \cos\theta\sin\Psi_v\sin\gamma_v - \sin\theta\cos\gamma_v & \cos\theta\sin\Psi_v\cos\gamma_v + \sin\theta\sin\gamma_v \\ \sin\theta\cos\Psi_v & \sin\theta\sin\Psi_v\sin\gamma_v + \cos\theta\cos\gamma_v & \sin\theta\sin\Psi_v\cos\gamma_v - \cos\theta\sin\gamma_v \\ -\sin\Psi_v & \cos\theta\sin\gamma_v & \cos\theta\cos\gamma_v \end{bmatrix} (4-18)$$

(3)地球引力分量。地球引力项 mg 可根据下式进行求解计算,则有

$$mg = mg_r'r^0 + mg_{\omega e}\omega_e^0 \quad (4-19)$$

式中:$g_r' = -\dfrac{fM}{r^2}\left[1 + J\left(\dfrac{a_e}{r}\right)^2(1 - 5\sin^2\phi)\right]$,$g_{\omega e} = -2\dfrac{fM}{r^2}J\left(\dfrac{a_e}{r}\right)^2\sin\phi$;$f$ 为万有引力系数;M 为地球质量;r 为弹道上任一点到地心的距离;ϕ 为飞行器星下点的地心纬度;J 为地球带谐系数;a_e 为地球平均半径。

任一点地心矢径为

$$r = R_0 + \rho \quad (4-20)$$

式中:r 为弹道上任一点的地心矢径;R_0 为发射点地心矢径;ρ 为发射点到弹道上任一点的矢径。

R_0 在发射坐标系上的 3 个分量为

$$\begin{bmatrix} R_{0x} \\ R_{0y} \\ R_{0z} \end{bmatrix} = \begin{bmatrix} -R_0\sin\mu_0\cos A_0 \\ R_0\cos\mu_0 \\ R_0\sin\mu_0\sin A_0 \end{bmatrix} \quad (4-21)$$

式中:R_{0x}、R_{0y}、R_{0z} 为发射点的地心矢径在发射坐标系的分量;A_0 为发射方位角;μ_0 为发射点地理纬度与地心纬度之差,即 $\mu_0 = B_0 - \phi_0$。

假设地球为一个两轴旋转的椭球体,故 R_0 的长度可由子午椭圆方程求取,即

$$R_0 = \dfrac{a_e b_e}{\sqrt{a_e\sin^2\phi_0 + b_e\cos^2\phi_0}} \quad (4-22)$$

式中:R_0 为发射点到地心的距离;a_e 为地球赤道半径;b_e 为地球极半径;ϕ_0 为发射点的地心纬度。

地球自转角速度分量 ω_{ex}、ω_{ey}、ω_{ez} 和 ω_e 之间有如下关系:

$$\begin{bmatrix} \omega_{ex} \\ \omega_{ey} \\ \omega_{ez} \end{bmatrix} = \omega_e\begin{bmatrix} \cos B_0\cos A_0 \\ \sin B_0 \\ -\cos B_0\sin A_0 \end{bmatrix} \quad (4-23)$$

(4)离心惯性力分量。下面给出离心惯性力在发射坐标系中的分量形式为

$$
\begin{bmatrix} a_{ex} \\ a_{ey} \\ a_{ez} \end{bmatrix} = \begin{bmatrix} a_{11} & a_{12} & a_{13} \\ a_{21} & a_{22} & a_{23} \\ a_{31} & a_{32} & a_{33} \end{bmatrix} \begin{bmatrix} x+R_{0x} \\ y+R_{0y} \\ z+R_{0z} \end{bmatrix} \tag{4-24}
$$

式中

$$
\left.\begin{aligned}
a_{11} &= \omega_{ex}^2 - \omega_e^2 \\
a_{12} &= a_{21} = \omega_{ex}\omega_{ey} \\
a_{22} &= \omega_{ey}^2 - \omega_e^2 \\
a_{23} &= a_{32} = \omega_{ey}\omega_{ez} \\
a_{33} &= \omega_{ez}^2 - \omega_e^2 \\
a_{13} &= a_{31} = \omega_{ez}\omega_{ex}
\end{aligned}\right\} \tag{4-25}
$$

(5)附加哥氏力分量。附加哥氏力分量在发射坐标系中的分量形式为

$$
\begin{bmatrix} a_{cx} \\ a_{cy} \\ a_{cz} \end{bmatrix} = \begin{bmatrix} b_{11} & b_{12} & b_{13} \\ b_{21} & b_{22} & b_{23} \\ b_{31} & b_{32} & b_{33} \end{bmatrix} \begin{bmatrix} \dot{x} \\ \dot{y} \\ \dot{z} \end{bmatrix} \tag{4-26}
$$

式中

$$
\left.\begin{aligned}
b_{11} &= b_{22} = b_{33} = 0 \\
b_{12} &= -b_{21} = -2\omega_{ez} \\
b_{31} &= -b_{13} = -2\omega_{ey} \\
b_{23} &= -b_{32} = -2\omega_{ex}
\end{aligned}\right\} \tag{4-27}
$$

2. 远程弹道导弹绕质心转动的动力学方程

考虑导弹各个轴的转动惯量交叉项,将飞行器受到的各种力矩在弹体坐标系下进行分解,根据动量矩守恒定律,得到绕质心转动的动力学方程为

$$
\left.\begin{aligned}
&J_x \frac{\mathrm{d}\omega_{Tx1}}{\mathrm{d}t} - (J_y - J_z)\omega_{Ty1}\omega_{Tz1} - J_{yz}(\omega_{Ty1}^2 - \omega_{Tz1}^2) - \\
&J_{xz}\left(\frac{\mathrm{d}\omega_{Tz1}}{\mathrm{d}t} + \omega_{Tx1}\omega_{Ty1}\right) - J_{xy}\left(\frac{\mathrm{d}\omega_{Ty1}}{\mathrm{d}t} - \omega_{Tx1}\omega_{Tz1}\right) = \sum M_x \\
&J_y \frac{\mathrm{d}\omega_{Ty1}}{\mathrm{d}t} - (J_z - J_x)\omega_{Tx1}\omega_{Tz1} - J_{xz}(\omega_{Tz1}^2 - \omega_{Tx1}^2) - \\
&J_{xy}\left(\frac{\mathrm{d}\omega_{Tx1}}{\mathrm{d}t} + \omega_{Ty1}\omega_{Tz1}\right) - J_{yz}\left(\frac{\mathrm{d}\omega_{Tz1}}{\mathrm{d}t} - \omega_{Tx1}\omega_{Ty1}\right) = \sum M_y \\
&J_z \frac{\mathrm{d}\omega_{Tz1}}{\mathrm{d}t} - (J_x - J_y)\omega_{Tx1}\omega_{Ty1} - J_{xy}(\omega_{Tx1}^2 - \omega_{Ty1}^2) - \\
&J_{yz}\left(\frac{\mathrm{d}\omega_{Ty1}}{\mathrm{d}t} + \omega_{Tx1}\omega_{Tz1}\right) - J_{xz}\left(\frac{\mathrm{d}\omega_{Tx1}}{\mathrm{d}t} - \omega_{Ty1}\omega_{Tz1}\right) = \sum M_z
\end{aligned}\right\} \tag{4-28}
$$

式中:ω_{Tx1}、ω_{Ty1}、ω_{Tz1} 分别为弹体相对平移系的转动角速度在弹体坐标系 3 个轴的分量。

3. 远程弹道导弹质心运动学方程

远程飞行器在地面发射坐标系下的质心运动学方程为

$$\left. \begin{array}{l} \dfrac{\mathrm{d}x}{\mathrm{d}t} = v_x \\[2mm] \dfrac{\mathrm{d}y}{\mathrm{d}t} = v_y \\[2mm] \dfrac{\mathrm{d}z}{\mathrm{d}t} = v_z \end{array} \right\} \tag{4-29}$$

式中：x、y、z 表示远程飞行器在地面发射坐标系下的位置。

4. 远程弹道导弹绕质心转动的运动学方程

远程飞行器绕平移坐标系转动角速度 $\boldsymbol{\omega}_T$ 在弹体坐标系的分量为

$$\left. \begin{array}{l} \dot{\varphi}_T = \dfrac{1}{\cos \boldsymbol{\Psi}_T}(\omega_{Ty_1}\sin\gamma_T + \omega_{Tz_1}\cos\gamma_T) \\[3mm] \dot{\boldsymbol{\Psi}} = \omega_{Ty_1}\cos\gamma_T - \omega_{Tz_1}\sin\gamma_T \\[3mm] \dot{\gamma}_T = \omega_{Tx_1} + \mathrm{tg}\,\boldsymbol{\Psi}_T(\omega_{Ty_1}\sin\gamma_T + \omega_{Tz_1}\cos\gamma_T) \end{array} \right\} \tag{4-30}$$

而弹体相对于地球的转动角速度 $\boldsymbol{\omega}$ 与弹体相对于惯性（平移）坐标系的转动角速度 $\boldsymbol{\omega}_T$，以及地球自转角速度 $\boldsymbol{\omega}_e$ 之间有下列关系：

$$\begin{bmatrix} \omega_{x_1} \\ \omega_{y_1} \\ \omega_{z_1} \end{bmatrix} = \begin{bmatrix} \omega_{Tx_1} \\ \omega_{Ty_1} \\ \omega_{Tz_1} \end{bmatrix} - \boldsymbol{B}_G \begin{bmatrix} \omega_{ex} \\ \omega_{ey} \\ \omega_{ez} \end{bmatrix} \tag{4-31}$$

式中：根据地面发射坐标系的定义，$\boldsymbol{\omega}_e$ 在地面发射坐标系内的 3 个分量为

$$\begin{bmatrix} \omega_{ex} \\ \omega_{ey} \\ \omega_{ez} \end{bmatrix} = \omega_e \begin{bmatrix} \cos\phi_0\cos A_0 \\ \sin\phi_0 \\ -\cos\phi_0\sin A_0 \end{bmatrix} \tag{4-32}$$

地球转动 ω_T、$\boldsymbol{\Psi}_T$、γ_T 与 ω、$\boldsymbol{\Psi}$、γ 的联系方程为

$$\left. \begin{array}{l} \varphi = \varphi_T - \omega_{ez}t \\[2mm] \boldsymbol{\Psi} = \boldsymbol{\Psi}_T - \omega_{ey}t\cos\varphi + \omega_{ex}t\sin\varphi \\[2mm] \gamma = \gamma_T - \omega_{ey}t\sin\varphi - \omega_{ex}t\cos\varphi \end{array} \right\} \tag{4-33}$$

5. 远程弹道导弹补充方程

为了完成动力学运动学方程闭合求解，需要补充相关方程，完成几何关系、速度、高度、地心纬度等参数的计算。

（1）弹道倾角和弹道偏角计算方程。弹道倾角 θ 及弹道偏角 $\boldsymbol{\Psi}_v$ 可由下式求解，则有

$$\left. \begin{array}{l} \theta = \arctan \dfrac{v_y}{v_x} \\[3mm] \boldsymbol{\Psi}_v = -\arcsin \dfrac{v_z}{v_x} \end{array} \right\} \tag{4-34}$$

（2）几何关系计算方程。弹体坐标系、速度坐标系及地面发射坐标系中的 8 个欧拉角已知 5 个，其余 3 个可由以下的 3 个方向余弦关系得到，则有

$$
\left.
\begin{aligned}
\sin\beta &= \cos(\theta-\varphi)\cos\Psi_v\sin\Psi\cos\gamma + \sin(\varphi-\theta)\cos\Psi_v\sin\gamma - \sin\Psi_v\cos\Psi\cos\gamma \\
-\sin\alpha\cos\beta &= \cos(\theta-\varphi)\cos\Psi_v\sin\Psi\sin\gamma + \sin(\theta-\varphi)\cos\Psi_v\cos\gamma - \sin\Psi_v\cos\Psi\sin\gamma \\
\sin\gamma_v &= (\cos\alpha\cos\Psi\sin\gamma - \sin\Psi\sin\alpha)/\cos\Psi_v
\end{aligned}
\right\}
\qquad (4-35)
$$

（3）飞行速度计算方程。下面给出飞行速度计算方程，即

$$
v = \sqrt{v_x^2 + v_y^2 + v_z^2} \qquad (4-36)
$$

（4）高度计算方程。在仿真中，需要计算轨道上任一点距地面的高度 h。已知轨道上任一点距地心的距离为

$$
r = \sqrt{(x+R_{0x})^2 + (y+R_{0y})^2 + (z+R_{0z})^2} \qquad (4-37)
$$

假设地球为一个两轴旋转体，则地球表面任一点距地心的距离与该点的地心纬度 ϕ 有关。空间任一点矢量 r 与赤道平面的夹角即该点在地球上星下点所在的地心纬度角 ϕ，该角可由空间矢量 r 与地球自动角速度矢量 $\boldsymbol{\omega}_e$ 之间的关系求得，即

$$
\sin\phi = \frac{(x+R_{0x})\boldsymbol{\omega}_{ex} + (y+R_{0y})\boldsymbol{\omega}_{ey} + (z+R_{0z})\boldsymbol{\omega}_{ez}}{r\boldsymbol{\omega}_e} \qquad (4-38)
$$

则对应于地心纬度 ϕ 的椭球表面距地心的距离可用下式求得，即

$$
R = \frac{a_e b_e}{\sqrt{a_e^2 \sin^2\phi + b_e^2 \cos^2\phi}} \qquad (4-39)
$$

当在理论弹道计算中计算高度时，可忽略 μ 的影响，因此，空间任一点距地球表面的距离为

$$
h = r - R \qquad (4-40)
$$

（5）地心纬度计算公式。由于地球模型为一个椭球体，因此，发射点的地心纬度和地理纬度并不一致，除了两极地区，地心纬度要比地理纬度的数值大一些。下面给出由地理纬度求解地心纬度的计算公式为

$$
\phi = \begin{cases} B, & B=\pm90° \\ \arctan\left(\dfrac{b_e}{a_e}\tan B\right), & B\neq90° \end{cases} \qquad (4-41)
$$

从远程弹道导弹六自由度动力学和运动学方程可以看出，由于考虑了地球自转、地球重力谐振模型、惯性离心力和附加哥氏力等因素，其数学模型较为复杂，详细推导过程请参考相关文献资料。

4.3　固定翼飞机动力学和运动学模型

固定翼飞机是指具有机翼和一台或多台发动机，靠自身动力在大气中飞行的重于空气的航空器。在本节中，给出其坐标系选择原则和动力学方程。

4.3.1　固定翼飞机的坐标系选择及其转换关系

在构建固定翼飞机的动力学模型时，需要考虑到地球表面、大气运动和飞机三者的相互关系，即飞机在地球大气中运动，大气相对于地球也在运动。为便于描述飞机在地球空间中

运动的行为,根据任务需求和分析的便利性,须考虑采用多个参考系。

1. 固定翼飞机坐标系描述

固定翼飞机涉及的坐标系主要包括地面坐标系、机体坐标系、速度坐标系和航迹坐标系等。

(1)地球坐标轴系 $O_g x_g y_g z_g$。地球坐标轴系用来描述空中运动飞机与地面的物理相互关系,表征飞机相对于地球表面的运动特性。地面坐标系原点通常取飞行器质心在地面上的投影点;$O_g x_g$ 轴位于地平面内,以正北方向为正;$O_g z_g$ 轴垂直与地平面并指向地心;$O_g y_g$ 轴位于地平面内并与 $O_g x_g$ 垂直,其方向按右手定则确定,向东为正。地面坐标系固连于地面某一点,不随飞机运动而改变,主要用于指示飞机的方位,近距离导航和航迹控制。

(2)机体坐标系 $O_b x_b y_b z_b$。机体坐标系用于描述飞机自身的运动行为,如图 9-2(a)所示。机体坐标系原点在飞机质心处,坐标系与飞机固连;$O_b x_b$ 轴在飞机对称平面内并平行于飞机的设计轴线指向机头;$O_b y_b$ 轴垂直于飞机对称平面,指向机身右方;$O_b z_b$ 轴在飞机对称平面内,与 x 轴垂直并指向机身下方。

(3)气流坐标系 $O_a x_a y_a z_a$。气流坐标系用于描述飞机相对于气流(风)的运动特性,通常定义为固定在飞机上并与飞机相对于空气的飞行速度矢量相关的坐标系,是一个动坐标系。气流坐标系的原点在飞机质心处,$O_a x_a$ 轴与相对于大气的飞行速度矢量方向相同;$O_a z_a$ 轴位于飞机对称平面内,与 $O_a x_a$ 轴垂直,指向机身下方;$O_a y_a$ 垂直 $x_a O_a z_a$ 平面,指向机身右侧,或者用右手定则确定,气流坐标系与机体坐标的关系如图 4-2(b)所示。

(4)稳定坐标系 $O_s x_s y_s z_s$。稳定坐标系是气流坐标轴系的一个描述稳定对称飞行条件的特例[见图 4-2(c)],即机体坐标系 $O_b x_b y_b z_b$ 只沿着 $O_b y_b$ 转动与迎角相同的角度后的结果。稳定坐标轴系也被称为半机体坐标轴系。稳定坐标系的原点在飞机质心处,坐标系与飞机固连;$O_s x_s$ 轴与飞行速度 v 在飞机对称平面内的投影重合;$O_s y_s$ 轴与机体轴 $O_b y_b$ 重合;$O_s z_s$ 轴在飞机对称平面内与轴垂直并指向机腹下方,与气流轴 $O_q z_q$ 一致。

(5)航迹坐标系 $O_p x_p y_p z_p$。航迹坐标系用于描述飞机的运动轨迹,航迹坐标系的原点在飞机质心处,坐标系与飞机固连;$O_p x_p$ 轴与飞机相对于地面的飞行速度 v_e 重合;$O_p z_p$ 轴在位于包含飞行速度 v_e 在内的铅垂面内,与 $O_p x_p$ 轴垂直并指向下方;$O_p y_p$ 轴垂直于 $x_p O_p z_p$ 平面并按右手定则确定,即指向机身右侧为正。

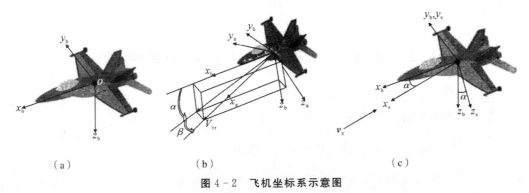

(a)   (b)   (c)

图 4-2 飞机坐标系示意图

(a)机体坐标系;(b)气流坐标系与机体坐标系的关系;(c)稳定坐标系

需要注意的是,通过上述介绍可知,飞机坐标系的定义与远程弹道导弹的坐标系定义,虽然名字相同,但坐标系的定义却不相同,主要原因是我国导弹定义多采用俄制坐标系,其坐标轴为前-上-右的形式,而飞机多采用美制坐标系,其坐标为为前-右-下的形式。

2. 固定翼飞机坐标系转换关系描述

飞行器在空中飞行时所受到的各种力是在不同的坐标系下定义的,只有将所有力和力矩统一到选定的坐标系中,从而求出合力及合力矩,才能建立六自由度运动方程。由此可见,坐标变换在飞行仿真建模过程中至关重要。下面就给出固定翼飞机相关坐标系的描述形式。

(1)机体坐标系与气流坐标系之间的转换关系。机体坐标系与气流坐标系之间的转换关系主要由迎角和侧滑角进行描述。其中,迎角是指飞机相对大气的飞行速度矢量在飞机机体垂直对称平面上的投影与机体 $O_b z_b$ 轴之间的夹角,飞行速度矢量的投影在 $O_b z_b$ 轴下面为"正",符合右手定则。侧滑角是指飞机相对大气的飞行速度矢量与飞机机体垂直对称平面之间的夹角,飞行速度矢量在飞机机体水平面上的投影在垂直对称平面的右侧为"正"。下面给出机体坐标系到气流坐标系的转换矩阵。

$$S_{ab} = \begin{bmatrix} \cos\alpha\cos\beta & \sin\beta & \sin\alpha\cos\beta \\ -\cos\alpha\sin\beta & \cos\beta & -\sin\alpha\sin\beta \\ -\sin\alpha & 0 & \cos\alpha \end{bmatrix} \tag{4-42}$$

(2)地面坐标系与机体坐标系之间的转换关系。地面坐标系绕 3 个坐标轴依次旋转,最后与机体坐标系重合,两者之间的关系用偏航角、俯仰角和滚转角来确定。其中,俯仰角 θ 是机体轴 $O_b x_b$ 与地球水平面 $(x_g O_g y_g)$ 之间的夹角,抬头为正,符合右手定则;偏航角 Ψ 是机体轴 $O_b x_b$ 在水平面上的投影与地轴 $O_g x_g$ 之间的夹角,机头右偏航为正,符合右手定则;滚转角 ϕ 是机体轴 $O_b z_b$ 与通过机体轴的铅垂面之间的夹角,飞机向右滚转时为正,符合右手定则。地面坐标系绕 $O_g z_g$ 转过偏航角,然后绕当时的 y 轴转过俯仰角,最后绕当时的 x 轴转过滚转角,就与机体坐标系重合。下面给出地面坐标系到机体坐标系的转换矩阵。

$$S_{bg} = \begin{bmatrix} \cos\theta\cos\Psi & \cos\theta\sin\Psi & -\sin\theta \\ \sin\theta\cos\Psi\sin\phi-\sin\Psi\cos\phi & \sin\theta\sin\Psi\sin\phi+\cos\Psi\cos\phi & \cos\theta\sin\phi \\ \sin\theta\cos\Psi\cos\phi+\sin\Psi\sin\phi & \sin\theta\sin\Psi\cos\phi-\cos\Psi\sin\phi & \cos\theta\cos\phi \end{bmatrix} \tag{4-43}$$

(3)地面坐标系与航迹坐标系之间的转换关系。地面坐标系与航迹坐标系之间的关系用航迹轨迹角和航迹方位角进行描述。其中,航迹轨迹角 μ 又称为爬升角,是飞机相对于地面的飞行速度矢量 v 在垂直面上的投影与地轴 $O_g x_g$ 之间的夹角,飞机向上飞时为正;航迹方位角 φ 是飞机相对于地面的飞行速度矢量 v 在水平面上的投影与地轴 $O_g x_g$ 之间的夹角,投影在 $O_g x_g$ 轴右侧为正。下面给出地面坐标系到航迹坐标系的转换矩阵。

$$S_{pg} = \begin{bmatrix} \cos\mu\cos\varphi & \cos\mu\sin\varphi & -\sin\mu \\ -\sin\varphi & \cos\varphi & 0 \\ \sin\mu\cos\varphi & \sin\mu\sin\varphi & \cos\mu \end{bmatrix} \tag{4-44}$$

(4)地面坐标系与气流坐标系之间的转换。地面坐标系与气球坐标系之间通过航迹轨迹角、航迹方位角和航迹滚转角进行描述,其中航迹滚转角 γ 是飞机相对于地面的飞行速度

矢量 v 在垂直面($y_gO_gz_g$)投影与 O_gz_g 之间的夹角。地面坐标系绕 3 个坐标轴依次旋转,最后与气流坐标系重合。下面给出地面坐标系到气流坐标系的转换矩阵:

$$S_{ag} = \begin{bmatrix} \cos\mu\cos\varphi & \cos\mu\sin\varphi & -\sin\mu \\ \sin\mu\cos\varphi\sin\gamma - \sin\varphi\cos\gamma & \sin\mu\sin\varphi\sin\gamma + \cos\varphi\cos\gamma & \sin\gamma\cos\mu \\ \sin\mu\cos\varphi\cos\gamma + \sin\varphi\sin\gamma & \sin\mu\sin\varphi\cos\gamma - \cos\varphi\sin\gamma & \cos\gamma\cos\mu \end{bmatrix} \tag{4-45}$$

4.3.2 固定翼飞机六自由度动力学模型描述

下面参考相关专业书籍,给出固定翼飞机的动力学和运动学方程。

1. 固定翼飞机质心动力学方程组

固定翼飞机在飞行过程中,主要受到重力 G、推力 T、气动升力 L、气动阻力 D、气动侧力 Y 的作用。其中,气动升力 L 是空气动力在气流坐标系 O_az_a 轴的分量,向上为正;气动阻力 D 是空气动力在气流坐标系 O_ax_a 轴的分量,向后为正;气动侧力是空气动力在气流坐标系 O_ay_a 轴的分量,向右为正。将其在机体系下投影,得到固定翼飞机的受力方程组:

$$\left. \begin{aligned} \frac{du}{dt} &= vr - wq - g\sin\theta + \frac{T_{xb}}{m} - \frac{D\cos\alpha\cos\beta - Y\cos\alpha\sin\beta + L\sin\alpha}{m} \\ \frac{dv}{dt} &= -ur + wp + g\cos\theta\sin\phi + \frac{T_{yb}}{m} - D\sin\beta + Y\cos\beta \\ \frac{dw}{dt} &= uq - vp + g\cos\theta\cos\phi + \frac{T_{zb}}{m} - D\sin\alpha\cos\beta - Y\sin\alpha\sin\beta - L\cos\alpha \end{aligned} \right\} \tag{4-46}$$

式中:u、v、w 分别为飞机速度在机体坐标系 O_bx_b、O_by_b、O_bz_b 轴的的投影;T_{xb}、T_{yb}、T_{zb} 分别为飞机推力在机体坐标系的投影;p、q、r 分别为机体坐标系坐标轴 O_bx_b、O_by_b、O_bz_b 的角速度分量。

2. 固定翼飞机姿态动力学方程组

固定翼飞机在飞行过程中,受到滚转力矩 $\bar{L}$、俯仰力矩 M、偏航力矩 N 的作用,它们主要由气动力和发动机推力引起。根据动量矩定量,经整理,得到机体坐标系下的力矩方程组。

$$\left. \begin{aligned} \frac{dp}{dt} &= \left[\left(\frac{I_{yy}I_{zz} - I_{zz}^2 - I_{xz}^2}{I_{xx}I_{zz} - I_{xz}^2} \right)r + \left(\frac{I_{xx}I_{xz} - I_{yy}I_{xz} + I_{xz}^2}{I_{xx}I_{zz} - I_{xz}^2} \right)p \right]q + \frac{I_{zz}}{I_{xx}I_{zz} - I_{xz}^2}\bar{L} + \frac{I_{xz}}{I_{xx}I_{zz} - I_{xz}^2}N \\ \frac{dq}{dt} &= \frac{I_{zz} - I_{xx}}{I_{yy}}pr - \frac{I_{xz}}{I_{yy}}(p^2 - r^2) + \frac{1}{I_{yy}}M \\ \frac{dp}{dt} &= \left[\left(\frac{I_{xx}^2 - I_{xx}I_{yy} + I_{xz}^2}{I_{xx}I_{zz} - I_{xz}^2} \right)p - \left(\frac{I_{xx}I_{xz} - I_{yy}I_{xz} + I_{xz}^2}{I_{xx}I_{zz} - I_{xz}^2} \right)r \right]q + \frac{I_{xz}}{I_{xx}I_{zz} - I_{xz}^2}\bar{L} + \frac{I_{xx}}{I_{xx}I_{zz} - I_{xz}^2}N \end{aligned} \right\}$$
$$\tag{4-47}$$

式中:I_{xx}、I_{yy}、I_{zz} 分别为飞机在机体主轴的转动惯量,由于固定翼飞机通常为面对称飞行器(即关于 $O_bx_bz_b$ 对称),因此,交叉惯量 $I_{xy} = I_{yx} = I_{yz} = I_{zy} = 0$,$I_{xz} = I_{zx}$。

3. 固定翼飞机质心运动学方程组

根据机体坐标系与地面坐标系之间的转换关系,得到飞机在地面坐标系下的运动学方程,即导航方程:

$$\begin{cases}\dfrac{\mathrm{d}x_\mathrm{g}}{\mathrm{d}t}=u\cos\theta\cos\Psi+v(\sin\phi\sin\theta\cos\Psi-\cos\phi\sin\Psi)+w(\sin\phi\sin\Psi+\cos\phi\sin\theta\cos\Psi)\\[2mm]\dfrac{\mathrm{d}y_\mathrm{g}}{\mathrm{d}t}=u\cos\theta\sin\Psi+v(\sin\phi\sin\theta\sin\Psi+\cos\phi\cos\Psi)+w(-\sin\phi\cos\Psi+\cos\phi\sin\theta\sin\Psi)\\[2mm]\dfrac{\mathrm{d}h}{\mathrm{d}t}=u\sin\theta-v\sin\phi\cos\theta-w\cos\phi\cos\theta\end{cases}$$

$$(4-48)$$

或

$$\begin{cases}\dfrac{\mathrm{d}x_\mathrm{g}}{\mathrm{d}t}=v\cos\mu\cos\varphi\\[2mm]\dfrac{\mathrm{d}y_\mathrm{g}}{\mathrm{d}t}=v\cos\mu\sin\varphi\\[2mm]\dfrac{\mathrm{d}h}{\mathrm{d}t}=v\sin\mu\end{cases}$$

$$(4-49)$$

4. 固定翼飞机姿态运动学方程组

由机体坐标系与地面坐标系之间的转换关系,可以得到姿态角速率与机体坐标系 3 个角速度分量之间的关系式,即

$$\begin{cases}\dfrac{\mathrm{d}\phi}{\mathrm{d}t}=p+(r\cos\phi+q\sin\phi)\tan\theta\\[2mm]\dfrac{\mathrm{d}\theta}{\mathrm{d}t}=q\cos\phi-r\sin\phi\\[2mm]\dfrac{\mathrm{d}\Psi}{\mathrm{d}t}=\dfrac{1}{\cos\theta}(r\cos\phi+q\sin\phi)\end{cases}$$

$$(4-50)$$

式中:ϕ 为滚转角;θ 为俯仰角;Ψ 为偏航角。

5. 固定翼飞机的补充几何关系方程组

为了便于计算,分别补充迎角和侧滑角的计算方法,补充的角度几何关系方程如下:

$$\begin{cases}\tan\alpha=\dfrac{w}{u}\\[2mm]\sin\beta=\dfrac{v}{\sqrt{u^2+v^2+w^2}}\end{cases}$$

$$(4-51)$$

$$\begin{cases}\sin\mu=\cos\alpha\cos\beta\sin\theta-\cos\theta(\sin\beta\sin\phi+\sin\alpha\cos\beta\cos\phi)\\[2mm]\sin\phi=\dfrac{1}{\cos\mu}[\cos\alpha\cos\beta\cos\theta\sin\Psi+\sin\beta(\sin\theta\sin\Psi\sin\phi+\cos\Psi\cos\phi)\\[2mm]\qquad\qquad+\sin\alpha\cos\beta(\sin\theta\sin\Psi\cos\varphi-\cos\Psi\sin\phi)]\\[2mm]\sin\gamma=\dfrac{1}{\cos\mu}[\cos\alpha\sin\beta\sin\theta+\cos\theta(\cos\beta\sin\phi-\sin\alpha\sin\beta\cos\phi)]\end{cases}$$

$$(4-52)$$

上述相关方程是闭合方程组,即只要知道飞机相关特征参数,再根据飞行器的高度、速度等飞行状态,即可确定力和力矩的大小,进而求得飞机在任意时刻的运动状态。

4.4 本 章 小 结

飞行器在飞行过程中,主要受到重力、气动力和发动机推力等作用,还受到附加哥氏力、离心力等的影响,在进行受力分析时,需要根据具体对象进行具体分析。将研究对象受到的力在相应的坐标系下进行投影分解,基于经典牛顿第二定律和动量矩守恒定律,完成飞行器数学模型的推导。

目前,飞行力学经过多年的发展,对于不同的飞行器(包括近程战术导弹、远程弹道导弹、滚转反坦克导弹、卫星等)已经形成了相对标准的动力学和运动学模型。科研人员在进行动力学和运动学六自由度建模时,根据对象特点和总体情况提供气动数据定义,选择合适的六自由度动力学和运动学模型,即可开展仿真验证。

4.5 本 章 习 题

1. 简述数学模型的概念。

2. 飞行器的六自由度具体指什么?

3. 飞行器动力学建模的理论基础是什么?

4. 牛顿第二定律和动量矩定理的应用条件是什么?

5. 为什么要采用"固化原理"?

6. 在搭建远程弹道导弹的六自由度方程时,需要考虑那些受力因素?

7. 远程弹道导弹的坐标系主要包括哪些?

8. 远程弹道导弹的弹体坐标系、速度坐标系如何定义?

9. 远程弹道导弹的地面坐标系、弹道坐标系如何定义?

10. 远程弹道导弹坐标系中,地面坐标系和弹体坐标系之间的角度关系如何定义?

11. 远程弹道导弹坐标系中,地面坐标系和弹道坐标系之间的角度关系如何定义?

12. 远程弹道导弹坐标系中,弹体坐标系和速度坐标系之间的角度关系如何定义?

13. 试推导远程弹道模型中地形坐标系和发射坐标系间的坐标变换矩阵。

14. 请给出远程弹道的六自由度模型。

15. 固定翼飞机坐标系中,地面坐标系和机体坐标系之间的角度关系如何定义?

16. 简述俄制坐标系和美制坐标系的差异。

17. 固定翼飞机主要受到哪些力和力矩的作用?

18. 请推导出固定翼飞机的六自由度模型。

第5章 飞行器环境建模技术

各类飞行器在飞行过程中,受到地球重力、空气参数、大气风场、气象环境和海浪等的影响,它们对飞行器的弹道轨迹、飞行姿态和落点精度均有影响。为了更加精确地研究飞行器在真实条件下的飞行性能,需要对飞行器的飞行环境进行数学建模,需要在已有的实验数据和大气参数间已知的物理关系与某些假设的基础上,根据研究目的和应用场景,建立近乎真实的飞行环境模型,在建模时,要求模型既便于处理又有灵活性。

本章从地球重力、大气参数、大气风场、气象条件和海浪变化等方面,介绍飞行器环境的建模工作。

5.1 地球重力模型

飞行器和近地航天器在飞行过程中,不同高度下的重力直接影响飞行器的受力情况。在飞行器建模时,需要根据需求,建立地球重力变化模型,根据飞行器状态计算当前位置的重力加速度。

5.1.1 地球重力模型介绍

重力加速度是度量地球重力大小的物理量。按照万有引力定律,地球各处的重力加速度应该相等,但是由于地球的自转和地球形状的不规则,各处的重力加速度有所差异,其与海拔高度、纬度以及地壳成分、地幔深度密切相关。为了研究地球引力对于科研生产和人类生活的影响,科研人员建立了多种类型的地球重力模型,它们被广泛应用于大地测量学、地球物理学、地质学、海洋学、生物学、空间和军事等领域。

地球重力模型是地球重力位的数学表达式,是一个逼近地球质体外部引力位在无穷远处收敛到零值的(正则)调和函数,通常展开成一个在理论上收敛的整阶次球谐或椭球谐函数的无穷级数,这个级数展开系数的集合定义了一个相应的地球重力模型。

(1)地球重力模型描述形式。地球质量分布的不规则,致使地球重力场不是一个按简单规律变化的力场。但从总的趋势上看,地球非常接近于一个旋转椭球,因此可将实际地球规则化,称之为正常地球,其重力场称为正常重力场。它的重力位称为正常位 U,重力称为正常重力 γ_0。某点的正常重力方向是正常重力场重力线的切线方向。

目前,地球重力模型的描述方法主要包括两种类型。一种是拉普拉斯方法,将地球引力位表示成球谐函数级数,取其头几个偶阶项作为正常位,并根据正常位求得正常重力,与它相应的正常地球是一个扁球,称为水准扁球。由于正常位是表示为级数形式的,所以随着选取的项数不同,扁球形状相应地有所改变。另一种选取正常重力场的方法是斯托克斯方法,先假设正常位水准面的形状是一个精确的旋转椭球,然后根据地球质量 M 和自转角速度 ω 求出它的外部重力位和重力,这样得到的正常位是封闭形式的。相应的正常地球就是表面为正常位水准面的旋转椭球。

(2)常用的地球重力模型。目前,地球重力模型已成为诸多学科和领域需求的基础资料。随着卫星等测量手段的不断发展,模型的种类、精度、分辨率都在不断增加和提高。目前,典型代表包括:基于 CHAMP 实测数据建立的全球重力场模型,如 EIGEN-CHAMP03S;基于 GRACE 卫星实测数据的 GGM02S、WHIGG-GEGM01S 等;基于联合观测数据的 EIGEN-CG01C、EIGEN-CG03C、EIGEN-GL04S1。地球重力模型被广泛地应用于测绘、地震监测、海洋环境、导弹发射等领域。

5.1.2 飞行仿真常用的地球重力模型

在开展飞行器仿真时,主要根据飞行器当前的位置信息求取所在位置的重力加速度大小。在设计时,通常根据不同的仿真对象和仿真任务,选择合适的重力加速度计算模型。

(1)常值重力加速度。对于近程空空导弹、反坦克导弹等武器,由于其飞行时间短、高度变化小,因此,重力变化的影响不大。在仿真计算时可以将重力加速度设置为 $g=9.8 \text{ m/s}^2$,或则参照国际民航组织(ICAO)国际标准大气的规定,选取平均重力加速度为 $g=9.806\ 65 \text{ m/s}^2$。

(2)重力加速度随高度变化。对于一些高度变化比较大的飞行器,例如防空导弹等,需要考虑地球重力随高度的变化。此时,可以将地球视为一个质量集中在质心的标准球体。根据万有引力定律,高度 h 处的重力加速度计算公式为

$$g=g_0 \frac{R_0^2}{(R_0+h)^2} \tag{5-1}$$

式中:$g_0 \approx 9.81 \text{ m/s}^2$;$R_0$ 为地球平均半径(6 371 km);h 为飞行器当前高度,单位为 km。

(3)重力加速度随纬度变化。不同纬度下的重力加速度大小是不同的,例如,重力加速度在赤道处是 9.78 m/s^2,在南北两极处为 9.83 m/s^2。因此,对于一些纬度变化较大的飞行器,应根据地理纬度计算出重力加速度。

$$g=g_0(1+0.005\ 288\ 4 \sin^2 B-0.000\ 005\ 9 \sin^2 2B) \tag{5-2}$$

式中:$g_0 \approx 9.81 \text{ m/s}^2$,$B$ 为地理纬度。

(4)WGS84 地球模型中的重力加速度计算方法。在某些飞行距离长、距离比较远、精度要求比较高的飞行器仿真中,地球重力模型可以采用美国国防部在 1984 年构建的世界大气测量系统(World Geodetic System,WGS)(WGS84)。在 WGS84 模型中,给出了椭圆地球表面处某一给定纬度处的理论重力加速度计算方法:

$$g=g_e \frac{1+k \sin^2 \mu}{\sqrt{1-e^2 \sin^2 \mu}} \tag{5-3}$$

式中：μ 为纬度大小；$k=(cg_p/ag_e)-1$，a 为赤道半径，其值为 6 378 137.0 m，c 为地球极半径，其值为 6 356 752.314 2 m·s^{-2}，g_e 为赤道上的正常重力，其值为 9.780 325 335 9 m·s^{-2}，g_p 为两极的正常重力，其值为 9.832 184 937 8 m·s^{-2}；e 为第一偏心率，其值为 0.081 819 190 842 622。

当求取飞行器在地球某一个高度时的重力加速度时，计算公式如下：

$$g_h=g+1-\frac{2}{a}\left(1+f+\frac{\omega^2 a^2 c}{GM}-2f\sin^2\mu\right)h+\frac{3}{a^2}h^2 \tag{5-4}$$

式中：f 为地球扁平参数，其值为 1/298.257 223 563；ω 为地球自转速率，其值 7.292 115×10^{-5} rad·s^{-1}；GM 为地球引力常数，其值为 3.986 004 418×10^{14} m^3·s^{-2}。

5.2　大气参数模型

根据空气动力学和飞行力学的相关知识可知，飞行器在大气层内飞行时，其气动力的大小直接与空气密度的大小相关，并且对于一些浮空器而言，其浮力与飞行器所在高度的大气压强和温度也密切相关。因此，需要构建能够反映飞行器所在高度的大气静态物理参数（压强、密度、温度及声速等）变化模型。

在实际大气中，各项大气参数与高度、地理纬度、季节、昼夜及其他偶然因素有关。为了评估大气参数对于飞行器控制性能的影响，需要根据任务需求选择合适的大气模型，并根据飞行器的经纬度和时间计算当地位置的大气参数。常用大气模型包括国家军用标准（简称国军标）大气模型、国际标准大气模型和实测大气模型等。

5.2.1　大气环境简介

1. 大气的分子组成

地球大气是由多种气体组成的混合气体，其中还包括极少量的呈悬浮状态的固态、液态微小颗粒物质，称之为大气气溶胶质粒。气象学中把不含水汽和气溶胶质粒的大气称为干洁大气，或简称干空气，它是制定标准大气的基本假设。在标准状况下，干空气的密度为 1.293 kg/m^3。在 86 km 以下，大气维持湍流混合平衡，各成分之间均匀混合，此时可把干空气视为平均相对分子质量为 28.964 4 的单一成分空气。

2. 大气层的结构划分

地球大气的成分、温度以及其他属性在垂直方向随高度变化很大，而在水平方向却比较均匀。根据大气温度随高度的分布特征，将大气层划分为对流层、平流层、中间层、热层和外大气层（见图 5-1），各层的顶依次称为对流层顶、平流层顶、中间层顶和热层顶。

（1）对流层（Troposphere）。对流层是地球大气最低的一层，从地球表面开始，其上界随纬度和季节而变化，低纬度地区平均为 17～18 km，中纬度地区平均为 11～12 km，高纬度地区平均为 8～9 km，并且在夏季的时候，上界较高，冬季时较低。对流层集中了整个地球大气 80% 的质量和几乎全部水汽与气溶胶。人们日常生活中所观测到的云、雾、雨、雪、雷、冰雹等天气现象均发生在该空域，是天气变化最为复杂的一层。

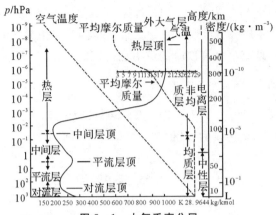

图 5-1 大气垂直分层

（2）平流层（Stratosphere）。平流层位于对流层之上，顶界可伸展到约 50 km 高度，其对应的气压约为 100 Pa。在平流层中，随着高度的升高，温度分布最初保持不变或稍有上升，但从 30～35 km 高度开始，气温则开始随高度急剧上升。在平流层中，空气的垂直交换很微弱，垂直运动远比对流层微弱，空气湿度很小，水汽和尘埃含量很少，极少有云生成。因此，平流层的气流比较平稳，天气晴好，空气阻力小，对飞行器的飞行十分有利。

（3）中间层（Mesosphere）。中间层位于平流层的上方，其顶界为 80～85 km。该层约占大气总质量的 $9.9×10^{-4}$。在中间层，气温随高度递减，中间层顶的气温低达 160～180 K。由于受到太阳紫外线、微粒流、宇宙线等的作用，中间层上部的空气分子被电离成带电离子，形成电离层。该层对电磁波的传播有很大的影响。

（4）热层（Thermosphere）。从中间层顶开始，向上延伸到 500～600 km 高度的大气范围称为热层，该层空气十分稀薄，所含的空气质量仅为空气总质量的 $1×10^{-5}$。在热层，空气温度随高度的增加而迅速上升，可达到 1 000～2 000 ℃。

（5）外大气层（Exosphere）。热层上部 500 km 以上的大气层，称为外大气层或外逸层，这里的大气极其稀薄，同时又远离地心，受地球引力作用很小，大气质点不断向星际空间逃逸。该层中，分子碰撞极其少见，以致这里的温度难以确定，中性粒子和带电粒子的运动彼此几乎是独立的，因此没有理由判定它们具有相同的温度。

5.2.2 大气参数的变化规律

地球大气是由多种气体组成的混合气体，受地球引力、大陆分布、地球自转等因素的影响，大气中的压强、密度和温度等参数，也会随着高度、纬度和季节等参数变化，并呈现出一定的变化规律。下面根据气体状态方程和流体静力学平衡方程导出大气参数变化规律。

根据物理学中相关内容可知，气体状态方程为

$$p=\frac{\bar{R}}{\mu}\rho T \qquad\qquad(5-5)$$

式中：$\bar{R}$ 为通用气体常数，其值为$(8.314\ 31±0.31)$J/(mol·K)；μ 为气体分子数，在高度为

$0\sim90$ km 范围内取 $\mu=\mu_0=28.964$。

由式(5-5)可以看出，大气参数(p、ρ、T)中的任意两个已知，即可求出第三个参数，所以这 3 个参数中只有两个是独立的。

实际使用中，气体状态方程常采用的形式为

$$p=Rg_0\rho T \tag{5-6}$$

式中：$R=\dfrac{\bar{R}}{\mu g_0}$ 称为标准气体常数，$R=29.27$ kgf[①]·m/(kg·K)。

(1)温度随高度的变化规律。在高度为 $0\sim80$ km 范围内可近似用一组折线来表示温度与高度的关系，可用直线方程来描述各段的变化规律，则有

$$T(h)=T_0+Gh \tag{5-7}$$

式中：T_0 为每一层底层的温度；G 为每一层的温度梯度；h 为距该层底层的高度。

对于不同的层，G 取值不同。例如：对流层中，取 $G=0.65°\times10^{-2}$·m^{-1}；同温层中，取 $G=0$。

(2)气压随高度的变化规律。大气的实际压强 p 和气温一样，变化是复杂的。为了求得其标准分布，引入"大气垂直平衡"假设，即认为大气在铅垂方向是静止的，处于力的平衡状态。在此，直接给出气压随高度的变化规模模型。

$$p=p_0e^{-\frac{1}{R}\int_0^H\frac{dH}{T}} \tag{5-8}$$

式中：p_0 为高度为零处的大气压强；H 为地势高度，相当于具有同等势能的均匀重力场中的高度。

(3)密度随高度的变化规律。由气体状态方程可以推导出密度随高度的分布规律：

$$\frac{\rho}{\rho_0}=\frac{T_0}{T}e^{-\frac{1}{R}\int_0^H\frac{dH}{T}} \tag{5-9}$$

5.2.3　飞行仿真中常用的标准大气模型

在工程实践中，通常采用大气模型来计算指定位置的大气参数。大气模型中包含了大气的各种参数值，模型中提供了温度、气压、密度和风等大气环境的各种数据和公式，是飞机、导弹、火箭等飞行器设计中的重要依据。大气模型的研究发展历史可以追溯到 19 世纪中叶，经过多年的发展，多个国家、国际组织和众多科研机构已经制定和发布了数十个大气模型。这些大气模型各有特点，适用的地区各有不同。

大气模型是基于大气结构和变化过程的数据、公式、表格和程序，通过对大量测量数据进行统计和理论分析而建立的。标准大气是以实际大气统计平均值为基础并结合一定的近似数值计算形成的，它反映了大气状态参数的平均状况。按照大气参数信息是否随纬度季节变化分为"标准大气"和"参考大气"；按照覆盖区域分为"全球大气模型"和"区域大气模型"；按照高度可以分为"低层大气模型""中层大气模型"和"热层大气模型"。

在飞行器设计过程中的不同阶段，设计人员可以根据其任务需求、飞行器的地理区域和

---

① 　1 kgf=9.807 N。

高度范围选择不同空域和特征的大气模型。下面介绍几种在飞行器设计过程中常用的大气模型。

(1)美国标准大气模型。美国标准大气是由美国国家航空航天局、美国空军等联合起草和制定的,历经1962,1966,1976等多个版本的完善和补充。美国标准大气模型是在利用无线电探空仪、火箭测侯仪、火箭和卫星等得到的温度观测数据的基础上,对数据进行修正和拟合,以图表的形式提供了温度、压力、密度、声速、动态、运动黏度、热传导率等参数随高度的变化趋势。需要注意的是,美国标准大气模型仅能代表全球平均值或中纬度地区(南北纬45°)年平均值,并且模型中不包含大气风场的变化。

(2)国际标准化组织大气模型。国际标准化组织大气模型是由国际标准化组织制定的,主要包括《标准大气模型》(ISO 2533—1975)和《航空航天用参考大气模型》(ISO 5878—1982)。

《标准大气模型》提供了0~80 km高度范围内随位势高度和几何高度变化的大气参数信息,包括温度、压力、密度、重力加速度、声速、动力黏度、运动黏度、热导率、压力高度、空气数密度等参数。标准模型假设大气是理想气体,不受潮湿和灰尘的影响,模型近似于北纬45°的年平均数值,在用于其他纬度和特定月份时,存在一定偏差。

《航空航天用参考大气模型》提供了0~80 km高度范围内,随季节、经度、纬度和日期变化的大气参数垂直分布信息:①北纬15°年平均模型;②北纬30°,45°,60°和80°季节模型;③北纬60°和80°对流层和中间层冷暖模型等信息。该模型假设大气为理想气体。南、北半球模型的月份相差6个月,其数据和结构完全相同。另外,《航空航天用参考大气模型》的附录中基于气球探空观测和圆形正态分布估计,给出了北半球25 km以下1月份和7月份风场参数的平均值和标准方差。其附录中基于探空观测所得相对湿度和温度的测量数据,给出了北半球10 km以下1月份和7月份的大气湿度的参考值。

(3)全球参考大气模型。全球参考大气模型是由美国国家航天局的马歇尔太空飞行中心环境部制定的,经过多年的修订,已经形成了一个系列,包括原始模型1974—1975版、修正模型1976版、修正模型1980版、GRAM - 1986、GRAM - 1988、GRAM - 1990、GRAM - 1995、GRAM - 1999、GRAM - 2007、GRAM - 2010。

全球参考大气模型能够计算任意高度、任意月份和任意位置的地球大气参数(包括温度、密度、压力、风场)的平均值和标准偏差,还能提供任意轨道任意参数的统计偏差数据。美国国家航空航天局、众多政府部门和大学将其广泛应用于各种项目中,如航天飞机、X - 37飞机、国际空间站、Hyper - X计划等项目。

全球参考大气模型的缺点是不能预测任何大气参数数据,并且没有考虑偶发的高纬度热层扰动、极光活动、高纬度平流层变暖扰动、厄尔尼诺现象等。但该模型允许用户对随机扰动的幅度值进行调整,并且最新版本中允许用户自行添加密度、温度、压力和风的轮廓等信息,替代模型中原有的数据。

(4)MSIS[①]大气模型。MSISE是由Picone和Hedin设计、开发的全球大气经验模型。

---

① MSIS,质谱仪和非相干散射,Mass Spectrometer and Incoherent Scatter。

MSIS 是指质谱仪和非相干散射,"E"表示该模型从地面覆盖到逸散底层。该模型描述了从地面到热层高度范围内(0～1 000 km)的中性大气密度、温度等大气物理性质。该模型是在长时间的观测数据基础上建立起来并不断更新的,主要数据源为火箭探测数据、卫星遥感数据和非相干散射雷达数据等。模型是根据低阶球谐函数拟合大气性质随经纬度、年周期、半年周期、地方时的变化而建立的。

该模型根据设定的时间、经度、纬度和高度等信息,能够得到中性大气温度和总体大气密度以及氦原子、氧原子、氢原子、氮原子、氩原子等物理粒子的数量密度,主要用于高空大气中的各项物理特性研究,以及近地航天器定轨预报等研究领域。

(5)中国国家军用标准大气模型。在中国航空航天行业中广泛应用的国军标有两个系列:GJB 365 北半球标准模型和 GJB 366 参考大气模型。这两个模型由国防科学技术工业委员会在 1987 年批准,1988 年开始实施。2006 年,国军标发布了《中国参考大气(地面～80 km)》(GJB 5601—2006)。

GJB 365 北半球标准模型包含了《北半球标准大气》(GJB 365.1—1987)和《高度压力换算表》(GJB 365.2—1987)。该模型假定空气为理想气体,给出了温度、压强、密度、自由落体加速度、大气成分、声速、粒子碰撞频率、黏性系数、相对密度、热传导系数。该标准基本等同于《标准大气》(ISO 2533—1975)。

GJB 366 参考大气模型包含了《航空与航天用参考大气(0 ～ 80 km)》(GJB 366.1—1987)《大气风场(0～25 km)》(GJB 366.2—1987)和《大气湿度(0～25 km)》(GJB 366.3—1987)三个标准。该模型提供了 0～80 km 之间大气特性参数随时间和空间的变化。

《中国参考大气(地面～80 km)》(GJB 5601—2006)由中国人民解放军总参气象研究所起草,于 2006 年发布,可用于中国人民解放军及各个研究所进行航空器、航天器及运载工具和导弹等武器装备的设计和试验、军事气象保证及相关科学研究工作。该标准给出了中国北纬 15°～50°、东经 75°～130°范围内,5°×5°共 46 个经纬各点,地面～80 km 高度内规定几何高度上的大气参数值,在 10 km 内间隔 0.5 km,10～30 km 内间隔 1 km,在 30～80 km 内间隔 2 km。根据几何高度和设定的经度、纬度可以获取大气温度、压力、湿度、密度、风速大小和方向等参数的月平均值和年平均值。

(6)其他大气模型。目前,国际上多个国家、国际组织和众多科研机构还发布了其他诸多大气模型,比较典型的包括《标准大气手册》(ICAO 7488),该手册主要用于低层大气。《大气成分剖面(0～120 km)》(AFGL-TR-86-0110)、《气候因素极限包络》(AFGL-TR-74-0052)、《18～80 km 全球参考大气》(AFGL-TR-85-0129)、《70～130 km 大气层结构模型》(AFGL-87-0226),这些模型主要用于中层大气模型。

用于热层大气的模型包括 Jacchia 热层大气模型和马歇尔工程热层模型(MET)。其中,Jacchia热层大气模型包括《热层和外大气层经验温度剖面静态模型(90～2 5 00 km)》(Jacchia J70)、《热层和外大气层经验温度剖面静态模型(90～2 500km)》(Jacchia J71)、《热层温度、密度和成分:新模型(90～2 500km)》(Jacchia J77)等版本,是美国海军和空军空间目标定轨预报的标准模型。MET 马歇尔工程热层模型包括 1988 和 2002 等版本,适用于 90～2 500 km 高度。

5.3　大气风场模型

大气的动态运动形成了风,其起因和大小与空气的温度、大气压力、空气运动所经地表面的性质和地球旋转等因素有关。这种复杂的关系导致了风在时间和空间上的巨大变化,包括大气一般环流的季节变化和从气旋、反气旋的大范围运动到小尺度湍流的各种扰动。对于飞行器而言,大气运动对于飞行器的影响是多方面的,如气动载荷变化、风载荷变化、风切边、风振和阵风干扰等,特别是当飞行器速度较低时,或飞行器尺寸较大时,风场的影响尤为明显,严重时会导致重大飞行事故。在进行飞行仿真时,必须考虑大气风场对于飞行器性能的影响。本节将简要介绍风的定义、大风气场变化特性和飞行仿真中常用的风场模型。

5.3.1　风的定义

在气象学上,将空气运动的水平分量称为风,将垂直分量称为垂直对流。风用风速矢量 $\boldsymbol{W}$ 来表示。它的模 $|\boldsymbol{W}|=W$ 称为风速,表示单位时间内空气在水平方向移动的距离,单位为 m/s;它的方向用风向来表示,风向是指风的来向,例如北风的含义是从北向南吹的风。气象上地面风的风向,一般用 16 个方位来表示(见图 5-2)。为了更加精确地表示风向,风的来向常用风向角 a_{W} 表示:以北为 0°(360°),顺时针方向旋转到风的来向,所得的角度即为 a_{W} 。

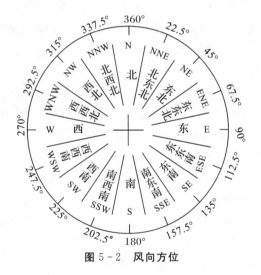

图 5-2　风向方位

在进行飞行器设计时,通常将风分解到经向和纬向两个方向进行考虑:

$$u=W\sin(a_{\mathrm{W}}-180°),\quad v=W\cos(a_{\mathrm{W}}-180°) \tag{5-10}$$

式中:u 表示风矢量的纬向分量,西风为正;v 表示风矢量的经向分量,南风为正。

根据纬向分量和经向分量求解风速和风向的公式为

$$W=(u^2+v^2)^{\frac{1}{2}} \tag{5-11}$$

5.3.2　大气风场变化特性

大气风场中的风速大小和方向,会随着高度、经纬度和时间的不同而呈现出周期性和随机性变化,并且不同的地形地貌,如海陆分布、山谷丘陵等也会对风造成影响。对流层中显著的空气对流造成的风场产生剧烈的变化,而平流层的风场主要受大气环流影响,变化过程相对平稳。根据风场变化的周期的长短,将其分为随纬度-季节的长周期变化和随昼夜变化的短周期变化。

风场的长周期变化主要受到全球大尺度环流的影响,随纬度、高度和季节呈现一定周期的规律变化,并且与地域相关。

风场的短周期变化,主要现象是由太阳和热的昼夜变化所引起的大气膨胀和收缩产生的,同时也与太阳和月球的潮汐有关。在大陆上,大气边界层上近地面层的最大风速值出现在午后气温最高的时刻,最小风速值出现在夜间。大气边界层上部与此相反,风速最大值出现在夜间,最小值出现在昼间。观测结果表明,对流层和平流层底层,风的日变化受地形影响很大,不同地区的风速日振幅有明显差别。

图 5-3 给出了部分地区风随纬度和季节的变化,以及部分地区风速日变化曲线。

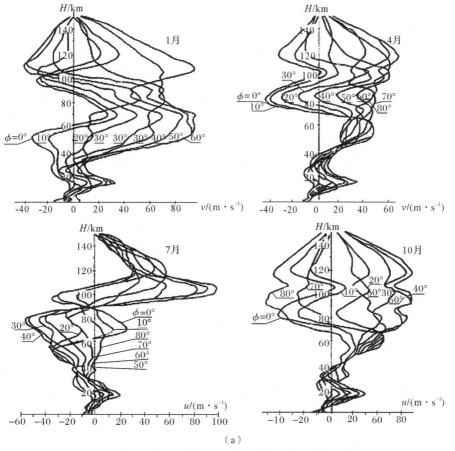

（a）

图 5-3　风的长周期变化和短周期变化

（a）某地区风随纬度和季节的变化

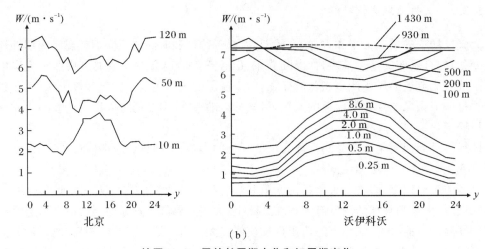

续图 5-3 风的长周期变化和短周期变化
(b)北京和俄罗斯沃伊科沃站边界层中风速的日变化

5.3.3 飞行仿真中常用的大气风场模型

目前,在研究变化风场对飞行器动态特性的影响时,模拟变化风场方法的大致有 5 种:大气动力学数值仿真法、飞行品质规范推荐的典型风模型、实测风场数据、最坏风模型法和工程模拟方法。其中,大气动力学数值仿真法通过建立并求解流体力学微分方程来得到流场的数值解,方法复杂,计算量大;飞行品质规范推荐的典型风模型形式过于简单,主要用作校核飞行品质,无法用来研究变化风场影响下的飞行危险性;实测风场数据真实,但成本高,数据存储量大,主要用于常值平稳风模型的建立;最坏风模型不能较好地代表真实风场,主要用于考核极限情况下的飞行器性能;工程模拟方法的实质就是从各种风场中气流的流动特点出发,用简单成熟的流体力学方程描述气流的流动规律,方法简单直观。

下面主要介绍基于工程模拟方法建立的几种风场模型。根据风速剖面的分解方式,分为平均风、风切变、大气紊流和阵风 4 种表现形式。参考国标《飞行力学 概念、量和符号 第9部分:大气扰动模型》(GB/T 14410.9—2009),给出各种风场模型的概念和常用的风场模型。

1. 平均风模型

在进行飞行器仿真时,常用常值风、定常风和平均风来评估稳定风场对飞行器飞行过程的长周期影响。其中,常值风是指风速矢量不随时间和空间变化的风模型,定常风是指风速矢量不随时间变化的风模型,而平稳风通常是指特定时间段内风速的平均值,其大小是随着时间和空间不断变化的,它是风速的基准值,也被称为准定常风或准稳定风。其表达式为

$$\overline{v_w} = \frac{1}{T} \int_0^T v_w \, dt \tag{5-12}$$

式中:v_w 表示风速矢量;T 是参考时间间隔值。

工程实践中,平均风模型可通过直接设定风速和风向来评估飞行器在常值风下的飞行

性能,也可根据目标区域指定月份的实测数据,建立随高度变化的风速风向插值表,或参考相关标准进行构建。

2. 风切变模型

风切变是一种常见的大气现象,指风向、风速在水平或垂直方向的突然变化。在航空气象学中,把出现在 600 m 以下空气层中的风切变称为低空风切变,这是目前国际航空和气象界公认的对飞行有重大影响的天气现象之一,是飞机在起飞和着陆阶段的"无形杀手"。

在飞行器飞行过程中,切变风的出现造成飞行器气动力出现短时间的突变,对于姿态产生强烈扰动作用。根据飞行器相对于风向的关系,风切变分为顺风、逆风、侧风和垂直气流 4 种切变形式。其中,顺风切变指的是飞行器在起飞或着陆过程中,风在水平方向上的变化量对于飞行器来讲是顺风,该类风切变使飞行器的对空速度降低,所受升力也随之降低,导致飞行器下沉,危害较大。逆风切变指的是风在水平方向上的变化量对于飞行器来讲是逆风,该类风切变会提高飞行器的对空速度,增大飞行器所受升力,增大飞行器运行高度,危害较轻。侧风切变指的是飞行器从一种侧风或无侧风状态进入另一种明显不同的侧风状态,使飞行器发生侧滑、滚转或者偏转,危害较大。垂直风切变指的是飞行器在运行过程中,突然受到自上而下的下冲气流,该类风切变的强度很大,发生突然,使飞行器突然下沉,危害极大。

切变的强度以单位水平距离或单位高度距离风速变化量来表示。其中,水平风切变强度通常以 1 km 距离的风速变化量来表示,垂直风切变强度通常以 30 m 高度差的风速变化量来表示。

目前被航空界所公认的评定标准主要是,以对航空器的飞行所造成的损害程度为参照,分别对水平风的垂直切变强度和垂直风的切变强度进行分类。

3. 离散阵风/突风模型

在考虑大气短周期小尺度风场变化对于飞行器的影响时,一种常用的风场模型是离散阵风模型。在相当短的时间内,风速相对于规定时段平均值的短暂正负变化的风称为阵风。

(1)阵风的定义及指标。阵风特性表现为相对于平均风的偏差,以 W 表示。突风定义为阵风相对平均风的偏差量(ΔW),阵风表示为

$$W(阵风) = \overline{W}(平稳风) + \Delta W(突风) \tag{5-13}$$

最大阵风峰值相对规定时段风速平均值的偏差,称为阵风的振幅。阵风振幅到达瞬间的瞬时风速,即阵风振幅与平均风速之和,称为阵风最大振幅。从阵风开始到阵风振幅的时段,称为阵风形成时间;从阵风振幅至阵风结束的时段,称为阵风衰减时间。单个阵风,从开始到结束的时段,称为阵风持续时间。发生在阵风时段中的阵风的数目称为阵风频数。

(2)常用的离散阵风模型。在工程应用上,阵风/突风模型一般根据实测资料统计确定,按突风模型的剖面几何形状,可以将阵风分为三角形、梯形、全波长"1 - consine"、半波长"1 - consine"以及 NASA 复合阵风模型形等几种类型。下面介绍几种常用模型。

表 5-1 中,W 为飞行位置 y 上所对应突风速度,W_{max} 为突风的幅值;d_m 为阵风层的厚度,也被称为突风尺度,h 为梯形阵风前、后缘阵风速度由 0 增至 W_{max} 所经历的气层厚度。相关研究资料表明,突风的数值与平均风速大小无关,仅与湍流强度和高度相关。突风层的尺度反映了突风在飞行器上的作用时间。

表 5-1 常用的离散阵风模型

模　　型	表　达　式
三角形阵风模型	$W = \begin{cases} \dfrac{y}{d_m} W_{max} & (0 \leqslant y \leqslant d_m) \\[2mm] \dfrac{2d_m - y}{d_m} W_{max} & (d_m \leqslant y \leqslant 2d_m) \end{cases}$
梯形阵风模型	$W = \begin{cases} \dfrac{y}{h} W_{max} & (0 \leqslant y \leqslant h) \\[2mm] W_{max} & (h \leqslant y \leqslant 2d_m - h) \\[2mm] \dfrac{2d_m - y}{d_m} W_{max} & (2d_m - h \leqslant y \leqslant 2d_m) \end{cases}$
全波长"1 - consine"模型	$W = \begin{cases} 0 & (y < 0) \\[2mm] \dfrac{W_{max}}{2}\left(1 - \cos\dfrac{\pi y}{d_m}\right) & (0 \leqslant y \leqslant 2d_m) \\[2mm] 0 & (y > 2d_m) \end{cases}$
半波长"1 - consine"模型	$W = \begin{cases} 0 & (y < 0) \\[2mm] \dfrac{W_{max}}{2}\left(1 - \cos\dfrac{\pi y}{d_m}\right) & (0 \leqslant y \leqslant d_m) \\[2mm] 0 & (y > d_m) \end{cases}$
NASA 复合阵风模型	$W = \begin{cases} \dfrac{W_{max}}{2}\left\{1 - \cos\left[\dfrac{\pi}{30}(y - H_{ref})\right]\right\} & (0 \leqslant y < +h) \\[2mm] W_{max} & (h \leqslant y < 2d_m - h) \\[2mm] \dfrac{W_{max}}{2}\left\{1 - \cos\left[\dfrac{\pi}{30}(y - H_{ref} - 2d_m)\right]\right\} & (2d_m - h \leqslant y < 2d_m) \end{cases}$

4. 大气紊流连续模型

大气总是处于湍流运动状态,大气紊流就是发生在大气中的湍流。湍流运动的基本特征是速度场沿空间和时间分布不规则。在风出现的同时往往伴随着紊流,紊流在风速剖线中表现为叠加在平均风上的连续随机脉动。与阵风相比,紊流是风场随机连续的变化。实际上大气紊流现象十分复杂,为研究问题方便,需要抓住其主要特征,把大气紊流适当地加以理想化。

(1)假设大气紊流的统计特性既不随时间变化也不随空间变化。

(2)假设大气紊流的统计特性不随坐标系的旋转而变化,即与方向无关。

(3)假设大气紊流是 Gauss 型的,即速度大小服从于正态分布。

(4)分析紊流对飞行器飞行的影响时,可以把大气紊流"冻结",这个假设称为 Taylor 冻结场假设。

目前,工程上常常根据实测数据确定紊流运动的经验谱函数。常用来描述大气紊流的模型有 Dryden 模型和 Von Karman 模型,见表 5-2。

表 5-2　常用的大气紊流连续模型

模　型	表达式	模　型	表达式
Dryden 模型的纵向和横向频谱函数	$\Phi_{ui}(\Omega)=\sigma_u\dfrac{L_u}{\pi}\dfrac{1}{1+(L_u\Omega)^2}$ $\Phi_{w}(\Omega)=\sigma_v\dfrac{L_v}{\pi}\dfrac{1+12(L_v\Omega)^2}{[1+4(L_v\Omega)^2]^2}$ $\Phi_{\omega\omega}(\Omega)=\sigma_\omega\dfrac{L_\omega}{\pi}\dfrac{1+12(L_\omega\Omega)^2}{[1+4(L_\omega\Omega)^2]^2}$	Von Karman 模型的纵向和横向频谱函数	$\Phi_{1ui}(\Omega)=\sigma_u\dfrac{L_n}{\pi}\dfrac{1}{[1+(aL_u\Omega)^2]^{5/6}}$ $\Phi_{w}(\Omega)=\sigma_v\dfrac{L_v}{\pi}\dfrac{1+(8/3)(2aL_v\Omega)^2}{[1+(2aL_v\Omega)^2]^{1/6}}$ $\Phi_{\omega\omega}(\Omega)=\sigma_\omega\dfrac{L_\omega}{\pi}\dfrac{1+(8/3)(2aL_\omega\Omega)^2}{[1+(2aL_\omega\Omega)^2]^{11/6}}$

表 5-2 中,L_u,L_v,L_w 为纵向、侧向和横向紊流尺度,$\sigma_u,\sigma_v,\sigma_w$ 为纵向、侧向和横向的紊流强度。

5.4　气象环境模型

气象环境对飞行器有着至关重要的影响,它不仅影响着飞行器本身的飞行和作战性能,而且也影响着飞行器操纵人员的决策。所以,更贴近实战、逼真度更高的虚拟战场环境,必须能够提供各种不同的气象环境条件设置,并对气象环境对飞行器和武器造成的影响进行仿真。气象环境建模综合利用气象环境模型、飞行器仿真模型及其环境响应关系模型来开展飞行器受气象环境影响程度的研究。

5.4.1　气象要素类型

气象环境指的是某一地区的气候类型及作战时刻的季节和天气状况,主要包括温度、湿度、风、云、能见度、雨量等气象要素和天气现象。气象环境对飞行器活动的影响体现在以下两个方面:①气象条件对飞行器机体状态、飞行轨迹和测量信息造成的影响;②气象条件对飞行员或地面操作人员造成的影响。因此,气象条件建模对飞行仿真具有十分重要的意义。

在构建气象条件仿真时,主要围绕气象要素进行分析与建模。气象要素是构成和反映大气状态及大气现象的基本因素,它包括气温、气压、空气湿度、风、云、能见度和降水、雷暴、雾、霾、风沙等。气象要素随时间和空间而变化。战场的地理位置和地形特点不同,使得气象要素的量值和变化在时间和空间上的分布有很大的差异。本节主要关注能见度、云、天气现象等。

1. 能见度的概念

能见度是指视力正常的人在当时的天气条件下,能从天空背景中看清和辨认出目标物的最大距离,以米或千米表示。当有雾、霾、风沙、雪或降水时,能见度差。

根据不同的任务场景,可以将能见度分为若干类型,每种类型的测量方法略有不同。

（1）航空能见度。航空能见度是指：①当在明亮的背景下观测时，能够看到和辨认出位于近地面的一定范围内的黑色目标物的最大距离；②在无光的背景下观测时，能够看到和识别出光强为 1 000 cd 的灯光的最大距离。

（2）主导能见度。主导能见度是指观测到的达到或超过四周一半，或观测点周围地面一半都能达到的最大水平能见距离。这些区域可以是连续的，也可以是不连续的。

（3）空中能见度。空中能见度是指在空中观测目标时的能见距离，按其观测方向不同，分为空中水平能见度、空中垂直能见度和空中倾斜能见度。在观测时，可以按照仪器或目视的形式进行测量。当以目视的方式来对目标物进行观测时，如果某一目标物刚好能见，而再远一些的就看不清楚时，则该目标物的距离为该方向的能见度。如果某一目标物的轮廓清晰，但没有更远的或看不到更远的目标物时，可以按照下述规则进行判别：

1）当目标物的颜色、细小部分清晰可辨时，能见度可定为该目标物距离的 5 倍以上；

2）目标物的颜色、细小部分隐约可辨时，能见度可定为该目标物距离的 2.5～5 倍；

3）目标物的颜色、细小部分很难分辨时，能见度可定为大于该目标物的距离，但不应当超过 2.5 倍。

（4）海上能见度。海上能见度是指海上可观测到目标的最大水平距离或水天线的清晰程度。参考相关规则，给出海上能见度的判断标准，见表 5-3。

表 5-3　海面能见度参照

水天线清晰程度	能见度/km	
	眼高出海面≤7 m	眼高出海面>7 m
十分清楚	≥50	
清楚	20～50	≥50
勉强看清	10～20	20～50
隐约可辨	4～10	10～20
完全看不清	<4	<10

2.云的概念及分类

云是由漂浮在空中的无数小水滴、小冰晶或由两者共同组成的，相应地称水成云、冰成云和混合云。云的生成、外形特征、数量、分布及其演变，反映了当时大气的运动、稳定程度和水汽状况等，是未来天气变化的重要征兆。

（1）云的分类。参考相关标准，依据云的外貌特征、结构特点和云底高度，将云分为 3 族 14 类：

1）低云族：云高一般为 2 500 m 以下，包括淡积云、碎积云、浓积云、积雨云、层云、碎层云、层积云、雨层云和碎雨云。

2）中云族：云高一般为 2 500～6 000 m，包括高层云和高积云。

3）高云族：云高一般为 6 000 m 以上，包括卷层云、卷积云和卷云。

表 5-4 给出了各类云层常见云底高度范围。

表 5-4　各类常见云底高度范围

云的类别	出现范围/m	说　　明
积云	500~2 000	沿海潮湿地区积云较低,有时在 200 m 左右,西北干燥地可高达 3 000 m 左右
积雨云	300~2 000	一般积雨云与积云云底高度相同,有时由于降水,云底高度比积云低
层积云	500~2 500	当低层水汽充沛时,云底高度可在 500 m 以下,个别地区有时可高达 3 500 m
碎层云/层云	50~800	低层湿度增大,云底高度降低,反之亦然
雨层云	50~2 000	刚由高层云蜕变而成的雨层云云底较高
碎雨云	50~600	高层云下的碎层云较高,个别的可高达 1 000 m
高层云	2 500~5 000	刚由卷层云蜕变而成的高层云,有时可达 6 000 m
高积云	2 500~6 000	南方夏季可高达 9 000 m
卷云	4 500~16 000	夏高冬低,夏季南方可高达 17 000 m
卷层云	4 500~9 000	夏高冬低,冬季北方有时可低至 2 000 m
卷积云	4 500~9 000	有时与卷云同高

(2)云的特征参数。表征云的特征参数主要有云底高度、云状和云量等参数。

1)云底离开地面的垂直距离称为云底高度,简称云高。云高的测量应当根据云状、云体结构、云块大小、亮度、颜色、移动速度等进行判定。观测云高时,应当按天空中不同层次的云分别进行,如果某一云层的底部起伏不平,应当把该云层最低部分的云高确定为该云层的云高。

2)云状是指云的外部形状。云状应当根据云的外形特征、结构、色泽、排列、高度、连续演变过程以及伴随的天气现象等进行判定。

3)云量是指视界范围内天空被云遮蔽的份数,采用 8 分量制或 10 分量制,即把天空分成 8 等份或 10 等份,天空被云遮蔽了几份,云量就是八分之几或十分之几。云量的描述可以分为总云量、低云量、中云量、高云量和分云量。总云量是指天空被所有云(不论云的种类和层次)共同遮蔽的份数。低云量是指低云族各类云共同遮蔽天空的份数。中云量是指中云族各类云共同遮蔽天空的份数。高云量是指高云族各类云共同遮蔽天空的份数。分云量是指天空中不同类别云的各自云量。

在气象部门的天气预报中,按云量把天气分为晴天(高云量<4,中云或低云<1)、少云(高云量 4 或 5,中云量或低云量 1~3)、多云(高云量 6~10,中云量或低云量 4~8)和阴天(中云量或低云量 9 以上)4 种。

3.天气现象及其分类定级

天气现象是发生在大气中的降水现象、地面凝结和冻结现象、视程障碍现象、大气光象、大气电象和大气的其他物理现象的总称。降水有降雨、雪、冰雹等,视程障碍现象有雾、霾、烟等,大气电象有雷暴等,此外还有大风、龙卷、积冰等。恶劣天气现象会给飞行带来直接影响,严重时会造成恶劣的飞行事故。

(1)降水。降水是指从云、雾中降落到地面上的液态水或固态水,包括雨、毛毛雨、雪、米雪、霰、冰雹、冰针和冰粒等。参考相关标准和资料,给出主要的降水现象的特征和区别,见表 5-5。

表 5 - 5　主要的降水现象的特征和区别

天气现象	直径/mm	外形特征及着地特征	下降情况	一般降自云层	天气条件
雨	≥0.5	干地面有湿斑,水面起波纹	雨滴可辨,下降如线,强度变化较缓	雨层云,高层云,层积云,高积云	气层较稳定
阵雨	>0.5	干地面有湿斑,水面起波纹	雨滴往往较大,骤降骤停,强度变化大,有时伴有雷暴	积雨云,淡积云	气层不稳定
毛毛雨	<0.5	干地面无湿斑,慢慢均匀湿润,水面无波纹	稠密飘浮,雨滴难辨	层云,碎层云	气层稳定
雪	大小不一	白色不透明六角或片状结晶,固体降水	飘落,强度变化较缓	雨层云,层积云,高层云,高积云,卷云	气层稳定
阵雪	大小不一	白色不透明六角或片状结晶,固体降水	飘落,强度变化较大,开始和停止都较突然	积雨云,淡积云,层积云	气层较不稳定
雨夹雪	大小不一	半融化的雪(湿雪)或雨和雪同时下降	雨滴可辨,下降如线,强度变化较缓	雨层云,层积云,高层云,高积云	气层稳定
阵性雨夹雪	大小不一	半融化的雪(湿雪)或雨和雪同时下降	强度变化大,开始和停止都较突然	积雨云,淡积云,层积云	气层较不稳定
霰	2～5	白色不透明的圆锥或球形颗粒,固态降水,着硬地常反跳,松脆易碎	常呈阵性	积雨云,层积云	气层较不稳定
米雪	<1	白色不透明,扁长小颗粒,固态降水,着地不反跳	均匀、缓慢、稀疏	层云,碎层云	气层稳定
冰粒	1～5	透明丸状或不规则固态降水,有时内部还有未冻结的水,着地常反跳,有时打碎只剩冰壳	常呈间歇性,有时与雨伴随	雨层云,高层云,层积云	气层较稳定
冰雹	5～50	坚硬的球状、锥状或不规则的固态降水,内核常不透明,外包透明冰层或层层相间,大的着地反跳,坚硬不易碎	阵性明显,常伴随雷阵雨出现	积雨云	气层不稳定(常出现在夏、春、秋季)

其中,雨按强度分为小雨(毛毛雨、阵雨)、中雨、大雨、暴雨、大暴雨和特大暴雨 6 种。

(2)雾。雾是大量的小水滴或小冰晶浮游在近地面的空气层中,致使能见度减小的现象,分为浓雾(大雾)和轻雾。水平能见度小于 1 km 的为大雾,大于 1 km 且小于 10 km 的为轻雾。常见的雾有辐射雾和平流雾两种。由于辐射冷却而形成的雾称为辐射雾。它多出现在秋、冬季大陆上晴朗、无风而近地面水汽比较充沛的夜间;日出后,地面增温,雾便消散,或上升成云。平流雾是由暖湿空气流经冷地面或冷水面逐渐冷却而形成的,它多出现在春夏之交的沿海地区。海面出现的平流雾就是海雾,它登陆的时间多在黎明,在陆上维持的时间一般不超过 24 h。

(3)霾。霾是大量的微小尘粒、烟粒、盐粒等固体杂质浮游于空中,致使水平能见度和垂直能见度变坏的现象。

(4)雷暴。雷暴是由发展旺盛的积雨云引起的伴有闪电、雷鸣现象的局地对流性天气,通常伴有阵雨、大风,有时伴有冰雹、龙卷风,是对飞行器影响极大的危险天气。

5.4.2　气象环境模型的构建

不同的气象环境对不同的装备作战效能的发挥具有不同的影响,不同的飞行器或武器装备对气象环境的需求也各不相同。总体来讲,影响其效能发挥的气象要素主要有云、雾、雨、雪、风、雷、电等,这些要素随时间和空间的变化而变化。

1.气象环境模型的概念

气象环境模型是根据其要素的空间分布规律,描述某一地区在一定时段内气象要素的空间分布及其随时间变化的过程。描述气象要素的参数为天气现象和等级。其中天气现象主要有云、雾、雷电、雨、雪、冰雹 6 种,每种天气现象可分为轻度、中度和重度 3 个等级。表5-6 给出了常见的天气现象强度判断标准。

表 5-6　常见天气现象强度判断标准

天气现象	强　　度		
	轻度(小)	中　度	重度(大、浓、强)
雨、阵雨、冻雨	雨滴清晰可辨,雨声细弱,水注形成慢或形成不了水注;或降雨强度小于或等于 2.5 mm/h	雨落如线,雨滴不易分辨,水注形成较快;或降雨强度为 2.6~8.0 mm/h	雨落如倾盆,模糊成片,雨声如擂鼓,水潭形成极快;或降雨强度为大于或等于 8.1 mm/h
毛毛雨、冻毛毛雨、雪、阵雪	受该天气现象影响,主导能见度大于或等于 1 000 m	受该天气现象影响,主导能见度大于或等于 500 m 但小于 1 000 m	受该天气现象影响,主导能见度小于 500 m
雨夹雪、阵性雨夹雪	受该天气现象影响,主导能见度大于或等于 1 000 m	受该天气现象影响,主导能见度大于或等于 500 m 但小于 1 000 m	受该天气现象影响,主导能见度小于 500 m

续 表

天气现象	强 度		
	轻度(小)	中度	重度(大、浓、强)
霰、冰粒、米雪、小冰雹、冰雹	下降量少,散落于地,无明显累积现象	下降量一般,累积缓慢	下降量大,累积迅速
沙暴、尘暴		受该天气现象影响,主导能见度大于或等于500 m但小于1 000 m	由于该天气现象影响,主导能见度小于500 m

2.常见的天气环境模型的构建方法

在飞行仿真中,天气环境模型主要基于气象环境数据来构建环境模型,根据气象环境数据来构建地球空间四维(空间三维、时间一维)网格点气象要素分布值。目前,气象环境的来源有两种:①由气象数值模型生成;②气象历史观测数据。

(1)气象数值仿真模型。气象数值仿真模型主要根据气象动力学和气象辐射的基本原理,完成地球某一区域的气象环境预报。世界多国科研人员开发了多种气象数值仿真模型,能够以任意尺度模拟全球任意地域的气象环境。设定边界条件后,得到随时间变化的水平风场、垂直风场、湿度、温度、气压、密度、降水量等基本参数,甚至可以模拟风暴等强对流天气。气象数值模型比较复杂,计算量大,在硬件条件有限的情况下难以在要求的时间内完成相应的计算,所以一般在仿真运行前的数据准备阶段根据仿真需要设置初始条件,对气象数据模型进行离线解算,生成气象环境数据库,然后在运行时从数据库中提取所需的气象环境数据。气象环境数据库必须有良好的结构,以便能够在运行时高效地进行查询。

(2)气象观测数据模型。气象观测数据主要来源于分布在世界各地的气象观测站常规观测的各种地面和探空气象数据,以及通过飞机、雷达和气象卫星等多种非常规观测工具和手段得到的各种气象信息,并能够作为数值预报模式所需的初始场资料,经过累积,形成某一时段的历史实况数据,以此构建仿真所需的气象环境数据库。受到地理环境等方面因素的制约,观测站的地理分布是非常不均匀的,因此原始的气象观测数据在网格上并不是均匀分布的,必须经过客观分析、资料同化、消除缺陷并转换成均匀分布在网格点上的资料才能使用。这样的气象资料才能更真实地反映气象在某一时刻的状态。

5.5　海浪影响模型

海洋是舰载武器(如鱼雷、反舰导弹、无人飞行器、潜射导弹、舰载机以及其他舰载飞行器)的主要运动环境。这些飞行器的使用条件、运动和受力状态,都与海面起伏(海况)有关,例如,海浪直接影响潜射导弹的出水姿态;海浪起伏使得掠海飞行器产生碰海的危险;海浪会作为噪声,被直接引入定高掠海飞行的飞行控制系统中。因此,了解和掌握海洋的状况及海面的运动规律,建立海浪影响模型,对于各类舰船和飞行器的设计具有重要的意义。

海浪是指水-汽界面的周期运动,它在风的作用下产生和成长,以重力为恢复力,在海面自由传播,其周期介于 $1\sim30$ s。海浪无论是在时间上还是空间上,都具有不规则性和不重复性。平稳随机过程要求过程的统计特性不随时间改变,但对海浪而言,当其处于成长期时,海浪浪高的方差(能量)显然会增加,处于衰减期时,浪高的方差又会降低,因而它不符合平稳随机过程中的条件。但对充分发展的海浪,在一段时间内,可以认为它是平稳随机过程。

下面介绍海浪模型的相关概念以及常用的海浪模型。

5.5.1　海浪的相关概念

在介绍海浪模型之前,需要首先了解海浪的一些概念以及海况的定义。

(1)海浪的要素定义。某固定点处波面随时间变化的连续记录曲线如图 5-4 所示。

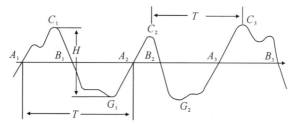

图 5-4　固定点处波面随时间的变化

图 5-4 中:A_1,A_2,A_3 为上跨零点,B_1,B_2,B_3 为下跨零点;C_1,C_2,C_3 为相邻上跨零点和下跨零点之间的显著波峰;G_1,G_2,G_3 为相邻上跨零点和上跨零点之间的显著波谷;m_1,m_2,m_3 为波面廓线的极值点。

下面给出有关海浪的几个常用概念或海浪要素的一般意义。

1)波高:相邻显著波峰与显著波谷间的垂直距离,如图 5-4 中的 $\overline{C_1}\,\overline{G_1}$,用 H 或 H_{sw} 表示。

2)平均波高 $\overline{H}$:在一个连续记录中,所有波高的平均值,即

$$\overline{H} = \frac{\sum\limits_{i=1}^{N} H_i}{N} = \frac{n_1 H_1 + n_2 H_2 + \cdots + n_i H_i}{n_1 + n_2 + \cdots + n_i} = \frac{n_1 H_1 + n_2 H_2 + \cdots + n_i H_i}{N} \qquad (5-14)$$

3)均方根波高:

$$H_{rms} = \sqrt{\frac{1}{N} \sum_{i=1}^{N} H_i^2} \qquad (5-15)$$

4)有效波高 $H_{1/3}$:将所有连续测得的波高按大小排列,取总个数的 1/3 个大波波高的平均值,即

$$H_{1/3} = \frac{3}{N} \sum_{i=1}^{N/3} H_i \qquad (5-16)$$

5)周期:相邻两个显著波峰(如 C_2,C_3)或相邻两个上跨零点(如 A_1,A_2)之间的时间间隔称为波的周期,用 T 或 T_{sw} 表示。

6)波长:空间波系中,相邻两个显著波峰(或波谷)之间的水平距离称为波长,用 λ 或 λ_{sw}

表示。

7)波速:单位时间内波形传播的距离称为波速,用 c 表示。

8)波向:波浪传来的方向称为波向。

9)波峰线:空间波系中,垂直于波向的波峰连线称为波峰线。

(2)海况的定义。海浪与风密切相关,风作用下海面出现的浪花、波形等情况,以海况等级进行定义。风的大小用风级给出,如蒲福风级,而风作用下生成的风浪,用波高、波长和周期等表示,用浪(涌)级给出。风、浪和海况虽然密切,但不可混为一谈。表5-7为我国国家海洋局规定的浪级。

表5-7 我国国家海洋局规定的浪级

浪 级	名 称	浪高/m
0	无浪	0
1	微浪	<0.1
2	小浪	$0.1 \leqslant H_{1/3} \leqslant 0.5$
3	轻浪	$0.5 \leqslant H_{1/3} \leqslant 1.25$
4	中浪	$1.25 \leqslant H_{1/3} \leqslant 2.5$
5	大浪	$2.5 \leqslant H_{1/3} \leqslant 4.0$
6	巨浪	$4.0 \leqslant H_{1/3} \leqslant 6.0$
7	狂浪	$6.0 \leqslant H_{1/3} \leqslant 9.0$
8	狂涛	$9.0 \leqslant H_{1/3} \leqslant 14.0$
9	怒涛	$H_{1/3} \geqslant 14.0$

5.5.2 常用的海浪谱模型

海浪谱是海浪平稳随机过程的能量在频域中的分布形式,它体现了海浪内部的结构,以及波幅和频率之间的关系。下面就给出几种工程上常用的海浪谱模型描述。

(1)纽曼谱。纽曼谱是根据观测得到的不同风速下波高与周期的关系,并在一定假设下推导出来的,其形式为

$$A^2(\omega) = c\,\frac{\pi}{2}\,\frac{1}{\omega^6}\exp\left(-\frac{2g^2}{u^2\omega^2}\right) \tag{5-17}$$

式中: $c = 3.05 \ \text{m}^2/\text{s}^5$; u 为海面上7.5 m高度处的风速。该谱适用于充分成长的风浪。

(2)皮尔逊-莫斯柯维奇谱。莫斯柯维奇于1964年对北大西洋上1955—1960年的观察资料进行465次谱分析,并经过详细整理后,得到有因次的频谱。

$$A^2(\omega) = \frac{\alpha g^2}{\omega^5}\exp\left[-\beta\left(\frac{g}{u\omega}\right)^4\right] = \frac{A}{\omega^5}\exp\left(-\frac{B}{\omega^4}\right) \tag{5-18}$$

式中:无因次常数 $\alpha = 8.10 \times 10^{-3}$ 、 $\beta = 0.74$ 、 $A = 8.1 \times 10^{-3} g^2$ 、 $B = 0.74\,(g/u)^4$ 。

这就是著名的P-M谱,它代表了充分成长的风浪。P-M谱使用19.5 m高度处的风速 $u_{19.5}$,而在海浪计算中一般采用10 m处的风速 u_{10} 。高度风速的换算可按如下公式计算:

$$u_z = u_{10} \left[1 + \frac{(c_{10})^{\frac{1}{2}}}{K} \ln \frac{z}{10} \right] \tag{5-19}$$

式中：$K=0.4$ 为卡门常数；c_{10} 代表对应于 u_{10} 的海面阻力系数，其计算公式为

$$c_{10} = (0.80 + 0.114 u_{10}) \times 10^{-3}$$

（3）国家科委海浪组谱。1966 年国家科委组织有关单位提出海浪谱为

$$A^2(\omega) = \frac{c}{\omega^5} \exp \left[- \left[\frac{\bar{\omega}}{\omega} \right]^2 \right] = \frac{c}{\omega^5} \exp \left(-\frac{2 \cdot 46}{\omega^2 H_{1/3}} \right) \tag{5-20}$$

式中：$c=1.48 \text{ m}^2 \cdot \text{s}^{-4}$；$\bar{\omega} = 2\pi / \bar{T}$，$\bar{T}$ 为平均周期；谱峰对应的频率 $\omega_p = 0.993 / \sqrt{H_{1/3}}$。

（4）ITTC 和 ISSC 双参数谱。第三届船舶结构力学会议建议采用双参数谱，即 $H_{1/3}$ 和特征周期 T_1 为参数得海浪谱；第 15 届国际船模试验水池会议亦建议以此谱作为标准海浪谱。该谱也是从 $P-M$ 谱演变而来，双参数谱为

$$\left. \begin{array}{l} S(\omega) = \dfrac{173 H_{1/3}^2}{T_1^4 \omega^5} \exp \left(-\dfrac{691}{T_1^4 \omega^4} \right) \\[3mm] \omega_p = 4.85 T_1^{-1} \end{array} \right\} \tag{5-21}$$

式中：$A = \dfrac{173 H_{1/3}^2}{T_1^4}$；$B = \dfrac{691}{T_1^4}$；$T_1 = 2\pi \dfrac{m_0}{m_1}$，其中 m_0 表示海浪谱对原点的零阶矩阵，m_1 表示海浪谱对原点的一阶矩阵。

5.6　本　章　小　结

　　飞行器在飞行过程中，会受到各种环境因素的作用，它们对其飞行轨迹、探测能力、控制性能、制导精度、飞行安全等因素造成直接影响。在飞行仿真中，为了研究和分析各项环境因素的影响，需要针对各种环境因素开展影响分析和数学建模。

　　在本章中，从地球重力、大气参数、大气风场、气象环境和海浪等五个方面开展了数学建模和分析。在地球重力方面，首先给出了重力模型的描述，其次给出了常用的地球重力模型，最后详细介绍了飞行仿真中常用的常值重力模型、随高度变化重力模型、随纬度变化重力模型和 WGS84 重力模型。在大气参数方面，首先对大气组成和大气层结构进行了简要介绍，其次分析了温度、气压、密度等大气典型参数的变化规律，最后对飞行仿真中常用的标准大气模型（美国标准大气模型、国家标准组织大气模型、全球参考大气模型和中国国军标大气模型）进行了详细介绍。在大气风场方面，首先给出了风的定义，其次从变化周期等角度分析了大气风场随纬度-季节的长周期变化和随昼夜的短周期变化，最后详细介绍了平均风、切变风、阵风和大气紊流等几种飞行仿真中常用的大气风场模型。在气象环境方面，首先分析了影响飞行的各种气象要素特征，包括能见度的概念及测量、云的概念及分类、雨雪雾霾等各种天气现象及其分类，其次介绍了气象环境模型的概念，并给出了常见的天气模型构建方法。在海浪方面，首先介绍了海浪的相关概念和海况定级，其次介绍了常用的海浪谱模型。

5.7　本　章　习　题

1. 简述地球重力模型的概念。

2. 地球重力模型的描述方法主要包括哪两种类型？

3. 常值重力加速度模型主要应用于哪些飞行器的仿真？其原因是什么？

4. 简述地球重力加速度随高度的变化模型。

5. 简述大气层的分层及各层特点。

6. 简述大气温度随高度的变化规律。

7. 简述大气压力随高度的变化规律。

8. 简述大气密度随高度的变化规律。

9. 简述大气模型的概念和标准大气模型的概念。

10. 简述 3 种常用的大气标准模型及其特点。

11. 简述风的定义和风向的定义。

12. 简述大气风场的变化特性。

13. 简述切变风的定义、危害和等级划分。

14. 简述阵风的定义。

15. 简述 3 种常用的离散阵风模型。

16. 简述大气紊流 Dryden 模型的概念。

17. 简述大气紊流 Von Karman 模型的概念。

18. 简述气象环境的概念和典型的气象要素。

19. 简述能见度的概念。

20. 简述 5 种以上的天气现象。

21. 简述天气环境模型的构建方法。

22. 简述海浪的定义和相关描述参数。

23. 简述两种常用的海浪谱模型。

第6章　仿真模型实时解算技术

在各种飞行器半实物仿真的闭环仿真回路中,除了参试实物部件之外,依然包含了研究对象的大量仿真模型,如动力学和运动学模型、大气环境模型等,这些仿真模型需要利用计算机来完成仿真解算。但与一般的数字仿真不同,由于产品实物的引入,为了保证全系统信号传递的时钟同步性和数据交互的一致性,要求半实物中的仿真模型解算必须实时完成,即模型解算的仿真步长必须与真实世界的自然时间完全同步,这项技术就是仿真模型的实时解算技术。

仿真模型实时解算技术是以数学理论、相似性原理、信息技术、系统技术及其应用领域有关的专业技术为基础,以计算机和各种仿真软件为工具,通过一系列数学方法和软件工具,完成数学模型到仿真模型的转换,对仿真模型的实时运行控制,并通过各种硬件接口设备,完成仿真模型与参试部件和其他设备的电气连接与信号交互。仿真模型实时解算技术涉及计算机技术、操作系统、硬件驱动、网络通信、数学方法等诸多学科,是一门利用计算机对数学模型进行计算描述的综合性技术。仿真模型实时计算技术广泛应用于航空、航天、核能、水利、电力等领域,是复杂的大工业系统和大工程系统不可缺少的重要手段。

在仿真模型实时解算技术中,涉及实时仿真计算机、实时操作系统、仿真建模工具等诸多内容。在本章中:首先,对实时仿真机的概念、任务、发展历程和典型分类进行介绍;其次,分析、对比常用的实时操作系统;再次,分析、对比不同的建模工具;最后,给出几种市面上主流的模型实时解算平台。

6.1　实时仿真计算机的相关概念

实时仿真计算机作为仿真模型实时计算技术的具体实现方式,包含相关硬件装置和算法软件,通过计算平台、硬件板卡、操作系统、建模工具、仿真软件、板卡驱动等软件硬件结合,实现仿真模型的实时解算以及数据信号的实时交互。

6.1.1　实时仿真计算机的任务、功能要求

实时仿真计算机作为计算机的重要应用之一,作为飞行器半实物仿真中重要的组成设备,其性能直接决定了仿真系统的精度和可信度。

1. 实时仿真计算机的任务要求

实时仿真计算机的主要功能包括仿真模型的实时解算和电气信号的实时通信。

(1)仿真模型的实时解算。实时仿真计算机的首要任务就是根据设定的仿真步长大小，产生高精度的定时器时钟响应，在定时器响应函数中，根据各项参数的初始设置和相关变量的当前状态，进行数学模型的解算，从而完成研究对象仿真模型的实时解算。

(2)电气信号的实时通信。实时仿真机需要通过一系列硬件接口，与参试产品部件和其他仿真设备进行实时通信。一方面，将模型解算得到的飞行器姿态、过载、弹目相对位置关系注入飞控计算机或其他仿真设备；另外一方面，获取舵偏信息用于气动计算，从而构成闭环仿真。因此，要求其具有实时环境下的丰富硬件通信接口能力。

2. 实时仿真计算机的功能要求

为了完成模型实时解算和信号实时交互的任务，对仿真计算机系统提出了一系列性能要求。

(1)实时性能要求。实时性是仿真模型实时计算任务实现和仿真结果可信的基础。要求仿真时钟和物理时钟严格同步，即要求仿真系统能够产生与自然时间严格一致的定时器时钟响应，该时钟响应的偏差和抖动必须严格可控，定时误差范围必须在允许的范围内。

对于飞行器这类高动态对象的仿真任务需求，仿真步长通常为毫秒级。为了保证仿真精度，要求系统的定时时钟精度为微秒级。目前，仿真计算机的实时性主要是通过运行实时操作系统来保证的。

(2)计算速度要求。为保证模型实时解算过程中不会出现超时的现象，就要求每一拍的仿真模型运算必须在规定的仿真步长内完成，这就对模型的计算速度提出了要求。影响模型计算速度的因素主要包括计算机硬件能力、模型复杂程度、解算算法选择等。目前，随着计算机硬件水平的大幅提升，普通计算机的计算主频已经基本能够满足典型飞行器的六自由度模型实时解算的需求。而对于无人集群、体系对抗等规模更大、处理更复杂的模型，则可以通过采用并行计算的方法予以实现。

(3)外部接口要求。为实现仿真模型与实物部件的交互，实时仿真计算机应具备多种电气接口和通信网络，完成电气信号的传输和仿真数据的交互。一方面，要求电气接口和网络接口的形式必须与实物部件相匹配，其采样频率和通信速率必须满足实时性要求；另一方面，要求系统具备相关硬件的实时驱动程序，支持硬件板卡在实时环境下高效、平稳地运行。

(4)仿真软件要求。在实时仿真计算机中，需要借助一定的编程工具和仿真软件，实现仿真模型搭建、实时代码编译、仿真运行控制、仿真过程管理等功能。目前，仿真软件既有专用的实时仿真工具软件，也有基于通用编程软件进行自定义开发的软件。

6.1.2 实时仿真计算机的发展历程

仿真计算机是用计算机系统去模仿现实世界的物理系统、各种动力学连续系统的仿真工具，是飞行器系统设计、试验、定型、检验的重要手段，是各类虚拟仿真系统中的核心设备。实时仿真计算机在航空、航天、兵器、交通等领域的大型和超大型实时仿真中，有着重要作用。实时仿真计算机作为计算机的重要应用，其发展历程与计算机的发展历程相辅相成：一方面,实时仿真计算机对于运算能力、时钟精度、硬件接口、建模软件等有特殊的性能需求,这推进了计算机技术、微电子技术和软件技术的快速发展;另一方面,大规模集成电路、通用操作系统、数字高速存储等计算机技术的迅猛发展,推动了实时仿真机的迭代与更新。

实时仿真计算机的发展历程与计算机技术的发展历程一致,大致经历了模拟仿真计算机、混合仿真计算机、数字仿真计算机以及全数字仿真计算机等阶段。

1. 模拟计算机崭露头角

20 世纪 40 年代,第二次世界大战的爆发促进了航空、电子和核能等技术的发展,使军事工程技术和基础科学更加紧密地结合起来。模拟电子计算机作为仿真工具,大大加速了武器系统的研制。1946 年第一台能够模拟导弹、飞机飞行轨迹等物理现象的模拟计算机在美国问世,其诞生开创了仿真计算机的新纪元。1948 年,第一台商品模拟计算机出现,并于20 世纪 50 年代实现了商品化。

20 世纪 50 年代以及 60 年代初是模拟计算机发展的黄金时期,成就了诸如 ADI(Applied Dynamics Inc.)、Aritma、Beckman Instruments Inc. 等行业巨头。这一时期,数字仿真机开始出现,但发展缓慢。

2. 混合计算机层出不穷

尽管模拟仿真计算机取得了巨大的成功,但也暴露出数据精度不够、实现插值函数困难、不能满足数字控制系统的需求等问题。20 世纪 50 年代末,基于武器系统研制对于仿真技术的需求,诞生了数模混合计算机。

20 世纪六七十年代中叶是混合仿真计算机的鼎盛时期,在这个时间里,众多的混合仿真计算机也经历了一个大浪淘沙的过程。模拟计算机比较有代表性的混合仿真计算机有SIMSTAR、HRS - 100 以及 WAT 1001 等。SIMSTAR 由美国 EAI 公司于 1983 年研制成功,它采用线性和数字集成电路,将混合计算技术与多处理机技术相结合,构成一种全自动编排、高性能运算的混合仿真机;HRS - 100 是苏联科学学院于 1971 年研发的一种专门为科学和技术研究工作服务的混合计算机,该系统能针对复杂动力学系统进行建模,以实时、超实时模式进行仿真。

3. 数字计算机快速崛起

20 世纪 70 年代,数字计算机得到了快速发展,特别是在小型通用机、数字仿真算法和高级仿真语言等方面。美国 ADI 公司 1978 年研制出全数字仿真计算机 AD10,并于 1980年推出模块程序系统 MPS - 10,从而形成 SYSTEM10,它的诞生标志着全数字仿真新时代的来临。

为了克服 SYSTEM10 的缺点,满足复杂且对精度和时间要求苛刻的问题的实时仿真要求,ADI 公司在 1985 年推出了 AD100 仿真机和 SYSTEM100 系统。与此同时,作为提供高性能计算机系统解决方案的供应商——美国并行计算机公司(Concurrent Computer Corporation)推出了同构型的多处理机仿真计算机系统 MAXION。此外,还有 IBM 3033、FPS - 164 以及 HP 1000 等系统的相继出现。

为了满足我国航空航天对于仿真机的迫切需求,国防科技大学于 1985 年成功研制了我国第一台全数字仿真计算机"银河仿真 I 型计算机"(YH - F1),填补了国内空白。1993 年成功研制了"银河仿真Ⅱ型机"(YH-F2),其整体性能达到世界先进水平。银河系列仿真计算机,在 20 个世纪末,广泛应用于我国航空、航天、兵器等领域,为我国导弹、火箭、无人机研制、设计等发挥了巨大的作用。

4. 数字计算机成为主流

20 世纪 90 年代,特别是 21 世纪以来,伴随着通用计算机的快速发展和普及,数字式仿真机最终成为主流,并逐渐形成了以超大型专用计算机和小型通用计算机为代表的两种形式。

超大型专用计算机通常由成百上千甚至更多的处理器组成,具有很强的计算和处理数据能力。作为一个国家科技发展水平和综合国力的重要标志,超大型专用计算机主要用于国家高科技领域和尖端技术研究中需要进行大量运算的研究工作(譬如天气预测、气候研究、运算化学、分子模型、物理模拟、密码分析、生物医药、社会分析等)。

随着微电子技术、大规模集成电路技术、精简指令集计算机技术、仿真算法与软件的迅速发展,小型通用计算机在计算性能、存储能力、硬件接口等方面,出现了质的飞越,已基本能够满足日常实时仿真的计算需求;一大批仿真软件公司针对实时仿真任务需求,推出了多种仿真平台软件,使得科研人员可以基于通用操作平台和通用计算机完成仿真建模和仿真试验。

目前,对于飞行器控制系统半实物仿真而言,还是以小型通用计算机为主。

6.1.3　实时仿真计算机的系统架构

实时仿真计算机主要通过运行实时操作系统的数字计算机来实现,仿真模型的实时解算主要通过运行在实时操作系统中的模型代码来实现,根据仿真模型建模平台与实时操作运行环境之间的关系,实时仿真计算机的系统架构分为集中一体式和上下位机式两种形式。

1. 集中一体式实时仿真计算机

集中一体式实时仿真计算机是指同一硬件平台上实现了仿真模型的建模和仿真模型的实时运行任务。在这种架构中,硬件上采用了多 CPU 并行运算的工作机制,软件上利用实时操作系统来保障仿真模型的实时运行。该种方案最突出的优点是系统结构紧凑,使用方便,工作稳定可靠,尤其是对仿真模型的调试运行提供了很好的支持;但仿真建模平台需要运行于实时环境中或者是仿真平台的专用仿真软件中,对用户而言使用门槛较高。

目前,该类方案主要有两种形式:一种是直接基于实时操作系统,完成建模与仿真运行;另一种是基于通用操作系统的实时扩展方案进行实现。前一种方案的代表性仿真计算机是美国 Concurrent 公司的 Power 系列仿真机产品,以及美国 ADI 公司的 AD-RTS 系列。仿真厂商可以根据用户的需求定制完整的仿真产品配置,向用户提供厂家自主研制的软件建模工具和自主开发的相应硬件 I/O 接口,系统的软、硬件配合紧密,尤其在软件调试上给予了用户很大的方便,但其 I/O 接口的适应面不宽,用户对接口的特殊要求厂家无法给予充分的满足,系统整体上硬件接口的二次开发能力差。后一种方案是国内一些科研院所基于 RTX 或 RT-Linux 实时环境而开发的专用模型实时解算软件。

2. 上下位机式实时仿真计算机

上下位机式实时仿真计算机是指仿真模型的建模平台和仿真模型的实时运行平台采用相对独立的上下位机物理结构。通常情况下,上位机采用通用计算机并安装通用操作系统,运行仿真建模软件,完成应用程序的编写、任务设计及图形用户界面等非实时性任务;下位机为专用计算机、嵌入式实时平台或通用计算机,运行实时操作系统,完成模型运算、数据采集以及控制指令下发等实时任务。上下位机中分别安装专用仿真软件的控制端和运行端,两者通过网线进行连接,通过专用仿真软件完成仿真模型的编译、链接、加载和运行控制。目前,较多的商用仿真平台采用这种方式。

6.2　实时操作系统的相关概念

通过对飞行器半实物仿真系统实时特性的分析可知,在制导控制半实物仿真系统中,为了实现仿真模型的实时解算,要求系统能够产生严格同步、高度精确的定时时钟,在定时时钟响应中完成模型代码的解算。实时操作系统作为实时仿真计算机的软件运行环境,其主要任务就是对外部响应迅速进行处理,控制系统内所有任务协调的并发执行,从而产生精准可控的等间隔时钟响应。

实时操作系统负责管理各种系统资源和协调所有内部任务的并发执行,为应用软件的运行提供了一个良好的基础平台。因此,实时操作系统的性能和方案选型,也在很大程度上决定了实时仿真计算机的工作性能。目前,实时操作系统不仅广泛应用于实时仿真计算机,也广泛应用于各种形式的嵌入式平台,在航空航天、工业控制、信息处理、交通运输、智能仪器等诸多领域发挥着重要作用。

在本节中,首先分析通用操作系统在面临实时计算任务时的不足,其次给出实时操作系统的相关概念,最后介绍半实物仿真系统常用的几种实时操作系统。

6.2.1　通用操作系统实时性能分析

Windows 操作系统具有用户界面友好、操作便捷、应用广泛等特点,是目前通用计算机中装机量最大的操作系统。但 Windows 作为一种优先级抢占和轮转调度式的操作系统,当需要完成仿真模型实时解算任务时,诸多问题使得其无法完成高精度定时时钟的产生和精确仿真步长的控制。其主要问题如下:

(1)线程优先级太少:Windows 操作系统虽然采用多任务机制并且提供了线程优先级的控制,但 Windows 给定的线程只能拥有 5 个级别的优先级等级,使得众多线程必须在相同优先级下运行,执行时间的可预测性差。

(2)消息任务易被打断:Windows 环境的任务交互主要是基于消息机制的,任何事件的完成都是通过在消息队列排队完成的。当系统资源被无限期占用或是系统定时器中断被更高优先级的中断占用时,系统便不能实时中断。

(3)不透明、不确定的线程调度机制:Windows 的任务调度机制不能保证实现优先级集成问题,在对线程进行调度管理时采用抢占方式,内部的时间管理函数并不能实现等间隔的时间控制。因此,仿真任务响起可能会受到其他事件的阻塞。

（4）优先级倒置问题：Windows 操作系统中处理中断分为两个阶段：首先，操作系统通过非常短的中断服务程序（Interrupt Service Routine，ISR）进行一些基本的响应，以后的工作由一个延迟过程调用（Deferred Procedure Call，DPC）。虽然 ISR 按照优先级以抢占方式运行，但 DPC 却是按照排队方式以先入先出（First Input First Output，FIFO）的形式执行的，造成低优先级线程阻止高优先级线程的可能，使得 Windows 系统对异步事件的响应不能满足时间期限。

（5）通信和同步机制不具备实时特征：Windows 操作系统虽然提供了任务间的功能强大的通信与同步机制，但这些机制并不具备实时特征。例如，对互斥量，得到平均时间为 35 μs，但最长的时间花费为 670 μs，而且互斥量是按照 FIFO 次序排列而不是按优先级排列的，这对实时应用来说是一个大的缺陷。

（6）文件处理时间不确定：在 Window 操作系统中，每个任务进程有它们自己的内存空间，这是通过虚拟内存机制和分页系统来实现的。虽然对于商业应用，这种机制的作用是巨大的，但对需要在可预测的时间限制内响应外部事件的实时系统，系统从磁盘得到内存页的时间则是不可预知的。

这些因素，使得在 Windows 操作系统中无法产生毫秒级别的高精度定时任务，其响应时间存在很大程度上的不确定性，当进行数学模型的实时解算和运行时，其实时性得不到可靠的保证。因此，为满足仿真系统对于实时性的要求，通常需要对操作系统进行实时扩展，或者借助专门的实时操作系统。

6.2.2 实时操作系统的概念分类

实时操作系统（Real-Time Operating System，RTOS）是指调度系统中的一切可利用的资源使得系统中所有的实时任务能在规定的截止时间范围内完成，协调和控制所有实时任务的一致运行，并且当外部事件或者数据处理请求产生时，能够在规定的时间之内完成并且能快速作出响应的系统。它作为运行在实时仿真机上的操作系统，是仿真模型实时解算的重要组成部分。按照对外部事件响应时间的不同，实时操作系统分为硬实时操作系统和软实时操作系统，两者的主要区别是对时限的响应结果。

（1）硬实时操作系统指系统要有确保的最坏情况下的服务时间，即对于事件的响应时间的截止期限是无论如何都必须得到满足的，在规定的时限内必须完成指定的操作，如果错过了规定的时限，则意味着系统的失效，可能导致灾难性后果。这类系统包括飞行控制系统等。

（2）软实时操作系统是指从统计的角度来说，一个任务具有确保的处理时间，到达系统的事件也能够在截止期限到来之前得到处理，但违反截止期限并不会造成致命的错误。

在本书中，实时操作系统均指硬实时操作系统。

6.2.3 实时操作系统的性能要求

实时操作系统依据各个任务的具体要求开展消息处理、任务调度和资源管理等工作。从性能上来看，实时操作系统与其他操作系统的根本差别体现在实时性上。在实时计算中，系统运行结果的正确性不仅取决于计算结果本身，还取决于产生结果的时刻。因此，实时操作系统不仅仅要解决任务如何完成，还要解决任务在规定的时间范围内及时完成的问题。

为了满足这一要求,实时操作系统在响应时间特性和任务功能等方面都有诸多要求。

1. 实时操作系统的实时要求

在实时计算中,时间作为最为重要的因素,是实时系统管理和控制的首要资源。对于实时操作系统,其"实时"的概念并不单纯指运行速度"快",也指系统的时间响应特性。实时性的衡量标准不是系统的平均响应时间,而是最坏情况下的响应时间。各类实时任务不仅要满足相互之间的时序约束,还要遵从各自的相对时间约束和绝对时间约束,在有限的时间内完成任务的分配、调度和执行。具体而言,就是当一个任务需要被执行时,在实时操作系统下该任务不但可以快速地被响应、运行,而且可以精确知道何时被响应。因此,实时操作系统的响应时间应当具备快速性、可预测性和可维护性。

(1)快速性是指系统对外部事件的响应速度快,并且具有极强的运算能力。

(2)可预测性是指系统在设计阶段就能对实时任务的执行时间进行分析和判断,确定能否及如何满足任务的时限要求。不仅要求硬件延迟的可预测性,而且要求软件系统的可预测性,以保证应用程序执行时间的有界性。只有实时操作系统在时间上对外部事件的响应是可确定的,才能保证实时系统设计的时限要求。

(3)可维护性是指实时操作系统具有时间运行的可靠性和灵活性。任何不可靠因素和系统的一个微小故障,或某些关键任务超过截止时间,都可能造成无法挽回的严重后果,因此,实时操作系统应有多级的故障检测机制和恢复方法,并且可以根据任务进行有效裁剪,以便适应不同的任务场景。

2. 实时操作系统的任务要求

对于仿真计算机而言,要求系统的操作系统为实时操作系统,就是指一个在不可预测的外部事件达到后,在可预测的时间内及时响应的操作系统。这个特性的实现,要满足以下基本的要求。

(1)满足时间期限。当一个事件按照中断方式到来时,系统能在预先定义的时间期限内作出响应,实时操作系统必须采取最坏情况的应对措施和性能优化措施。

(2)多任务。由于真实世界事件的异步性,能够运行许多并发进程或任务是很重要的。多任务提供了一个较好的对真实世界的匹配,因为它允许对许多外部事件进行多线程执行。实时操作系统内核能合理分配CPU给这些任务以获得并发性,从而满足相关任务的时间期限。

(3)抢占调度。真实世界的事件具有继承的优先级,在分配CPU的时候要注意到这些优先级。基于优先级的抢占调度,任务都被指定了优先级,在能够执行的任务(没有被挂起或正在等待资源)中,优先级最高的任务被分配给CPU资源。为保证实时性能,当一个高优先级的任务变为可执行态后,它会立即抢占当前正在运行的较低优先级的任务,这就要求实时操作系统的内核必须能够提供大量的线程优先级供任务选用。

(4)快速灵活的任务间的通信与同步。在一个实时操作系统中,可能有许多任务作为一个应用的一部分执行。系统必须提供这些任务间的实时且功能强大的通信机制,以及提供为了有效地共享不可抢占的资源或临界区所需的同步机制。

(5)精度足够高的可编程时钟和计时器。实时程序常常需要进行各种复杂而精确的时间控制。要求其分辨率在微秒级,可控、可数、可读/写,以便为帧时间测量和外界实物的同步提供实时同步控制和通信。

6.2.4 常用的实时操作系统

实时操作系统是一个能够在指定的时间内实现预期功能,并且对于各种事件及时作出响应的操作系统。这就要求系统能够保存和处理系统控制所需要的大规模数据,从而在事先设定的时间范围内识别和处理离散的事件。目前,国际上有数十家软件开发商涉足实时操作系统研发,市场上有多达上百种实时操作系统,广泛应用于航空航天和工业应用中,可实现高精度实时任务。

通过对目前典型的实时仿真方案进行统计分析发现,目前在飞行器实时仿真计算机中,应用较多的实时操作系统包括 RTX(Real-Time Extension)、VxWorks 和 QNX 等,下面对这几种实时操作系统进行详细介绍。

1. RTX 实时操作系统

Windows 操作系统具有友好的人机交互界面,支持广泛的应用程序,是目前应用最为广泛的通用操作系统,但自身体制缺陷使得其难以满足实时计算对于高精度定时时钟的需求。RTX 是美国 Ardence 公司(后被 IntervalZero 公司收购)开发的基于 Windows 操作系统的实时解决方案,是目前 Windows 平台最为常用的纯软件的硬实时扩展子系统。两个操作系统有机衔接、互相配合,形成了强大的实时应用的开发环境。

基于 RTX 系统开发的实时应用程序,既有 Windows 等操作系统的优秀人机界面,又有可利用的丰富的第三方软硬件开发编程资源,而且这些系统具有极好的实时调度用户所需要任务的功能。RTX 广泛应用于航空、航天、军事测控、分布式实时仿真、实时数据采集测量、运动控制和数控设备等领域。

(1)RTX 的体系架构。RTX 系统中没有对 Windows 系统进行任何封装或修改,而是在 Windows 的硬件抽象层(Hardware Abstract Layer,HAL)基础之上扩展生成一个实时部分,并在此基础之上构造出实时子系统(Real-Time Subsystem,RTSS)。RTX 在两个进程之间设置了中断隔离,当 RTSS 线程运行时:首先,系统屏蔽了 Windows 一切中断隔离和错误报告,确保实时进程的优先执行权;其次,提升了时钟和定时器的分辨率,Windows 的定时器精度为 1 ms,修改之后精度能够达到 100 ns,实现高精度的时间控制;最后,提供了关机程序管理,当 Windows 系统正常关机时,RTSS 可以不受影响继续执行,当 Windows 系统出现蓝屏等非正常状态时,RTSS 的关机处理进程可以清空一切复位硬件,并可以向用户发出警告,切换到备用状态。

在基于 RTX 的实时应用中,实时任务在内核层。Windows 任务在用户层,在实时子系统下 RTSS 进程的所有任务的优先级均高于 Windows 下进程的任务的优先级。在 RTX 任务中,可以通过 I/O 接口对外部设备直接进行访问,同时,RTX 系统中支持高分辨率的时钟定时器,能够对外部中断事件 IRQ、内存等资源进行精确控制。在 Windows 和 RTX 系统交互方面,RTX 系统提供了多个应用程序接口(Application Programming Interface,API)函数,便于用户在 Windows 环境下完成实时对进程的调用和监控;同时,通过共享内存和进程间通信(Inter Process Commisnicate,IPC)对象等手段,运行在 Windows 系统和 RTX 系统的两个程序,可以在不影响系统性能的情况下,完成数据共享和事件同步。因此,

RTX 系统与 Windows 的关系类似于共生关系,两者共同配合,完成设定的实时运算任务。

整个 RTX 系统的体系架构以及与 Windows 操作系统的关系如图 6-1 所示。

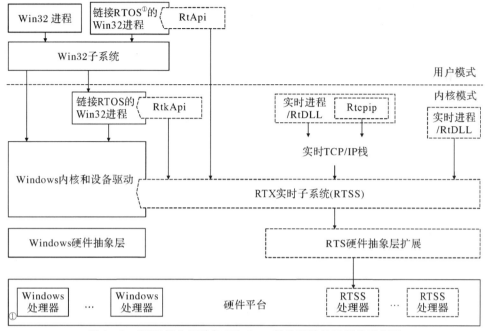

图 6-1　RTX 操作系统与 Windows 操作系统的运行体系框架

(2)RTX 的性能分析。RTX 作为一种基于 Windows 平台的纯软件硬实时扩展子系统,提供了精确的时钟控制和线程控制,具有实时中断响应能力、直接的硬件操作和丰富的软件开发能力,能满足用户对于系统的实时性要求。

1)定时时钟精度:在定时器方面,RTX 提供快速精准的实时硬件抽象层定时器,它完全依赖于硬件时钟的粒度和响应。在 RTX 下的时钟是一个测量过去时间的指定时间间隔的计数器,它以 100 ns 为计数单位。RTX 提供 3 种类型的时钟,分别为 Clock_1,Clock_2 和 Clock_3,当定时器定时时间到达的时候,RTSS 会发出通知,线程接到通知后会调用在定时器创建时指定的处理程序。RTX 定时器时钟精度为 100 ns,最低定时器周期为 $1\ \mu s$。定时器间隔支持 $1\ \mu s$,$10\ \mu s$,$20\ \mu s$,$50\ \mu s$,$100\ \mu s$,$200\ \mu s$,$500\ \mu s$ 和 $1\ 000\ \mu s$。同时,RTX 支持 30 kHz 持续中断触发频率,中断响应延迟小于 $10\ \mu s$。

2)线程管理机制:RTX 实时子系统 RTSS 的线程优先于所有 Windows 线程。RTX 系统提供了抢占和轮循两种调度算法,支持 997 个独立的进程,每个进程支持无限多个线程,线程具有 256 个优先级,并且进程、线程、中断和定时器都可以设置优先级;它支持在系统之间高速切换,确保线程切换的时间在 500 ns～$2\ \mu s$ 之间。

3)进程交互机制:RTX 系统支持实时进程和非实时进程间通信和同步。通过 RTSS 特殊的共享内存,可实现 RTSS 与 Win32 进程的数据交互。RTSS 支持进程间通信(IPC)对象,如事件、信号量和互斥量等形式,使得实时和非实时程序实现简单和标准的通信和同步。

---

① RTOS:Real Time Operating System,实时操作系统。

RTX 中的信号量、事件、互斥体和内存对象等的内存分配,都在非分页内存池(Non-paged Pool)内,这样进程在运行过程中就不会被置换出内存,保证其对外部事件响应的确定性,避免了使用虚拟内存而可能缺页产生的延迟。

4)实时硬件通信:为了提高硬件操作的实时性,RTX 系统支持对 I/O、内存等硬件的直接操作。在 RTX 环境下,硬件板卡一般采用 I/O 地址和内存地址映射两种方式,RTX 提供了多个函数,直接操作 I/O 端口与内存映射。用户可以根据厂家说明书或自研板卡的设计情况,直接操作板卡的寄存器地址,完成硬件板卡的打开、配置、数据读写、关闭等功能。

5)系统开发方式:RTX 提供了丰富的 RTX API 函数,便于开发人员方便快捷地完成实时代码开发工作。RTX 支持动态链接库,所有在 RTSS DLL 中的静态和全局变量都可以被链接到其上任何 RTSS 进程而共享。RTX 支持 Visual Studio 的开发环境,以及 Visual Studio 中几乎所有的 C Runtime API,设计人员可以在开发环境中直接新建 RTSS 任务工程,从而生成 RTSS 实时任务可执行程序。

6)安全保障机制:RTX 可以捕获到 Windows 关机或者蓝屏信息,然后清理或复位硬件资源、切换到备份系统、发出警告信息或者一直运行到任务结束。

2. VxWorks 实时操作系统

VxWorks 是美国 WindRiver 公司提供的商业实时操作系统,是一个专为实时嵌入式系统设计的操作系统。它能够为程序设计人员提供高效的实时多任务调度、中断管理,实时的系统资源以及实时的任务间通信等操作。VxWorks 以良好的可靠性和卓越的实时性广泛应用于通信、军事、航空、航天等高精尖及实时性要求极高的领域中。美国的 F - 16、FA - 18 战斗机、B - 2 隐形轰炸机、爱国者导弹,"勇气号"和"机遇号",以及国际空间站都使用了 VxWorks 作为其标准嵌入式计算机的操作系统。

VxWorks 操作系统的基本结构如图 6 - 2 所示。VxWorks 操作系统由多个功能模块组成,各模块协作配合,完成系统的进程调度和事件管理等任务。

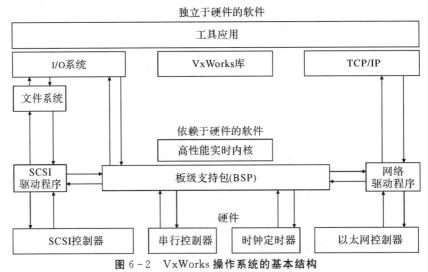

图 6 - 2　VxWorks 操作系统的基本结构

主要模块功能如下:

（1）高性能实时内核（Wind Kindle）：VxWorks 嵌入式实时操作系统的内核被称为 wind。微内核 wind 提供了中断驱动和基于优先级抢占的调度方式，用于完成任务管理、事件和异步信号服务、信号量服务、消息队列服务、内存管理、中断服务程序、时钟管理和定时服务、出错异常处理等操作。微内核 wind 提供信号量，作为任务间同步和互斥的机制。微内核 wind 针对不同需求提供了多种类型的信号量（二进制、计数、互斥和 POSIX 等）。对于进程间通信，wind 提供了消息队列、管道、套接字和信号等机制。

（2）板级支持包（Board Support Package，BSP）：板级支持包作为实时操作系统与目标硬件环境的中间接口，为 VxWorks 提供了访问硬件的手段。板级支持包集成了系统中与硬件相关的大部分功能，主要对与硬件及中断相关的寄存器进行正确的配置，为软件提供相应的设备管理，解决硬件初始化和与硬件相关的设备驱动的问题。板级支持硬件初始化、中断的产生和处理、硬件时钟和计时器管理、局域和总线内存地址映射、内存分配等硬件功能，并提供了统一的软件接口，从而能屏蔽底层硬件的多样性，使得操作系统不需要直接面对具体的硬件环境，而是面向板级支持包所提供的逻辑上的、抽象的硬件环境。

（3）文件系统（File System）：VxWorks 支持 4 种文件系统——dosFS，rt11FS，rawFS 和 tapeFS。这些设备都使用一个标准的接口，从而使得文件系统能够灵活地在设备驱动程序上移植。

（4）I/O 系统（I/O System）：VxWorks 提供了一个快速灵活的与 ANSIC 兼容的 I/O 系统，包括 Unix 标准的缓冲 I/O 和 POSIX 标准的异步 I/O。

（5）网络系统（NetWork Subsystem）：VxWorks 提供了强大的网络功能，能实现与许多其他的主机系统通信。所有的 VxWorks 都遵循标准的 Internet 协议。

（6）实时保护进程（Real Time Process，RTP）：实时保护进程解决了内核保护与实时性和确定性之间的矛盾。用户根据需要，可以动态地创建/删除 RTP 实时保护进程。

与其他多进程操作系统不同的是，VxWorks 的实时进程具有完全的静态确定性，在提供保护功能的同时还能提供最高的实时响应确定性和快速性，并且可以提供完全的存储错误检测和存储报告功能，以及动态链接库和共享数据区功能。

3. QNX 实时操作系统

（1）QNX 实时操作系统是一种商用的、遵从 POSIX 规范的类 Unix 操作的硬实时操作系统，由加拿大 QSSL 公司（QNX Software System Ltd.）于 1980 年开发，2004 年被哈曼国际工业集团并购，2010 年被黑莓手机制造商 RIM 并购。QNX 提供了 POSIX 的支持，使得多数传统 UNIX 程序在微量修改（甚至不需修改）后即可在 QNX 上面编译与运行。在工业控制、医疗器械、汽车、安全与国防等领域得到了广泛应用。

（2）QNX 操作系统采用了基于消息通信的客户机/服务器（C/S）体系结构，由系统微内核和一系列协作进程组成。其中，微内核仅执行最基本最核心的服务，如进程调度、进程间通信、底层网络通信和中断处理。所有操作系统的高级功能都是由运行在用户空间的一组可选的协作进程完成的，如驱动、应用程序都运行于有内存保护的安全的用户空间，并可以进行模块化设计，根据系统任务进行裁剪。

（3）在 QNX 操作系统中，一系列协作进程被当作普通用户进程来对待。通过内核调用，用户空间的进程就可以使用内核提供的功能。微内核在整个系统中充当软件总线的作用,允许用户按照自己的需求加载或卸载一些操作系统模块。QNX 操作系统的系统架构如图 6 - 3 所示。

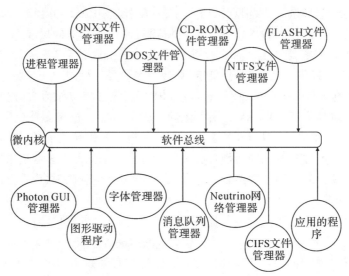

图 6 - 3　QNX 操作系统的系统架构

从图 6 - 3 中可以看出,整个系统是由一组在微内核管理下的相互协作的进程构成的,所有进程之间相对平等,并均在独立的地址空间运行;进程之间的通信通过微内核提供的 IPC 机制完成。这种模块化的设计思路,使得其可以灵活增减以满足各种资源受限下的能力需求。

(1)微内核结构:QNX 的微内核结构是它区别于其他操作系统的显著特点。一个微内核操作系统由一个极微小的内核构成,它为一组相互协作的进程提供最低限度的服务,进而由这些进程提供高级的系统功能。微内核独立处于一个被保护的地址空间,而驱动程序、网络协议、文件操作、应用程序等都处于独立的程序地址空间。微内核仅提供了最基础的服务和管理功能,其他高级服务或任务由可选择的系统进程提供,微内核只负责提供进程通信服务,主要用来将微内核和服务进程捆绑在一起。QNX 的微内核只提供 4 种基本服务——进程调度、进程间通信、底层网络通信和中断处理。

(2)服务进程:除了由微内核提供的那些服务外,所有的 QNX 服务都通过标准的 QNX 进程来提供。QNX 系统的进程包括进程管理器 ProceeManager、文件系统管理器 FileSystemManager、设备管理器 DeviceManager 和网络管理器 NetWorkManager。其中,进程管理器是 QNX 操作系统中的第一个也是唯一的资源管理器,其在微内核的基础上实现进程创建、进程记账、内存管理、进程环境继承和路径名空间管理。

6.3　仿真模型实时解算的建模语言

模型是仿真的基础,建模是对客观事物(包括实体、自然环境、人的行为)的抽象描述。在飞行器半实物仿真系统中,当完成研究对象数学建模后,需要借助相关仿真建模语言,将数学模型转换为仿真模型,从而便于在计算机中完成解算任务。仿真建模语言就是随着数字计算机用于系统仿真技术而出现的概念。在 20 世纪 60 年代,人们借助计算机语言 FORTRAN 来书写仿真程序,但该语言并非针对系统仿真而设计;1960—1965 年间,以 GPSS,SIMULA,CSL,MIMIC 为代表的第一代仿真语言相继出现,尽管功能单一、交互性差,但它们作为仿真语言的起点,表明了系统仿真进入了一个全新的时期;1966—1970 年,出现了以 GPSS Ⅱ、CSSL、ECSL 等为代表的第二代仿真语言,在一定程度上提升了仿真语言的任务功能和交互性能;20 世纪 80 年代,随着计算机技术的发展,仿真语言取得了较大发展,出现了一大批专用仿真语言,同时,系统仿真在各行各业的成功应用,也推动了一大批通用仿真建模工具的出现。

仿真建模语言作为仿真计算机中的重要组成和功能要求,用于实现数学模型到仿真模型的转换。因此,选择一种高效合理的仿真建模语言或软件工具,对于飞行器实时仿真至关重要。建模工具的选择直接影响建模工作的效率和结果,也在很大程度上直接决定实时仿真平台的选型。目前,在工程实践中,飞行器控制仿真常用的仿真建模工具主要有两种类型——专用仿真建模语言和通用编程建模工具。

6.3.1　专用仿真建模语言

在早期的专用仿真计算机中,为了完成仿真模型的编译和运行控制,仿真厂商提供了与其配套的专用建模语言环境。用户在使用专用实时仿真机时,需要在其配套的专用建模语言环境中完成数学模型的构建、差分方程的编写和硬件驱动的调用等操作。

1980 年 ADI 公司为 AD10 配置了模块程序系统 MPS - 10 ,从而形成了完整的全数字仿真计算机系统 SYSTEM 10。ADI 公司 1986 年推出配置 ADSIM 仿真语言的 AD100,使全数字仿真计算机系统迈上了一个新的台阶。ADSIM 仿真语言严格遵循美国仿真及计算机专家小组提出的连续系统仿真语言 CSSL 标准,是一种功能强大的、面向连续动力学系统的仿真建模语言,能够直接面向方程,通过状态空间法建模,从而使动力学系统的分析和设计过程大大简化。

国防科技大学为银河仿真 Ⅰ 型计算机 YH - F1 配置的高级实时仿真语言是 YFMPSS。1993 年,银河仿真 Ⅱ 型计算机通过了国家鉴定,该仿真计算机配置了一体化建模仿真软件 YFSIM,采用非过程性的建模语言、非过程编码及自动排序等技术,由编译程序自动安排程序编码的执行顺序,标志可能存在的代数环,并保证全部变量在被使用之前已经计算且在时间上能够相互匹配。YFSIM 是一个块结构的仿真建模语言,一个完整的 YFSIM 程序可包括 DYNAMIC、REGION、FUNCTION、MODEL、SIMEXEC、INTEXEC、FORTRAN 等 7 个程序模块或其中的一部分,它具有丰富的函数库、模型库支持,支持含有广泛外部硬件的复杂硬件回路的半实物仿真,它提供多种仿真执行控制框架,具有优化的函数生成工具,具有直观的图形功能,具备友好的程序设计环境及方便灵活的人机交互界面,它将程序和数据严格区分开来,用户不但可以静态修改程序参数,而且还可以动态修改程序参数。

6.3.2　通用编程建模工具

随着计算机技术的发展,系统仿真技术在各行各业中得到了广泛的应用,各大商业公司推出了一系列可用于建模仿真计算的通用编程软件。通过前面的介绍可知,飞行器的数学模型主要包括一系列常微分方程、插值数据和相关传递函数,对于这类模型,目前通用的建模软件工具主要包括两种:一种是以 MATLAB/SIMULINK 为代表的图形化仿真建模工具;另一种是以 C 语言为代表文本编程建模工具。

1. 以 MATLAB/SIMULINK 为代表的图形化建模工具

图形化建模工具是基于图形开发、调试和运行的集成开发环境,利用预先定义的元件库、函数扩展库以及图形化语法,把复杂、烦琐、费时的语言编程简化为通过定义和连接代表各种功能模块的图标来建立应用程序,为组建复杂系统的数学模型提供快速、简便、开放的应用软件开发环境和工具。图形化建模技术的建模过程更加简单、直观,能够大大降低建模人员的使用门槛,具有更加优化的人机交互界面,因此,近年来在电路电子设计、虚拟仪器测试、控制系统分析、复杂系统构建等领域得到了广泛应用,出现了包括 MATLAB/SIMULINK、LabVIEW、MWorks 为代表的一批商业图形化仿真软件。

飞行器制导控制系统的设计涉及飞行力学、经典控制原理、现代最优控制、信号处理、滤波估计、图像处理、射频信号处理、试验数据分析等诸多知识,其研制是一个非常复杂和不断迭代的过程,而 MATLAB 作为当前国际控制界最流行的面向工程与科学计算的高级语言,在飞行器制导控制系统的设计、分析、仿真和验证方面有非常广泛的应用。MATLAB 为设计者提供了系统设计、系统测试、系统仿真、数据分析一体化的先进的系统开发与设计环境,基于 MATLAB 仿真软件,能够做到边设计、边分析、边试验,大大提高了工程设计与型号研制的效率和质量,在飞行器方案论证、控制回路设计、制导回路详细设计,仿真验证试验等不同的研制阶段中都发挥了重要的作用。

目前,在 MATLAB 环境下的飞行器非线性模型主要是通过 SIMULINK 仿真环境来完成搭建的,它提供了一个动态系统建模、仿真和综合分析环境,能够方便快捷地描述线性系统和非线性系统,支持单速率或多速率的仿真任务,实现连续系统、离散系统和混合系统的建模与仿真。用户基于 SIMULINK 工作环境,无需编写大量的程序代码,只需通过简单直观的鼠标操作,即可完成复杂的非线性模型的搭建工作。但 SIMULINK 作为一种"解释性"语言,部分模块在每步执行过程中均需要调用 MATLAB 编译器来进行"解释",大大降低了模型的解算效率;同时,MATLAB 主要运行于通用操作系统中,无法精确控制运行时钟,从而导致系统的实时性很差。因此,目前不能直接利用 MATLAB/SIMULINK 建模平台实现实时仿真。

MATLAB 作为当前科学研究和工程领域中广泛使用的控制系统设计工具,被广泛应用在飞行器制导控制系统的方案设计与数学仿真验证中。为了保障科研过程中建模工具的一致性,出现了诸多以 MATLAB 为建模工具的实时仿真平台,众多仿真厂商推出了多种实时仿真产品,通过集成相关硬件驱动,修改 MATLAB 编译模板,实现 MATLAB/SIMULINK模型到实时代码的编译生成,从而完成将基于 MATLAB / SIMULINK 的仿真模型从数字仿真到半实物仿真的转换。

2. 以 C 语言为代表的文本编程建模工具

计算机编程语言是指计算机能够接受和处理的、具有一定语法规则的语言。计算机语言经历了机器语言、汇编语言和高级语言几个阶段,其中,只有机器语言编制的源程序能够被计算机直接理解和执行,用其他程序设计语言编写的程序都必须利用语言处理程序"翻译"成计算机所能识别的机器语言程序。目前,被广泛应用的高级语言有几百种,其编写大都采用文本代码编程,包括人为规定的专用符号、英文单词、语法规则和语句结构。这些高级语言与自然语言(英语)更接近,并且与硬件功能相分离,便于用户掌握和使用,具有通用性强、兼容性好、便于移植等特点。

仿真建模的编制过程就是把现实世界中的物理实体映射为软件代码对象,并赋予对象相应的属性和与外界的接口动作。建模人员基于面向对象的文本编程语言,在实时操作系统环境下,围绕对象特点直接进行代码编写,实现数学模型向实时代码的转换。文本编辑语言表现方式灵活,非常便于实现一些复杂的逻辑控制和流程控制,拥有丰富的函数库资源、齐备的硬件接口驱动,以及多种链接工具和调试工具,能够大大简化建模人员的工作,提高建模的效率,其优点在大规模复杂系统建模中表现得更为突出。

目前,一些科研院所广泛采用面向对象的文本编程语言建模方法,根据对象模型特点和硬件接口需求,在实时操作环境下,基于通用编译工具环境完成软件框架、响应调度、解算算法、数据处理、逻辑比较、硬件驱动、时钟推进等任务的代码编写,实现对象仿真建模到实时代码的转换。

6.3.3　几种建模工具对比

仿真建模语言的选择,很大程度上决定了仿真建模的效率和实时仿真平台的选择。

专用仿真语言作为一种有效的建模工具,目前依然有一定的市场份额。一方面,专用仿真语言能够实现更为复杂的仿真模型,其仿真程序的组织安排更为灵活,这是通用编程无法比拟的;另一方面,许多专用的编程语言在语言的特点上提供了对特定应用领域的支持。因此,在一些巨型超级计算机或专用仿真平台上,专用仿真语言依然有一定的应用空间。

以 MATLAB/SIMULINK 为代表的图形化建模,为设计者提供了系统设计/系统测试/系统仿真/数据分析一体化的先进的系统开发与设计环境。在进行飞行器仿真建模时,具有简单直观,拥有大量的数学库和控制算法库等优点,并提供大气、地球、风场等模块的支持,结果查看方便快捷,但其缺点是算法流程控制较差,执行效率较低,对实时解算的支持力度不够,需要借助第三方的专业软件才能完成实时仿真。

以 C 语言为代表的面向对象的文本编程语言建模方法,具有丰富灵活的控制流程和数据结构,简洁而高效的语句表达,清晰的程序结构和良好的移植性。在进行仿真建模时,其优点是能够控制仿真步长,并具有良好的外部接口能力,缺点是需要自建大量的数学库,用于求解积分、插值等计算,数据处理和显示绘图相对不便。在一些科研院所中,由于大量仿真任务具有很强的继承性,因此,科研人员可以方便地利用前期积累的软件框架、仿真算法、硬件驱动等,快速执行仿真模型的实时任务。因此,尽管目前商用仿真计算机系统产品多种多样,但依然存在大量的基于文本编程工具的仿真建模方法。

6.4　飞行仿真中常用的实时模型解算方案

控制系统的仿真验证作为诸多领域的重要内容,是实时模型计算仿真系统的重要应用场景。MATLAB/SIMULINK 软件在控制系统设计领域的广泛应用，在一定程度上已经成为"默认"的通用数字仿真环境和建模工具。因此，国内外很多仿真厂商基于 MATLAB 建模工具研制实时仿真系统解决方案：一方面，利用 MATLAB 中丰富的算法模块和计算模块，降低了不同行业不同院所推广的难度；另一方面，不需要专门学习建模语言，降低了学习使用门槛，并能够利用 MATLAB/SIMULINK 在仿真建模分析领域的巨大市场占有率，降低了系统推广成本。下面简要介绍几种目前国内市场较为主流的实时仿真系统解决方案。

(1)iHawk。美国 Concurrent 公司推出的 iHawk 并行计算机仿真系统采用 POWER MAX 实时 UNIX 操作系统，支持双处理器或四处理器应用，可以满足各种严苛的实时环境要求。在软件方面，以 MATLAB/SIMULINK 软件作为前端建模工具，并可兼容 C/C++、Ada 和 FORTRAN 等手工编程建模方式。iHawk 支持紧耦合多处理器/多核处理器、多级超大可配置全局/局部缓存/内存、高速大吞吐前端处理和标准外部总线以及微秒级高精度定时同步系统，广泛应用于航空、航天、汽车等实时仿真领域。

(2)Speedgoat。半实物仿真与测试平台 Speedgoat 是由瑞士 Speedgoat 公司开发的一套基于 SIMULINK/xPCTarget 的半实物仿真与测试的软硬件平台。Speedgoat 目标机专门设计与 SIMULINK 环境共同使用，提供桌面、实验室环境及现场环境的实时仿真系统。通过与 MathWorks 的紧密合作，实现了 MathWorks 产品系列与 Speedgoat 的无缝工作流程。Speedgoat 拥有超过 200 种 I/O 模块，可以为大多数 I/O 接口需求提供解决方案。Speedgoat 产品广泛应用于各个行业，如能源、汽车、医疗设备、电力电子、机器人和海洋装备等。

(3)VeriStand。VeriStand 是美国 NI 公司推出的一款开放的实时测试和仿真软件，它支持多种模型开发环境，包括 SIMULINK、LabVIEW、MapleSim、FORTRAN/C/C++等。基于 VeriStand 的实时仿真平台由上位机和实时仿真机组成。上位机为普通 PC 机，运行 Windows 系统和 SIMULINK、LabVIEW、VeriStand 等软件环境，下位机为 NI 的 PXI(PCI Extensions for Instrumentation)机箱，安装 PharLap 系统，运行 VeriStand 引擎，两者通过以太网链接。

(4)dSPACE。dSPACE(digital Signal Processing and Control Engineering)实时仿真系统是由德国 dSPACE 公司开发的一套基于 MATLAB/SIMULINK 的控制系统在实时环境下的开发及测试工作平台。dSPACE 实时系统拥有具备高速计算能力的硬件系统和方便易用、功能强大的软件环境，实现了和 MATLAB/SIMULINK 的无缝连接。dSPACE 实时仿真系统采用上下位机模式，整个产品包括硬件系统和软件环境。上位机安装通用操作系统，运行其软件环境，完成代码生成/下载和试验调试等工作；下位机由其专用硬件系统组成，包括计算处理系统和各类 I/O 接口，用于完成模型实时代码的解算和信号通信。

(5)RT-LAB。RT-LAB 实时仿真平台是由加拿大 Opal-RT 公司推出的一套实时仿真系统，可以将基于 MATLAB/SIMULINK 等图形化建模工具所搭建的动力学系统和数学模型通过上位机和多处理器目标机的模式在实时仿真平台上运行，并可通过 Windows 窗口对目标机的整个运行过程进行实时监控。目前 RT-LAB 仿真工具已经被广泛应用于导弹控制、航空、工业控制、电力系统、汽车设计等领域。

(6)YH-AStar。YH-AStar 是由国防科技大学研制的，它以直观方便、先进友好的一体化建模、仿真与分析软件 YHSIM 4.0 为核心,以通用计算机和专用 I/O 系统为基础,构成了可适应不同规模、连续系统数学仿真和半实物仿真的,具有不同型号、不同档次的仿真机系列产品。

(7)KDRTS。KDRTS 是由国防科技大学在独立研制完成 GPRTSS 后的新一代产品。KDRTS 是单机结构的半实物仿真系统,它通过对国际通用仿真建模软件进行大胆创新,成功地解决了一般通用操作系统难以用于实时仿真的关键性难题。尤其值得一提的是,KDRTS 通过采用"平台＋组件"的软件架构思想,实现了一个类似 SIMULINK 的图形化建模环境。KDRTS 现已在几个型号武器系统的研制中得到具体应用。

(8)海鹰仿真工作站。海鹰仿真工作站系列产品是中国航天科工集团有限公司三院三部为满足飞行器实时仿真需求研制的实时仿真机系列产品。该实时仿真平台突破了仿真平台通用体系结构、通用仿真建模、仿真强实时运行控制、仿真实时通信等关键技术,帧周期控制能力达到 0.3 ms,支持 MATLAB - SIMULINK 模型、C/C＋＋模型的开发与集成,提供图形化界面资源和方便易用的配置工具,支持多种 I/O 板卡和数据通信总线,已经在航天、航空、船舶、兵器等多个工业部门得到了广泛的应用。

(9)HiGale。HiGale 系统是由北京恒润科技开发的一套基于实时半实物仿真技术的控制系统开发及测试的工作平台。HiGale 系统支持由 MATLAB、SIMULINK、Stateflow 构建数学模型的实时运行。通过 HiGale Target 软件,从数学模型到代码生成、编译和下载过程,都实现了高度自动化,其板卡驱动库实现了数学模型与硬件平台之间的无缝衔接,用户只需通过对话框对板卡驱动进行勾选性配置,即可实现仿真控制信号的输入/输出,并且可以对实时平台中运行的数学模型进行变量观测、在线调参、数据记录等操作。

(10)HRT1000。HRT1000 是由北京华力创通科技有限公司开发的主、副机结构半实物仿真系统,主机为 PC,副机(目标机)可根据用户需求进行配置。HRT1000 系统支持用户基于 MATLAB/SIMULINK 进行图形化模型设计,并利用 RTW 工具自动生成目标代码;目标机基于 VxWorks RTOS 提供实时代码运行环境。HRT1000 将 SIMULINK 图形建模工具与 VxWorks 实时目标机集成起来,提供一个高易用性、高可靠性,且强实时性的设计、仿真、验证平台。

(11)RTMSPlatform。RTMSPlatform 是由西北工业大学开发的一套实时模型解算仿真方案,它是基于 RTX 实时系统,以 SIMULINK 为模型开发工具的实时模型计算平台。该产品能够快速地将 SIMULINK 模型转化为 RTX 环境下的实时模型,通过一键操作自动完成模型的编译链接,而无须对模型进行修改和操作,同时具备数据实时存储、曲线在线显示等功能。另外,针对制导控制系统中武器半实物仿真和快速原型的任务需求,集成了典型飞行器的各种数学模型,覆盖了精确制导武器目前采用的各项硬件通信接口类型,可以方便地完成飞行器或精确制导武器的闭环分布式仿真和单个部件的快速原型测试。

6.5　本 章 小 结

仿真模型的实时计算技术是半实物仿真与数字仿真之间最为显著的差异之一,要求仿真模型能够实时解算,并具备丰富的硬件接口能力,从而完成仿真系统与产品实物之间的数据交互。该技术涉及计算机、操作系统、硬件驱动和数学方法等诸多方面,是一门利用计算机对数学模型进行计算和描述的综合性技术。

在本章中:首先,介绍了仿真模型实时解算技术的相关概念,包括实时仿真计算机任务和功能要求、发展历程和组成架构;其次,围绕模型实时解算中重要的实时操作系统内容,分析了 Windows 操作系统的不足,给出了实时操作系统的相关概念、性能要求,并对常用的VxWorks、RTX、QNX 三种操作系统进行了介绍;再次,介绍了常用的仿真建模语言,对专用仿真语言和通用建模工具进行了介绍,结合行业特点,分析了以 MATLAB/SIMULINK为代表的图形化建模工具,和以 C 语言为代表的文本编程建模工具,分析了各自的优缺点和应用场景;最后,介绍了几种典型的实时仿真系统解决方案,便于设计人员进行选择。

6.6　本章习题

1. 简述实时仿真计算机的概念。

2. 简述实时仿真计算机的任务要求。

3. 简述实时仿真计算机的功能要求。

4. 简述集中一体式仿真计算机的组成及其特点。

5. 简述上下位机式仿真计算机的组成及其特点。

6. 简述半实物仿真不能采用 Windows 操作系统的原因。

7. 简述实时操作系统的概念。

8. 实时操作系统可以分为哪两种类型?

9. 实时操作系统的实时性要求具体体现在哪三方面?

10. 实时操作系统为了在可预测的时间内及时响应外部事件,必须满足哪些要求?

11. RTX 实时操作系统是如何实现实时性能的?

12. RTX 的定时精度和定时周期为多少?

13. RTX 实时操作系统支持的线程数目是多少?线程调度方法有那些?

14. 简述 VxWorks 的高性能实时内核特点。

15. 简述 VxWorks 实时操作系统的特点。

16. 简述 QNX 实时操作系统的特点。

17. 简述选择 MATLAB/SIMULINK 作为实时仿真计算机的建模工具的优缺点。

18. 简述选择 C 语言等文本编程软件作为实时仿真计算机的建模工具的优缺点。

19. 列举 5 种常用的实时仿真系统解决方案及其研制厂商。

第7章 飞行姿态运动仿真技术

陀螺作为惯性测量组件的重要组成部件,其测量结果用于计算飞行器的飞行位置信息。为了分析陀螺误差对于导航性能的影响,必须建立精确的陀螺误差模型。但陀螺的误差因素形式多样,特别是随机误差特性,其描述方式和建立过程相对复杂,并且不同的误差现象的背后,包含着自身器件、寄生效应和环境因素等诸多方面。这使得在工程实践中,很难精确建立陀螺的误差模型以及获得准确参数。

为了考核陀螺性能对于飞行器控制性能和导航精度的影响,需要在实验室环境下根据陀螺工作模式,构造一个逼真的姿态模拟环境,复现飞行器的空中姿态变化,从而将真实陀螺引入闭环仿真回路,避免模型不精确带来的影响。姿态运动仿真技术主要通过一系列光机电装置驱动机械框架运动,根据输入指令复现飞行器在空中的姿态变化,为陀螺的工作验证提供一个物理环境效应模拟设备,实现飞行器、船舶、车辆等各类运动载体的空间运动的测试、模拟与仿真。转台是惯性技术试验室研究、惯导组件生产线测试、制导控制系统半实物仿真的关键设备,能够完成导航、制导部件的测试、评价与标定等任务,被广泛应用于航空、航天、航海、兵器等国防领域,以及工业、车辆、娱乐等民用领域。

本章将详细介绍转台的任务、工作原理、系统组成、典型分类和主要技术指标。下面对转台的主要设计内容进行分析。

7.1 转台的相关概念

转台作为姿态模拟技术的具体实现形式,通过角度伺服控制系统来驱动台体框架,实现从单自由度到多自由度的角度、角速度、角加速度的精密运动控制,提供精确的空间定位和精密的运动测试基准,从而完成复现载体姿态、模拟目标运动、实现目标跟踪等操作,实现摇摆、振动、伺服、仿真、跟踪、定位和定向等功能。本节对转台的相关概念进行阐述,包括任务及工作原理、发展历程、系统组成、典型分类和主要技术指标。

7.1.1 转台的任务及工作原理

转台作为一种用于对惯性器件进行姿态角位置、角速率和动态特性校准的专用测量装置,其主要任务是通过转台各运动框架的旋转运动,模拟陀螺载体在运动中的姿态角变化,复现飞行器角运动的变化规律。通过仿真实验,获取真实陀螺在实际飞行弹道的下的输出状态,评估和考核真实陀螺性能对于飞行器的导航精度、制导精度和控制性能的影响,检测和发现设计中存在的问题,不断进行优化设计和改进,以满足总体设计的性能指标要求,为后续改进和再设计提供各种参考依据。

转台的工作原理是:通过一系列机械结构、驱动轴承和传感器件,构造一个机、电、液一体的大型伺服控制装置,根据控制指令,驱动台体框架进行转动,使得框架的转动角度或角速度等状态能够跟随输入指令的任意变化而变化,复现陀螺载体在运动过程中的姿态变化,从而使得安装在转台框架上的真实陀螺部件测量到变化的姿态角速度。

7.1.2　转台的发展历程

转台作为重要的陀螺性能测量装置和仿真设备,对于航空航天技术的发展至关重要。世界各军事强国都投入了大量的人力和物力从事转台的研制。总体来说,美国作为世界上研制转台最早、科研实力最为雄厚的国家,其转台技术在品种、数量、精度、自动化控制方面一直处于世界领先水平,欧洲的一些国家研制的转台的质量和性能紧随其后。我国近年来此方面的技术突飞猛进,转台规模和性能指标正在逐步提升。

1. 转台的国外发展历程

世界上第一部转台于 1945 年由美国麻省理工学院仪器仪表实验室研制成功,型号为 A 型,采用普通滚珠轴承,以交流力矩电机驱动,角位置测量元件采用滚珠与微动开关。受限于当时的测量元件和驱动器件的水平,A 型转台的精度仅达到角分级,未投入实际使用。20 世纪 60 年代,D 型转台研制成功,支撑方式采用精密锥形滚珠轴承支撑,转角的读取方式采用的是光电测角系统,并投入了工程应用。

(1)20 世纪 60 年代后,世界各国研究人员加强了对转台的关键部件(如轴承、马达以及反馈检测元件等)的研究,获得了很好的进展,研发出适用于转台的新型元件,例如液压马达空气轴承和液压轴承以及高精度的检测元件,进而促进转台水平的进一步发展。也就是在这个时期,多国成立了一批专注于转台制造的公司,如美国的 CGC 公司、美国 Carco 公司、法国 Wuilfert 公司、瑞士 Acutronic 公司。

(2)20 世纪 70 年代末开始,仿真转台的设计开始采用计算机控制技术。20 世纪 80 年代,高精度仿真转台开始采用直流力矩电机和光电轴角编码器。进入 21 世纪,随着计算机技术和电子技术的发展,高性能电机、低摩擦轴承、实时控制系统、现代控制方法、计算机辅助设计等技术逐步引入转台研制中,使得转台的性能指标和可靠性得到大幅提高。美国、德国、俄罗斯、法国、瑞士、英国等的研究水平处于世界前列。

2. 转台的国内发展历程

我国对仿真转台的研制起始于 20 世纪 60 年代,我国早期的转台由于采用齿轮减速方案,性能与国外的差距很大。20 世纪 70 年代,仿真转台直驱式电液伺服摆动马达和无刷力矩伺服电机成功研制出来,各项指标达到了 70 年代末的世界先进水平,为研制高性能仿真转台奠定了基础。

21 世纪后,随着大功率力矩电机、高精度高分辨率测角元件、精密轴承等器件的技术突破,以及计算机辅助设计、计算机实时控制等技术的大规模使用,我国转台技术有了长足的发展,开始出现多种多样的转台。同时,相应转台的生产厂家也开始逐渐增多,转台的指标随着科技发展以及生产厂商的激烈竞争也一直稳步上升,目前基本已接近世界先进水平。

国内转台研制厂商中,比较有代表性的是航天科技集团第九研究院第十三研究所、航空工业集团北京航空精密机械研究所(303 所)、航天科技集团第一研究院一零二所、中国船舶重工集团第七一零研究所、哈尔滨工业大学、西北工业大学、南京航空航天大学等。

7.1.3　转台的系统组成

转台作为一套复杂的机电一体化大型仿真设备,主要包括机械台体部分、伺服控制部分和驱动能源系统三部分。

1. 机械台体部分

机械台体是飞行模拟器的主体结构部分,主要包括底座框架、支撑轴承、轴系结构、辅助结构等部分。在进行机械结构设计时,需要综合考虑尺寸、质量、惯量、刚度、动态、稳定性和制造工艺等要素。

(1)底座框架。底座框架用于安装转动轴承、驱动电机及部分伺服控制元件,是整个转台系统的支撑结构。底座框架的形状和结构需要根据实验任务和载荷特点进行设计。根据其外观形状的不同,框架可以分为封闭的 O 形、敞开式的 U 形和 T 形 3 种形式。底座框架是仿真转台最关键的零件之一,其框架精度和机械特性在很大程度上决定了转台系统的最终精度和性能。在底座框架设计时,框架材质、截面形状、成型工艺、热处理及加工工艺等方案的选择,是台体设计的关键问题,设计的合理性直接影响整个系统的刚度、固有频率、精度和质量等性能指标。通常情况下,要求框架具有刚度高、质量轻、惯量小的特点。

(2)支撑轴承。转台的转动轴系等装置通过转台轴承与基座相连,同时承受轴向、径向载荷和倾覆力矩的作用,其静刚度直接影响台面的几何精度和动态特性。常用的转台轴承主要可以分为机械轴承、空气静压轴承等类型。其中,机械轴承多采用成对(配对制造、配对使用)有预紧力的自润滑高精密角接触球轴承,具有结构简单、动静刚度变化小、定位和旋转精度高、抗卸载能力强等特点;空气静压轴承通常以恒压气体为润滑介质,气浮轴套和气浮轴之间无直接接触,具有摩擦因数小、运行精度高、起动力矩小、运行平稳等特点。

(3)轴系结构。轴系结构主要包括轴承、转轴、蜗轮和刹紧装置等,是转台各个零部件有机联系的关键。轴系设计主要涉及刚度、强度、材质、结构形状等问题。刚度、强度问题是轴系设计的普遍内容;结构形状设计取决于工艺性和相关局部功能。在转台设计中轴常采用中空结构。一方面,空心结构便于通过电缆线,以消除导线浮动带来的系统干扰力矩;另一方面,减小了质量和转动惯量,有利于提高系统共振频率。

（4）辅助结构。为了便于转台使用，机械台体中还包括一系列辅助结构，如机械限位、安装台面、锁定机构等。

2.伺服控制部分

伺服控制系统作为转台的控制核心，主要由测量器件、伺服电机、驱动控制器、运动控制器、控制软件等部分组成。伺服控制系统通过接收控制指令，经实时控制软件和控制律计算后，输出控制信号给相应框架的驱动装置，驱动伺服电机工作，带动台体进行转动。伺服控制系统通常由彼此独立的若干套控制系统组成，分别控制每个框架运动，其组成和工作原理基本相同，只是参数和器件选型有所差异。

（1）测量器件。测量传感器件主要是以一定精度和规律将某种待测物理特征变换为电信号或其他所需形式的信息输出的一种装置。转台主要用于测量转台旋转的角度和角速度等物理量，典型器件包括测速电机、光电编码盘、电位计、磁编码器、感应同步器和旋转变压器等器件。由于整个伺服控制系统的各种反馈参数都由传感器得到，因此测量器件的精度直接决定了系统控制的最小分辨率，也在一定程度上决定了系统的稳态精度和控制精度。

（2）伺服电机。伺服电机是指在伺服系统中控制机械元件运转的发动机。伺服电机通过控制速度可以将电压信号转化为转矩和转速以驱动控制对象。

（3）伺服驱动器。伺服驱动器用来转换电功率并驱动电机运动，它是伺服系统的心脏，一般是通过位置、速度和力矩3种方式对伺服电机进行控制，实现高精度的传动系统定位。

（4）运动控制器。运动控制器是以中央逻辑控制单元为核心，以传感器为敏感元件，以电机和执行单元为控制对象的一种控制装置。它把实现运动控制的底层软件和硬件集成在一起，使其具有电机控制所需的各种速度、位置控制功能，可以通过计算机方便地调用。其主要任务是产生控制命令并使系统输出信号跟随参考信号。

（5）控制软件。转台的控制软件与仿真计算机进行通信，接收飞行器当前的姿态信息，并通过运动控制器接收转台各种状态信息，对试验的各轴角位置数据进行处理，绘制运动曲线；监控各轴的运动参数，实时地进行安全性评估；按照设定的控制算法，进行各轴控制律运算，控制转台正确运动。典型控制软件主要包括人机交互、状态获取、控制响应、指令计算、安全保护、曲线绘制和数据存储等功能模块。

3.驱动能源系统

驱动能源系统主要是为伺服机构提供动力和能源，主要包括电力驱动和液压驱动两种类型。

电动转台的能源系统相对简单，只需要有稳定的额定电压以及各种变流或稳流装置。液压能源系统结构比较复杂，需要独立的能源以及＊高压油泵、油箱、蓄压器以及各种减压阀、安全阀和补偿器等辅助器件。液压系统要求系统在额定供油压力下为伺服阀和液压马达提供足够的流量，并在使用过程中保持油液的清洁和油温的恒定不变。

7.1.4 转台的典型分类

目前，转台已发展为多个系列和类型，按照能源类型、模拟维度、结构形式和使用模式等特点,划分为不同的类型。

1. 按照能源类型分类

按照系统所采用的伺服系统能源种类的不同,可以将转台划分为电动、液压和复合驱动3 种类型。

(1)电动转台。电动转台是以电力驱动模拟器框架进行运动的,一般有两种驱动方式:直流力矩电机和交流力矩电机。其特点是能源系统简单,可以实现连续回转,价格低廉,使用操作方便,但其负载能力较小,频带较窄。

(2)液压转台。液压转台以液压伺服系统作为动力来源。液压系统的优点是液压马达输出力矩比较大,在同样功率条件下,液压马达的体积和质量仅为电动机的 12%～20%,所以适用于大负载仿真转台和小负载但通频带很宽的高频响仿真转台。液压转台的优点在于转动惯量较小、加速性能较好、系统响应速度快、扭矩大,且输出受外界负载的影响较小,频带较宽,缺点是系统包含较为复杂的液压系统,结构复杂,不易维护。

(3)复合驱动转台。根据某些飞行器特殊需求,出现了复合驱动的转台,其是将电力和液压两者相互配合,满足特殊要求的仿真试验要求。例如有的飞行器是自旋稳定控制的,要求飞行器绕其纵轴连续旋转。因此要求仿真实验中的转台的内环架也能连续旋转。然而,连续旋转的液流传递存在一定难度,因此对模拟器的内环架轴采用电力驱动方式,满足了特殊要求的仿真实验要求,具有液压转台的特点,并且提高了使用灵活性。

2. 按照模拟维度分类

按照台体能够模拟的姿态维度,可将转台划分为单轴转台、两轴转台、三轴转台和多轴转台。

(1)单轴转台。单轴转台只有一个转动通道,模拟载体绕某一体轴的转动。单轴转台作为一种精密测试设备,产生一个方向的角度、角速率和角加速度等运动激励,通常用于测试传感器件、开展寿命试验等。

(2)两轴转台。两轴转台具有两个控制通道,能够模拟空间两个方向的转动,产生两个方向的角度、角速率和角加速度等运动激励,这两个方向可以是共轴形式,也可以是正交形式。两轴转台一般用于导引头的测试系统或其他设备的性能测试。

(3)三轴转台。三轴转台具有 3 个独立转动的框架,能够模拟飞行器在空间的姿态变化。3 个框架的布局与飞行器在空间运动的坐标系紧密相关,是半实物飞行试验中用途最广、性能要求最高的设备之一。

(4)多轴转台。多轴转台一般情况下是为了满足某些特殊要求而设计的。例如,对于图像导引头的仿真,就需要研制五轴转台。五轴胎采用的是传统的三轴转台加两轴转台的结构,内三轴转台用于模拟飞行器的姿态运动。两轴转台的回转中心和内三轴转台的回转中心重合,相对其做俯仰运动和偏航运动,用于模拟目标在弹体的水平视线和高低视线方向的相对运动。

3.按照结构方式分类

三轴转台可以按照台体结构划分为立式转台和卧式转台两种形式。

(1)立式转台。立式转台的结构特点是外环框架垂直向上,对应飞行器的航向角运动,转动范围较大,适用于航向角运动范围大的飞行器仿真。在使用时,弹载设备安装在内环框架中,内环框架模拟飞行器的滚转运动,中环框架模拟飞行器的俯仰运动,外环框架模拟飞行器的偏航运动。

立式转台的外框结构多数为音叉式,中框架为 U 形,而内框架结构多数为圆盘式。音叉式结构的主要优点:①前方和上方敞开,便于装卸和观察被测产品;②当转台实现方位和俯仰运动过程中,框架处于不同位置时,框架自身重力引起的静态变形小,这一点对设计高精度仿真转台有利。缺点:①存在重力偏载问题,为解决这一问题,常利用机械配重的方法解决,而这又加大了转台的负载,给驱动电机增加了负担;②音叉式结构不封闭的外框架动态刚度偏低。

(2)卧式转台。卧式转台的结构特点是外环框架为水平方向,适用于俯仰角运动范围大的飞行器仿真。在使用时,内环框架模拟飞行器的滚转运动,中环框架模拟飞行器的偏航运动,外环框架模拟飞行器的俯仰运动。

卧式转台的外框架为 O 形结构,其两端分别支撑在刚度很高的两个立柱上,用两个电机驱动。卧式转台的优点是:①外框架的 O 形结构设计使外框架的机械结构刚度很高,有利于提高转台外环的固有频率,便于控制系统的设计与实现;②由于外框用两个电机同步驱动,电机输出力矩大,重力偏载力矩占的比例较小。其主要缺点是当外框架轴向尺寸较大时,弯曲刚度低,在重力作用下的弯曲变形不容忽视。

需要注意的是,三轴飞行转台作为飞行器姿态模拟的最常用的转台形式,这两种结构分别对应了惯性坐标系向机体坐标系旋转的两种旋转关系,立式转台的旋转次序是偏航→俯仰→滚转,即"2—3—1"模式,卧式转台的旋转次序是俯仰→偏航→滚转,即"3—2—1"模式。

4.按照使用模式分类

转台根据其使用模式可以分为飞行仿真转台和惯性测试转台。

(1)飞行仿真转台。仿真转台主要用于制导控制的半实物仿真系统。在实验室环境下,模拟飞行器的姿态变化或角度关系变化主要包括三轴转台和五轴转台,重点关注转台对于控制指令的动态跟踪能力。

(2)惯性测试转台。惯性测试转台主要用于提供高精度的角度运行环境、角速度运行环境和测试功能,模拟方式主要包括角度模拟和角速度模拟,主要形式包括单轴转台或双轴转台。其主要用于惯性导航系统陀螺、导引头器件的检测和标定,重点关注转台对于角度或角速度的控制精度。

常见的转台结构形式如图 7-1 所示。

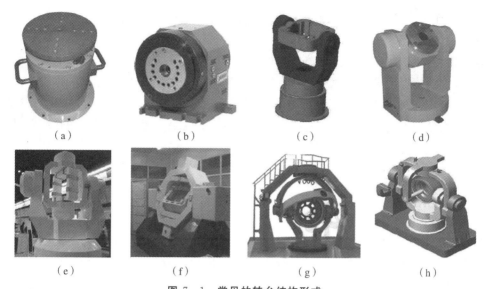

（a）　　　　　　　　（b）　　　　　　　　（c）　　　　　　　　（d）

（e）　　　　　　　　（f）　　　　　　　　（g）　　　　　　　　（h）

图 7-1　常见的转台结构形式

（a）立式单轴；（b）卧式单轴；（c）立式双轴台；（d）卧式双轴台；

（e）立式三轴台；（f）卧式三轴台；（g）立式多轴台；（h）卧式多轴台

7.1.5　转台的主要技术指标

飞行仿真转台作为一种在高精尖设备研究领域有着重要应用的半实物仿真设备，对于飞行器、导弹等的设计研发起着关键作用。由于不同飞行器的任务载荷和飞行弹道各不相同，其对转台的性能要求也各有不同，为了评估不同厂家的转台性能，需要提出一系列的技术指标。姿态模拟技术研究经过多年发展，行业内普遍认可的技术指标主要体现在负载能力、运动范围、跟踪性能和控制精度四个方面。需要注意的是，不同的应用任务对于转台的性能需求也各不相同，在选择转台时，应根据应用场景和参试对象选择合适的性能指标。

下面简要介绍转台的主要技术指标。

1. 负载能力指标

转台的负载能力主要由参试部件的需求决定。参试部件的类型和用途决定了转台的结构形式，而参试部件的质量与尺寸等参数决定了转台的规模。

（1）负载安装尺寸和安装要求：负载安装尺寸是指允许安装的产品最大尺寸。安装要求是指需要安装的产品类型，如导引头、雷达搜索天线，或弹上控制仪器、惯性测量组件等负载所需的特殊要求，如视界条件等。这些指标表征了转台的负载适用范围。

（2）负载条件：负载条件主要包括转台内框所允许的负载质量范围和转动惯量，以及负载所承受的静阻力和刚度。这些指标直接影响伺服系统中功率元件和电机的选择。

2. 运动特性指标

转台的运动特性通常用于描述转台的不同台体框架的转动范围和转动能力，主要由被模拟对象的运动特性和仿真应用目的决定。

（1）转角工作范围。转角工作范围是指各个框架的转动范围。对于一般的仿真转台，通常不需要其连续旋转,典型工作范围可以设置为俯仰框±90°、偏航框±180°、滚转框±180°;用于惯导测试的转台一般要求三框均可连续旋转。但用于旋转弹仿真时,要求转台的内框进行连续旋转;用于防空、反舰、战略导弹仿真时,可能会要求其偏航通道为±360°。

(2)最大角速度。最大角速度是转台能够达到的最大角速度,一般选取参试设备的载体在该转动方向上的最大转动角速度的1.2～1.5倍。

(3)最大角加速度。最大角加速度是转台能够达到的最大角加速度,一般选取参试设备的载体在该转动方向上的最大运动角加速度的1.2～1.5倍。

3. 跟踪性能指标

跟踪性能指标主要用于描述伺服控制系统的动态响应和控制精度,由应用场景和精度要求决定。

(1)频带宽度:转台伺服控制系统的频带宽度表征了系统不衰减的(或衰减在允许的误差范围内)响应输入信号的能力。该指标有多种评价体系,在工程上常用的是"−3 dB、90°相移"和"双10"指标。其中:"−3 dB、90°相移"是指伺服系统跟踪指令在幅值衰减3 dB时或相位滞后90°的范围内的频率;"双10"带宽指标是指转台跟踪标准正弦信号,要求跟踪输出的幅值变化在±10％内,并且相位变化在±10°之内的频率大小。类似的还有"双5"指标和"双3"指标。通常情况下,"−3 db、90°相移"频带宽度指标限定了系统的工作频段,"双10"指标则表征了系统在多宽的频率范围内具有限定范围的动态跟踪误差。

(2)最小平稳角速度:转台所能达到的最小平稳角速度是表征转台跟踪平稳性的重要指标。大量的仿真试验证明,低速平稳性直接影响仿真结果的准确性。若转台的低速平稳性不好,旋转角速度则会产生周期性突变,容易被参试产品所影响,引起飞控系统的附加震荡,从而影响仿真试验结果的准确性和可信性。衡量这一指标是否满足要求,可根据参试陀螺的灵敏度来确定,即转台最小平稳角速度小于陀螺的灵敏度,也就是说该速度不会被陀螺影响。

(3)伺服系统动态范围:伺服系统动态范围是指转台某个框架的最大转动角速度和最小可控角速度之比,其动态范围越宽,表示系统跟踪输入信号的能力越强。

4. 控制精度指标

控制精度主要用于描述转台各框架轴的转角控制精度和3个框架间的安装精度。转角控制精度一般从稳态误差和静态误差两方面体现出来,其中稳态误差主要由系统跟踪给定信号所产生,静态误差主要由执行元件和负载的摩擦、伺服阀和放大器的死区、滞环、零偏、零漂等非线性及测量元件的误差引起。安装精度主要由安装结构、机械设计、加工工艺和装配水平等因素决定。

(1)静态控制精度:伺服控制系统的静态控制特性用来表征系统的稳定状态下位置和速度的精确程度,其数值主要由被试产品的最小角度、角速度来确定。此外,还有角位置分辨率的指标,它是指转台位置反馈元件所能分辨的最小角位置,基本上要比位置精度高一个数量级。

(2)重复性位置精度:重复性位置精度是指在同一常值信号多次输入的情况下每次实际

输出值之差的平均值。该指标用来保证系统静态精度的稳定性。

(3)回零位置精度:回零精度是指当去掉给定的常值输入之后,系统回复到零位初始态度的精确度。该项指标也是用来保证系统静态精度的。

(4)零位漂移误差:零位漂移误差是系统在常值输入作用下,在一定时间范围内,位置漂移额定值的误差,常以此来衡量元件性能的稳定性。

(5)速度误差:速度误差是当输入以匀速规律运动时,在稳定情况下,实际输出值与理想输出值之间的偏差。尤其是小信号在斜坡输入作用下,速度误差是标志系统性能的重要的指标之一,常常以此指标来评定伺服控制的低速平滑特性。

(6)安装精度指标:转台安装调试后,各轴之间的安装精度主要有不相交度和不垂直度两个指标。俯仰、偏航和滚转 3 个轴的不相交度根据被测产品和转台结构的复杂性进行确定,一般要求指标不超过 1 mm。俯仰、偏航和滚转三个轴的不垂直度根据被测产品和转台结构的复杂性进行确定,一般要求指标不超过 $10''$。

7.2 转台的设计内容

转台作为一个大型的机、电、液一体化仿真设备,涉及机械、电气、控制、动力、计算机等众多专业的知识,需要开展机械机构设计、台体性能分析、电气伺服设计、控制方案设计、控制软件设计等诸多工作。

在本节中,从机械结构设计和伺服控制设计两方面入手,详细介绍转台的设计内容。

7.2.1 转台的机械台体设计

转台机械台体结构根据转台自由度的不同,可以由多个框架和基座两部分组成,主要为负载提供安装基准和相关框架轴系回转运动。根据框架的形式,可以设置为不同的形式,例如三轴转台可以采用 U-U-T、U-U-O、U-O-O 结构。每个轴系均采用高精密角接触球轴承支撑、力矩电机驱动、高精度角度编码器作为角度反馈元件。通过结构优化设计、精密加工、精密装配、精密检测等多种技术手段,保证轴系回转精度、轴线间的垂直度、轴线间的相交度和负载安装面精度满足技术要求。

1. 转台的台体框架设计

转台的机械台体结构主要由转台框架和底座两大部分组成,主要完成负载安装和实现轴系回转运动。通常情况下,多轴转台的框架轴相互垂直或平行,负载装在与内框固连的安装台面上。以三轴转台为例,内框轴支承在中框架上,中框架支承在外框架上,从而构成了内、中、外 3 个回转自由度的万向框架,其中,每个框架包含了独立的驱动装置和轴承结构。

作为支撑负载器件和伺服控制的部件,机械台体的结构、外形和精度直接影响转台的性能指标。在进行机械台体结构设计时,在满足系统对机械台体的精度指标要求的前提下,需要根据多种参试载荷的安装需求,考虑体积、质量、惯量、刚度和制造工艺等因素,从而获得较小的转动惯量和较大的结构刚度,如图 7-2 所示。

(1)转台框架设计。由于转台框架的形状较为复杂、尺寸较大,并且由于框架在工作过程中需要做大动态运动,因此对框架的刚度和强度提出了很高的要求,如果框架的刚度和强度不合格,那么在大负载的影响下,转台将会产生较大变形,从而严重降低转台的运行精度。因此,转台框架作为转台机械台体的重要部件,在设计时应充分考虑用户的使用、框架的精度要求、结构形式、材料、热处理和加工工艺性等诸多因素。目前,工程实践中通常采用铸造工艺来加工制造转台框架,框架采用封闭腔型薄壁结构形式,材料选用高性能铸造铝合金,由于其具有很好的力学性能和优良的切削加工性能,而且经过了高低温冷热循环处理,稳定组织和消除应力,充分保证了转台的整体性能和精度。除此之外,铸造铝合金具有刚度大、质量轻、稳定性好、加工方便、无磁、铸造工艺与热处理工艺成熟等优点。另外,在设计过程中,还应该根据台体的精度指标、动态指标、框架受力及变形情况等对框架的壁厚和具体结构形式进行优化设计,得到合理的刚度质量比。在结构设计中,对刚度和强度进行优化设计,对框架的局部薄弱环节进行加强。

转台框架主要包括机械结构、负载安装台面、机械锁、定位销、安装吊耳、结构配重等,内部安装有支撑轴承、力矩电机、角度编码器、导电滑环等部件。

(2)转台基座设计。台体的基座通常采用筒形空腔结构,内部合理分布加强筋;材料通常采用铸铁,铸铁具有刚度强度大、稳定性好、吸振性好、加工方便、铸造工艺与热处理工艺成熟等优点,同时可以降低转台的重心,有利于产品安装。转台基座下面有多个可调地脚,便于转台台体在地基上的安装与调平,并可通过地脚螺栓将台体与地基固连。台体基座上还装有多个吊环,便于台体搬运。

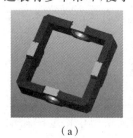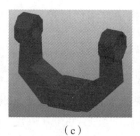

(a)   (b)   (c)   (d)

图 7-2 某型三轴转台台体设计结果示意图

(a)内框框架结构;(b)中框框架结构;(c)外框框架结构;(d)台体基座结构

2.转台的轴系结构设计

转台轴系是转台台体的关键元部件之一,其主要功能是支撑机械转子,降低其运动过程中的摩擦因数,并保证其回转精度。转台轴系的精度、支承刚度、摩擦力矩会直接影响转台台体的承载能力、轴系回转精度、轴系垂直度等机械指标,是转台系统动态指标实现的基础。

为了保证支撑的可靠性,转台的轴系通常采用精密向心推力轴承配对使用,配对时应尽量使每对轴承的径向跳动规律相同,跳动量差尽可能小,从而将轴承的径向跳动对轴线角晃动量的影响降至最小,并通过合理的装配调整,保证轴系的刚度和精度。转台支承系统的刚度不仅影响台面的静力变形,同时还影响切削稳定性和零件的加工精度。转台的转动部分通过转台轴承与基座相连,其转台轴承同时承受轴向、径向载荷和倾覆力矩的作用,因此,轴承的静刚度直接影响台面的几何精度和动态特性。

在设计选型时,要求轴承摩擦力小,可承受较大径向力和部分轴向力,能够达到较高转速。在设计时,首先,根据轴承工作条件,选择轴承基本类型、公差等级和游隙;其次,根据轴承的工作条件、受力情况和寿命要求,通过计算来确定轴承型号;最后,验算所选轴承的额定载荷、极限转速和工作寿命。

常用的转台轴承包括单排四点接触球轴承、双排球轴承、交叉圆柱滚子轴承和三排圆柱滚子组合轴承等类型。某型转台在设计中,内轴和中轴系均采用分体式结构形式,两个耳轴均采用一对背靠背角接触轴承进行支撑,这种支撑方式具有很高的支撑刚度和很好的装配工艺,从而能够较好地保证轴系的精度和刚度。外轴采用一对精密角接触球轴承进行支撑,并增加了一个辅助支撑,保证轴承的预紧可调和较大的支撑长度,以保证外框具有高的回转精度和支撑刚度。

3. 转台的辅助部件设计

为了便于转台使用,在机械结构设计中还需要增加部分辅助部件,主要包括安装台面装置、机械锁定装置、调平机构装置、配重机构装置、机械限位装置和引北机构装置等。

(1)安装台面装置。为便于被测器件的安装,转台的内框通常会采用 O 形或 T 形结构,并采用安装台面的设计,便于适应不同的产品装配需求。安装台面通常采用铝合金材料,薄壁盘面形式,通过合理布置加强筋,从而提高台面刚度和强度,并在台面上合理分布多个螺纹安装孔,便于被测器件的安装。

(2)机械锁定装置。当转台不工作时,转台相关框架应该能够被机械锁定,使其不能自由转动。这样可以避免转台运输过程中,框架轴系自由转动造成设备损坏和人员损伤,同时便于负载设备的安装操作。在机械结构设计中主要是通过机械锁的方式来实现。锁紧组件同时安装了行程开关,使其具有防止误操作功能,从而保证在插销锁死的情况下转台无法通电,实现了锁紧时电机不启动,从而能保障人员和设备的安全。

(3)调平机构装置。调平机构主要用转台与地基之间的连接。调平机构通常情况下为楔型调平支脚,具有一定的调整范围。调平支脚由上垫铁、中垫铁、下垫铁、调整螺栓、地脚螺栓组成。调平支脚能克服中垫铁与上垫铁及下垫铁接触面之间的摩擦阻力,同时能够通过地脚螺栓将转台固定在地基上。

(4)配重机构装置。为保障转台的动态要求,人们对框架的静平衡提出了一定的要求,主要是通过调整或增减平衡块来实现轴绕自身轴线的平衡。设计时合理安排轴系轴线位置及轴系各零部件的重心位置,并采用结构对称的设计方式,尽量达到不装负载时转台能实现自身平衡,不过多地增加控制电机的负载;同时,转台系统有平衡配重块,可以满足不同负载安装时轴线的配平,需要注意的是,考虑到负载质量的不同,配重机构应该具备一定范围的调整能力。

(5)机械限位装置。由于转台框架运动有角度运动范围要求,为了防止工作异常,超出转角范围而导致被测产品损坏,通常要求转台具有机械限位装置。

机械限位通常采用缓冲式挡块机构,在发生机械碰撞时能够有效吸收能量,起到缓冲作用,从而有效地保护设备。缓冲器的选型要求在其行程范围内能够有效吸收转动体的转动动能,使转动体停止转动,同时最大撞击行程角应在一定的范围内,以保证撞击时对缓冲器产生的侧向力不破坏缓冲器。

(6)引北机构装置。部分惯导产品在生产、测试、维修、使用的各个环节需要对其真北方位进行标校,需要在实验室环境下建立真北方位基准,并把真北方位引入转台测试设备中。在转台安装时,借助基准平面镜、直角棱镜、平行光管等一系列装置,开展寻北校准工作。为了保证寻北工作的顺利进行,在转台的某个基面上安装了引北镜。利用真北基准,通过测量引北镜的法向方位,确定转台的零位置的真北方位设定参数和产品框架相对于转台的参数,完成整个寻北校准任务。某型转台部分辅助部件设计示意图如图7-3所示。

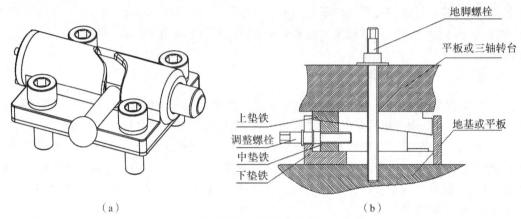

（a）　　　　　　　　　　（b）

图7-3　某型转台部分辅助部件设计示意图

(a)带行程开关的锁定装置;(b)调平机构

4.转台的力学特性分析

转台作为一个高精密的机电液一体化装置,包含众多零件装置和机械结构,良好的台体机械结构特性是保证转台运行精确和可靠性的基础。为了提高转台性能,保证机械结构装置运行的可靠性和稳定性,需要在完成机械台体结构初步设计后开展结构力学特性分析,根据分析结果对设计方案进行改进和完善,保证台体机械结构具有较高的刚度和期望的模态。

机械台体结构特性分析的主要任务是研究机械结构在载荷作用下的内力大小和形变特征,其工作主要包括机械结构的静力学分析和结构动力学分析。其中,机械结构静力学分析的主要任务是求解在固定不变的载荷作用下机械结构的位移和应力分布,不考虑惯性、阻尼特性和随时间变化的载荷,但允许有稳定的惯性载荷重力和离心力作用;机械结构动力学分析的主要任务是求解在弹性力的作用下,计算机械结构在平衡位置附近做有规律的振动时结构部件和系统的固有频率及振型。

为保证机械结构的正常工作,需要对主要机械结构件进行特性分析。转台机械结构力学特性分析主要包括机械结构的应力大小和应变分布、谐振频率和模态计算以及螺钉强度校核计算等。

(1)应力大小和应变分布。在转台结构设计过程中,需要对台体主要受力部件(轴、框架、支架等)进行受力分析,计算其惯性载荷、重力不平衡载荷和摩擦载荷等,确定各部件最恶劣的受力情况,然后对各部件的强度、刚度、应力等状态进行计算,获取各个受力部件的应力大小和应变分布。图7-4给出了某型转台计算结果。

根据计算结果,检查设计的机械结构中是否存在应力集中现象,判断应变大小是否超出范围,从而确定各部件最佳结构形式和尺寸,并进行优化设计,从而保证机械结构的安全性和可靠性。

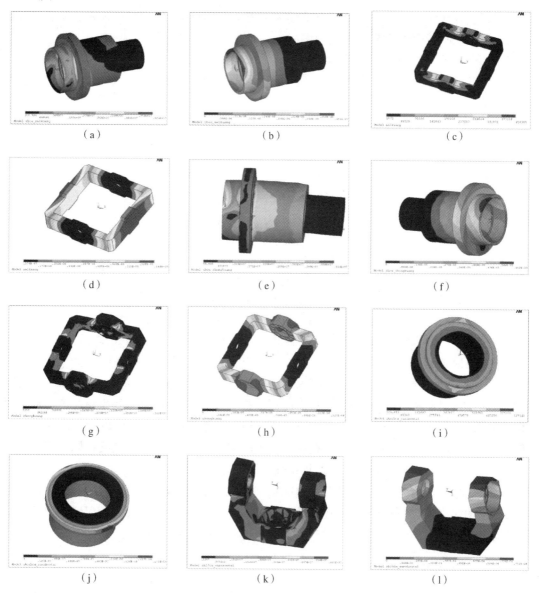

图 7 - 4　某型转台应力分析和应变分布

(a)内轴应力分析;(b)内轴应变分布;(c)内框应力分析;(d)内框应变分析;
(e)中轴应力分析;(f)中轴应变分布;(g)中框应力分析;(h)中框应变分布;
(i)外轴应力分析;(j)外轴应变分析;(k)外框应力分析;(l)外框应变分析

(2)谐振频率和模态计算。模态参数是力学系统运动微分方程的特征值和特征矢量,在机械结构特性分析中,需要重点关注机械结构的固有频率和振型。由于机械结构受迫振动时的动力响应与结构的动力特性密切相关,分析机械结构的动力特性:一方面,要求主要结构的谐振频率避开在实际运行条件下可能的激振频率范围,从而避免由结构共振影响导致机械结构损坏;另一方面,要求转台振型应尽量光滑,避免有突变。

图7-5所示为某型转台的谐振频率分析结果。设计时重点分析3个框架的谐振频率,计算得到该转台的内、中和外框的前五阶固有频率,以及整个系统的谐振频率。保证整个结构系统在工作时不发生谐振。

```
*****  INDEX OF DATA SETS ON RESULTS FILE  *****      *****  INDEX OF DATA SETS ON RESULTS FILE  *****
  SET   TIME/FREQ  LOAD STEP   SUBSTEP  CUMULATIVE      SET   TIME/FREQ  LOAD STEP   SUBSTEP  CUMULATIVE
   1    748.75        1          1          1            1    478.09        1          1          1
   2    845.97        1          2          2            2    506.53        1          2          2
   3    1046.1        1          3          3            3    507.04        1          3          3
   4    1046.5        1          4          4            4    520.35        1          4          4
   5    1210.9        1          5          5            5    570.14        1          5          5
                  (a)                                                    (b)

*****  INDEX OF DATA SETS ON RESULTS FILE  *****      *****  INDEX OF DATA SETS ON RESULTS FILE  *****
  SET   TIME/FREQ  LOAD STEP   SUBSTEP  CUMULATIVE      SET   TIME/FREQ  LOAD STEP   SUBSTEP  CUMULATIVE
   1    216.92        1          1          1            1    114.70        1          1          1
   2    274.60        1          2          2            2    145.05        1          2          2
   3    304.97        1          3          3            3    194.39        1          3          3
   4    323.29        1          4          4            4    286.15        1          4          4
   5    457.07        1          5          5            5    308.27        1          5          5
                  (c)                                                    (d)
```

图7-5 某型转台谐振频率计算结果

(a)内框谐振频率计算结果;(b)中框谐振频率计算结果;
(c)外框谐振频率计算结果;(d)系统谐振频率计算结果

通过计算转台机械机构的模态,可以发现转台结构动力学特性存在的缺陷,找到影响转台性能的原因及解决办法。

(3)螺钉强度校核计算。在转台机械结构中,多个机械部件之间会通过螺钉进行连接。在转台运动过程中,螺钉会受到旋转扭矩以及机构重力形成的剪切力,如果超过了螺钉的预紧力矩或结构强度,可能导致螺钉飞出或折断,从而造成转台损坏甚至人员伤亡。因此,在进行转台设计时,需要计算螺钉在承载的情况下所需的预紧力,保证连接处接触面摩擦力能传递负载最大动态运动所需的力矩以及克服内框重力形成的剪切力。

经分析计算,转台台体中大负荷受力的螺钉主要分布在中轴与中框架连接处、中轴与电机转子座的连接处、外轴与外框架连接处、外轴与外电机转子座连接处。为保证转台机械结构的安全性和可靠性,必须在设计时对上述螺钉进行强度校核计算。

7.2.2 转台的伺服控制设计

转台伺服控制系统主要完成转台的起停、转台监控及远程控制等功能,主要由工业控制计算机、运动控制单元、测角单元、驱动单元、逻辑控制单元等组成。某型转台伺服电控系统总体方案如图7-6所示。

各单元分散放置于操作台、驱动机柜和台体内部,操作台主要放置转台的运动控制和测角单元,驱动机柜主要放置转台驱动功放单元,伺服电机和传感器放置在转台台体中。伺服器件选型合理,能保证系统的控制精度;伺服控制算法采用先进的伺服控制算法,能保证系统具有良好的稳态精度及动态品质;控制软件具备可视化操作界面,便于模式选择、参数设置及监控;电控系统通过合理的器件选型、先进的控制算法、完备的软件设计,能保证转台的控制精度、跟踪频带、控制误差满足技术要求。下面给出某型三轴转台的伺服控制系统总体方案。

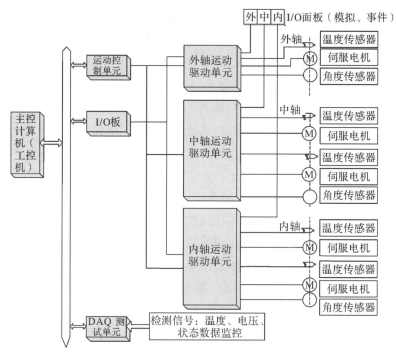

图 7 - 6　某型转台伺服电控系统总体方案

伺服控制系统作为转台的控制中枢,主要内容包括伺服选型、控制设计和软件实现等内容。下面简要介绍各部分的工作内容。

1. 转台的伺服选型设计

驱动电控系统是转台设计的重要组成部分,作为转台电气伺服控制系统的测量元件、控制部件和执行部件,其选型和性能将影响系统的任务功能、控制精度等特性。

(1)伺服机构。伺服机构作为伺服系统的执行机构,主要包括伺服电机以及伺服驱动器。在进行选型设计时,期望伺服机构具备控制方便、定位精度高、可靠性好、响应快、换向性能好、维护简单等优点。在进行驱动机构设计时,需要从物理尺寸、力矩大小、功率匹配、质量特性等几个方面进行综合选型。根据转台驱动能源的不同,驱动机构主要分为液压伺服驱动和电机伺服驱动。

1)液压伺服系统分为机械液压伺服系统、电液伺服系统和气液伺服系统等类型,它们的指令信号分别为机械信号、电信号和气压信号。其中,电液伺服系统作为目前液压伺服的主要方式,通过使用电液伺服阀将小功率的电信号转换为大功率的液压动力,从而实现一些重型机械设备的伺服控制,是目前液压转台的主要形式。液压伺服驱动机构主要由电液伺服阀、液压马达等装置组成。

2)电动伺服系统采用电力作为能量来源,具有使用方便、维护简单等特点,其主要由伺服驱动器和伺服电机等部件组成。其中,伺服驱动器作为驱动伺服电机运转的传动单元,分为交流伺服驱动和直流伺服驱动,根据控制指令改变自身的电流和功率,完成能量转化,通过位置、速度和力矩三通道控制,实现高精度的传动系统定位。伺服电机根据驱动器的输出指令精确完成角度、速度的旋转控制,常用的伺服电机主要有直流伺服电机、交流伺服电机、步进电机、直流力矩电机等。

(2)测量器件。测角系统作为伺服控制系统的输入,其测量精度是保证转台整体精度的基础。测角系统主要包括测角元件、位置编码和数据处理等部件。其中,测角元件作为测角系统的信息来源,其传感器性能直接影响整个测角系统的分辨率、精度和工作稳定性。转台采用的测角元件要具有适用于静动态测角、高精度、易数字化、便于信号转换和处理等特点。目前常用的器件有旋转变压器、感应同步器和光电编码器等。

1)旋转变压器:一种输出电压随转子转角变化的信号元件,主要由定子和转子组成。其中,定子绕组作为变压器的原边,接受励磁电压;转子绕组作为变压器的副边,通过电磁耦合得到感应电压。若旋转变压器的原边、副边绕组,则转子的角位移发生相对位置的改变,其输出电压随转子角位移发生变化,其电压幅值与转子转角成正弦、余弦函数关系,或保持某一比例关系,或在一定转角范围内与转角成线性关系。

2)感应同步器:基于两个平面形绕组的互感随位置不同而变化的原理进行角度测量。感应同步器主要由基板、绝缘层、平面绕组层和保护层组成,分为测量距离的直线感应同步器和测量角度的圆感应同步器等。

3)光电编码器:又称为光电码盘,是通过光电转换把位移量变换成"数字代码"形式的电信号,主要由光源、码盘、光学系统及电路等部分组成。光源通过大孔径非球面聚光镜形成狭长的光束照射到码盘上,由码盘转角位置决定位于狭缝后面的光电器件与输出的信号;输出信号经放大、鉴幅(检测"0"或"1"电平)、整形,必要时加纠错和寄存电路,再经当量变换,最后译码显示。

(3)运动控制。运动控制通常是指在复杂条件下将预定的控制方案、规划指令转变成期望的机械运动,实现机械部件运动的精确位置控制、速度控制、加速度控制、转矩控制或力的控制。

运动控制单元是指以中央逻辑控制单元为核心,以传感器为信号敏感元件,以电机和执行单元为控制对象的一种控制装置。它把实现运动控制的底层软件和硬件集成在一起,使其具有电机控制所需的各种速度、位置控制功能,这些功能可以通过计算机方便地调用。通常情况下,运动控制单元的主要功能包括控制算法实现、模数转换、数模转换、与主控计算机模块通信等。

目前,多数转台的运动控制单元主要采用商用运动控制卡或自研的集成控制电路来实现。

2.转台的伺服控制设计

转台伺服控制方法的设计,就是在确定了台体结构、驱动方式、测量元件等硬件组成后,开展被控台体框架的数学建模,选择合理的控制结构和先进的控制算法,最大限度地挖掘闭环控制系统的潜力,使转台的性能达到或者超过设计指标。在转台伺服控制系统设计过程中,面临诸多的约束:一方面,要求在保证系统稳定的前提下,综合考虑系统的动态性能和静态性能指标;另一方面,要考虑抑制各种控制干扰和部分中间状态的约束条件。

在进行伺服系统设计过程中,其主要工作是选择合适的控制方案和先进的控制算法。其中,常用的伺服控制方法包括经典的 PID(Proportional Integral Derivative)控制、引入前馈的复合控制、自适应控制等多种控制方法,相关方法的原理及设计过程在此不赘述。下面给出转台常用的伺服控制方案,主要包括位置单回路控制结构、位置＋速度双回路控制结构或者位置＋速度＋电流三回路控制结构等。

(1)位置单回路控制结构。位置单回路系统仅包含位置控制一个回路,主要采用 PI(Proportional Integral)控制器来保证系统的动态稳定,消除系统静差,但该结构的动态性能不是很好,对外部扰动抑制能力差,对摩擦等非线性干扰大的控制场合作用有限。它的结构简单,只需要位置反馈信息,系统成本低,适用于控制精度要求低的伺服控制系统。

(2)位置＋速度双回路控制结构。位置＋速度双回路系统采用位置环为外环、速度环为内环的控制系统结构。通过引入速度回路,可以提高系统增益,提高系统稳定性,让伺服系统更平稳,但由于需要增加速度传感器及其外围电路,因此系统的成本较高。对于稳定平台伺服控制,速度回路通过减小外部因素的影响,从而保持伺服系统的稳定,但由于不能充分发挥伺服电机的过载能力,因此不能获得最好的动态性能,对扰动的抑制能力有限。

(3)位置＋速度＋电流三回路控制结构。位置＋速度＋电流三回路控制系统采用位置环为外环,速度、电流环为内环的结构。通过引入电流回路,可以有效地利用电机的过载能力保证伺服系统在加减速过程中电机提供最大的输出扭矩。三环控制系统在伺服系统中应用广泛。下面介绍该方案中各个回路的任务功能。

1)电流控制回路:电流控制回路就是在速度控制回路内再增加一个电流反馈传感器和电流校正网络,构成电流闭环控制系统,以改变速度回路控制对象的特性。在电机动态运行时,在不超过过载电流的情况下,电流控制回路能保证快速地提供相适应的大电流,输出大的电磁转矩,从而加快动态响应时间。当电机发生超载或者堵转的时候,电流控制回路还能起到限流保护的作用。

2)速度控制回路:其主要任务是控制电机在给定速度下运动,它是实现控制系统动态运动的关键环节。为了给系统快速、准确的位置控制提供良好的基础和条件,要求速度控制回路具备较大的调速范围、较强的抗干扰性和良好的动态响应速度。

3)位置控制回路:其在一定的速度和加速度的条件下,实现控制系统要求的稳态及性能指标,可实现电机的位置精确控制。闭环控制系统可以减小在电机位置到达需要位置时快速停止所产生的位置误差。

3.转台的控制软件设计

转台在完成框架角度控制任务的同时,还需要完成数据通信、界面显示、人机交互、数据存储、逻辑保护等功能,这些功能主要通过控制软件实现。因此,转台的控制软件的性能直接决定了转台的最终使用效果。目前,多数转台的控制软件,均由各个转台研制厂商根据任务需求进行定制开发。

(1)转台控制软件功能需求分析。转台控制软件的主要功能如下:

1)伺服控制功能:转台框架的伺服控制是转台的核心功能,控制软件通过数据采集模块获取当前各个框架的状态信息,根据指令与位置偏差,按照设定的控制方法,完成各个驱动轴系的指令运动。要求转台控制软件按照计算机控制的思想原理,通过对设计的伺服控制算法进行离散化处理,在定时中断中实现控制指令的计算。通常情况下该部分功能运行在实时环境下,可以保证控制算法的性能。

2)模式管理功能:转台通常具备本地单机和组网仿真两种工作模式。在本地模式中,软件根据用户选择的指令模式和参数实时计算每一时刻的指令大小,主要分为位置控制和速度控制。前者通常要求转台按照一定规律的位置指令进行运行,包括指定位置、正弦信号等形式;后者通常要求转台按照一个给定的速度平稳运行。在组网模式中,转台框架指令来源于其他节点(通常来源于仿真计算机),转台按照该指令进行随动运行。

3)逻辑管理功能:转台操作必须按照一定的逻辑顺序进行操作。通过软件界面逐一完成转台的上电管理、电机控制使能、框架零位寻找等操作,确保操作顺序正确。

4)安全保护功能:转台属于大功率精密机电系统,机电结构复杂。在运行过程中,元器件异常、电气故障、控制指令超限等情况,都有可能导致转台台体飞车等故障,从而对人员、部件和设备造成危害。软件的安全保护功能主要包括转台启动时的自检和运行过程中的巡检两种。

5)数据通信功能:转台系统中包含众多传感器件和执行机构,并需要和其他节点进行数据通信,该系统主要包括信号采集模块、指令输出模块、网络通信模块。

6)状态显示功能:在转台运行过程中,为了便于试验人员及时掌握转台运行状态,要求对转台相关数据进行可视化显示。显示的内容主要包括控制指令、框架位置和系统状态。

7)数据存储功能:为了便于试验人员事后分析数据或排除故障,要求转台在运行过程中,将运行时间、控制指令、实际位置、控制器参数、系统状态、运行日志等进行保存,并且要求其具备数据回读、指标计算、数据分析、图表输出等功能,能够在软件中进行数据查看、曲线对比和结果分析。

(2)转台控制软件架构层次设计。转台控制软件是一个大型机电设备的计算机控制系统,为了完成控制解算和确保系统安全,要求系统具备很强的实时性能。因此,转台的控制软件架构通常包含两个部分,分别运行在实时环境和 Windows 环境下。在实时环境下,完成数据采集、信号交互、指令计算、应急处理等强实时功能;在 Windows 环境下,完成人机交互、参数调整、状态显示、数据存储等弱实时或非实时任务。

目前,国内多个转台研制厂商的实时代码运行环境主要包括以下几种:RTX 实时环境、LabViewRT 实时环境、QNX 实时环境、嵌入式实时环境等。一方面要求控制内核能对任意时刻发生的中断进行及时响应;另一方面通过一个具有时间确定性的定时器,在定时回调函数中完成转台框架的伺服控制指令的周期计算任务。目前,转台的主流控制周期基本为

0.5 ms 左右。转台控制软件层次设计示意图如图 7-7 所示。

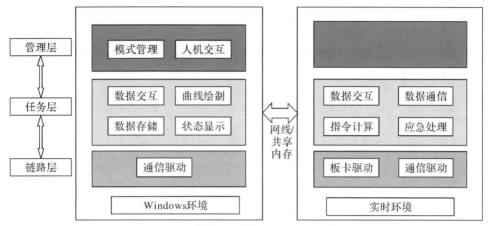

图 7-7 转台控制软件层次设计示意图

在管理层中,完成系统的人机交互、模式管理、参数配置,以及实时任务的启动与关闭。在任务层中,创建定时器或线程,通过相关交互模式(网线/共享内存),完成数据交互、曲线绘制、数据存储、状态显示等弱实时操作。在实时环境下,通过高精度定时器产生固定时间间隔的定时周期回调函数,完成数据交互、转台状态数据更新、转台控制指令计算、应急故障处理等强实时操作。在链路层中,主要是提供相关板卡和通信接口在 Windows 和实时环境下的驱动程序,支撑任务功能模块,完成数据交互。

7.2.3 典型转台的性能指标

下面给出某些典型转台的性能指标,见表 7-1。

表 7-1 典型转台的性能指标

类　　型	单轴测试转台	三轴仿真转台	五轴转台	
			三轴飞行模拟台	二轴目标模拟台
功能	单轴速率、位置	位置、速率、仿真	位置、速率、仿真	位置、速率、仿真
最大负载质量/kg	25	25	80	40
最大负载尺寸	$\phi450$ mm	$\phi300$ mm×300 mm	$\phi500$ mm×500 mm	$\phi500$ mm×500 mm
位置精度/($''$)	$\sim\pm1$	$\sim\pm2$	$\sim\pm10$	$\sim\pm10$
位置分辨率/($''$)	~0.36	~0.36	$\sim\pm0.36$	~0.36
转角范围/(°)	连续	±150、连续、连续	连续、±50、±50	±50、±50
速率范围/(°·s^{-1})	0.001~9 000	0.001~1 000、600、300	0.001~300	0.001~100
速率精度及平稳性	$1\times10^{-3}\sim1\times10^{-6}$	$1\times10^{-3}\sim1\times10^{-5}$	$1\times10^{-3}\sim1\times10^{-4}$	$1\times10^{-2}\sim1\times10^{-4}$
速率分辨率/(°·s^{-1})	$\sim0.000\ 1$	$\sim0.000\ 1$	$\sim0.000\ 1$	$\sim0.000\ 1$

续 表

类　型	单轴测试转台	三轴仿真转台	五轴转台	
			三轴飞行模拟台	二轴目标模拟台
角加速度/$(° \cdot s^{-2})$	~20 000	~4 000、1 800、1 500	~2 500、1 800、1 000	~250、250
系统带宽/Hz	~200(−3 dB)	~15、~12、~10 （双十指标）	~12、~10、~8 （双十指标）	~4、~4 （双十指标）
导电滑环	按需定制	按需定制	按需定制	按需定制
转台质量/kg	140	1 000	15 000	
外形尺寸	ϕ500 mm×850 mm	1 200 mm×950 mm× 1 300 mm	5 000 mm×3 000 mm× 2 500 mm	

7.3　本　章　小　结

　　姿态模拟技术是用于模拟飞行器姿态变化的一项技术,转台作为该项技术的具体实现,通过控制机械框架复现飞行器的姿态变化,用于飞行器、船舶、车辆等各类运动载体的空间运动的测试、模拟与仿真,是惯性技术试验室研究、惯导组件生产线测试、制导控制系统半实物仿真的关键设备。

　　首先,本章给出了转台的相关概念。系统分析了转台的任务功能和工作原理;在梳理国内外转台发展历程之后,将转台分为机械台体、伺服控制和能源系统三个部分;从不同的角度给出了转台的分类;从负载能力、运动特性、跟踪性能和控制精度等多个角度出发,详细论述了转台的性能指标。

　　其次,详细论述了转台的设计内容和关键技术,从台体框架、轴系接口、辅助部件等几个方面,给出了转台机械台体的设计内容,并对转台机械结构的力学特性分析内容进行了分析;从伺服器件选型、伺服控制设计、控制软件开发等几个方面,给出了转台伺服控制的设计内容。

　　最后,给出了单轴转台、三轴仿真转台和五轴仿真转台的典型指标,便于设计人员进行方案选择。

7.4　本　章　习　题

　　1.简述转台的工作原理。

　　2.简述转台的组成部分及其主要功能。

　　3.根据外观形状的不同,转台的框架通常可以分为哪3种类型?

　　4.转台的能源系统主要分为哪两种类型?

5.按照驱动方式可以将转台分为哪两种形式?

6.按照模拟维度可以将转台如何划分?

7.三轴转台按照结构形式,可以分为哪两种形式? 请简述每种形式的优缺点。

8.转台的负载能力指标主要有哪些?

9.转台的运动特性指标主要有哪些?

10.转台的跟踪性能指标主要有哪些?

11.转台的控制精度指标主要有哪些?

12.简述"-3 dB、$90°$相移"指标的含义。

13.简述"双十带宽"指标的含义。

14.简述几种转台台体机械结构中的辅助部件及其主要任务。

15.简述开展转台机械结构力学特性分析的原因。

16.简述转台机械结构力学特性分析的主要工作内容。

17.简述液压伺服系统和电动伺服系统各自的特点。

18.简述两种典型的测角元器件及其工作原理。

19.简述"位置+速度+电流三回路控制"的概念及各个回路的任务功能。

20.简述转台控制软件的任务需求。

21.说出三家国内著名的转台研制厂商。

第8章　气动负载特性模拟技术

飞行器中包含了各种类型的作动机构,如气动舵机、起落架、摆动喷管、扰流板、流量阀、舱门、操作翼面等,在飞行器控制过程中发挥着至关重要的作用。在飞行器飞行过程中,控制系统根据当前状态,按照设定或预定的控制律,输出控制指令,控制作动机构的运动方向和运动量,改变飞行器的受力和力矩,进而实现相应的控制目的。因此,以舵机、起落架为代表的作动机构的性能和工作状态直接影响飞行器的系统指标、动态品质、作战任务和飞行安全。随着飞行器性能指标的不断提高,对飞行器各类作动机构的性能要求越来越高、可靠性要求愈加严格,这就要求必须进行深入系统的研究,考核各类作动机构性能对于飞行任务和飞行品质的影响。

为了分析各类作动执行部件对飞行性能和控制精度的影响,通常需要建立各个部件的精准的数学模型,但在具体工程实践中,这些部件作为典型的机/电/液一体化的复杂设备,受制造工艺、安装误差、材料结构等因素的影响,各类作动机构系统中往往不可避免地存在死区、间隙、零位误差、摩擦干扰等非线性因素;同时,各类作动机构在摆动过程中要承受空气铰链力矩/负载力矩的作用,使得作动机构性能在带载情况下显著下降,并且这个力矩与飞行器的飞行姿态、攻角、马赫数、摆角或地面摩擦因数、燃气喷流速度等多种因素成非线性关系。这些非线性因素经过叠加混合,对作动机构系统的静态、动态响应和稳定性产生复杂的影响,使其难以建立精确的作动机构数学模型,导致仿真结果置信度下降。因此,为了更加全面和真实地考核各类作动机构性能对于控制系统和飞行性能的影响,需要在仿真回路中引入真实的作动机构部件,并且复现作动机构在工作时的各种工作负载状态。

负载特性模拟作为飞行器半实物仿真的重要内容,在实验室环境下,通过特殊的加载装置,完成舵机、起落架、操作翼、舱门等作动机构当前工作状态下的负载力矩加载,复现飞行器在飞行过程中的各种部件的负载受力情况,考核各类作动机构的系统设计方案和性能指标,评估各类作动机构系统在实际带载情况下的工作特性对于飞行器控制性能的影响。负载特性模拟技术在航空航天、车辆、船舶等领域有着广泛的应用。

在各类作动机构中,舵机系统作为用途广、形式多、影响大的一类作动机构,在飞行中受到复杂气动铰链力矩。因此,在本章中,主要围绕舵机的气动负载力矩仿真,介绍气动负载力矩模拟器的任务、组成、分类和技术指标,并以某型电动式负载模拟器为例,详细介绍其设计过程。

8.1　气动负载模拟的相关概念

下面对气动负载模拟器的工作任务、发展历程、系统组成、典型分类和主要技术指标进行介绍。

8.1.1　气动负载模拟的任务及工作原理

气动负载模拟器是用来模拟舵机装置在实际飞行过程中所受气动载荷的仿真设备。在飞行器半实物仿真系统中,气动负载模拟器的主要任务就是在实验室环境内,对舵机装置进行负载加载试验,模拟舵机系统在飞行过程中受到的负载变化,更加真实地测试舵机的工作特性。通过气动负载模拟器,可以在实验室条件下,最大程度地模拟舵机的真实工作环境,测试舵机系统的结构材料强度、控制精度、响应速度和系统可靠性等性能指标,校验舵机系统的数学模型,分析舵机在实际状态下的工作性能对于制导控制的影响。

在半实物仿真系统中,负载模拟器与参试舵机通过连接装置进行连接,两者均为一个闭环伺服系统。舵机系统通常为一个位置伺服系统,根据飞行控制系统给出舵偏控制指令,通过驱动电机和传感器件完成舵面角度的闭环控制。而负载模拟器系统为一个力矩加载伺服系统,通过力矩加载装置和位置力矩传感器件,借助连接装置,完成设定力矩的加载。在工作过程中,舵机系统跟随指令信号做主动运动;力矩加载系统要跟随舵机系统一起运动,同时又要对其进行力矩加载,两者相互作用,相互影响,互为负载。

气动负载模拟器作为一个典型的机电/机电液伺服控制装置,通过接收仿真模型实时解算子系统计算输出的当前状态下的气动铰链力矩,或者根据软件界面设定的参数来计算当前加载力矩,作为力矩闭环控制的输入信号;通过伺服放大装置,驱动力矩加载电机带动舵轴转动,实现铰链力矩的加载;通过一系列力矩传感器,获取当前的力矩并传递给控制器或控制计算机,按照设定的伺服控制算法,实现力矩闭环反馈控制;气动负载模拟器通常还包括一系列的角度测量器件,用于测量舵机的实际偏转角度,一方面用于力矩闭环的伺服控制算法,提高力矩加载精度,另一方面将测量的舵偏数据通过实时网络传递给仿真模型实时计算子系统,用于飞行器模型中的气动力计算。气动负载模拟器工作原理的示意图如图 8-1 所示。

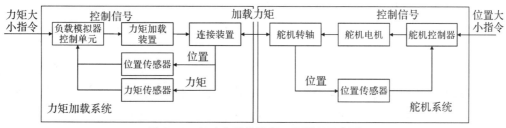

图 8-1　气动负载模拟器工作原理示意图

8.1.2 气动负载模拟器的发展历程

气动负载模拟器是飞行仿真设备的重要组成部分,随着伺服技术的迅猛发展,其被广泛应用于飞行器半实物仿真和舵机系统生产测试中。

1. 气动负载模拟器的国外发展历程

气动负载模拟器系统的研究起源于国外。20世纪60年代起,世界多个国家就开始研究气动负载模拟技术。最初的加载系统是机械式加载系统。随着电子技术和液压技术的不断发展,20世纪70年代初,日本的学者池谷光荣首先研制了电液负载模拟加载系统原理样机。该电液负载模拟器采用两个压力传感器来测量加载油缸两腔的压力,以其压力差值反馈代替力反馈。随后,由于军事方面的需要,多国相继研制了用来模拟作用在导弹舵面的时变空气动力铰链力矩的气动负载模拟器。

1979年,气动负载力矩模拟器在美国开始应用于导弹性能的测试试验中。它主要由伺服阀、伺服液压缸、伺服放大器、压力传感器、蓄能器和电位计等部件组成。美国 BOEING 公司生产 CSAL 型导弹舵面空气动力舵力矩负载模拟器。该产品由4个加载通道组成,由双叶片摆动式电液伺服马达、应变片式扭矩传感器、测量马达角位移的旋转式电位计以及与舵机轴相连的联轴节等几部分组成,采用数字控制器及模拟控制器,控制模型包括力反馈模型及位置反馈模型。瑞士的 CONTRAVES 公司生产制造了 ADFL-2 型导弹空气动力舵负载模拟器。模拟器由双叶片马达、应变式扭矩传感器及电位计式位置传感器组成,它的4个通道分别由2个控制柜进行控制。

2. 气动负载模拟器的国内发展历程

20世纪70年代以来,我国科研工作者相继展开了对气动负载模拟器的研制,且其在国内航空航天科研院所得到了广泛的应用,为推动国防装备的进步提供了完备的试验装置。北京航空精密机械研究所与某空军基地合作,于1987年完成了3-4FM型导弹气动负载模拟器的研制。它由双叶片摆动马达、应变片式扭矩传感器、测速电机及旋转电位计等部件组成。空空导弹研究院在1988年设计了导弹舵面空气动力负载模拟器,采用两个直线油缸形成力偶对舵机加载,采用压力流量电液伺服阀,并借助弹簧扭杆来消除多余力矩。北京航空航天大学在1990年为航天二院研制了一台 YCK-I 型导弹空气动力负载模拟器,它包括4个独立的加载通道,由摆动式叶片马达、应变片式扭矩传感器、电位计等组成。西北工业大学在1998年为航天三院三部研制了一套6通道负载模拟器,用于某型导弹的半实物仿真试验。哈尔滨工业大学在2005年研制了 ET106B 型负载模拟系统,用来模拟空间飞行器在飞行过程中舵机所受到的空气力载荷。

目前,随着工业基础和科研水平的不断提升,国内在负载模拟器领域,相关指标已基本接近世界先进水平,但在多余力矩消除、大力矩、高频响等高端要求上,还存在一定的差距。国内对负载模拟器研究较多的单位,主要有西北工业大学、哈尔滨工业大学、北京航空航天大学、中国民航大学、中北大学等。

8.1.3　气动负载模拟器的系统组成

气动负载模拟器用于完成力矩的伺服加载,其组成与典型的伺服控制系统类似,主要包括机械台体、动力驱动和伺服控制等 3 部分。这部分之间通过专用电缆进行连接、交互和通信。

机械台体系统作为支撑机构,用于安装集成力矩加载电机、传感器件、被试产品,实现力矩加载装置运动,主要包括基座、轴系、电机/马达安装夹具、连接轴、测量元件、机械限位撞块等部件。

动力驱动系统为力矩加载装置提供动力输出,包括电机驱动、液压驱动等方式。其中:液压驱动包含部件较多,如液压泵源、管路、流量阀及各种油路控制装置;电机驱动相对简单,主要包括隔离变压器等设施,负责将三相 380 V 电源进行隔离变压,并将其转换为三相 220 V 的电源给相关驱动控制器供电。

伺服控制系统作为气动负载模拟器的控制中心,包括各种力矩和角度传感器件、驱动放大单元、控制器、控制计算机及其控制软件、逻辑判断部件和电子安全保护部件等,主要完成负载台的性能检测、操作控制、显示记录以及安全保护等功能。

8.1.4　气动负载模拟器的典型分类

负载模拟技术被广泛应用于不同领域,试验任务和参试对象不同,使得负载模拟器的分类也存在较大差异。经过几十年的发展,气动负载模拟器出现了多种类型和不同用途。下面就给出气动负载模拟器的分类,设计人员在选择方案时,应选择适合自身任务的负载气动模拟器类型。

1. 按照加载对象是否运动进行分类

负载模拟器按照加载对象是否运动,可分为静态主动加载和动态被动加载两种类型。

(1)静态主动加载式负载模拟器。在飞机、汽车、轮船等大型装置上进行生产制造时,需要对其结构和材料进行静强度试验,此类装置为静态加载或主动加载式装置,其以承载对象在作用过程中始终保持静止状态为前提,可称为静止加载或主动加载。由于承载对象静止不动,不会对加载系统的设计带来干扰,因此主动加载式负载模拟器的结构比较简单,控制方案也相对容易,加载系统对于给定的控制指令能够进行较准确的跟踪,加载力矩和加载精度指标也较高。材料疲劳试验装置和结构强度测量装置就是该类系统的典型应用。

(2)动态被动加载式负载模拟器。当需要对具备主动运动的承载对象进行加载时,例如对舵机、起落架、摆动喷管等系统进行的加载,称为运动加载或被动加载。在此类加载系统中,承载对象通常也是一个位置伺服控制系统,其运动与否和运动规律由其自身控制指令决定。而加载系统不仅要跟随承载系统运动,还需要同时完成力矩的加载。在工作时,两者互为载荷、互为干扰。承载对象运动的干扰,使得加载系统的结构复杂,分析和设计都比较困难,其加载精度和频带指标也相对较低。

两类加载系统的实质区别是承载对象是否存在独立于加载系统的自主运动。在本书中,如没有明确说明,负载模拟器均为动态被动加载式负载模拟。

2.按照驱动方式的不同进行分类

加载力矩的能量来源方式,是决定负载模拟器结构和指标的重要因素。根据系统驱动方式,负载模拟器可以分为机械式、电液式、电动式以及气动式等类型,其区别主要在于加载机构的动力装置不同,如机械装置、液压缸/马达、电机/电动缸、气动缸/马达。不同的驱动方式,使得负载模拟器的结构、指标、成本存在较大差异,在进行负载模拟器方案选择时,应根据对象特点和任务需求,选择合适的类型。

(1)机械式负载模拟器。机械式负载模拟器一般利用扭簧、弹性钢板、挠性杆等弹性器件的变形产生的弹性力来模拟工作负载,利用质量块或惯量盘充当惯性负载的角色。机械式负载模拟器通过扭簧、弹性钢板或挠性杆等弹性装置与承载系统相连,依靠承载系统自身运动带动弹性装置产生扭转,从而使承载系统主动运动时产生相应的反作用力,完成对被测设备的加载。这类负载模拟器在运行时给被测对象提供了所需求的阻力,在某种程度上测试了被试件的性能,系统结构简单,加载精度高,由于采用的是一个动力源,力矩干扰和多余力也较小。图8-2所示为两种典型的机械式负载模拟器的原理框图。

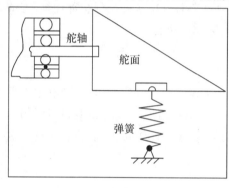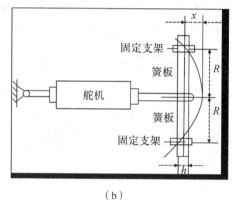

（a）　　　　　　　　　　　　　　　　（b）

图8-2　两种典型的机械式负载模拟器原理框图

(a)单弹簧式负载台;(b)簧板式负载台

机械式负载模拟器的结构简单,生产成本较低,但此类模拟器加载力矩的大小完全取决于弹性装置的扭转刚度和承载对象转角的大小。由于每次试验时,弹性装置的扭转刚度通常为定值,因此机械式舵机负载模拟器无法实现任意力矩函数指令的加载,其加载形式完全取决于承载对象的运动方式(例如,承载对象静止时的加载力矩为常值,承载对象做正弦运动时的加载力矩也呈正弦变化),所以在应用上存在一定局限。随着电液式、电动式负载模拟技术的兴起,机械式加载技术正逐步被替代,目前,机械式负载模拟器主要用于加载函数相对固定的舵机测试系统。

(2)电液式负载模拟器。随着自动化程度的提高,人们开始尝试不断改善机械式负载模拟器,研制出了能实现任意力矩函数加载的电液式负载模拟器。电液式负载模拟器是用复杂的高压油源动力结构作为加载执行机构代替机械加载结构,从而对被加载的对象实施加载的一种被动式加载方式。电液式负载模拟器的出现弥补了机械式负载模拟器不能实现任意力矩函数加载的缺陷,能够实现任意力知函数的加载,加载功率大、加载力矩大、抗干扰能力和可靠性强、工作频带高、输出能力强,而且在频率特性上也有着较为明显的优势。其缺点在于机械结构复杂、体积较大,对加工工艺敏感,作动器摩擦力较大(不适合小载荷工作),需要的辅助设施多(油泵、泵站和相应的油路支持),参数受环境、时间及系统工作状况影响大,存在压力波动、伺服阀死区等干扰,维护困难,并且多余力矩的出现很大程度上影响了加载系统的加载精度。目前液压加载系统主要适用于高频、大幅值、直线加载的场合。典型的电液式负载模拟器的组成结构如图 8-3 所示。

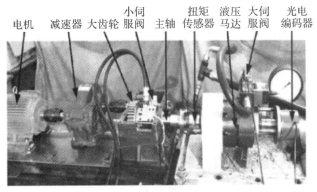

图 8-3　典型的电液式负载模拟器的组成结构

(3)电动式负载模拟器。随着电力电子技术与电机制造能力的发展,逐步出现了电动式负载模拟器。它采用伺服力矩电机取代压力马达/液压缸和弹簧板来实现对承载系统的力矩加载。由于其力矩加载装置采用了伺服电机来取代复杂的液压马达/液压缸,因此电动式负载模拟器结构较为简单,体积有所减小,具备使用方便、污染小、维护简便、工作噪声小、环境要求低等特点;同时,系统对于小信号跟踪能力强,加载分辨率高,系统特性稳定,受环境因素影响小。但是这类加载系统的加载力矩不高,特别是在高速运行和进行摆动加载时,电动负载模拟器的缺点更是显露无疑。其一般适用于一些加载精度高、加载力矩小的直线加载场合。笔者所在团队研制的电动式负载模拟器外观如图 8-4 所示。

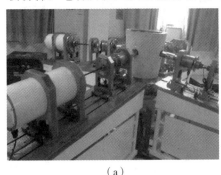

（a）　　　　　　　　　　　　　　（b）

图 8-4　笔者所在团队研制的电动式负载模拟器外观

(a)大力矩电动负载模拟器;(b)小力矩电动负载模拟器

(4)气动式负载模拟器。气动加载系统是一种新型的加载系统,它的工作介质为空气,具有成本低、功率质量比较高、简单易操作、易维护等优点。由于气体本身具有压缩性,用于瞬时机构(如舵面展开机构,降落伞的展开机构)的加载时可以吸收火药爆炸瞬间对加载系统带来的冲击,所以很适合对瞬时执行机构进行加载,但气动系统的强非线性导致气动负载模拟器的多余力矩比较复杂。

不同类型的负载模拟器各有特点,表8-1为不同类型的负载模拟器特点对比。

表8-1 不同类型的负载模拟器特点对比

	机械式	电液式	电动式	气动式
能否主动加载	不能	能	能	能
加载精度	高	低	较高	低
响应速度	—	快	快	快
参数稳定性	好	差	好	差
控制难度	—	高	低	高
结构	简单	复杂	较复杂	复杂
成本	低	高	较高	较低
维护难度	低	高	较低	较低

3.按照加载装置运动状态的不同进行分类

在模拟加载系统中,负载模拟器按照加载电机的运动状态可以分为旋转式和直线式。

(1)旋转式负载模拟器。当承载对象做直线运动时,旋转式负载模拟器将电机输出的力矩通过减震弹簧扭杆作用到摆杆上转化为力,经摆杆将圆周运动转换为直线运动,将力作用到承载对象上。

(2)直线式负载模拟器。直线式负载模拟器直接将电信号转化为直线运动,不需要任何的中间转化装置便可以提供直线运动。因此,系统结构简单、运行可靠、效率高,在驱动装置中无机械磨损。

8.1.5 气动负载模拟器的主要技术指标

尽管国内外对负载模拟器的研究已有多年,但随着负载模拟器应用的扩展以及不同行业用户对负载模拟器指标需求侧重点的不同,至今还没有形成较为统一的评价指标。从负载模拟器的设计初衷和发展方向出发,虽然其性能指标因行业和用途的不同而有所不同,但其核心的任务和指标要求是相同的,并且对于负载模拟器来说,准确跟踪载荷谱应是其最终目标。因此,下面归纳整理出了气动负载模拟器的一些主要技术指标,包括结构性能、静态加载和动态加载。

1.气动负载模拟器的结构性能指标

结构性能指标主要包括结构布局、安装尺寸、负载惯量、最大转动角速度和输出轴转角范围等。这部分指标主要由参试舵机的性能指标和飞行器结构布局决定。在进行方案设计和指标选取时,应根据参试对象的特点进行选择和设计。

(1)结构布局:结构布局主要包括通道数目和通道布局。其中,加载通道数目是指负载模拟器有几个加载通道主要与型号的舵面设置有关。如典型的导弹包含四路舵面,因此,需要研制四通道负载力矩模拟器。通道布局是指多路加载装置的摆放形式,通常形式为一字布局、十字布局或星形布局。一字布局是指各个加载通道单独摆放，此时，要求参试的舵机必须从弹体上拆卸下来，独立安装。而十字布局或星形布局是指多个加载通道按照舵机在飞行器中的安装位置进行摆放，此时，参试的舵机可以直接安装在弹体/机体上，也可以单独安装。

（2）安装尺寸：负载安装尺寸是指舵机的安装尺寸要求。一般情况下，为保证负载模拟器能够适应不同的弹径、不同尺寸的舵机安装，要求各个通道之间预留出足够的空间和可调范围，允许一定尺寸范围的舵机进行安装。另外，对于采用十字布局等形式的负载模拟器，必须根据十字中心的调整范围规定参试产品的允许弹身/机身尺寸的范围。

（3）负载惯量：本书的负载惯量是指模拟器所能参试作动机构的负载惯量大小。为了考虑负载惯量的影响，通常引入一个等效的惯量盘，其惯量为舵面绕舵轴的转动惯量与负载模拟器活动部分绕其输出轴的转动惯量之差。为了满足不同半实物仿真试验的需要，可将惯量盘做成多种规格的，以备选用。

（4）最大转动角速度：参试的舵机等承载装置所允许的最大转动角速度主要由飞行器的弹道特性和舵机指标决定，在进行设计时必须根据对象特点进行选定。该项指标会影响伺服系统的设计，如伺服阀流量的确定或测速电机的选用等。

（5）输出轴的转角范围：在进行负载模拟器设计时，需要规定负载模拟器的输出转角范围，该项指标与模拟器和舵机系统之间的连接方式密切相关。如果按照刚性连接方式，两者的转角范围保持一致即可，即最大舵偏角就是模拟器输出轴的转角范围；但刚性连接时对二者轴线的重合度有较高的要求，否则容易引起机械故障。为降低对二者轴线重合度的要求，工程实践中通常采用弹性连接方式，在舵机系统和舵面负载力矩模拟器的输出轴之间加上一个弹性联轴节。在这种情况下，舵面负载模拟器输出轴的转角范围一般略大于舵轴转角范围。

2.气动负载模拟器的静态加载指标

静态加载性能是指承载部件处于静止状态下，只有加载部件工作时的控制性能，比如较高的加载分辨率、较高的响应精度、较高的定位准确度以及较好的克服零位死区的能力。在进行测试时，承载部件设置为静止，这时给加载机构一个输入信号，依据得到的力矩响应来判断负载模拟系统的静态加载性能。静态加载指标主要包括最大加载力矩、输出轴角位置精度、力矩静态加载精度等。

（1）最大加载力矩：负载模拟器的最大加载能力，即能够模拟和复现飞行器在飞行过程中受到的最大铰链力矩，是表征负载模拟性能的一项重要指标。一般根据参试舵机的性能指标和飞行器的工作状态而定，通常要求最大加载力矩为舵机最大负载的 1.2～1.5 倍。

（2）输出轴角位置精度：加载机构、控制器、测量元件等器件误差的综合体现，直接影响力矩加载的准确程度，并决定了角位置测量元件的选择，是仿真试验精度分析的一项依据。目前，典型设备在空载情况下的水平角位置精度达到 $\pm0.05°$，但在实际试验过程中，模拟器与舵机系统相互连接，并且互为有源负载，互有影响，所以更应该考虑带载情况。在带载条件下，输出轴在小角度范围内，允许误差一般为理论值的 10% 左右；在大角度范围内，其允许误差为理论值的 7% 左右。

（3）力矩静态加载精度：力矩加载精度定义为负载模拟器输出力矩的实际值与其理论值接近的准确程度，静态加载精度是体现负载模拟能力的重要指标，是负载模拟器静态加载性能指标的基本要求。其计算方法为：用负载模拟器的输出力矩与指令力矩之差的绝对值除以指令力矩。其测试方法为：令舵机输入指令为零，向负载模拟器输入设定的指令力矩，测得其实际加载力矩，从而计算出静态加载精度。该指标表示气动负载模拟器静态力矩加载的准确程度，一般可取在 $5\% \sim 0.5\%$。

3. 气动负载模拟器动态加载指标

在飞行器的实际飞行中，舵面的空气动力载荷不仅是舵面转角的函数，还是与空气参数、飞行器姿态、飞行马赫数和时间坐标相关联的复杂的非线性函数，这就要求在实际工程中要求负载模拟器要适应不同的载荷谱；同时，舵机在加载过程中不断运动，对加载系统而言是一个复杂的外在干扰。因此，对于负载模拟器，一个重要的考核就是评估其在各种干扰和指令频谱情况下的动态加载指标。

动态加载指标主要包括加载梯度、动态加载精度、动态频率响应和多余力矩消除率等。

（1）加载梯度：加载梯度是给定的力矩载荷谱与舵机角位移的函数关系，若此函数为线性的，则加载梯度为线性加载梯度，否则称为函数加载梯度。一般技术指标给定的加载梯度是指线性加载梯度。

（2）动态加载精度：评价负载模拟器性能的一个重要内容就是考核系统跟踪载荷谱时的伺服精度。为了满足半实物仿真的要求，要求负载模拟器能以相当高的精度模拟舵机所承受的负载力矩曲线。动态加载精度用于评价负载模拟器输出力矩复现其输入力矩函数（即计算机输入的力矩函数）的准确程度，在实际运用中，通常采用跟踪误差来描述，其定义为当承载舵机在工作频段内以最大角速度运动时，负载模拟器动态跟踪误差绝对值的最大值与设计最大输出力矩之比的百分数。动态加载精度的指标主要由负载模拟器的最大设计输出力矩和舵机速度决定，目前，典型跟踪误差一般为 0.5% 左右。相比于静态加载精度，动态加载精度能够评价系统受到干扰情况下的输出力矩跟踪输入的控制指令信号的能力，因此，在实际工程中更重视系统的动态加载精度。负载模拟器的动态跟踪误差主要分为两部分：一部分是多余力矩干扰引起的误差；另一部分是加载系统对加载指令的跟踪误差。在半实物仿真中，当加载指令和舵机的运动规律都是较为复杂的函数曲线时，较高的跟踪伺服精度增加了系统的设计难度。

（3）动态频率响应：动态频率响应特性是负载模拟器动态加载的重要指标之一，主要用于表征系统不衰减的（或衰减在允许的误差范围内）响应输入信号的能力。负载模拟器可分为有扰和无扰两种情况。其中，国外一般采用系统无扰频宽来考核系统动态频响，其指标含义为系统力矩输出闭环传递函数的相角滞后 $90°$ 和幅值衰减到 3 dB 所对应的频率，反映了负载模拟器系统的加载潜能。国内一般采用有扰加载频宽，主要采用双十指标或双五指标，其中，双十指标是指在承载舵机正常运动时，系统的输出力矩相比于加载力矩指令，其幅值变化不大于 10% 和相角变化不大于 $10°$ 的最高频率，反映了负载模拟器系统的动态加载能力。两者相比，无扰频宽注重加载系统自身的控制能力，有较好的通用性。对于被动式加载系统，有扰频宽更能反映实际工况。但因多余力矩的存在，有扰频宽和加载梯度有关，加载梯度大，多余力矩占有量小，系统的频带宽，反之亦然，所以有扰频宽必须是在特定加载梯度下的频宽。

（4）多余力矩消除率：多余力矩是指负载模拟器力矩指令输入为零，舵机按自身的运动规律运动时负载模拟器的力矩输出。多余力矩是被动式负载模拟器的主要特征，多余力矩的存在几乎影响了加载系统的所有动态控制性能。评价负载模拟器多余力矩消除程度的指标主要有两种：一种是减少后剩余力矩的绝对值；另一种是多余力矩消扰率，其定义为消扰前后的多余力矩之差与消扰前多余力矩的百分比，该指标反映了系统消除多余力的程度和系统抵抗强运动干扰的能力。多余力矩和被试机构即承载对象的实际工作动态有关，所以需要知道是在哪一种因素不变时的多余力消除程度，例如可以用最大速度下的消扰率来度量电液负载模拟器的多余力消除程度。

8.2　电动气动负载模拟器的设计内容

负载模拟装置作为考核飞行器各类作动机构工作性能的重要设备，其性能直接关系着设备研制水平和仿真置信精度。作为大型机/电/液一体化设备的典型代表，负载模拟器涉及机械、伺服、电控、软件等诸多内容。近年来，随着电力电子器件的发展、电机制造水平的提高，以及伺服控制技术的提升，电动伺服系统在结构、体积、稳定性和控制灵活性等方面都有了较大提升。电动负载模拟器以其小信号跟踪能力强、加载精度高、污染少、可靠性高、易维护等优点，逐渐成为负载模拟器的重点发展方向之一。本节以电动气动负载模拟器的设计为例，对其总体方案规划、机械、电机和传感器选型、电控和软件等设计内容。

8.2.1　电动负载模拟器的总体方案规划

某型电动负载模拟器由四路力矩加载通道构成，每一个通道都由力矩电机、连接机构、扭矩传感器、旋转编码器和舵机样件及安装台架组成。下面给出系统的工作原理分析、结构组成设计。

1.电动负载模拟器的工作原理

某型电动负载模拟器采用力矩闭环控制方式。计算机接收指令加载力矩信号，经过运算得到控制信号，经过 D/A 输出，由电机控制器控制加载电机运动，并通过力矩传感器和传感器放大器得到力矩反馈信号，形成力矩闭环，使加载系统按指令要求给舵机施加加载力矩，实现加载力矩的伺服控制。某型电动负载模拟器的原理框图如图 8-5 所示。

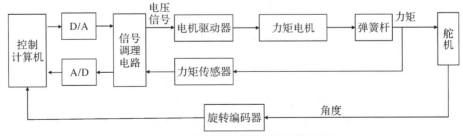

图 8-5　某型电动负载模拟器的原理框图

某型电动负载模拟器系统工作原理如下：

（1）控制计算机设定加载模式和加载力矩值（或接收仿真指令力矩），给出驱动信号。

（2）采用高精度力矩传感器并配合高精度数据放大器获得输出力矩信号，形成控制系统闭环，经与驱动信号比较得到调节误差。

（3）对调节误差进行数字 PID 运算，获得数字控制信号。

（4）数字控制信号经 D/A 转换给出模拟控制信号，输出到通道控制机箱。

（5）模拟控制信号经由前置放大、功率放大后输出到交流伺服电机，给出力矩输出。

（6）交流伺服电机输出的力矩经传动系统加载到被测舵机上。

2. 电动负载模拟器的组成设计

某型电动负载模拟器的结构主要包括 4 套力矩加载台体和 1 套电控机柜。4 套加载台体通过专用电缆与电控机柜进行连接，完成设备供电、测量信号接收和控制信号发送等任务。

某型电动负载模拟器机械台体由四个台体组成，呈一字形摆放，其单通道结构如图 8-6 所示。机械台体上的产品部件从左到右分别为加载电机、弹簧扭杆、力矩传感器、惯量模拟盘、角位置传感器和舵机安装连接件。加载电机的作用是提供加载力矩。弹簧扭杆的作用是在加载系统和舵机系统的机械连接处加一个弹性环节，调节承载对象和加载系统之间的连接刚度，从而减小多余力矩，同时提供所需的刚度系数。弹簧扭杆的右端连接力矩传感器和角位置传感器分别为加载系统提供力矩信号和舵机角位置信号。转动惯量模拟通过在旋转轴加装惯量盘来模拟舵面的转动惯量，惯量盘通常为圆环形。

某型电动负载模拟器电控机柜主要包括控制机箱、工控计算机系统、电源机箱、隔离变压器等部件。电控机柜包含两块控制面板，分别是系统控制面板和供电控制面板。

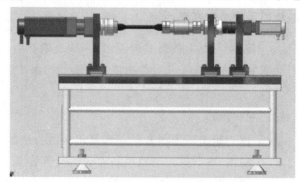

图 8-6　某型电动负载模拟器单通道结构

8.2.2　电动负载模拟器的机械结构设计

机械结构作为负载模拟器的承载装置，用于安装加载电机、传感器件和被测舵机等装置。其主要设计内容包括机械台架、加载扭杆和连接部件等。

（1）机械台架设计。机械台架是某型负载模拟器机械部分的主体结构，用于将各个机械部件组合在一块，其整体结构通常采用低碳钢板焊接，通过多道工序加工而成，从而保证了加工精度。在设计时，要求保证各部件安装组合位置精确、结构简单、误差尽可能小。机械台体一般包含 3 个支座，分别是加载电机支座、旋转编码器支座和参试产品支座。3 个支座均固定在直线导轨上，用于不同试验产品的位置调节。为方便舵机的安装和拆卸，支座与台面的连接采用"导轨+滑块"方式,在每个支座两边安装有锁紧装置,通过扭转小转轮,使锁紧装置与台面接触,形成摩擦力来保证支座的稳定性。当需要移动支座时,旋起锁紧装置即可。

(2)弹簧扭杆设计。弹簧扭杆在加载系统中起到力矩缓冲的作用,如果没有弹簧扭杆,加载电机与舵机的连接刚度非常大,一个十分微小的角度差值都将产生很大的力矩值,很容易损坏力矩传感器甚至是舵机,而且会产生较大的多余力矩效应,导致控制性能变差。因此,引入弹簧扭杆是非常必要的。

弹簧扭杆通常为截面为圆形或方形的等直杆,利用其扭转变形实现力矩加载。一般采用热轧弹簧钢制造,常用材料为硅锰和铬镍钼等合金钢,其优点为质量轻、结构简单,缺点为加工要求较高。

(3)联轴器设计。联轴器是用来将加载装置和舵机转动轴牢固地连接起来一同旋转并传递运动和扭矩的机械部件,是加载系统力矩传导过程中非常重要的一环。联轴器能否良好地传递力矩关系着加载力矩输出准确与否。为了满足系统性能要求,要求联轴器具有高传动精度、高灵敏度、自动补偿径向、角向和轴向偏差等特点。在负载模拟器系统中,常用的联轴器包括膜片联轴器和波纹管联轴器两种类型。

8.2.3　电动负载模拟器的加载电机选型

加载电机作为系统的执行机构,把电能转换为系统需要的能量形式,是力矩加载系统中最重要的设备。为了获得快速响应、高精度的电动负载模拟器,选择合适的加载电机及驱动器显得非常关键。

(1)加载电机类型选择。对于负载模拟器,承载对象为旋转舵机,需要模拟力矩形式载荷,侧重于力矩控制,因此主要采用的电机类型为力矩电机。力矩电机多为扁平结构,转矩、转速输出曲线平缓,力矩波动小,主要包括直流力矩电机和交流力矩电机。其中,直流力矩电机具有机体轻巧、力矩波动小等特点,适用于要求小体积、轻质量、大动力输出和高精度定位的机械设备等,但是直流电机存在长期使用电刷磨损现象,需要定期更换,并且需要较为复杂的交流-直流电源转换装置。而交流力矩电机采用笼式转子结构,靠增多极对数获得低的转速,主要运行于大负载、低转速状态的机械装置,也可短期或长期运行于堵转状态。

(2)减速结构需求分析。在进行负载模拟器的电机选型时,通常有两种方案:高速小惯量电机和低速大力矩电机。前者通过减速机构使得加载力矩与电机输出力矩相匹配。这种方式有较高的快速性,但在模拟载荷频繁变向的情况下,齿轮间隙会给系统带来很多不利因素,对加载精度有较大影响,不利于降低多余力矩;后者具有较大的力矩转动惯量比,采用直接传动方式,消除了齿轮减速器带来的不利影响,但是快速性有所不及,另外,这种方案的力矩电机体积规模较大,从而引入较大的转动惯量。在选型时应根据应用场景进行选择。

(3)电机驱动器设计。伺服电机驱动器是伺服电机的直驱部件,通过控制电机的旋转角度和运转速度,实现对电机的工作运行控制,其与力矩电机一起构成了整个伺服控制系统的执行机构。

用于驱动交流电机的伺服驱动器主要分为两大类:一类是以矢量控制为控制算法的变频器,主要用于宽范围调速系统和伺服系统;另一类以直接转矩控制为核心控制技术,主要用于需要更快转矩响应的控制系统。两者的基本控制结构相同,理论基础也有相同之处。

所不同的只是控制方案,也由此导致了控制性能的差异。在具体使用时,要根据应用场景选择合适的驱动器。某型电动负载模拟器的伺服电机选型如图8-7所示。

（a）   （b）

图 8-7　某型电动负载模拟器的伺服电机选型

(a)某伺服电机和驱动器;(b)某减速器

8.2.4　电动负载模拟器的传感器件选型

在电动负载模拟器中,包含多种力矩传感器和位置传感器,用于测量当前力矩和舵偏,其器件性能直接影响系统的检测精度和控制精度。

(1)扭矩传感器。扭矩传感器用于采集加载电机输出轴上的力矩,是加载系统动态调节、精准出力的唯一依据。在负载模拟器系统中,主要采用力矩闭环控制,反馈信号主要来源于扭矩传感器,系统为了实现动态闭环,扭矩传感器必须能够精确地测量动态力矩,要求响应足够快、延迟短、误差小。典型扭矩传感器主要包括电感式、电位计式和金属应变片式等类型。

(2)旋转编码器。负载模拟器需要通过测角元件来采集舵面偏角,用于半实物仿真系统中的闭环计算和自身伺服力矩的闭环控制,因此,要求系统具备较高的测角精度。目前,负载模拟器系统通常采用旋转编码器作为测角元件。旋转编码器内部为码盘结构,不同的角度位置会刻有明暗刻线,刻线的密度和间隔决定角编码器的分辨率。编码器依据自身的采样频率,读取当前时刻明暗刻线的状态,并将其转化为二进制数据,二进制的位数决定编码器的精度。编码器按角度计算方式可以分为增量式和绝对式两种类型。

某型电动负载模拟器的传感器件选型如图8-8所示。

（a）   （b）

图 8-8　某型电动负载模拟器的传感器件选型

(a)扭矩传感器;(b)旋转编码器

8.2.5　电动负载模拟器的电控系统设计

电气控制部分是实现系统控制功能的硬件承载,其主要作用是通过将各种传感器件获取的信号,经过计算机中的数据采集板卡注入控制软件中,并将解算得到的控制信号处理并输出到驱动设备和执行机构中。电控系统主要由计算机信号采集系统(包含各种数据采集板卡和运动控制卡)、信号调理单元和信号控制单元组成。通常按照功能模块构成多个信号机箱,安装在电气控制柜中。

(1)计算机信号采集系统。计算机信号采集系统主要包括控制计算机及安装在内部的数据采集板卡。

计算机是运行负载模拟器软件的平台,具有加载的指令设定、加载数据的处理、控制算法实现、数据图像化处理和数据存储回调的功能。一般选用工业控制计算机作为计算机平台,具有较好的稳定性和可靠性,有较强的防磁、防震、防冲击的能力,同时具备较多的计算机板卡安装槽位。

数据采集是指将传感器检测的温度、扭矩、力、角度等模拟量转换成计算机可以处理的数字量,数据采集板卡是实现高精度数据采集的有效器件。在选择硬件板卡时,主要根据硬件接口通道数目、电气信号类型、板卡工作可靠性等因素共同分析,另外,考虑到负载模拟器通常在实时操作系统下完成信号的采集、计算和输出,因此,要求这些板卡具备系统指定实时系统的板卡驱动。

(2)信号调理单元。在负载模拟器的电控系统设计中,一个重要的任务就是对信号进行调理,实现放大、滤波、整形等。一方面,系统中电源和各电器环节均存在电磁干扰,干扰信号严重影响系统的加载精度和控制精度,典型干扰包括电源干扰、线路干扰、电磁泄漏干扰等。其中,电源干扰主要来源于供电电源中的纹波和噪声;线路干扰按其传输途径包括差模干扰和共模干扰,差模干扰指线间电压干扰,共模干扰指对地电压干扰。另一方面,扭矩传感器信号较为微弱,需要对其进行放大、整形处理,便于后期进行计算。

在进行信号调理时,主要根据调理任务、电气信号路数、频率特征、噪声类型进行设计,通过一系列的包含模拟电路和数字电路的信号调理板,完成信号的处理。

(3)信号控制单元。为了保证系统安全的冗余性,电控系统在硬件上增加了信号控制单元。它主要由运算放大器,隔离运算器及各种逻辑芯片构成。它的输入量来自信号调理板的控制信号,经过运算放大器和隔离运算放大器放大后输出给伺服驱动器。每个通道在工作时受到逻辑电路的控制,只有在多个逻辑控制电路正常工作时,通道才能输出控制电压,这些逻辑控制信号主要包括系统准备好、没有应急故障、有通道运行命令、没有通道力矩超限、没有通道电压超限和通道伺服驱动器正常工作等。

8.2.6　电动负载模拟器的软件方案设计

在某型电动负载模拟器中,控制软件发挥着协调系统内各个设备有序工作的核心作用,与硬件系统协同完成试验任务。软件采用面向对象编程技术、模块化设计,确保控制过程功能性、可靠性,以及软件的用户界面友好性、可扩展性、易维护性等主要特性。

1. 电动负载模拟器的软件框架

在负载模拟器中,控制软件根据采集得到的当前力矩和舵偏位置信号,按照设定的控制方法,计算得到伺服电机的控制指令。为了保证闭环伺服控制系统的精确性,要求其计算过程必须实时完成。目前,保证负载模拟器算法的实时性主要采用两种方式:①通过嵌入式硬件来实现控制算法;②通过实时操作系统来实现。

控制软件主要包括人机交互和实时控制两部分。其中:人机交互在 Windows 操作系统环境下,主要用于界面交互、参数设置、曲线显示、数据记录等非实时工作;实时控制运行在实时环境下,主要完成数据采集、算法计算、安全保护等强实时工作。二者之间通过共享内存或通信电缆完成数据交互和指令下发。

某型电动负载模拟器的软件框架如图 8-9 所示。

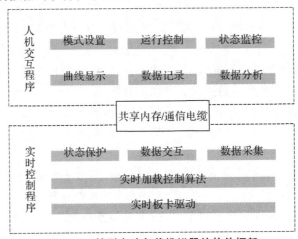

图 8-9 某型电动负载模拟器的软件框架

2. 电动负载模拟器软件模块设计

某型电动舵机负载模拟器软件采用了模块化的结构,主要包括数据监控模块、参数设置模块、试验控制模块、板卡驱动模块和数据处理模块等。

(1)数据监控模块。数据监控模块主要分为数据曲线显示、状态监控和信息显示 3 个子模块,其主要功能是让用户对系统进行控制,实现了解试验状态、判断故障来源、查看当前力矩等功能,同时通过安全保护模块保证系统的可靠性。数据曲线显示子模块用于实时显示指令力矩曲线和反馈力矩曲线,分析系统的力矩控制效果。状态监控子模块可给出负载模拟器是否处于正常工作状态、载荷是否超差、角位移波动是否过大等,一旦出现超限,则自动报警。信息显示子模块将显示试验的进度以及相关信息的提示。

(2)参数设置模块。参数设置模块主要包括控制指令参数设置、传感器标定参数设置和安全参数设置等。对控制指令参数设置,系统提供了不同力矩范围的加载模式,在更换弹簧扭杆之后,软件也为不同模式提供了控制参数修改的功能。传感器标定子模块通过采集多组数据计算传感器零偏和增益,经设置后保存到系统配置文件中。此外,还能够通过界面设置报警门限、角位移范围、力矩范围等安全参数,当系统出现异常状况时触发相应的安全策略,从而保护试验设备和操作人员的安全。

（3）试验控制模块。试验控制模块是该测控软件总体设计的核心，主要有本地测试模式和组网仿真模式。在不同的工作模式下，包含不同的操作顺序和控制逻辑，其差异主要在于实时控制程序中的代码工作策略。在本地测试模式中，力矩指令是软件根据界面设置进行计算得到的，而在组网仿真模式中，力矩指令是指软件通过实时通信网络获取当前状态下的加载力矩指令大小。

（4）板卡驱动模块。硬件板卡是负载模拟器与负载模拟器硬件系统之间的接口，为了完成闭环仿真，要求板卡提供实时操作系统下的驱动，在实时操作系统环境下完成板卡打开、板卡配置、数据采集、指令输出和板卡关闭等。

（5）数据处理模块。数据处理模块主要包括当前数据存储、历史数据浏览、数据统计分析和打印报表输出等功能模块。数据存储子模块将试验过程的数据永久存储并存放到指定位置，数据包括力矩指令、加载力矩、实时角度、记录用时和其他实验内容信息等。历史数据浏览子模块的作用是加载之前的历史数据，对数据进行回放、显示。数据统计分析子模块为软件提供了丰富的数据统计功能，包括野点剔除、数据拟合、时域统计和频域分析等功能。打印报表输出子模块主要进行数据曲线打印，还可对试验的相关信息进行设置，包括试验人员、试验时间、被试舵机信息等。

3. 电动负载模拟器软件流程设计

按照系统工作流程和软件需求，构建软件运行流程。某型电动负载模拟器软件详细运行流程如图 8-10 所示。

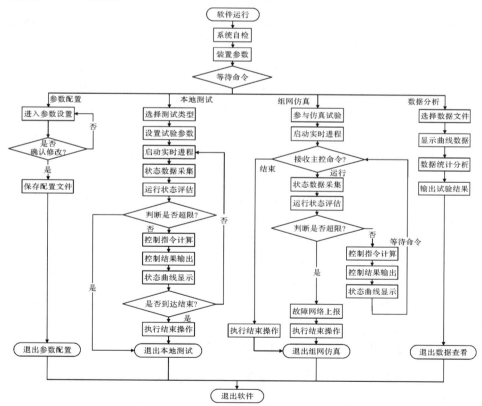

图 8-10　某型电动负载模拟器软件运行流程

软件启动之后,首先进行系统自检和参数加载,然后根据用户界面操作进行参数配置、本地测试、组网仿真和数据分析等任务操作。

(1)参数配置流程。试验人员选择参数配置后,软件进入参数配置界面,试验人员根据需求对控制参数大小、网络通信地址、保护参数范围等参数进行设置,修改完成后,点击保存按钮,完成配置文件的保存。试验人员也可以通过加载按钮,加载之前的配置文件。

(2)本地测试流程。负载模拟器的本地测试功能,主要是根据参数设置完成期望力矩的加载。用户选择本地测试模式后,首先完成测试指令参数的设置,包括力矩、曲线形式、梯度、测试时间等参数;确认无误后,点击"测试开始"按钮,软件将相关指令通过共享内存下发给实时控制程序,并启动 RTX 实时进程;在实时控制程序中,在每个控制周期内,完成控制任务。

在每个控制周期中,运行在环境下的实时控制软件首先通过硬件板卡的实时驱动获取当前力矩大小和位置信息;根据相关信息进行状态判断,如果状态异常,则执行关闭操作并退出实时进程,如果状态正常,则根据设置参数和当前状态,计算出控制指令;通过硬件驱动,完成控制指令的输出;通过共享内存,将当前系统状态传递给人机交互软件;实时进程判断运行状态,如果已经满足停止条件,则执行结束操作,关闭实时进程。在实时控制程序工作的同时,运行于 Windows 环境下的人机交互软件根据共享内存的数据,完成试验数据的曲线绘制、试验数据的存储记录等操作。

(3)组网仿真流程。飞行器半实物仿真中,负载模拟器作为一个仿真设备节点接入闭环仿真回路。用户选择组网仿真模式后,点击参与"仿真测试开始"按钮,软件通过反射内存将参与仿真标志上传给仿真管理系统,并启动实时进程;在实时控制程序中,在每个控制周期内,根据仿真主控发出的控制命令,完成控制任务。

在每个仿真周期,运行于实时环境下的实时控制软件首先通过反射内存网卡的实时驱动获取仿真主控管理系统的控制指令,根据控制指令执行不同的操作。如果系统运行状态是仿真运行指令,则通过硬件接口获取当前力矩大小和位置信息。然后,根据相关信息进行状态判断:如果状态异常,则通过反射内存,上报节点故障,执行关闭操作并退出实时进程;如果状态正常,则根据力矩指令和当前状态,计算出控制指令。通过硬件驱动,完成控制指令的输出。通过共享内存,将当前的力矩状态和加载状态传递给 Windows 环境下的人机交互操作。实时程序代码通过硬件板卡获取舵偏大小,并通过实时网络反馈给仿真模型,用于闭环仿真计算。如果系统运行状态是仿真结束指令,则执行结束操作,关闭实时进程。在实时控制程序工作的同时,运行于 Windows 环境下的人机交互软件根据共享内存的数据,完成试验数据的曲线绘制、试验数据的存储记录等操作。

(4)数据分析流程。试验人员打开数据分析界面后,选择之前存储的试验数据;软件读取试验数据,并进行曲线绘制和状态显示;试验人员利用软件提供的多种分析统计工具,对试验数据进行统计分析处理;在分析完成后,通过软件操作,完成分析报告的输出。完成相关操作后,退出数据分析界面,返回软件主界面。

8.2.7　电动负载模拟器的方案设计结果

某型电动负载模拟器的技术指标见表 8-2。

表 8-2　某型电动负载模拟器技术指标

项 目			指 标
最大可持续加载力矩/(N·m)			≥300
最大转角/(°)			≥±35
最大偏转角速度/(°·s⁻¹)			300
加载精度/(N·m)			≤1
频带宽度			
某型电动负载模拟器	频带宽度 1/Hz	$\Delta A/A<5\%,\|\Delta\Phi\|<5°$	≥5
		$\Delta A/A<10\%,\|\Delta\Phi\|<10°$	≥10
		-3 dB、相移-90°	≥15
	频带宽度 2/Hz	$\Delta A/A<5\%,\|\Delta\Phi\|<5°$	≥8
		$\Delta A/A<10\%,\|\Delta\Phi\|<10°$	≥15
		-3 dB、相移-90°	≥25
	频带宽度 3/Hz	$\Delta A/A<5\%,\|\Delta\Phi\|<5°$	≥10
		$\Delta A/A<10\%,\|\Delta\Phi\|<10°$	≥20
		-3 dB、相移-90°	≥25
	加载通道数目/个		4
	力矩输出轴在水平面可平移距离/mm		X 轴可移动 200
	联轴器移动范围/mm		Z 轴±1、Y 轴±1
	力矩输出轴测角精度/(°)		优于 0.1
惯量模拟盘	转动惯量范围/(kg·m²)		≥0.3
	转动惯量最小调节步进/(kg·m²)		0.01

8.3　本章小结

　　飞行器中包含了各种各样的作动机构。飞行器在飞行过程中受到组成复杂、动态变化的负载力矩,导致作动机构性能受到较大影响。为了考核负载力矩对于系统的影响,需要在实验室环境下,借助负载模拟技术,复现作动机构所受的各种负载,从而全面检测和考核作动机构在实际负载条件下的动态特性、控制精度以及系统可靠性。

　　本章以舵机的气动负载模拟技术为例,详细介绍设备任务和工作原理、发展历程、系统组成和系统分类,并给出了负载模拟器的主要技术指标;以某型电动负载模拟器为例,详细介绍了其研制方案和设计内容,从总体方案、机械结构、加载电机、传感器件、电控系统和软件方案等角度详细介绍了负载模拟器的系统组成和开发流程。

8.4 本章习题

1. 简述气动负载模拟器的主要任务。

2. 简述气动负载模拟器的作用。

3. 简述气动负载模拟器机械台体、动力驱动和伺服控制各部分的任务。

4. 气动负载模拟器按照加载对象是否运动如何划分？简述每种类型的特点。

5. 简述机械式负载模拟器的工作原理。

6. 简述机械式负载模拟器的优缺点。

7. 简述电液式负载模拟器的优缺点。

8. 简述电动式负载模拟器的优缺点。

9. 简述气动式负载模拟器的优缺点。

10. 气动负载模拟器按照加载梯度的不同如何分类？简述每种类型的特点。

11. 气动负载模拟器的主要性能指标包括哪些？

12. 气动负载模拟器的结构布局通常分为哪些形式？每种形式的特点是什么？

13. 在负载模拟器中，引入负载惯量盘的目的是什么？

14. 简述电动负载模拟器的主要工作原理。

15. 典型的电动负载模拟器中机械台体上主要安装有哪些部件，每个部件的任务是什么？

16. 负载模拟器中的弹簧扭杆的作用是什么？

17. 加载电机主要分为哪些类型？每种类型的特点是什么？

18. 简述电动负载模拟器电控系统的主要系统组成。

19. 简述电动负载模拟器的典型软件框架。

20. 简述电动负载模拟器的主要软件模块及各个模块的任务、功能。

第9章 三维视景实时仿真技术

在飞行器仿真中,为了将驾驶员/操作员/可见光探测装置接入仿真回路,需要为其构建虚拟的视觉场景,这项技术就是视景仿真技术。视景仿真基于计算机三维图像处理技术,根据仿真的目的,构造仿真对象的三维模型及其所处的数字虚拟环境,可根据实时数据和操作指令动态生成连续的三维视景图像,从而实现仿真的可视化和逼真化,为试验人员或装备提供高逼真度的虚拟仿真场景。其广泛应用于人员训练、态势展示和仿真测试等方面。

视景仿真技术主要包括场景建模、场景驱动、场景显示等内容,涉及计算机、图形处理和图像生成、立体影像和音响、信息合成等诸多技术。在本章中:首先,简要给出三维场景实时仿真的相关概念,包括任务功能、性能要求、发展历程、系统组成、性能指标和主要应用;其次,从实体建模、地形生成、特效建模三个方面,详细介绍三维场景建模技术,并给出常用的三维场景建模软件;再次,详细介绍三维场景实时仿真的相关方法,并给出常用的三维场景驱动引擎;最后,简要给出几种飞行仿真中常见的三维视景显示方式。

9.1 三维视景实时仿真技术相关概念

视景仿真技术主要指的是用计算机三维图像处理技术来呈现特定场景中的若干物体,并精确表达出物体的形状轮廓、颜色材质等特点,偏视觉呈现及图形图像的一种仿真形式。视景仿真技术可充分调动参试人员或产品的视觉特性,通过高精度的三维模型的实时渲染为用户创造一个可反映场景变化与物体间相互作用的三维图形环境,以达到高精度的仿真效果。

9.1.1 三维视景实时仿真的性能特征

视景仿真是一种能让参试产品和人员产生真实感的强交互式仿真环境,实现参试产品和人员与该仿真环境直接且自然地交互。因此,作为虚拟现实的众多表现形式之一,三维视景仿真应具备以下性能特征。

(1)沉浸感(Immersion):用户(产品或人员)在模拟环境中感受到的虚拟世界的真实程度。理想的虚拟环境应该做到和真实世界中的一样,即在创建的虚拟环境中,用户无法分辨真假,对一切该虚拟环境中的事物,都会以为是真实的。

（2）交互性（Interaction）：用户对虚拟环境内对象的可操控程度或从虚拟环境中获得反馈的自然程度。与计算机三维动画不同的是，三维动画只能向用户提供固定镜头的画面渲染与播放，而在视景仿真技术中，观测位置和展示场景会根据用户操作指令和仿真运行数据发生动态连续变化。

（3）构想性（Imagination）：用户通过发挥主观能动性，在自己所沉浸的多维信息空间中根据自我认知和自我感觉来获得知识，从而形成全新的概念。该特征强调虚拟现实技术应具有广阔的想象空间，不仅能够复现真实存在的环境，而且可以大胆假设现实中不存在甚至不会出现的环境。

9.1.2　三维视景实时仿真的发展历程

视景仿真的概念、思想和研究目标的形成与相关科学技术特别是计算机科学技术的发展密切相关。近30年来，随着计算机技术、微电子技术、显示技术、图形处理与图像生成技术、立体影像和音响技术等诸多高新技术的发展，视景仿真技术也得到突飞猛进的发展。

1. 国外三维视景仿真的发展

（1）概念萌发时期。1965年，计算机图形学的重要奠基人 Sutherland 博士发表了一篇短文"*The Ultimate Display*"，以其敏锐的洞察力和丰富的想象力描绘了一种新的显示技术。他设想在这种显示技术支持下，观察者可以直接沉浸在计算机控制的虚拟环境之中，就如同生活在真实世界一样。同时，观察者还能以自然的方式与虚拟环境中的对象进行交互，如触摸感知和控制虚拟对象等。这篇文章从计算机显示和人机交互的角度提出了模拟现实世界的思想，推动了计算机图形图像技术的发展，并启发了一系列新型人机交互设备的研究。但总体而言，在20世纪六七十年代，视景仿真技术还处于思想、概念和技术的酝酿形成阶段。

（2）行业探索时期。进入20世纪80年代，随着计算机图形学以及相关技术的飞速发展，特别是个人计算机和计算机网络的发展，视景仿真技术发展速度加快，出现了一些典型的视景仿真应用案例和一系列建模工具和视景引擎。

1984年，NASA Ames 研究中心虚拟行星探测实验室的 M. Mc Greevy 和 J. Humphries 博士组织开发了用于火星探测的虚拟环境视觉显示器，将火星探测器发回的数据输入计算机，为地面研究人员构造了火星表面的三维虚拟环境。同时期，美国的 DARPA 开发了虚拟战场，将200多个坦克训练器互联成为网络，用于复杂训练和作战演习。这是当时世界上最为庞大的虚拟现实系统。

（3）全面应用时期。20世纪90年代以后，随着计算机技术与高性能计算、人机交互技术与设备、计算机网络与通信等科学技术领域的突破和高速发展，以及军事演练、航空航天、复杂设备研制等重要应用领域的巨大需求，视景仿真技术进入了高速、全面发展时期。这一阶段，出现了一大批优秀的软件开发平台，并且视景仿真现实技术已经成功应用于各种领域。

NASA 在"哈勃望远镜的修复和维护"以及"虚拟行星探索（Virtual Planet Exploration，VPE）"等多个项目中使用了视景仿真技术，逼真地再现了太空场景，实现了对宇航员以及地面控制人员的模拟训练。美国空军阿姆斯特朗研究室采用视景可视化技术和虚拟现实技术开发、研制了仿真系统,设计人员和维修人员通过该系统可以在武器系统设计的同时,协同考虑系统维修任务的可行性。美国 RSI 公司多年致力于视景系统开发,其研制的视景系统 RasterFlite XT 已搭载多台 D 级飞行模拟机并通过鉴定。英国 Bristol 公司将视景仿真技术划分为实际环境检测、虚拟环境显示和场景控制三个部分,主要研究软件与综合技术。

2. 我国三维视景仿真的发展

我国的视景仿真技术的研究起步晚,在技术水平上与发达国家相比有一定的差距。但进入 21 世纪,随着视景仿真技术开始在各个领域发挥着越来越重要的作用,我国政府和学界对视景仿真技术的研究也越来越重视,相关部门把视景仿真技术在军事领域的应用列为国家重点技术。特别是近几年,随着对虚拟现实技术研究的深入,国内有许多知名高校及相关单位对视景仿真技术的研究正不断深入,采用各种图形引擎在战场显示、飞行员训练、车辆模拟、战场投影方面取得了一些实用性的成果。

当前,国内视景仿真的差距主要体现在建模工具和引擎驱动方面,相关软件如 3D Max、Vega、STK、OpenGL、Unity 3D 等均为国外专业软件或开源软件。但随着我国科技综合实力的不断提升,国内相关高校和公司也推出了相关的产品。随着各项技术的不断成熟,在不久的将来将会有更大的突破。

9.1.3　三维视景实时仿真的系统组成

三维视景实时仿真的目标是把由数值计算或实验获得的大量数据按照其自身的物理背景进行有机的结合,用动态连续变化的图像的方式来展示数据所表现的内容和相互关系,便于把握过程的整体演进,发现其内在规律,丰富科学研究的途径,缩短研究周期。因此,按照工作流程和业务内容,可以将其分为场景建模、场景驱动和场景显示等三个方面。三维视景实时仿真系统组成如图 9-1 所示,其中场景建模和场景驱动主要是软件及其相关技术,最终以软件的形式运行在高性能图形工作站中;场景显示主要通过各种硬件设备实现虚拟场景的显示。

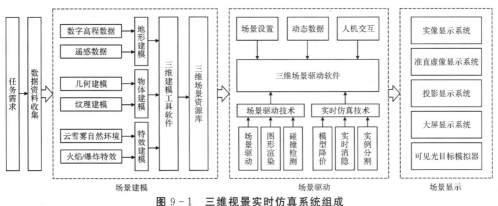

图 9-1　三维视景实时仿真系统组成

(1)虚拟场景建模。虚拟场景建模包括模型构造、纹理设计、地形生成、特效设计等方面,要求构造出相似的三维模型、逼真的纹理、动态的特效。虚拟场景建模是三维视景仿真技术中的关键技术之一,是整个视景仿真系统建立的基础,在视景仿真系统中,几乎所有软、硬件都要服务于虚拟场景的建立和在其之上的人机交互。虚拟场景中的模型,是实际的或想象中的物体或现象的场景再现,因此,模型构造的质量直接影响视景仿真场景的真实感和沉浸感。

(2)虚拟场景驱动。虚拟场景驱动主要包括场景驱动、模型调度、数据交互等,要求做到逼真、高速地再现仿真场景、实时响应交互操作等。对于飞行仿真而言,除了图形渲染、碰撞检测、场景配置、场景驱动等传统三维视景技术之外,还涉及模型降阶、实时消隐、模型实例化、模型分割等实时视景仿真技术。虚拟场景驱动作为视景仿真系统的核心,根据场景配置生成期望的任务场景,并根据动态数据和人机交互指令,驱动虚拟场景中的模型运动和切换视景显示的角度,从而实时生成连续变化的动态图像,为用户提供一个完整的交互式视景系统。

(3)虚拟场景显示。虚拟场景显示主要涉及各种作为三维视景仿真的显示硬件,为参试装备和人员提供高品质的动态图像,主要包括实像显示、准直虚像显示、投影显示、大屏显示和可见光目标模拟器。其中,前四种的对象主要为参加试验的人员,可见光目标模拟器的对象主要为参试的可见光探测装置。

9.1.4 三维视景实时仿真的性能指标

三维视景实时仿真系统作为人在回路仿真和可见光探测装置半实物仿真系统的重要组成,其性能参数直接影响了最终的仿真效果。在此从场景内容和图像质量两方面简要给出其性能指标。

1.三维视景仿真的场景内容要求

场景描述主要由期望仿真的任务场景决定,从而决定建模对象的类型、数量和要求,主要包括场景类型、场景对象、地图大小、地图精度、地物地貌和天气条件等。

(1)场景类型:期望仿真的作战场景和任务目标。例如,作战场景是对空、对地还是对海;建设目的是用于人员训练、探测器仿真还是效果演示。不同的场景决定了建模对象的类型和场景变化的过程。

(2)场景对象:根据期望的仿真场景,确定相关物体模型的类型和型号。例如,空中目标可以选择 F-15、F-16、F-22、F-35、Su-27,地面装甲目标如 M1A2、T90 坦克,或 PAC-3导弹发射车等,类似的还有舰船目标或典型建筑目标等。

(3)地图大小:根据期望的仿真场景,确定地图的大小,该数值通常由飞行器的运动范围决定,并根据要求选择是真实地图还是模拟生成地图。

(4)地图精度:根据仿真场景,选择地图的分辨率要求。注意,不同的仿真任务对于地图的精度要求有所区别。例如,在空中飞行场景,地图通常作为一个背景出现,地图精度需求较低;而地面车辆仿真中地面环境作为主要场景,地图精度要求较高。通常情况下,可以根据场景需求设定不同的精度要求,在一些飞行仿真中,起飞机场、发射阵地、降落机场、打击对象等区域的地图精度要求较高,而中间飞行过程的地图精度要求较低。

(5)地物地貌:根据仿真任务来设定期望区域的地物地貌,例如城市、山地、草原、荒漠等。与地图要求一样,地物地貌也会选择是真实地形还是模拟生成地形。

(6)天气条件:是否需要模拟不同的时令(白天、夜晚、黄昏)和不同的气象条件(雨、雪、雾等）。

2. 三维视景仿真的图像质量要求

图像的生成和显示效果的质量要求包括场景软件要求和显示硬件要求。

（1）帧率。帧率是指每秒能够显示的图像帧数，帧率越高，画面越流畅。高帧率能够提高用户对画面的感知，减少画面卡顿和闪烁的现象。需要注意的是，在对某些探测器进行半实物仿真时，要求帧频和参试产品保持一致。

（2）响应速度。响应速度是指系统对操作指令的响应速度。高响应速度能够提高用户对系统的控制感和满意度，同时能够提高用户的操作效率。在实时仿真场景下，响应速度是一个非常重要的指标。

（3）显示尺寸。显示尺寸主要用于描述场景显示装置的显示尺寸。

（4）对比度。对比度是指生成画面中黑与白的比值，也就是从黑到白的渐变层次。这个比值越大，从黑到白的渐变层次就越多，从而色彩表现越丰富。其主要用于评价显示设备的性能。

（5）输出光通量。输出光通量是部分场景显示设备输出的光能量，单位为"流明"（lm）。与光输出有关的一个物理量是亮度，是指屏幕表面受到光照射发出的光能量与屏幕面积之比。当投影仪输出的光通过量一定时，投射面积越大亮度越低，反之则亮度越高。决定投影仪光输出的因素有投影及荧光屏面积、性能及镜头性能等。

（6）显示分辨率。显示分辨率也称为像素分辨率，简称为分辨率，它是指可以使显示设备显示的像素个数，通常用每行像素数列乘每列像素数列。

此外，场景仿真的功能要求和性能指标还包括输出接口、交互方式、功率能耗等内容。

9.1.5 三维视景实时仿真的主要应用

随着视景仿真技术在军事训练模拟、武器装备研制论证等军用领域的应用逐渐成熟，此技术在城市建设规划、游戏娱乐、教育等民用领域也得到了广泛的应用。

1. 三维视景仿真在飞行器仿真领域中的应用

在飞行器仿真领域，视景仿真主要应用于人员训练、态势展示和仿真测试方面。

（1）人员训练。视景仿真技术最初被用于军用飞行器模拟系统，用来培训飞行员：逼真的视景环境可使飞行员产生临场感，精确的地标以及靶标导向可使飞行员完成许多既定的战术培训项目。目前，视景仿真被广泛地用于时间紧迫、代价高、实时、危险性较大的作战人员训练中，成为飞机、无人机、坦克、船舶等模拟训练装置的关键技术。

（2）态势显示。视景仿真的另外一个重要应用场景就是进行态势显示，它能够将分布式仿真、装备训练、演习对抗、飞行试验等场景中的相关数据信息以声光电的形式进行综合显示，从而使得仿真试验人员和训练指挥人员能够观察、浏览、过滤、发现和理解大规模实时仿真数据，更加感性和沉浸地获取相关信息。

（3）仿真测试。在采用可见光制导的精确制导武器的仿真试验中，为了将真实的可见光导引头引入仿真回路中，需要采用视景仿真的相关技术，将生成导引头探测到的战场环境的实时图像信息通过相关光学装置提供给可见光导引头，用于考核可见光导引头在复杂战场环境下发现、识别、锁定、跟踪目标的能力。

2.三维视景仿真在民用领域中的应用

除了在军事领域之外,视景仿真技术在民用领域也得到了广泛的应用,如游戏娱乐、建筑设计、城市规划、医疗培训和安全培训等。

(1)游戏娱乐:视景仿真技术可以用于创建高质量的游戏和虚拟现实体验,这些游戏可以让玩家感受到身临其境的感觉,提高游戏的真实感和可玩性。

(2)建筑设计:视景仿真技术可以用于建筑设计和规划,建筑师通过模拟不同的建筑方案和设计,以便更好地显示建筑的外观和功能。

(3)城市规划:视景仿真技术可以用于模拟城市规划和设计,帮助城市规划人员更好地理解城市的发展和环境影响,从而更好地规划城市的未来。

(4)医疗培训:视景仿真技术可以用于医疗培训,医生通过模拟不同的病例和手术情况更好地了解如何应对不同的临床问题。

(5)安全培训:视景仿真技术可以用于各种安全培训,例如,消防员通过模拟火灾和其他紧急情况,以便更好地了解如何应对这些情况。

9.2 三维虚拟场景建模技术

场景建模作为整个视景仿真系统建立的基础,模型构造的质量直接影响虚拟场景的真实感和沉浸感。一个完善的视景仿真场景应该包括能够反映现实世界/构想世界的各种模型。从关注目标和模型运动状态的角度出发,视景仿真的模型可划分为三大类:①实体模型,用来描述各种目标实体,如车辆、飞机和建筑等,这些模型在仿真过程中可以移动或固定;②背景模型,主要包括地形模型和海面模型,其中地形模型较为复杂,但通常不会发生变化;③自然现象模型,主要包括天气现象模型和爆炸烟火等特效模型。

9.2.1 三维虚拟场景实体建模技术

三维虚拟场景中的实体模型是视景建模的核心,是生成高质量视景图像的先决条件,不仅要求构建的对象模型在外观上与真实对象相似,而且要求它们在形态、光照、质感等方面都十分逼真。实体建模涉及几何建模、运动建模、物理建模、行为建模等。考虑到在飞行器仿真中,大部分研究对象的运动建模、行为建模都是由飞行器的动力学和运动学模型完成的,在此重点介绍三维虚拟场景实体建模中的几何建模。

1.实体建模中几何建模的概念类型

几何建模是用来构建描述对象内部固有的几何性质的抽象模型,主要包括描述虚拟场景的三维造型(多边形、三角形和顶点)及其外观(纹理、表面反射系数、颜色等)。因此,几何建模也主要包括两方面内容——形状建模和外表处理。

(1)形状建模。形状建模采用计算机三维建模技术,构建对象的三维实体模型,反映对象的形状、轮廓和几何连接关系等特征。形状建模主要用于处理物体的几何和形状的表示,对于一个对象而言,通常包含一个或多个基元,导弹从几何形状上看通常包括弹体、舵面、翼面等器件。因此,一个对象的形状所表示的内容包括:①对象中基元的轮廓;②基元间的连接性,即基元结构或对象的拓扑特性。不同的对象基元连接性可以用矩阵、树、网络等方式进行描述。形状建模方法可以进一步划分为层次建模方法和属主建模方法。

1)层次建模方法利用树形结构来表示物体的各个组成部分,对描述运动继承关系比较有利。在层次模型中,较高层次构件的运动势必改变较低层次构件的空间位置,例如,机械臂中主臂的运动会带动小臂和手掌的运动。

2)属主建模方法的思想是让同一种对象拥有同一个属主,属主包含了该类对象的详细结构。当要建立某个属主的一个实例时,只要复制指向属主的指针即可。例如舵面,只需要搭建一个舵面,其他的按照属性进行复制,在使用时仅修改其属性即可。其优点是简单高效,易于修改,一致性好。

(2)外表处理。外表处理主要是对构建的形状模型进行外表优化,包括对象的纹理、颜色、光照反射特性等。良好的外表处理结果能够增加系统的逼真度,在细节层面增加对象的真实感。其中,一些静态部分在场景建模中完成,而动态部分通常在场景驱动中完成。

2. 实体建模中几何建模的技术途径

几何建模的方法很多,可以使用的工具也很多。三维建模工具大体上可以分为两类:一类是 OpenGL 等程序语言建模工具,它们是用编程语言编写的,使用这类工具建模工作量大,不直观;另一类是 3D MAX、Creator 等非编程语言建模工具,使用这类工具建模快捷、方便、直观。在专业三维模型制作软件中建成的模型实体,可通过 OpenGL、OpenGVS 及 Vega 虚拟视景驱动软件来调用或驱动,融入实时仿真系统中,使之更加形象化、可视化、具体化,具有很高的科研和商业价值。

关于几种建模工具和图像引擎,在本书后续有详细介绍。另外,关于实体建模的相关理论内容和技术方法,可以参考相关图像学的专业书籍。

9.2.2　三维场景数字地形生成技术

数字地形作为真实世界或虚拟世界的重要内容,用于显示地形的起伏和形状,被广泛应用于视景仿真、地理信息系统、娱乐游戏、工程建设等诸多领域。与实体几何模型搭建一样,三维数字地形的工作也主要包括两方面:一是数字地形模型的搭建,二是地形纹理的生成。目前,在大多数视景仿真引擎软件中,都具备真实世界的数字地形模型的导入接口,以及模拟地形的动态生成工具,而地形纹理主要通过遥感数据的处理来获取。因此,数字地形生成技术的工作重点在于建立数字地形模型。下面主要围绕数字地形模型的基本概念、数据来源和表示形式进行展开。

1. 数字地形模型的基本概念

在视景仿真应用中,数字地形主要模型包括数字地形模型(Digital Terrain Model, DTM)和数字高程模型(Digital Elevation Model,DEM)。

数字地形模型是地形表面形态属性信息的数字表达,是带有空间位置特征和地形属性特征的数字描述。通常情况下,它是利用一个任意坐标系中大量选择的已知 x、y、z 的坐标点对连续地面的一种模拟表示,其中,x、y 表示该点的平面坐标,z 值可以表示高程、坡度、温度等信息,当 z 表示高程时,就是数字高程模型。

数字高程模型通过有限的地形高程数据实现对地面地形的数字化模拟(即地形表面形态的数字化表达)。它是用一组有序数值阵列形式表示地面高程的一种实体地面模型,通过它可提取各种类型的地表形态信息,这些信息可用于绘制等高线、坡度图、坡向图、立体透视图、立体景观图等。

DEM 是 DTM 的基础数据,其他地形要素可由 DEM 直接或间接导出。

2. 数字地形模型的数据来源

数字地形模型的数据来源主要有以下几方面。

(1)直接测量:利用相关仪器设备直接从地面测量,所涉及的仪器有水平导轨、测针、测针架和相对高程测量板等构件,也可以用 GPS、全站仪、野外测量、激光雷达等高端仪器。这种方法主要用于小范围详细比例的精确测量。

(2)遥感数据:主要包括航天遥感卫星或航空立体数字摄影。其中:航天遥感卫星主要通过合成孔径雷达卫星直接获取地面高程数据;航空立体数字摄影通过立体坐标仪观测及空三加密等方法获取密集数字高程数据,建立数字高程模型,主要用于大范围的地形构建。

(3)地图数据:主要利用小比例尺普通等高线地图或军用地图数据,采用格网读点法、数字化仪手扶跟踪及扫描仪半自动等手段采集后,通过整体内插、分块内插和逐点内插等方法生成 DEM。其中,整体内插的拟合模型是由研究区内所有采样点的观测值建立的。分块内插是把参考空间分成若干大小相同的块,对各分块使用不同的函数。逐点内插是以待插点为中心,定义一个局部函数去拟合周围的数据点,数据点的范围随待插位置的变化而变化。

3. 数字地形模型的表示形式

数字高程模型的表示形式有很多,常用的包括规则格网模型、等高线模型和不规则三角网模型等。

(1)规则格网模型。规则格网模型是最简单的地面表示模型,它用规则的网格来描绘地面上的采样点,主要包括矩(正方)形格网、三角形格网和六边形格网。这 3 种基本的格网模型中只有矩(正方)形格网能够被递归地进行细分而不改变形状。目前,对于每个格网的数值有两种不同的解释。第一种是格网栅格观点,认为该格网单元的数值是其中所有点的高程值,即格网单元对应的地面面积内高程是均一的高度,这种数字高程模型是一个不连续的函数。第二种是点栅格观点,认为该网格单元的数值是网格中心点的高程或该网格单元的平均高程值,这样就需要用一种插值方法来计算每个点的高程。计算任何不是网格中心的数据点的高程值时,使用周围 4 个中心点的高程值,再采用距离加权平均方法,当然也可使用样条函数和克里金插值方法。规则格网模型的缺点是不能准确表示地形的结构和细部,并且数据量过大,需要进行压缩存储。

(2)等高线模型。把一系列已知的等高线集合和它们的高程值放在一起就构成了地面高程模型。等高线模型通常用二维链表来存储,认为它是一条带有高程值属性的简单多边形或多边形弧段;或者,采用图来表示等高线的拓扑关系,将等高线之间的区域表示成图的节点,用边表示等高线本身。需要注意的是,由于等高线模型只表达了地图区域的部分高程值,因此往往需要通过插值的方法来计算落在等高线外的其他点的高程。

（3）不规则三角网模型。不规则三角网（Triangulated Irregular Network，TIN）模型由连续的三角面组成，三角面的形状和大小取决于不规则分布的测点或节点的位置和密度。不规则三角网与高程矩阵方法的不同之处是随地形起伏变化的复杂性而改变采样点的密度及决定采样点的位置，因而它能够避免地形平坦时的数据冗余，又能按地形特征点（如山脊、山谷线、地形变化线等）表示数字高程特征。该模型既减少了规则格网方法带来的数据冗余，同时在计算（如坡度）效率方面又优于纯粹基于等高线的模型；但 TIN 的数据存储方式比较复杂，它不仅要存储每个点的高程，还要存储其平面坐标、节点连接的拓扑关系，以及三角形和邻接三角形的关系。

9.2.3　三维场景自然现象仿真技术

在飞行器视景仿真中，除了需要搭建实体对象和数字地形之外，还需要根据任务要求创建雨雪云雾等天气现象以及火焰、爆炸等特殊效果。与普通的实体对象建模不同，这些自然现象一方面存在显著的动态变化，另一方面拥有丰富、细致的细节特征，这使得传统的几何建模难以进行描述。因此，对于这一类不规则模糊物体的建模，目前主要采用以粒子系统为代表的过程模型进行构建，并取得了较好的效果。下面简要介绍过程模型的概念，以及几种典型的过程建模方法。

1. 自然现象仿真的过程模型的概念

虚拟场景中的自然景物主要包括火焰、烟、云、雾、雨、雪、爆炸、植物、海浪等复杂的真实感场景。这些场景的构建相对困难，主要采用图形学中的过程模型进行构建，再利用各种计算过程生成模型各个体素的建模技术。过程模型的主要优点：

（1）采用精确的物理模型，增强了物体的真实感。

（2）模型包含了几何建模和行为建模。

（3）若存在有效的物理或生理模型，则物体的行为建模变得十分简单，只要实现当前的几何模型即可。

过程模型的主要缺点：

（1）当找不到有效的物理或生理模型时，不仅要实现几何模型，还要实现其行为模型。

（2）物理模型往往要求解微分方程组，这会消耗大量的计算资源，影响实时性。

2. 基于分形迭代的算法模型

分形（Fractal）指的是数学上的一类几何形体，在任意尺度上都具有复杂并且精细的结构。一般来说，分形几何体都是自相似的，即图形的每一个局部都可以被看作是整体图形的一个缩影。例如，雪花曲线是一种典型的分形图形，其生成方法如下：取一等边三角形，在每一边中间的 1/3 处分别生长出一个小的等边三角形，重复上述过程就可以形成图 9-2 所示的曲线效果。理论上来说，无限递归的结果是形成一个有限的区域，而该区域的周长是无限的，并且具有无限数量的顶点。

相关学者认为海岸、山脉、云彩和其他很多自然现象都具有分形的特性。因此，分形几何已经成为一个发展十分迅速的科学分支，尤其是在计算机图形学中，已经成为描述自然景物及计算机艺术创作的一种重要手段。

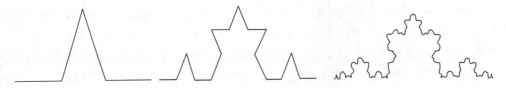

图 9-2　分形迭代方法模型示意图

3.基于动态随机生长原理的算法模型

该算法模型最常见的表现形式就是细胞自动机。细胞自动机(Cellular Automation)就是按一定规则将空间划分成很多的单元,将每个单元看作一个细胞(Cell);每个细胞可以具有一些状态,但是任一时刻只能处于一种状态;随着时间的变化(迭代过程),单元中的细胞根据周围细胞的状态按照相同的法则改变状态。换句话说,每个细胞的这一时刻的状态都是由上一时刻周围细胞的状态决定的。

如图 9-3 所示,简单地定义每个单元的状态(只有 1 或 0),生长规则是,如果上一时刻本单元周围 8 个单元的状态都是 0,那么这一时刻本单元的状态为 0,否则为 1。阴影显示的为状态产生改变的单元,根据这一假设规则,状态为 1 的单元必然越来越少,并且很快状态将停止发生改变。因此,根据不同的实际需要,可以人为地定义各种状态和规则,产生各种各样的效果。

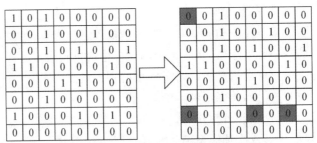

图 9-3　细胞自动机状态示意图

4.基于粒子系统的模型

粒子系统方法是一种主要的模拟不规则物体的方法,能够成功地模拟由不规则模糊物体组成的景物。与其他传统图形学方法完全不同,这种方法充分体现了不规则模糊物体的动态性和随机性,从而能够很好地模拟火、云、水、森林和原野等自然景象。

粒子系统建模的基本思想是采用许多形状简单的微小粒子作为基本元素来表示不规则模糊物体。这些粒子都有各自的生命周期,在系统中都要经历"产生""运动和生长"及"消亡"三个阶段。粒子系统是一个有"生命"的系统,因此不像传统方法那样只能生成瞬时静态的景物画面,而是可产生一系列运动进化的画面,这使得模拟动态的自然景物成为可能。生成粒子系统某瞬间画面的基本步骤如下:

(1)产生新的粒子。

(2)赋予每一新粒子一定的属性。

(3)删去那些已经超过生存期的粒子。

(4)根据粒子的动态属性对粒子进行移动和变换。

（5）显示由有生命的粒子组成的图像。

粒子系统采用随机过程来控制粒子的产生数量,确定新产生粒子的一些初始随机属性,如初始运动方向、初始大小、初始颜色、初始透明度、初始形状以及生存期等,并在粒子的运动和生长过程中随机地改变这些属性。粒子系统的随机性使模拟不规则模糊物体变得十分简便。当前对于粒子系统的研究主要集中在两个方面:一是根据所研究对象的特性,有针对性地改进粒子系统方法,快速地获得逼真的效果;二是以粒子系统为主,结合其他一种或多种模拟方法,互相补偿,获得令人满意的平衡点。

9.2.4　三维虚拟场景建模的基本流程

三维虚拟场景建模的主要工作包括:建模资料准备、优化预处理、三维物体模型建立、纹理照片处理、数据结构优化、细节层次（Level of Details,LOD）划分、调试等内容,大致分为资料准备、模型构建、模型优化和测试三个阶段。

1.资料准备

三维虚拟场景是对客观世界或想象世界的反映,场景的建模过程就是真实环境和物体的数字化过程。因此,在进行建模之前,必须对建模对象和真实环境的数据进行收集、采集和处理。资料内容根据建模对象的不同而不同,主要包括以下几部分。

（1）地形数据:地形数据建模是视景仿真中非常重要的一项建模内容。对于飞行器的仿真,通常需要飞行器所能到达的运动范围内的地形轮廓海拔数据。

（2）地物与地貌数据。地物与地貌数据主要有森林、湖泊、河流等自然地貌特征和道路、铁路、房屋桥梁等人造地貌特征。在建模时,要收集重点建模区域的场区平面总图、建筑图纸、规划图纸等。

（3）物体数据。物体数据主要指场景建模中,对象的外观尺寸、结构组成、连接关系等数据信息,包括物体的三视图和外观尺寸。

（4）纹理数据。纹理数据是指来自实地摄影照片和素材图片库的图象数据,用于某些地表特征实体的表面纹理等。获取纹理数据的途径有很多,例如可以通过数码相机或扫描仪等工具获取所需要的纹理,然后进行修正和处理,达到期望目标,也可以通过在市面上购买商业化的纹理数据库来获得。

（5）声音数据。在仿真过程中,为了使仿真效果更加逼真,经常需要增加一些声音特效,包括火箭点火、发动机工作,齿轮转动、炮弹爆炸等。因此,在进行资料准备时,需要根据具体仿真过程,获取特定的音频数据。

2.模型构建

在获取数据后,就可进行仿真对象模型的构建了。构建包括三维建模和纹理处理。

（1）三维建模:三维建模就是采用不同的仿真软件和建模工具,按照真实的尺寸和数据,完成对象三维模型和地形模型的构建。

（2）纹理处理:在完成模型建模后,就可进行纹理照片的处理了。对于各种原始数据,运用各种图片处理软件进行修正转换,得到可以使用的纹理文件。通过纹理贴图,可以减少模型的多边形数目和复杂程度,提高场景的绘制速度,增强系统的逼真程度。

3.模型优化和测试

当完成模型构建后,为了保证模型能够正确、快速地被视景引擎所调用,需要对模型进行优化和测试。

(1)模型优化:在视景仿真中,场景中存在众多的物体模型和场景模型,包含大量的多边形和曲面。如果模型太多,绘制速度会大大减慢。如果现有显存和内存不能满足绘制对大量内存的需求,就会导致大量的内存交换,从而降低系统的交互速度,使得画面运行不连贯。因此,需要对三维模型进行优化处理,减轻图形硬件的处理负担,提高解算速度,

(2)模型测试:建模工作基本完成后,需要将三维模型移植到视景驱动引擎上,此时可能会出现多边形的丢失等情况。因此,需要对模型进行测试调试,记录模型导入后的错误、疏漏等,然后回到建模平台进行修改,反复调试,从而保证模型的正确性。

视景系统的场景建模大体上可分为以上几个部分,但是实际工作中,可根据需要,使各个部分相互穿插、相辅相成。

9.2.5　常用的三维场景建模工具软件

三维建模软件工具是一类用于创建三维模型的软件,可以帮助用户将实际或想象中的三维物体转化为计算机可以处理的模型。这些软件具有强大的功能,可以帮助用户进行建模、渲染、材质和纹理编辑等操作,同时支持多种文件格式导入和导出。基于这些三维场景建模工具,用户可以在设计过程中更加直观和高效,并可以提高设计的精度和质量。因此,这些软件被广泛应用于游戏开发、影视制作、建筑设计和工业设计等领域。

(1)Autodesk 3ds Max。Autodesk 3ds Max 是一款广泛应用于三维建模、动画和渲染等领域的软件,由美国 Autodesk 公司开发,是目前三维制作行业中最受欢迎的软件之一。Autodesk 3ds Max 具有强大的建模、渲染和动画功能,支持多种文件格式,包括 3DS、FBX、OBJ、DWG 等,并提供了丰富的材质和纹理库,使得用户可以轻松地创建高质量的三维模型和动画。

(2)Multigen Creator。Multigen Creator 是由美国 Multigen – Paradigm 公司开发的一种可视化的 3D 视景仿真建模软件,该软件可以把几何多边形以及大规模建模等功能有效地集成在一起,可以及时、完善地对仿真场景进行建模。Multigen Creator 软件所提供的 OpenFlight 数据库格式文件现已成为视景仿真领域的标准,软件包含了众多模块,可以用于实现地形海拔数据的读取、连续地表的生成、道路模块的生成、纹理处理等;软件还提供了许多优化模型的专业工具,结合一系列模型优化技术,可以更加高效地提升模型的实时渲染速度。目前,Multigen Creator 被广泛地应用于军事领域的三维场景实时仿真中。

(3)Maya。Maya 美国 Autodesk 公司开发的一款三维计算机图形设计软件。该软件集成逼真的人体动画,具有个性化的操作序列以及便捷的创建工具等,被广泛应用于电影特效的制作、电视节目的推广、广告的包装和动画的剧情制作等方面。

(4)Blender。Blender 是一款免费、开源的三维建模、动画和渲染软件,由 Blender

Foundation 开发和维护。它是一个跨平台的软件，支持 Windows、macOS 和 Linux 等多个操作系统，并且拥有强大的建模、渲染和动画功能，被广泛应用于游戏开发、影视制作、建筑和工业设计等领域。

（5）SolidWorks。SolidWorks 是一款由 Dassault Systèmes 公司开发的三维计算机辅助设计（Computer Adied Diagnosis，CAD）软件，具有强大的建模、装配、分析、绘图等功能，可以帮助用户在设计和制造过程中提高效率和质量，主要应用于机械设计、工程设计、产品设计等领域。

9.3　三维虚拟场景驱动技术

三维虚拟场景驱动主要基于相关视频驱动引擎加载场景中的相关实体模型和数字地形，根据场景配置生成期望的任务场景，并基于动态数据和人机交互指令驱动虚拟场景中的模型运动和切换视景显示的角度，从而实时生成连续变化的动态图像，为用户提供一个完整的交互式视景系统。下面简要介绍视景动态驱动的相关技术和实时仿真优化技术，以及主流视景驱动引擎软件等。

9.3.1　三维虚拟场景动态驱动技术

三维视景驱动涉及大量计算机图形学的相关技术。下面简要介绍几种常用的三维虚拟场景动态驱动技术，包括动态碰撞、纹理映射和光照渲染等内容。

1. 三维虚拟场景动态驱动中的碰撞检测技术

在视景仿真系统中，经常需要检查对象 A 是否与对象 B 碰撞，例如导弹是否击中目标等场景。另外，为了保证场景的真实性，也必须进行相关物体的碰撞检查，例如，人或车辆不能穿墙而入。作为保障视频场景真实性的重要内容，碰撞检测目前发展出很多方法，按照不同的划分条件可以分为多种类型。

（1）按照检测时间进行划分。按照检测时间的不同，碰撞检测方法可以分为静态检测、离散检测和连续检测等 3 种。

1）静态碰撞检测算法是虚拟环境中的场景对象处于静止状态，位置不随时间变化的情况下，检测场景对象之间是否发生碰撞及发生碰撞的信息的算法。

2）离散碰撞检测算法是在下一个选定的时间点，先判断场景对象是否发生重叠，如果重叠，再进一步获取重叠的信息。因此，它是在离散的时间点上检测虚拟环境中的场景对象之间是否碰撞的算法。检测时间间隔对于离散的碰撞检测算法很重要，时间间隔越小，检测就越精确，但调用静态碰撞检测算法的次数就越多；反之，时间间隔过大，则出现穿刺或者漏检的概率就越大。

3）连续碰撞检测算法是在每一帧中均进行碰撞检测，虽然能够取得较好的视觉效果，但由于计算量大，在大规模场景中无法实现实时的碰撞检测。

（2）按照检测时间进行划分。如果按照空间进行划分，碰撞检测算法可以分为空间分解法与层次包围盒法两种。

1)空间分解法:也叫空间剖分法,其基本思想是将虚拟空间划分为体积相等的小单元格,只对占据相同的单元格或相邻的单元格的所有对象进行碰撞检测,典型的有二叉空间剖分法和八叉树法。这种算法适用于虚拟环境中静态场景对象较多、运动的对象较少的情况,可以利用帧的相关性,只对每帧中运动的对象重新计算它所占的单元格即可。空间分解法的缺点是灵活性差、存储量大,所以与层次包围盒法相比应用不够广泛。

2)层次包围盒法:其基本思想是首先建立层次包围盒树,包围某一个场景对象的有效的正实体(包围盒)作为树的根节点,其子节点也是包围盒,并且作为根节点的一个划分,直至叶节点(只包围一个基本图元)。然后,判断包围盒树的根结点是否相交,如果不相交就再判断子节点是否相交,直至叶节点。根据包围盒的不同,又可分为轴向包围盒(Axis Aligned Bounding Box,AABB)检测法、包围球检测法、方向包围盒(Oriented Bounding Box,OBB)检测法和离散方向多面体(K-Discrete Orientation Polytopes,K-DOP)检测法等多种方法。四种层次包围盒法各有优缺点:AABB检测法紧密性比较差;包围球检测法适合于形体不狭长、旋转运动较多的场景对象;K-DOP检测法需要根据场景对象的实际形状选取一定数量的、不同方向的平行平面对来包围场景对象,构造过程复杂,运算量大。目前较为常用的算法便是方向包围盒(OBB)检测法。

2.三维虚拟场景动态驱动中的纹理映射技术

场景模型的真实度如何跟其被赋予的纹理密切相关,为了创建出真实度高的场景模型,就需要应用纹理映射技术。纹理映射技术在于将平面纹理图案贴合到物体对象表面,应用这一技术可将物体表面的特殊细节和复杂特征刻画出来,能够为一个普通的几何形状体塑造出特殊的效果,在很大程度上提升了物体模型的真实感。同时,纹理映射能够有效减少模型的数边,提高图形的刷新频率。

纹理映射主要有以下几个步骤:准备纹理图像,以期使用于建模中;用坐标变换实现纹理坐标到屏幕空间坐标的映射;进行纹理颜色和图像颜色的调整;纹理过滤处理,获得优化视景处理效果。

纹理映射的方法也很多,按照不同定义域,纹理可分为二维纹理和三维纹理。

二维纹理映射实质就是从二维纹理平面到三维景物平面的一个映射。一般可以将其定义为在一个平面区域的解析函数的表达,也可以将其定义为各种数字化图像离散值。有一定灰度值或颜色值的平面区域称为纹理映射空间。只要知道景物表面上一点 P 在纹理空间中的对应位置 (u,v),再通过纹理映射就可以知道点 P 的某种纹理属性。

三维纹理映射是将三维纹理函数直接定义在三维空间中,即 $T=T(x,y,z)$,其中 (x,y,z) 为三维空间中的一点,T 为该点处的纹理颜色值。由于纹理空间与景物空间是等同的,所以将景物嵌入三维纹理空间中的过程就是三维纹理映射的过程,只需将景物变换到纹理空间的局部坐标系即可。三维纹理的方法很多,其中,MIPmap技术以适当大小的正方形来近似表达每个像素在纹理平面上的映射区域,并预先将纹理图像表达为具有不同分辨率的纹理数组,作为纹理查找表,其中低分辨率的图像由比它高一级分辨率的图像取平均值得到。MIPmap技术是目前应用最广泛的纹理映射技术之一。

3.三维虚拟场景动态驱动中的光线渲染技术

在视景仿真中,不仅要构建精确的物体造型,还需要有逼真的视觉效果。其中,光线渲染作为视觉效果的重要内容,主要包括光的反射、透明性、表面纹理和阴影等内容,描述虚拟对象的光照模型是非常复杂的过程。目前,根据高光和阴影描述物体的立体特点,主要分为两类计算模型。

(1)只考虑由光源引起的漫反射分量和镜面反射分量的局部光照模型,如 Lambert 漫反射模型、Phong 镜面反射模型、Torrance-Sparrow 光照模型、Cook-Torrance 光照模型等。

(2)采用光线跟踪的整体光照模型。光线跟踪是光线投射思想的延伸,它并不仅仅为每个像素寻找可见面,还跟踪光线在场景中的反射和折射,并计算它们对总光强度的贡献。这为全局反射和折射效果提供了一种简单有效的绘制手段,是生成高度真实感图形的主要方法之一。其基本原理是从视点向物体引一条射线,则物体表面的光亮度由离视点最近的标量值决定。

9.3.2　三维虚拟场景实时仿真技术

在动画制作、广告宣传的三维视景中,追求的是所生成图形的真实感,对每帧图形的绘制时间并没有严格的限制。在飞行器仿真中,由于需要将生成的视景引入闭环仿真中,因此,对视景生成的帧频和时间均有较高的要求。当应用模型的复杂程度超过当前图形工作站的实时处理能力,从软件着手来减少图形画面的复杂度,已成为视景仿真中图形生成的主要目标。这种技术就是实时图形绘制技术。

实时图形绘制技术本质上是一种限时计算技术,即要求算法在一定的时间内完成对场景的绘制。由于目前图形软硬件条件的限制,实时图形绘制算法往往通过损失图形质量来快速绘制画面,这里图形质量的损失主要指图形真实感的降低和走样程度的增加。下面就介绍几种常用的实时图形绘制算法。

1.三维场景实时仿真中的可见性判定和消隐技术

由于视线的方向性、视觉的局限性以及物体之间的相互遮挡,人们所看到的往往只是场景中的一部分。就活动目标而言,可能每次看到的三维实体和场景不尽相同,所以要对场景模型数据进行检索,检索出一部分,该部分经过坐标转换和透视投影所产生的图像是在屏幕上可显示的。有些图像可能会超出屏幕,或部分超出屏幕,这时就要进行可见性判定和裁剪。

另外,由于视点的不同,只能看到三维物体的某些面,将那些完全或部分被遮挡的面称为隐藏面。消隐技术就是要消除相对空间给定观察位置的背离面和隐藏面,这样就能得到不透明物体图像的最基本的真实感。目前最常用的消隐算法是 Z 缓冲器算法,由于该算法简单并且能够在硬件上实现,因而被广泛应用于实时绘制系统中,事实上其已成为图形学中的标准算法。

2.三维场景实时仿真中的细节层次模型技术

视景仿真的真实感在很大程度上取决于动态画面的连续性和画面图形元素(各种模型)的分辨率。提高模型的分辨率,就是用更多的三角形或多边形表达物体的外形,这可以使场景更逼真,但必然会加大图形负荷,延长场景渲染时间,造成画面不连续;降低模型的分辨率,可以加速场景绘制,但可能会引起画面失真,影响视景仿真的真实感。但是如果场景中许多可见面在屏幕上的投影小于一个像素,就可以合并这些可见面而不损失画面的视觉效果,细节层次模型技术就是这样一种快速绘制技术。

细节层次模型就是为每个物体建立多个相似的具有不同分辨率的模型,不同的模型对细节的描述不同。对细节描述得越精确,模型也就越复杂。细节层次模型技术的基本原理就是:当物体离视点较近时,采用分辨率较高的模型,能够观察到模型丰富的细节;当物体离视点较远时,可以采用分辨率较低的模型,这时所观察到的细节逐渐模糊,但这并怎么不影响画面的视觉效果。视景仿真程序根据一定的判定条件,适时地选择相应分辨率的模型,就可以避免因绘制那些意义不大的细节而造成的时间浪费,从而有效地协调绘制快速性和场景逼真性的关系。

3. 三维场景实时仿真中的模型实例化技术

当三维复杂模型中具有多个几何形状相同但位置不同的物体时,可采用实例技术。例如,一个动态的地形场景中有很多结构、形状、纹理相同的树木,树木之间的差别仅在于位置、大小、方向的不同,如果每棵树都放入内存,将会造成极大的浪费。可以采用内存实例的方法,相同的树木只在内存中存放一份实例,将一棵树木进行平移、旋转、缩放之后,得到所有相同结构的树木,因而大大地节约了内存空间。采用模型实例的主要目的是节省内存,从这个意义上来说,内存占用少了,显示速度会加快。

4. 三维场景实时仿真中的单元模型分割技术

将仿真环境模型分割成较小的环境模型单元的技术称为模型单元分割。模型被分割后,只有当前模型中的环境模型对象被渲染,因此,可极大地减小环境模型的复杂程度。这种分割方法对大型地形模型和建筑模型是适用的。在分割后,模型的大部分在给定的视景中是不起作用的。每个视景中的多边形数基本上不随视点的移动而变化,除非越过某个阈值(从一个房间到另外一个房间)。对于某种规整的模型,分割容易自动地实现。而对于那些完成后一般不再轻易变化的建筑模型,分割需要预先计算阶段离线完成。

9.3.3　常用的三维视景驱动引擎软件

由于开发虚拟仿真应用涉及许多算法和专业知识,要快速地开发虚拟仿真应用程序是有一定困难的,因此一个封装了硬件操作和图形算法、简单易用、功能丰富的虚拟仿真开发环境,对于应用程序开发人员来说是非常重要的,这个环境就是虚拟仿真引擎。下面介绍几种常用的视景驱动引擎。

1. 基于 OpenGL 的三维视景仿真引擎

OpenGL(Open Graphics Library)是目前广泛应用的一个性能卓越的三维图形标准,它是在 SGI(Silicon Graphic,Inc.)等多家世界闻名的计算机公司的倡导下,以 SGI 的 GL(Graphic Library)三维图形库为基础制定的一个开放式三维图形标准。

OpenGL 是一种与硬件无关的软件接口,可以在不同的平台(如 Windows NT、Unix、Linux 等)之间进行移植,它的图形应用程序编写接口(Application Programming Interface,API)以函数形式提供了 115 个核心库函数、43 个实用库函数 GLU 、31 个编程辅助库函数 GLAUX 等,开发者可以利用这些函数来构造景物模型,进行三维图形交互软件的开发。OpenGL 的功能原理是利用编程语言调用其基本命令,如几何建模、坐标变换、颜色模式设置、光照设置、材质设置、纹理映射、位图显示和图像增强等,经过一系列命令流程和对模型对象的描述,实现模型显示。

2. 基于 DirectX 的三维视景仿真引擎

DirectX 是 Microsoft 开发的运行于计算机平台的多媒体控制处理引擎,其本质是一套底层的应用程序编程接口,目的是为基于该公司 Windows 系统的游戏和数字应用程序提供一个具有"硬件无关性"的开发平台。基于 DirectX API 设计开发的多媒体软件运行于硬件抽象层(Hardware Abstraction Layer,HAL)上,其充分利用了系统硬件的加速功能,又隐藏了硬件相关的设备特性。通过编写与设备无关的高效代码,DirectX 程序总能以最佳方式运行,具有效率高且易于开发的特点。

3. 基于 OSG 的三维视景仿真引擎

OSG 是一个高性能的开源三维渲染引擎,基于修改的 LGPL 协议(OSGPL)免费发布,广泛应用于虚拟仿真、虚拟现实、科学和工程可视化等领域。它以 OpenGL 为底层平台,使用 C++ 编写而成,可运行于 Windows、UNIX/Linux、macOSX、IRI、Solaris、HP-UX、AIX 和 FreeBSD 等操作系统。OSG 发展至今,其功能特性涵盖了大规模场景的分页支持,多线程、多显示的渲染,粒子系统与阴影,各种文件格式的支持,以及对 Java、Perl、Python 语言的封装等。

4. 基于 Vega/ Vega Prime 的三维视景仿真引擎

Vega 是 MultiGen-Paradigm 公司用于虚拟现实、实时视景仿真、声音仿真以及其他可视化领域的世界领先级应用软件工具,可以很好地支持多处理器、多通道渲染、多格式数据块调入和其他的附加可选模块以及第三方提供的模块产品,支持快速复杂的视觉仿真程序,可以快速创建各种实时交互的三维环境。Vega 还可以直接支持立体显示、Cave 系统(虚拟洞穴)、IDesk 系统(沉浸式虚拟桌面)、球面/柱面屏幕,可以快速建立大型沉浸式或非沉浸式的虚拟现实系统。

Vega 主要包括两个部分:一个是 Lynx 的图形用户界面的工具箱,另一部分是基于 C 语言的 Vega 函数调用库。其中,Lynx 是一种点击式图形环境,使用 Lynx 可以快速、容易、显著地改变场景配置,而不用编写源代码。Vega 函数调用库包含多个使用类函数,每个 Vega 类都是一个完整的控制结构,该控制结构包含用于处理和执行特征的各项内容。在 Vega 中,几乎每一项内容都是以类来完成的。每个类都有一系列 API,用于设置、获取变量和激发特定的功能。每个类的 API 都包含了由通用 API 所执行的一些函数。在使用时,通过调用 Vega API 函数库,可以实现对三维场景的渲染、驱动、控制和切换。

Vega Prime 是 Vega 的升级版本,Vega Prime 基于 VSG(Vega Scene Graph,MPI 公司先进的跨平台场景图形 API,底层为 OpenGL),同时包括 Lynx Prime GUI(Grphical User Interface)工具,让用户既可以用图形化的工具进行快速配置,又可以用底层场景图形 API 来进行功能创建。Vega Prime 提供真正跨平台、可扩展的开发环境,来高效创建和配置视景仿真、城市仿真、基于仿真的训练以及通用可视化应用。它既具有强大的功能来满足当前最为复杂的应用要求,又具备高度的易用性来提高效率。

5. 基于 Uinty 3D 的三维视景仿真引擎

Unity3D 是由 Unity Technologies 公司开发的一个综合型游戏引擎,用于为游戏、汽车、建筑工程等创建可视化动画和实时互动的开发平台。Unity3D 支持多种建模软件,如

3D MAX、Maya、Blender 等,其编辑器可在 Windows、macOS 上运行,同时能发布到 Windows、Mac、iPhone、Android 等平台,是迄今为止最专业的游戏引擎。在开发语言方面,Unity3D 提供了 3 种脚本语言(Javascript、C♯和 Boo)的支持。Unity3D 软件内有丰富的插件,常用的包括环境插件、物理引擎、粒子系统、UI 组件等。

6.基于 STK 的三维视景仿真引擎

STK(Satellite Tool Kit)是由美国 Analytical Graphics 公司开发的陆、海、空、天仿真分析软件,应用范围十分广阔。作为当前航天工业最为先进的商业化分析软件,其强大的分析引擎和可视化工具能够迅速、便捷地分析各种复杂的航天、防御和情报任务,并提供易于理解的图表和文本分析结果,以确定最佳解决方案。STK 可显示多种形式的二维地图,显示卫星和其他对象如运载火箭、导弹、飞机、地面车辆、目标等;同时 STK 还有三维可视化模块,为 STK 和其他附加模块提供领先的三维显示环境。

7.基于 VR-Platform 的三维视景仿真引擎

中视典公司依托基于自主知识产权的虚拟现实平台软件,结合先进的图形图像技术、人机交互技术与互联网技术,从事虚拟现实行业应用产品研发、设计、销售和服务。目前,其已经在国内外的教育实训、工程机械、军事演练、信息管理、数字营销、设计展示、交互艺术等领域得到广泛应用。

9.4 三维视景场景生成技术

三维视景生成系统的功能就是将成像系统生成的图像信息通过多种显示设备投射到各种类型的显示屏幕上,反射到参试人员(飞行员/操作员/驾驶员)的眼睛或可见光探测装置上,从而形成视觉效果,以实现参试人员/参数装备的视觉效果的模拟,为其提供身临其境的效果。

当前,除了可见光目标模拟器之外,其他设备的图像信息接收单元均为试验人员的视觉系统。目前视觉系统主要分为实像显示系统(Real-Image Display System)和准直虚像显示系统(Collimated Image Display System),它们的成像原理示意图如图 9-4 所示。本书主要对实像显示系统、准直虚像显示系统和可见光目标模拟器进行简要介绍。

准直与实像显示系统对比

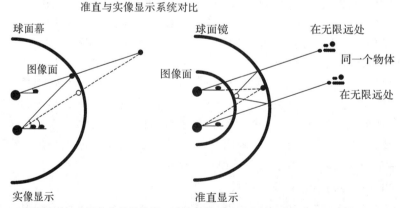

实像显示扭曲远方物体的位置,准直虚像显示扭曲近距离物体的位置

图 9-4 实像显示系统与准直虚像显示系统的成像差异

9.4.1 实像显示系统

实像显示系统的基本特征是,图像的显示面就是显示幕,"物体"的图像位置就在显示幕上,实像显示系统就像平面电影一样,"物体"图像没有纵深感,只有平面效果。实像显示系统的优点是可实现大视场(Field Of View,FOV)的显示,水平视场可接近 360°,垂直视场可达 170°以上。实像显示系统根据需求有多种屏幕类型,包括四边形的纯平屏幕、柱面屏幕、半球面屏幕、球面屏幕等,如图 9-5 所示。

(1)纯平屏幕是指成像的幕为平面形式,其优点是简单且价格低,只使用一台或几台独立投影仪,还可使用液晶显示器。

(2)柱面屏幕是成像的幕为圆柱面形式,比纯平屏幕的沉浸感更强,需要多个投影仪,并进行边缘融合。

(3)半球面屏幕是成像的幕为半个圆球形,比柱面屏幕包含了更多区域,所以比柱面屏幕沉浸感更强,但边缘融合比柱面屏幕更为复杂。

(4)球面屏幕的沉浸感更强,视场几乎可满足所有使用要求,通道边缘融合最为复杂,投影器特性一致性要求高,并会出现声音共鸣现象。一般情况下,球面屏幕固定在地面使用,也可以安置在运动系统上。

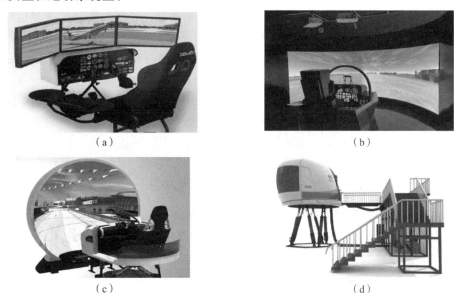

（a）　　　　　　　　　　　　　　（b）

（c）　　　　　　　　　　　　　　（d）

图 9-5　几种实像显示设备示意图

(a)纯平屏幕;(b)柱面屏幕;(c)半球面屏幕;(d)球面屏幕

9.4.2 准直虚像显示系统

准直虚像显示系统基本特征是图像的显示面不是显示幕,"物体"的图像位置在显示幕的后方,"物体"图像有纵深感和高度感,犹如人的自然视觉效果,投影器投出的光线通过后投射屏改变光线的传播角度,通过反射幕的光线到达人的眼睛,人眼睛感受到的"物体"成像位置在反射幕的后方,成像距离越远,真实感越强;由于技术能力限制,成像最佳视场范围在所设计的眼点周围,其他地方的视觉效果相比较差,虚像显示系统成本高、大视场实现难度大;准直虚像显示系统一般用于需要对距离和高度进行判断的模拟系统中,例如,进行飞机起飞着陆训练的模拟系统最好采用准直虚像显示系统,如图9-6所示。

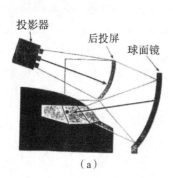

（a） （b） （c）

图9-6 准直虚像显示系统示意图

(a)工作原理;(b)系统剖面;(c)实物照片

准直是用来测量图像发出的进入观察者眼中光线的平行度,通俗地讲,是指视景图像距眼位的距离,即进入眼睛的光线之间越平行,成像距离越远。在准直系统中准直两种状态:一种是进入人眼睛的光线是发散的,并且两个眼睛分别看到同一物体是平行的,自然界物体发出的进入人眼的光线是上述情况,会产生正常的空中飞行的感觉;另一种是进入人眼睛的光线是会聚的,这时,人认为在眼前看到的图像却成像在脑后,这种成像是人为光学生成的,在自然界不存在,会引起飞行员产生不适反应。通过上述分析可以看到,实像系统生成图像就在屏幕上,距飞行员距离是有限的,不能还原空中飞行的无限远视觉环境,而虚像系统通过光学设计实现了无限远的成像效果,复原了空中飞行的视觉效果。

9.4.3 可见光目标模拟器系统

可见光目标模拟器系统是可见光导引头半实物仿真中的关键设备,其作用是建立逼真的可见光目标和背景环境,保证导引头在整个末制导阶段的半实物静态及动态仿真过程中能实时地"看到"相应的场景。

目前,可见光目标模拟器系统主要以数字微反射镜阵列(Digital Micromirror Device, DMD)为核心器件。其主要由两大部分组成。一部分为DMD驱动控制系统,这部分主要由DMD驱动控制电路和DMD器件组成。第二部分为光学投影系统,这部分主要由光学镜头组、机械结构支撑件以及通光量控制电路组成。

可见光目标模拟器系统的主要工作过程为:以视景仿真计算机为前端输入,通过DMD驱动控制电路,将目标图像电信号转换为可见光场景,再通过光学系统以适合可见光导引头探测的光学景象投射给导引头,实现在同步信号激励下导引头探测结果与目标图像仿真结果在形状和亮度上一致。

9.5　本　章　小　结

三维视景仿真将仿真所产生的信息和数据转换为可被感受的场景、图示和过程。它充分利用文本、图形、二维/三维动画、影像和声音等多媒体手段,将可视化、临场感、交互、想象结合到一起,产生一种沉浸感,因此,它被广泛应用于仿真测试、人员训练、效果演示等领域。

在本章中,首先从性能特征、发展历程、系统组成、性能指标和主要应用等方面入手介绍了视景仿真的相关概念。然后,围绕视景仿真的场景建模、场景驱动和场景生成 3 项主要内容,详细介绍了视景仿真的关键技术。在场景建模方面,对飞行仿真中涉及的实体建模技术、地形生成技术和自然现象仿真技术进行了介绍,并给出了三维虚拟场景建模的基本流程和常用的建模工具软件;在场景驱动方面,主要介绍了碰撞检测、光线渲染、纹理映射等通用视景驱动技术,以及可见性判断与消隐、细节层次建模、实例化和模型分割等视景实时仿真技术,并列举了几种常用的视景驱动引擎软件。最后,以实像显示设备、准直虚像显示设备和可见光目标模拟器三类设备为例介绍了视景生成技术。

9.6　本　章　习　题

1. 简述三维视景仿真技术的概念。

2. 简述三维视景的 3"I"性能特征的含义。

3. 简述三维视景仿真系统的主要组成及各部分的任务功能。

4. 简述三维视景仿真系统的性能指标中,对场景内容的要求主要包括哪些方面。

5. 简述三维视景仿真系统的性能指标中,对图像质量的要求主要包括哪些方面。

6. 简述三维视景仿真在飞行器仿真领域的主要应用场景。

7. 简述三维视景仿真在民用领域的主要应用场景。

8. 分析视景仿真中涉及的模型主要包括哪些方面。

9. 给出几何建模的概念和主要内容。

10. 描述形状建模中层次建模方法的概念。

11. 描述形状建模中属主建模方法的概念。

12. 分析几何建模的主要技术途径。

13. 给出数字地形模型 DTM 的概念。

14. 给出数字高程模型 DEM 的概念。

15. 描述数字地形模型的数据来源主要包括哪些途径。

16. 介绍数字地形模型中规则网格模型的概念和主要形式。

17. 描述数字地形模型中不规则三角网模型的概念和优缺点。

18. 介绍分形迭代算法的概念和生产方法。

19. 介绍一些粒子系统的概念及其用于生成图像时的主要步骤。

20.简述三维场景建模的基本流程。

21.简述碰撞检测方法的几种类型。

22.简述纹理映射的步骤和优点。

23.说出几种用于实时场景仿真中的优化技术。

24.说出 4 种常用的视景仿真引擎软件。

25.给出实像显示系统的概念及分类。

26.描述准直虚像显示系统的概念。

第 10 章　红外场景动态仿真技术

红外探测技术就是将目标的红外辐射作为测量信息的一种探测手段,具备高精度、高灵敏度、高分辨率、帧频(凝视红外成像技术特有)高,抗干扰能力强,可自动识别目标甚至目标的要害部位,以及可昼夜工作等特点。战场环境日趋多样、复杂和恶劣,给红外探测带来了强有力的挑战。为了考核红外探测系统和其抗干扰性能,需要借助相关技术设备将红外导引头或红外探测装置引入仿真回路中。

为适应红外探测装备/红外制导武器系统研制工作的需求,红外场景仿真技术应运而生:在实验室环境内,通过引入的目标/环境模拟器生成设定战场的虚拟目标/环境场景,将红外探测装置的探测器、伺服装置、图像处理板的实物引入仿真回路,充分考核与验证红外探测系统的目标识别能力和抗干扰性能。

根据红外场景仿真的实时性,可以将红外场景仿真技术分为静态离线计算和在线动态仿真两种形式。前者主要用于完成典型目标、典型场景的红外辐射特性计算;后者根据"实时"的战场态势信息,在线动态生成红外探测装置测量得到的红外辐射信息。在飞行器半实物仿真系统中,主要应用在线动态仿真技术。在本章中,首先给出红外场景仿真技术的相关概念,然后从红外场景建模、红外图像模拟与红外辐射生成等方面,详细介绍红外场景仿真技术的相关关键技术。

10.1　红外场景动态仿真技术相关概念

红外场景动态仿真技术以红外辐射计算模型与成像信号转换模型为理论基础,将目标、背景、大气环境及红外成像系统作为广义的系统整体进行考虑,基于计算机及图形处理硬件,利用三维图形学技术构建整个作战场景,基于红外辐射计算理论再现红外成像链的每个环节,准确、实时地渲染出各种条件下的红外图像特征,生成期望的动态红外场景图像;然后,借助不同类型的红外辐射动态生成设备,通过定制的光学传输回路,在线产生探测器所能探测到的红外辐射分布。

红外场景动态仿真研究包括目标与背景光学特性描述、大气环境辐射传输以及红外热物理等方面的专业基础,涉及计算机技术、图形处理与图像生成技术、立体影像与多媒体技术、微电子信息、机械设计以及光学回路设计等诸多专业技术,是一门利用系统模型对实际的或设想的系统进行实验研究的综合性技术。

10.1.1　红外场景动态仿真的发展历程

20 世纪 50 年代,随着光电流平衡系统(Photocurrent balancing system,Pbs)探测器件的研制成功,第一代红外非成像制导导弹产生,并在空空、空地、反坦克和反舰导弹中广泛应用,红外场景动态仿真也随之产生和发展。20 世纪 60 年代初,出现了采用平行光管法模拟目标红外特征的第一代红外目标模拟器,但它只能产生单一的一维运动的点源目标,具有很大的局限性。20 世纪 70 年代中期,欧美相继研制出各种非成像红外目标与环境仿真装置,如红外椭球大屏幕光学投影装置(波音公司)、复合扩束式光学投影装置(美国红石基地)、地形/目标与环境模型和六自由度平台装置(美国红石基地、波音公司、制导研制中心等)、五轴转台式红外仿真装置(美国卡柯公司)以及动态红外干扰仿真装置(美国陆军白沙靶场)。1978 年美国红石基地对它的复合扩束式红外仿真装置进行了局部改进,以满足第三代肩射式防空导弹 STINGER/POST 双色制导导弹仿真的要求。

随着红外制导逐渐从点源制导转向图像制导,要求红外场景仿真能够根据战场态势生成高逼真度的红外场景图像。伴随计算机、图像学、微电子等技术在近 30 年的跨越式发展,出现了一大批新型的红外图像场景仿真设备和专用的红外场景计算软件,它们广泛应用于航空、航天、兵器等诸多领域。英国宇航研发中心研制的红外景象投射器系统采用 512×512 热电阻阵列;美国的 Santa Barbara Infrared 公司研发的半实物仿真平台,其驱动系统能够同时驱动 512×512 电阻阵列。国内方面,中国科学院上海物理研究所、中国空空导弹研究院、中国航天科技集团公司第八研究院、西北工业大学、哈尔滨工业大学、中国兵器工业第 203 研究所也开展了红外仿真理论研究与仿真设备的研制,并建立了一批高水平的红外仿真实验室。随着目前战场红外场景愈加恶劣,对于武器抗干扰能力的要求愈来愈高,进一步促进了红外场景动态仿真技术的发展。

10.1.2　红外场景动态仿真的功能要求

红外场景动态仿真将计算机图像生成器产生的图像数据转换为红外物理辐射,并通过光学系统投射到被试系统的光学入瞳处,用以模拟系统工作时的红外场景,供被测系统进行探测和识别,进而对红外线探测系统的捕获跟踪能力和抗干扰能力等进行测试。红外场景仿真系统能够根据设定的目标类型、目标工作状态、战场地形、自然环境、干扰方式等诸多参数,基于实时计算出的弹目距离及相对运动关系,以及探测器的视场角等信息,实时生成红外辐射,模拟目标、背景及干扰在参试红外探测器中的动态红外辐射图像。

红外场景动态仿真是指在时间、空间、光谱以及辐射量等方面,对设定场景的红外辐射分布的一种模拟。它并不要求仿真结果的辐射与实际景物的辐射完全相同,但它强调两者在红外探测系统观察下的等价效果。为了实现这一目标,要求系统基于相似性原理,在以下方面做到仿真场景与真实场景的一致。

(1)态势特性一致:红外场景动态仿真系统生成的红外场景应与设定的战场态势一致,包括目标类型及数量、战场自然环境等内容。要求仿真系统能够根据作战任务,设置目标类型、地形场景、气象条件、干扰方式等参数。

（2）运动特性一致：红外场景动态仿真系统生成的红外场景，应能够复现弹目相对运动关系，包括目标-导弹视线角和角速度、接近速度和横向速度，以及背景、干扰相对目标的运动、目标位置和姿态的运动以及目标的机动。在半实物仿真系统中，运动特性的模拟可能由多台仿真设备配合完成。

（3）几何特性一致：红外场景动态仿真系统生成的红外场景，在参试的红外导引头探测器中，所成像点或图像的形状、尺寸必须和真实目标形成的图像尺寸一致。这就要求建立精确的目标三维模型，并根据弹目距离和相对姿态关系进行动态变化。

（4）辐射特性一致：红外场景仿真系统生成的红外场景，在参试的红外导引头探测器形成的红外辐射响应（包括红外频谱波段、能量大小等）相同。为了实现这一目标，要求能够精确计算设定目标在不同工作状态、环境因素、各种气候条件、干扰，以及不同工作状态下的红外辐射值，并考虑设定弹目距离中的大气传输效应影响。

10.1.3　红外场景动态仿真的基本组成

红外场景动态仿真设备主要分为场景图像计算软件和场景辐射生成硬件两部分：软件根据设定的作战场景和弹目信息生成红外场景图像；硬件装置负责将红外图像引入真实的红外探测装备/红外导引头设备中。根据是否产生真实红外辐射，红外场景动态仿真设备分为红外辐射和信号注入两种类型，两者在软件功能和硬件组成上均存在一定差异。由于工作原理的差异，不同红外辐射场景动态生成装置也存在较大的差异。图 10-1 给出了红外场景动态仿真的系统组成。

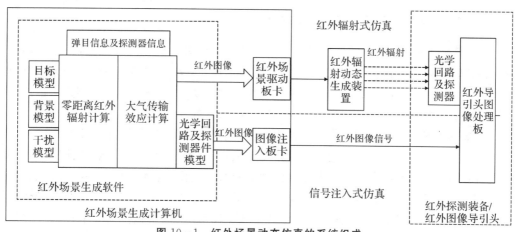

图 10-1　红外场景动态仿真的系统组成

从图 10-1 可以看出，整个系统包括图像生成计算、硬件驱动器及驱动电路、红外辐射场景动态生成装置等子系统。图像生成计算机运行红外场景生成软件，包含目标模型、干扰模型、背景模型、红外辐射计算、大气传输效应计算等内容，它的主要任务是根据仿真机计算出的目标位置和姿态，根据设置的目标类型、作战环境和干扰方式生成预期的红外目标图像；硬件驱动器及驱动电路根据红外图像内容驱动相应的红外场景生成设备生成红外热图像，以红外辐射的形式传递给红外探测设备。注入式红外场景仿真设备由于不包含红外辐射场景动态生成装置，因此其结构相对简单。红外图像生成软件根据目标信息和设置生成红外图像后,经过光学系统及探测器系统模型,通过图像注入板卡直接注入红外探测器的图像处理板中。

由于红外辐射式仿真中的相关关键技术基本涵盖了信号注入式的相关内容,因此本书主要围绕红外辐射式目标模拟器进行相关内容的讨论。

10.2 红外场景建模计算技术

为了实现红外场景的动态仿真,需要根据设定条件和仿真数据生成与真实战场态势一致的红外场景图像。如何在实验室中真实地复现战场环境是一个融合科学深度和工程技术难度的复杂问题。真实的红外制导武器战场环境是在一个地表和近空间三维空间中包含多种不同物理属性的地物场景或空间场景。场景的红外辐射主要取决于场景温度分布和材质属性,除了场景自身的红外辐射外,还包含场景反射的太阳辐射和天空背景辐射;同时,离开场景表面的红外辐射在到达红外探测器前受到路径上大气和气溶胶的影响。因此,红外场景辐射计算涉及辐射能量计算、大气传输等多个环节,同时又受到地形结构、地物属性、大气构成、天气状况、观测几何等多个因素影响,各个环节、各种因素相互交叉、相互作用。各个环节物理模型是否客观真实、战场环境基础数据是否齐备、场景几何建模和温度场计算时有限元划分粒度是否足够细致、场景热平衡方程组求解过程是否最优,这一切都影响着红外场景动态仿真的逼真程度和制导控制半实物仿真的可信度。因此,基于目标环境特性的红外场景建模技术,是红外场景动态仿真的基础。

10.2.1 红外场景建模计算的典型方法

红外场景建模计算是以红外物理为理论基础,以计算机技术、三维建模计算、图形处理与图像生成技术、大气传输物理,以及与其应用领域相关的专业技术等各学科交叉研究为重点,构造真实或设想的红外场景的一门综合性技术,红外场景建模计算的典型方法包括外场实测统计、红外辐射理论计算、红外辐射经验估算,以及多种方法相结合的综合方法。

(1)基于外场实测统计的红外场景建模方法。基于外场实测统计的红外场景建模方法的工作过程:首先针对各种不同的目标背景和作战场景,利用辐照度仪、热像仪以及红外成像导引头进行大量的外场测量,获取不同条件下的实测数据,然后将测量结果整理成各种形式的数据库,并进行归纳、总结,建立不同目标的运动特性数据库、目标的几何特征和热辐射特性数据库、各种背景数据库、各种典型干扰的数据库等,最后根据使用要求把有关图片从相应数据库中取出,利用图像合成方法生成要求的红外图像。

该方法获得的模型比较真实、可靠,但要耗费巨大的人力、物力、财力和时间,并且由于试验次数、战场环境以及天气状况等限制,想要得到覆盖各样复杂条件和环境的红外场景图像是比较困难的。此外,很多包含敌方目标的军事应用和场景中的红外图像难以获取,这也是外场实测统计方法的不足。

(2)基于红外辐射理论计算的红外场景建模方法。基于红外辐射理论计算的红外场景建模方法过程如下:基于原子、分子理论,燃烧理论和化学反应动力学,以及热传导过程方程,充分考虑目标表面结构、材料参数、内热源和外热源、大气参数等因素的影响,根据热平衡的原理,建立一系列热平衡方程,采用数值计算方法联立求解数学方程组,得到目标、环境随时间变化的红外灰度分布热像。

该方法的优点是普适性好,温度精确度比较高,缺点是要求明确目标的结构、材料的各种参数、环境的各种参数、各种边界计算条件,需要较高配置的计算机硬件和编制较复杂的软件,并且计算量随考虑物理过程的复杂性、单元划分数量的增加而快速增加,并对人员专业素质、软件应用能力等有较高要求。因此,其主要用于红外场景的离线计算,不适合要求实时、快速的场合,但可以作为辅助手段进行提前计算。

(3)基于红外辐射经验估算的红外场景建模方法。经验估算方法主要是根据大量的统计数据和直观推测,对目标表面赋以温度值,然后根据红外辐射理论给出的各种经验公式,结合工程应用中的各种初始条件,求得计算结果。该方法计算简单,但较少考虑目标的外热源、材料参数和大气参数等对目标表面温度的影响,主观因素较强,模型计算不够精确。

(4)红外场景建模的综合法。综合法是指将理论建模、经验建模以及实测模型相结合的一种方法:采用简化计算方法,忽略某些次要因素的影响,对一些较为复杂的物理、化学过程,不再加以详细考虑,直接代以实际测量值或经验值,根据其热物理特性与热分布区域进行目标的划分,对各种主要的环境因素采用简化处理;基于实测数据开展模型的校核校验,修正模型中的部分参数。综合法能够在保证模型置信度的前提下计算所需的参数数量,对参数的精度要求大大降低。

10.2.2　红外场景建模计算的基本流程

为了获得真实的符合物理规律的仿真效果,仿真过程必须是对真实成像过程的一个完整的描述。通过对红外成像过程进行分析可知,红外探测器输出的红外图像是由包含目标信息的红外场景经过大气传输再被探测器系统接收后进行处理而生成的。这一过程涉及"目标-背景-大气-成像传感器"等相互联系的复杂系统,红外场景建模计算必须全面、准确地描述这些环节以及它们之间的联系。

根据对红外成像过程各个单元与整个过程的模拟要求,红外场景仿真涉及目标与背景三维表面红外辐射特征的建模与生成、零视距的本征红外辐射实时生成、大气辐射传输效应建模与仿真等几个方面。红外场景建模计算流程如图 10-2 所示。

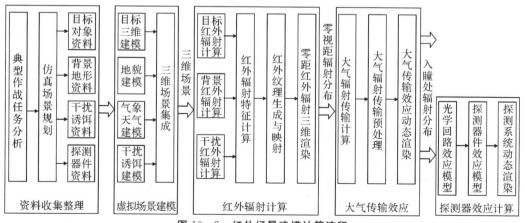

图 10-2　红外场景建模计算流程

(1)资料收集整理。仿真场景是对客观世界的反映,红外场景的建模过程就是真实环境和物体的数字化过程,在进行建模之前,必须对仿真对象和真实环境的数据进行收集、采集和处理。通过对参试的飞行器的作战任务和仿真试验目的进行分析,明确打击目标、工作环境、影响因素等诸多内容,规划出典型的作战场景和资料精度需求,开展目标对象、背景环境、干扰诱饵、探测器件等资料的收集与整理工作。

(2)虚拟场景建模。在完成资料收集整理工作后,需要在计算机中,借助不同三维场景建模软件,完成三维虚拟场景的构建与集成,其中主要包括目标三维实体、地形地物、气象天空,以及干扰诱饵等建模工作。

(3)零视距红外辐射计算。红外辐射计算是红外场景建模的核心和基础,涉及大量的专业基础知识,主要是基于热平衡理论和热传导过程方程,根据气象状况、目标与背景的材料、结构分布、热特性参量、热状态等参数,计算其表面宏观均值温度,结合景物的纹理统计特征,仿真其微观温度场分布,完成目标与背景的红外辐射特征建模;然后根据红外理论建立综合考虑景物表面自身发射、散射和透射的辐射计算模型,计算与绘制给定观察角度、波段范围、空间分辨率下零视距处景物表面向外发射的本征红外辐射。

(4)大气传输效应计算。零视距红外辐射经大气传输到达红外成像系统,传输过程中,气溶胶粒子的吸收和散射会造成能量的衰减,同时气溶胶粒子也会把外界辐射散射到辐射传输路径中,引入路程辐射。按照设定的大气参数条件,利用大气辐射传输模型,计算景物本征红外辐射经大气到达视点过程中的衰减和大气路径辐射叠加,获取红外探测器件入瞳处的辐射分布。

(5)探测器件影响计算。到达探测器件入瞳处的红外辐射经红外成像系统接收,进行光电转换,引入成像系统的相关效应,导致成像质量下降。因此,在注入式红外场景仿真中,需要考虑成像系统的影响,其中主要考虑光电成像系统中光学系统、红外探测器、电路系统等对辐射信号的影响。

10.2.3 典型红外场景的辐射计算方法

在红外探测/红外制导中,红外探测装置测量到的红外场景信息包含了目标、背景、干扰等多种信息。为了完成零视距红外辐射计算,需要针对各种对象进行辐射特征计算。红外辐射计算涉及红外物理、辐射特征计算等诸多专业知识,在此仅列出需要考虑的内容,其详细计算方法请读者参考相关专业书籍。

1.典型背景红外辐射特征

红外探测通过区分目标和背景之间的辐射强度差异或辐射频率差异完成对目标的识别与跟踪。因此,背景红外辐射特征研究是红外场景建模的重要内容,根据典型红外制导武器的作战任务以及背景所在地理位置高度的不同,可以将红外背景的研究分为天空背景、地物背景和海洋背景。其中,天空背景相对简单,主要是太阳辐射和天空背景辐射;海洋背景相对复杂,主要包括海面的本征辐射以及对太阳辐射和天空辐射的反射;地物背景最为复杂,与地形、地貌、时令、季节有密切关联。

（1）太阳背景红外辐射。太阳作为距离地球最近的球形炽热的恒星天体，是地球表层及大气中能量的主要来源。由于地球与太阳之间的距离远远大于地球的半径，所以可认为太阳辐射到地球的光是辐照度均匀的无数平行光，则其光谱能量在空间方向上也可认为是均匀分布的。太阳能的波长分布可以用一个黑体辐射来模拟，可以等效为一个温度为 5 900 K 的黑体辐射。太阳辐射的波段范围很宽，主要集中在波长为 $0.275\sim5\mu m$ 之间，其中在可见光（$0.4\sim0.76\ \mu m$）、红外线（$>0.76\ \mu m$）和紫外线（$<0.4\ \mu m$）中分别占 50%，43% 和 7%，最大能量在波长为 $0.475\ \mu m$ 处，即其辐射能量主要集中于短波波段范围内，故太阳辐射也称为短波辐射。

太阳辐射是一个与纬度、季节、时间和大气特征等相关的函数。其在地球上的辐射照度一方面与太阳光线与地平面的夹角有关，不同地区和时令的太阳高低角各不相同；另一方面太阳辐射在透过大气层直达地球表面的过程中会产生一定的衰减，受到大气中的气体分子、水汽和灰尘的散射和吸收，以及氧气、臭氧、水汽和二氧化碳等分子的吸收和反射，到达地面的太阳辐射显著衰减。

（2）天空背景红外辐射。天空背景辐射主要是来自大气成分的辐射，可以分为晴空和有云两种情况。晴空条件下的天空背景辐射主要包括天空中大气分子的热辐射及气体分子和气溶胶粒子对太阳的散射，而有云条件下的天空背景辐射主要包括云对太阳光的散射及自身的热辐射。

天空背景辐射也与昼夜关系密切相关。在白天，天空背景的红外辐射是散射太阳光和大气热辐射的组合，而在夜间，因为没有太阳光的散射作用，其辐射为大气热辐射，其主要取决于大气的发射率、温度及大气中水蒸气、臭氧和二氧化碳的含量等因素。由于大气本身温度相对较低，而大气对阳光的散射作用主要在小于 $3\ \mu m$ 的波长范围内，所以在近红外波段范围内大气辐射的能量非常小，中波范围内则比近红外波段大一点，而在长波条件下，大气的自身热辐射则相对于前两个波段所占比例较大。

（3）地物背景红外辐射。地物背景包括土壤、草地、灌木丛、林冠、农作物及各类地面建筑等，其辐射特征直接影响红外探测系统对于地面典型目标的识别效果。不同地物类型的热物理参数不同，与空气、阳光进行热作用过程中温度变化规律也不相同，从而导致表面温度的差异化。地物背景辐射特征的影响因素较为复杂，与地表类型、短波吸收率、长波发射率、太阳辐照度、大气温度、空气湿度、风速和周围环境等诸多因素相关。

（4）海洋背景红外辐射。海洋背景红外辐射包括海面自身的本征红外辐射和海面对周围环境辐射的反射。其中，海面自身的红外热辐射受到海水的绝对温度和海面的发射率的影响。海面对周围环境的反射辐射包括海面对太阳辐射的反射辐射和海面对天空辐射的反射辐射，主要受到海面反射率的影响。

2.典型目标红外辐射特征

红外制导武器通过敏感目标发出的红外辐射信号差异实现目标识别和跟踪等。因此，红外场景建模的重要内容就是建立典型目标的红外辐射模型,典型目标红外特征计算的精度,在很大程度上决定了红外场景仿真的性能和精度。对于红外制导武器,典型的打击目标包括飞机、坦克、装甲车、舰船等。下面介绍典型目标的红外特征计算方法。

(1)装甲车辆红外辐射。坦克和装甲车辆作为一种重要的地面装备,一直是作战双方重点打击的典型目标。从红外辐射特性角度出发,坦克及装甲车的辐射特性主要包括:①发动机、散热器、传动装置等发热部件;②发动机高温废气与尘土混合形成的热烟尘;③射击后的炮管或枪管产生的热辐射;④车辆装甲,包括内部热源的辐射以及来自天空、地面和太阳等背景的反射辐射。需要注意的是,不同型号、观察方位、坦克状态、阳光照射、作战环境下的坦克的红外辐射特性存在较大差异。

(2)飞机红外辐射。飞机作为一种具有内热源的典型红外目标,各部件因物理材质的不同而呈现不同的红外辐射特性。飞机的红外辐射主要可以分为自身辐射和环境散射。其中自身辐射主要包括发动机尾喷管、发动机尾焰、飞机蒙皮、机身散热部件、雷达天线罩等,其中前3种为主要成分。环境散射主要是指机身机翼的蒙皮对于直射阳光的反射。

1)发动机尾喷管的红外辐射强度与发动机的类型、温度、喷管面积和工作状态直接相关。在进行红外辐射计算时,暴露出的发动机尾喷管是一个被热气流加热的圆柱形或截锥形热金属腔体,在红外辐射主要分布的 $1\sim5~\mu m$ 波段范围内,可以将其视为一个辐射系数较高($e=0.8\sim0.9$)的灰体辐射。在计算时,根据温度和尾喷管面积计算其辐射强度。

2)发动机尾焰是指发动机燃烧时特别是加力飞行燃烧时拖起的长长的高温火焰(尾焰)或者一般的高温排气,其主要成分是水蒸气和二氧化碳。尾焰的辐射光谱与尾焰成分、温度、压力等参数有关,具有不连续的线状或带状光谱,在不同波长上辐射通量有较大的起伏,主要分布于 $2.8~\mu m$ 和 $4.4~\mu m$ 红外光谱波段周围。在计算时,可以将尾焰视为一个锥体,根据锥体高度和发动机喷口面积求取其截面积,根据截面积和尾焰温度来计算红外辐射强度。

3)飞机蒙皮辐射是指机身、机翼全表面的辐射,主要包括蒙皮对于直射阳光的反射以及高速飞行时的气动加热现象。蒙皮辐射可以认为是辐射系数不高的灰体辐射,与蒙皮材料、热传导函数、蒙皮温度及表面结构等有关。

4)飞机反射的太阳光辐射主要集中在近红外($1\sim3~\mu m$)和中红外($3\sim5~\mu m$)波段内,而飞机对地面和天空热辐射的反射主要集中在远红外($8\sim14~\mu m$)和中红外($3\sim5~\mu m$)波段内。

(3)舰船红外辐射。海面目标主要是指各种海面舰艇,如航空母舰、巡洋舰、驱逐舰、运输舰等。由于舰船是形状复杂的大目标,其红外辐射温度分布与舰船型号参数(如外形、结构布局、材料和涂层)、舰船工作状态、环境参数(如地理纬度、季节、时间、太阳光辐射、天空和海洋背景辐射、气温、风速等)等有关。

水面舰船的主要红外辐射来源于船体本身的热辐射,以及对于环境因素的反射辐射。其中,烟囱和动力舱部位相对于海洋背景具有较强的红外辐射;舰船的其他部分大多数由金属板构成,甲板及上层建筑的红外辐射主要受太阳辐射和天空辐射的影响,船舷呈倒三角形,主要受到来自海面的反射辐射。由于构成甲板及船舷的金属板具有良好的热传导性和较小的比热比,在白天阳光的照射下,温度升高较快,使得其温度高于海水温度,在夜间,舰船甲板和船弦的温度近似于海面气温,低于夜间海水温度。

大多数现代舰船的推进系统依靠螺旋桨提供舰船运动的动力,船舶螺旋桨的特殊结构导致舰船在海面运动时,舰船尾部会产生一定的波纹分布,这种被观测到的痕迹称为舰船尾迹。检测、追踪舰船尾迹特性是分辨舰船目标的非常有效的途径。

3. 典型红外干扰辐射特征

随着战场环境愈加恶劣,红外制导武器在作战使用时面临着诸多红外人工干扰因素。红外人工干扰主要是通过人为操作在作战环境中设置多种干扰样式对目标形成遮蔽或能量压制,削弱红外探测设备对目标的探测、识别和跟踪能力,降低红外制导武器的制导精度,并最终影响武器的作战效果。因此,在进行红外场景仿真中,需要针对不同的作战场景计算其红外干扰辐射大小,从而评估探测系统的抗干扰性能。

下面以点源红外诱饵辐射、面源红外诱饵辐射、红外烟雾辐射为例,介绍其工作方式和典型红外辐射计算方法。

(1)点源红外诱饵辐射。红外诱饵弹是作战飞机或舰船等为了保护自身安全而对红外制导导弹采取的一种干扰手段。典型作战方式是,当飞机或舰船发现敌方发射红外制导导弹时,抛射出一枚或多枚点燃的发光弹,由于红外诱饵弹在红外波段[如近红外($1\sim3\ \mu m$)和中红外($3\sim4\ \mu m$)]的辐射强度分别比飞机或舰船等大 $3\sim5$ 倍,因而红外诱饵弹把来袭的导弹引开,使其"脱靶",从而起到保护飞机或舰船等的作用。点源红外诱饵以点辐射源的形式干扰红外制导导弹,评价其性能的主要参数是辐射强度、光谱分布和有效燃烧时间。

目前,红外点源诱饵的红外辐射变化特性主要是以试验测试数据为基础,通过对大量燃烧单元的点燃实验,获得诱饵弹辐射强度随投放高度的变化曲线、随投放速度的变化曲线以及其随时间变化的动态辐射强度曲线,利用红外探测器件实测诱饵干扰弹近距动态燃烧的图像形体随时间变化的曲线,并依据朗伯余弦定理中辐射强度、辐射亮度及视线方向投影面积的关系获得诱饵干扰的辐射亮度曲线的。

(2)面源红外诱饵辐射。随着作战双方红外对抗技术的不断升级,逐渐出现了面源红外诱饵。面源红外诱饵连续投放后,在被保护目标附近形成大面积红外辐射云团,其辐射强度、光谱特征与被保护目标相似,在敌方红外探测器上形成与目标相似的红外辐射场和空间热红外轮廓图,使得目标红外图像的灰度、面积、长宽比、不变矩等识别特征均发生较大变化,从而"欺骗"红外成像制导导弹,继而使导弹偏离被保护目标。面源红外诱饵目前使用的材料主要有自燃液体材料、低温燃烧烟火材料、自燃箔片等,其中应用最多是自燃箔片材料。

面源红外诱饵模型包括运动模型和辐射模型。其中运动模型表征投放后面源质心的运动规律,以及有效载荷的空间扩散规律。辐射模型表征投放后辐射面源的形状、辐射亮度分布以及辐射光谱随时间的变化规律。面源红外诱饵的红外辐射特征和运动特征主要由箔片的红外辐射和运动决定,箔片运动特性与箔片的面积、形状、空气阻力和初速度等有关,箔片红外辐射强度与箔片配方、起燃时间和持续时间等有关。

(3)红外烟雾辐射。红外烟雾通常由烟(固体微粒)和雾(液体微粒)组成,通过多种途径来干扰敌方的红外探测系统。①红外烟雾颗粒对目标发出的红外辐射产生反射吸收、散射作用,使得透过烟雾到达成像探测器的目标辐射能量减少,使光学成像导引头无法对目标清晰成像;②红外烟雾干扰自身有较强的辐射能力且温度较高,烟雾辐射掩盖或遮蔽了目标的辐射,使探测器只能观测到烟雾的能量,无法对目标进行成像;③红外烟雾对目标局部遮蔽,影响了目标被探测、识别的概率。

通过对红外烟雾干扰对光学成像导引头的影响机理分析可知,红外烟雾干扰的表征要素主要有烟幕透过率、自身红外辐射、烟幕遮蔽有效时间、目标的面积遮挡比等。在进行建模计算时,计算烟幕透过率和来自烟幕的辐射及散射。烟幕透过率取决于烟幕自身的成分和烟幕浓度,以及烟幕形状分布及质量消光系数。

4.红外场景大气传输效应计算

目标、诱饵及背景发出的红外辐射,在进入红外导引探测系统之前一般都会穿过一定距离的大气,大气介质会对传输路径内的红外辐射产生散射和吸收。其中,大气中的水蒸气、二氧化碳和臭氧等分子会对某些波段的红外辐射起到吸收作用,分子、气溶胶会引起粒子散射作用,大气湍流也会对红外辐射产生抖动现象。红外辐射在大气中传输时受到的影响非常复杂,大气对红外辐射的影响程度取决于引起吸收和散射的分子类型、浓度、大气中悬浮微粒的尺寸、浓度以及沿红外辐射传输路径上各点的温度和压强等。因此,在完成目标、背景及干扰的零视距辐亮度之后,必须计算大气传输效应,考虑红外辐射在大气传输中的衰减作用,以及大气自身的辐射。

根据采用的数学模型的不同,通常可将大气辐射传输计算方法分为三类,即吸收系数法(逐线法)、谱带模型法以及半经验法。其中,吸收系数法最严格,在准确获知分子吸收和发射的谱线参数后,能够得到很好的结果,但这个方法对光谱参数依赖性很强,并且计算量大。谱带模型法应用较广,已建立起来的有爱尔沙斯模型、随机模型、随机爱尔沙斯模型及准随机模型等。把谱带模型法和经验参数结合起来的方法(或在实测数据基础上建立起来的方法)称为半经验法,其特点是把透过率用函数的解析形式表示出来,再代入适当的参数进行求解。另外,还有其他一些经验方法,分别适合于不同分子和不同光谱区域。

在工程实践中,为保证计算精度和实践效率,通常借助大气传输效应专业软件预先计算出设定场景的各种典型高度和距离下的大气透过率,然后在实时仿真中进行插值计算来获取给定条件下的数据,从而进行大气衰减的修正。

(1)LOWTRAN。LOWTRAN是由美国空军地球物理实验室(AFRL/VS)开发的一个低分辨率的大气辐射传输软件,它最初是用来计算大气透过率的,后来加入了大气背景辐射的计算。LOWTRAN以 20 cm^{-1} 的光谱分辨率,计算 0~50 000 cm^{-1} 的大气透过率、大气背景辐射、单次散射的阳光和月光辐射、太阳直射辐照度等内容。程序考虑了连续吸收、分子、气溶胶、云、雨的散射和吸收,地球曲率及折射对路径及总吸收物质含量计算的影响。

(2)MODTRAN。MODTRAN 是在 LOWTRAN 的基础上改进而成的,加入了一种 $2\ cm^{-1}$ 光谱分辨率的分子吸收算法,更新了对分子吸收的气压温度关系的处理,同时维持了 LOWTRAN7 的基本程序和使用结构。

(3)快速大气信息程序(FASCODE)。对于涉及激光这类非常窄的光学带宽的辐射传输问题,需要由 FASCODE 提供高分辨率的计算。AFGL 是 AFGL 开发的大气传输计算软件。该软件模型假定大气为球面,成层分布,每一大气层的各种光谱线采用最佳采样;计算模型中涉及大气中主要分子成分氮分子带($2\ 020\sim800\ cm^{-1}$)和氧分子带($1\ 935\sim1\ 760\ cm^{-1}$)的连续吸收效应等内容。

10.3　红外场景辐射动态生成技术

红外辐射场景动态生成装置,作为红外场景仿真中的重要硬件组成,将生产的红外场景图像,转换为红外辐射能量,投射到参试红外探测器的探测器焦面上,为其提供模拟目标和环境的红外物体。与注入式红外仿真相比,辐射式红外仿真能够引入实际的光学回路、探测器件和伺服回路,具有更高的仿真精度。

在本节中,将介绍红外辐射场景动态生成装置的发展历史及分类、主要技术指标以及典型的红外辐射场景动态生成装置的工作原理、系统组成和关键技术。

10.3.1　红外辐射场景动态生成装置的发展历史

早在 1969 年,美国陆军夜视实验室(NVL)就利用在黑体上覆盖目标掩膜来合成红外图像。这种方法能够模拟的目标和背景温度差最大为 4℃。自 1980 年法国的 Vincent Bly 成功研制出世界上第一个红外辐射场景动态生成装置以来,美国陆军航空和导弹司令部(United States Army Aviation & Missile COMmand,AMCOM)所属的高级仿真中心(Advanced Simulation Center,ASC)、埃格林空军基地(Eglin Air Force Base,Eglin AFB)的空军研究实验室(Air Force Research Laboratory ,AFRL)、陆军试验鉴定局(U. S. Army Test Evaluation Command,ATEC)所属的红石技术试验中心(Redstone Technical Test Center ,RTTC)、美国休斯公司(Hughes Aircraft)、英国宇航公司(British Aerospace Corporation,BAC)等代表欧美武器系统仿真领域的最高技术水平的仿真实验室均投入了巨资开展红外目标模拟器技术的研究,并提出了多种红外辐射生成的实现方案。

国内方面,中科院上海技术物理所、昆明物理所、西北工业大学、哈尔滨工业大学、长春光机所、兵器集团 205 所、兵器集团 211 所等相关科研单位,也对不同类型的红外辐射场景动态生成装置的相关技术进行了跟踪研究,但受限于工艺水平和资金情况等,还与国外有一定的差距。

图 10-3 给出了红外辐射场景生成装置的发展历程。

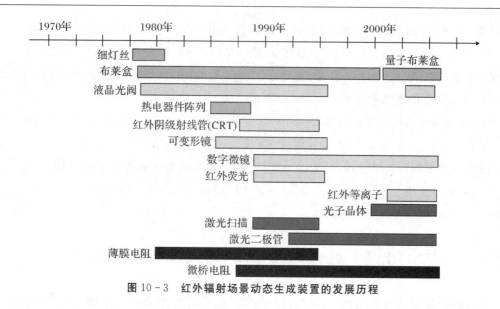

图 10 - 3　红外辐射场景动态生成装置的发展历程

10.3.2　红外辐射场景动态生成装置的分类

根据不同的红外辐射产生机理,可以将红外场景动态生成设备分为不同类型,其系统组成存在较大差异。从红外辐射产生传输的角度,将其分为 4 类——发射型、透射型、反射型以及激光型。

1. 发射型红外辐射场景动态生成装置

发射型红外辐射场景动态生成装置的特征是,该型是辐射源位置在物面上,通过调节单个像素点的温度,改变整体热辐射来生成所需红外图像。典型代表包括布莱盒、金属氧化物半导体(Metal Oxide Semiconductor,MOS)电阻阵、红外阴极射线管(Infrared Radiation Cathode Ray Tube,IR-CRT)等,通过不同产生原理,直接产生红外辐射。

(1)布莱盒。布莱盒(Bly Cells)最早由法国的 Bly 于 1980 年研制成功,它由一个位于真空盒中的黑化薄膜构成,可见光图像通过盒一侧的窗口投射到薄膜上,膜片一侧吸收入射光能后被加热,在另一侧产生相对应的红外辐射图像,并通过盒的另一侧的窗口投射出去。由于膜片非常薄,因此热容量低,响应速度慢,温度范围小,转换效率低,仿真温度范围只能达到 25℃,温度响应速度约 20 ms。

(2)MOS 电阻阵列。MOS 电阻阵列是在微机械加工技术的基础上发展起来的,每个MOS 电阻阵列包含若干个微机械加工单元。当有电流流过 MOS 电阻阵列中辐射单元的电阻的时候,电阻就会产生热量,使辐射单元辐射出相应强度的红外线,在 MOS 电阻阵列内集成有控制流过电阻电流的传输控制电路,控制每个单元内电阻的发热温度,使不同单元的辐射强度不同,从而可以模拟物体发出的红外特性。单元的辐射强度由以下几个因素决定:单元的填充因子、电阻温度、单元的辐射率。其发展经历了硅桥电阻结构、薄膜电阻结构和悬浮薄膜电阻结构 3 种形式。

(3)IR-CRT。IR-CRT 的工作原理类似于可见光 CRT 显像管,红外阴极射线管通过电子枪向红外荧光屏幕发射电子,导致屏幕上温度分布不均,进而改变屏幕的红外辐射分布,通过控制电子枪发射电子的数量以及改变屏幕上的发光材料,可以实现对红外辐射强度的精确控制。采用帧频和余辉时间匹配的方式来解决图像匹配问题,当红外成像系统一定时,IR-CRT 荧光材料的余辉时间太短,将造成图像不连续或闪烁,通过延长余辉时间,将增加观察图像的稳定性,但时间延长到一定程度后又会出现图像拖尾现象。

2. 透射型红外辐射场景动态生成装置

透射型红外辐射场景辐射模拟器主要是利用具有特殊传输特性(如热色效应)的导热材料,通过相关技术(如可见光照射、电子束或激光束扫描等)改变导热材料的红外透过率,将一侧均匀照射的红外光于另一侧按照灰度等级显现红外场景。典型技术包括利用液晶光阀、光子晶体技术等。

(1)红外液晶光阀。红外液晶光阀是一种能够将可见光图像按照相应辐射灰度等级转换成红外图像的器件。其工作原理是:首先,光栅偏振器将外部黑体发射的红外辐射进行极化;其次,将可见光图像照射在具有高阻抗的硅光电导结构上得到空间调制电压,通过该电压控制液晶分子的取向,液晶分子在电场的作用下重新排列并改变双折射性质;最后,利用液晶分子的取向控制输出辐射,从而模拟真实的场景辐射。这种方法的特点是有极好的空间分辨率、无闪烁、驱动简单,但帧速较慢,制作工艺复杂,难度大。

(2)光子晶体。高温光子晶体红外场景辐射模拟器主要利用光子晶体通过自身结构实现对光波的调制以及带阻滤波的特性,实现对通过光子晶体的光通量的控制。高温光子晶体阵列中单个像元的结构,最上层是由可以耐高温的钨制作的光子晶体,中间是发热体,光子晶体和发热体利用"两条腿"支撑起来。利用光子晶体可以制作多波段的模拟器,发射率高,功耗较低。这种结构也是透射型和自发射型的结合。

3. 反射型红外辐射场景动态生成装置

反射型红外辐射场景动态生成装置主要利用数字微镜器件(Digital Micro-mirror Device,DMD)配合红外光源实现,其核心器件是数字微镜阵列,即由许多小反射镜组成的阵列,其中每一个小反射镜都是可以进行独立控制的像元。数字微镜阵列内部集成有驱动电路,当有黑体辐射投射到内部时,产生红外图像数据的计算机就通过驱动电路对其进行空间强度调制,然后再将黑体辐射投到被测红外系统的光学焦面上。

4. 激光型红外辐射场景动态生成装置

激光型红外辐射场景动态生成技术是指利用激光束的扫描在传感器中形成红外图像。它将激光二极管作为光源,由线列铅盐激光二极管、高速光学扫描仪和驱动电路组成。通过探测器积分时间来调节激光二极管光辐射能量的强度,模拟真实的红外场景。当激光管阵列的景象扫描焦平面阵列时,在每个探测器上产生相应的能量,从而产生红外场景。激光型模拟器的特点是高帧频,温差分辨率高,同时可利用扫描实现大幅面高分辨率的场景辐射输出,并且由于输出光源数量有限,因此其均匀性也容易控制。其缺点是空间均匀性和成像质量不够理想。

5. 红外辐射场景动态生成装置对比分析

上述几种红外辐射动态生成装置,其工作原理的不同,导致其技术指标和特点各有差异。激光二极管具有高帧频的特点,但空间均匀性和成像质量不够理想;红外液晶光阀有很好的空间分辨率,在帧频、温度范围和动态范围方面存在一定局限性;IR-CRT 存在帧频低和闪烁的问题;DMD 微反射镜阵列能进行精确的黑体模拟,但仍存在闪烁及转换效率低等问题;MOS 电阻阵具有帧频高、模拟温度范围宽、无闪烁等特点,但存在较严重的非均匀性。其他技术也有各种各样的局限性或者还处于发展阶段,因此这些技术目前应用不多。同时,由于不同的红外探测器的工作波段和作战场景各不相同,因此,对设备性能指标的需求也有所差异。

在设计选型时,应根据参试部件的工作特性选择合适的红外辐射动态生成装置,并不存在某种器件可以适应所有应用场合的情况。目前,在工程实践中,由于性能和制造工艺等多方面因素的限制,很多目标器件在红外仿真技术的发展过程中已逐渐被淘汰或者冷落。根据工程使用情况来看,MOS 电阻阵列、IR – CRT 和 DMD 微反射镜阵列 3 种类型的红外辐射动态生成装置,得到了比较广泛的应用,并取得了较好的实验效果。

10.3.3 红外辐射场景动态生成装置的主要技术指标

红外辐射动态生成装置作为红外目标模拟器的硬件装置,其主要性能参数直接决定了整个模拟系统的总体性能。由于红外场景动态生成装置的类型比较多,对于该类设备的性能就需要采用一些指标来进行考核。下面介绍几种重要的红外场景生成设备的评价指标。

1. 红外辐射场景动态生成装置的温度属性指标

温度属性指标表征了设备能够模拟场景的温度范围,主要包括温度范围、温度分辨率、动态范围等,均与等效黑体辐射温度有关。所谓等效黑体辐射温度,是指红外探测器实际接收的信号辐射温度,即把整个投射系统看作一个等效黑体,依据其在该波段内的辐射能量计算出的温度,又称表观辐射温度。

(1)温度范围:红外辐射动态生成装置能够模拟的实际温度范围。根据普朗克定律,在红外探测器的工作波段范围内,红外辐射生成装置辐射面上的辐射能量的空间分布可以等效为温度的空间分布,该温度称为表观温度。为了模拟辐射能量的分布与变化,系统必须具有一定的表观温度变化区间。

(2)温度分辨率:在给定的温度范围内,红外辐射生成装置所能产生的最小温度差别。在不同的温度范围内,对温度的分辨率的要求也不同。由于红外辐射生成装置的目标与背景位于同一辐射面上,因此,模拟目标与背景的最小温差与红外辐射生成装置在室温附近的温度分辨率一致。

(3)动态范围:在一定的温度范围内,红外辐射生成装置所能达到的最大温度和最小温度之间的比值,它可以用灰度级来表示。动态范围与温度范围有关,温度范围越大,动态范围就越大。

2. 红外辐射场景动态生成装置的辐射属性指标

辐射属性指标主要用于描述红外辐射动态生成装置模拟的红外辐射波段的属性。

工作波段是指红外辐射动态生成装置所模拟的红外线的波长区间,该指标必须和参试导引头的工作波段一致。常用的红外光谱波段有中波红外波段($3\sim 5~\mu m$)和长波红外波段($8\sim 12~\mu m$)。由于实际的红外投射器并不是理想的,即它产生的辐射率比等效黑体源的辐射率低,因此生成装置发射源与所模拟的目标(黑体)相比必须在更高的温度下工作。

3. 红外辐射场景动态生成装置的空间及时间属性指标

空间和时间属性指标主要用于描述红外辐射模拟场景在空间的尺寸精度和频率,主要指标包括空间分辨率、帧频、闪烁、填充因子等指标。

(1)空间分辨率:辐射面纵横向上总的微元数,也是红外景象的极限分辨率。通过红外辐射动态生成装置产生的红外图像可以看出表观温度沿辐射面的二维分布,该装置只能独立改变辐射面上某一微元的红外辐射,因此,辐射面上总的微元数就是模拟器的空间分辨率,即极限分辨率。

(2)帧频:动态图像生成装置产生的红外景象的刷新频率,生成的红外图像的帧频由视频处理电路速度、驱动电路处理速度和镜片翻转速度决定。对于 MOS 电阻阵之类的"连续"属性的红外场景生成装置,帧速决定了生成图像的连贯性:帧速越高,所生成的图像越连贯。但对于类似 DMD 微反射镜阵列的"离散"属性的红外场景生成装置,其帧频需要与被探测器的帧频相匹配,需要在辐射生成装置和红外探测器之间引入同步机制。

(3)闪烁:红外辐射动态生成装置中各帧信息间的衰减趋势。如果在下一帧信息写入之前一直保持原有写入信息不变,则称这种器件为"无闪烁"器件。

(4)填充因子:像元的光敏面与总的像素单元面积之比。填充因子很大程度上影响着红外辐射动态生成装置的等效黑体辐射温度,很多时候,填充因子与材料的温度范围、时间常数相互制约,因此应该根据实际需要,对这些参数进行折中处理。

4. 红外辐射场景动态生成装置的图像精度属性指标

图像精度属性指标主要用于描述模拟的红外图像的精细程度,包括非均匀性、图像畸变程度等。

(1)非均匀性:在进行设计时,研制方和用户均希望在产生相同的辐射强度时,所有的像元辐射度能够产生一致变化,但实际中受加工工艺等诸多因素的影响,每一个辐射单元或多或少都有不同的输入输出响应关系,导致多个辐射单元之间出现一定的非均匀性。非均匀性是指当输入的红外辐射强度均匀分布时,红外场景生成装置在不同区域上生成的红外辐射强度的差异,是描述像元辐射强度变化的一致性的指标,即同一帧图像在每个像元输入相同的驱动信号时,输出辐射强度的同一性的描述。一般要求设备的非均匀性小于百分之几。

(2)图像畸变:产生的红外图像相对于理想图像在空间形状上出现的差异,包括线性畸变和几何失真度。该项指标是评价图像目标模拟器成像质量的重要指标之一,理论上越小越好。综合考虑实现方案和现有技术水平,通常要求红外辐射场景生成装置的几何畸变指标小于百分之几。

5.红外辐射场景动态生成装置的光学特性

红外辐射场景动态生成装置的光学特性,主要指装置与参试部件之间的光学回路的匹配性,主要包括光学视场、光学口径和出瞳距等技术指标。

(1)光学视场:红外辐射动态生成装置中的光学回路的视场角,即以光学仪器的镜头为顶点,以被测目标物像可通过镜头最大范围的两条边缘构成的夹角。视场角的角度决定了光学仪器的视野范围。在设计时,该指标必须和参试的红外探测器的视场角相匹配,考虑到红外探测系统在实际测试中可能存在一定范围的抖动和角度转动,因此,通常选择生成装置的光学视场角略大于参试的红外导引头。

(2)光学口径:红外辐射动态生成装置中的光学系统的镜头口径。在设计时,该指标必须和参试的红外探测器的视场角相匹配,即两系统之间需要满足光瞳衔接原则,这样既可以提高红外辐射能的利用率,又可以避免杂散光进入被测红外系统。为保证在一定装调误差及活动范围内,投影系统出射的红外光线依然能充满被测系统的入瞳,投影光学系统的出瞳需要大于被测系统的入瞳。

(3)出瞳距:红外辐射动态生成装置中的光学系统最后一面顶点到出瞳平面与光轴交点的距离。该指标通常由探测器与红外辐射动态生成装置在五轴转台上的相对安装位置所决定。为了满足光瞳衔接原则,光学系统出瞳必须与被测红外探测系统入瞳重合,并保证两者之间不会发生碰撞。

6.红外辐射场景动态生成装置的其他属性指标

红外辐射场景动态生成装置还包括系统接口类型、质量、尺寸等指标。

(1)接口类型:红外辐射动态生成装置与红外场景计算工作站之间的图像接口形式,该指标由系统总体方案以及数据传输速率等要求所决定。

(2)质量、尺寸:该指标是指整个系统的质量和尺寸,另外,也需要特别注意安装在五轴转台台体部分的质量和尺寸。

10.3.4 基于 MOS 电阻阵列的红外辐射场景动态生成装置

MOS 电阻阵列是在微机械加工技术的基础上发展起来的,每个 MOS 电阻阵列包含若干个微机械加工单元。当有电流流过 MOS 电阻阵列中辐射单元的电阻的时候,电阻就会产生热量,辐射出相应强度的红外线,通过控制流过电阻电流的大小来控制每个单元内电阻的发热温度,从而模拟物体发出的红外特性。基于 MOS 电阻阵列的红外辐射场景动态生成装置具有功耗低、温度范围大、分辨率高、占空比高等特点,被广泛用于空空导弹和防空导弹的武器仿真中。

1.基于 MOS 电阻阵列的红外辐射场景动态生成装置的系统组成

MOS 电阻阵列红外辐射动态生成装置是一个围绕 MOS 电阻阵列芯片而展开的一套精密光机电设备。装置组成原理如图 10-4 所示。

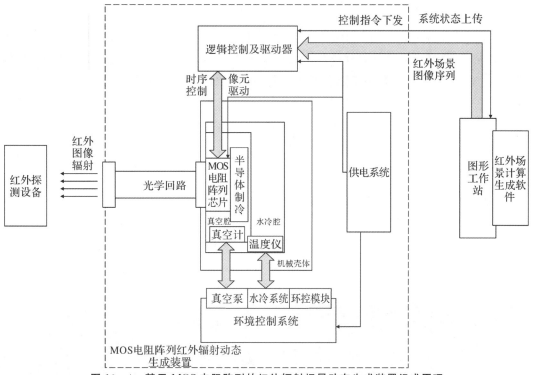

图 10-4 基于 MOS 电阻阵列的红外辐射场景动态生成装置组成原理

基于 MOS 电阻阵列的红外辐射动态生成装置主要包括 MOS 电阻阵列芯片、逻辑控制驱动器、环境控制系统、光学回路、机械壳体、供电系统以及相关的电缆、接插件及机械安装设施。

(1)MOS 电阻阵列芯片。MOS 电阻阵列红外模拟器的核心就是 MOS 电阻阵列芯片，它是由许多微小的电阻元集成在不良导热体基片上组成的。将其在显微镜下观察，可以看到有许多微小的电阻阵列，每一电阻阵列构成了红外图像中的一个像素点。每一个阵列由一个微辐射体和一组像素控制电路组成，二者水平铺设在像素区域内，共同分配一个像素面积。MOS 电阻阵列芯片及其微观结构如图 10-5 所示。

(2)逻辑控制驱动器。逻辑控制驱动器的主要任务是完成控制指令的接收、红外图像序列的接收、系统状态的上传、电子阵列的时序控制和像元驱动等操作。逻辑控制驱动器收到红外场景图像序列后，对数据进行缓冲和转换等操作，形成可以驱动电阻阵列辐射单元的模拟电压；同时控制系统会产生时序信号来控制电阻阵列的选址电路来选中各个辐射单元；在 MOS 电阻阵列中各辐射单元被选中并被加载模拟电压后，就会产生相应的温度变化，从而模拟出实际目标的辐射特性。逻辑控制驱动器控制着数据接收、数据传输、数据转换等功能的有序执行，决定着系统能否正常运行。

(3)环境控制系统。环境控制系统主要包括真空泵、水冷系统及其控制电路等，其主要任务是完成 MOS 电阻阵列的环境控制。MOS 电阻阵列在使用过程中，由于红外场景的图像在不断变化，因此，MOS 电阻阵列上每个像素点的温度也需要进行快速调整。温度过高会损害器件寿命甚至毁坏器件；温度过低则容易在 MOS 电阻阵列的红外透射窗口凝结水雾,同样会损害器件。

在工程实践中,电阻阵列的底面与一个半导体制冷器的冷端面紧耦合,热端面连着一个密闭的容器,通过水循环将半导体制冷器的热量带走;在半导体的冷端面上装有测温传感器,通过控温回路使电阻阵列底板的温度保持在一个相对稳定的范围内,确保电阻阵列动态红外景象产生器不致于因热量而产生光晕。

(4)光学回路。光学回路的主要目的是将电阻阵列发出的红外热辐射转变成平行光以模拟无穷远处目标发出的红外辐射。在设计光学回路时,必须根据参试的红外探测器的光学属性进行设计,两者必须匹配。

(5)机械壳体。机械壳体可以分为三层,分别是外部的包装壳体、内部的真空腔和冷却腔。其中,真空腔是采用干燥氮气净化的真空密闭环境,可以消除环境中的水分、二氧化碳和其他杂质在红外波段内的吸收,抑制阵列芯片的老化及减少气流引起的图像不稳定。冷却腔用于半导体致冷芯片组热端进行散热,设有进出水口,可通入水流进行散热。

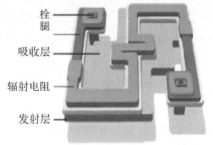

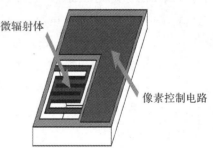

图 10-5　MOS 电阻阵列芯片及其微观结构

2.某型基于 MOS 电阻阵列的红外辐射场景动态生成装置的技术指标

笔者所在团队长期以来一直从事红外仿真设备的研制,与中国科学院上海技术物理研究所合作,研制了多套基于 MOS 电阻阵列的红外辐射动态生成装置,相关设备在国内的空空导弹和防空导弹的仿真试验和科研测试中得到了广泛的应用,有力地支撑了相关武器装备的研制工作。下面给出笔者所在团队研制的某型基于 MOS 电阻阵列的红外辐射动态生成装置的主要技术指标(见表 10-1)和实物照片(见图 10-6)。

表 10 - 1　某型基于 MOS 电阻阵的红外目标模拟器硬件指标

指标类型	指标大小	指标类型	指标大小
阵列像元数	256×256	帧频/(帧·s⁻¹)	200
光谱范围/μm	3~14	等效黑体辐射温度 动态范围/K	273~550
最小温度分辨率/K	0.5(100℃时)	温度稳定度/(℃·h⁻¹)	≤0.5(模拟温度≤100℃时)
温度分辨率/K	0.5(100℃时)	非均匀性/(%)	≤10(以℃计算,未修正)
视场/(°)	≥6(与探测器匹配)	出瞳直径/mm	≥80(与探测器匹配)
出瞳距离/mm	≥500(与探测器匹配)	封装	真空封装
芯片抗冲击试验量级/g	≥10	外形尺寸/(mm×mm)	500×300
器件质量/kg	<35		

图 10 - 6　某型 MOS 电阻阵列红外目标模拟器实物图

3. 基于 MOS 电阻阵列的红外辐射生成装置的性能特点

对于基于 MOS 电阻阵列的红外辐射生成装置而言,每个像元的温度在没有被驱动电流驱动的时候始终保持不变,只有施加驱动电流才会产生热辐射,同时由于散热装置的存在,电阻单元会达到一个热平衡状态。一旦驱动电流停止,热量会迅速被带走;电流发生改变时电阻单元会重新达到一个热平衡状态从而产生另一种不同强度的辐射。基于加热后辐射红外线的工作原理,电阻阵列是一种从工作方式上最接近真实物体产生红外辐射的器件。其优点包括:

(1)低功耗,高占空比。

(2)大温度范围(273~800 K),红外特性集中在高温段,非常适合模拟高温物体,例如飞机尾喷口、发动机尾烟,以及坦克的发动机、履带等高温红外特性。

(3)高频率,现有频率可达到 200 帧/s。

(4)MOS 电阻阵列是驻留型的红外场景生成装置,无闪烁现象,不需要同步电路,可以单独使用。

（5）图像温度范围可调，且容易控制，可生成动态逼真的红外图像。

（6）辐射波段宽（2～14 μm），可以模拟中波和长波两个大气窗口的红外物理特性。

电阻阵也存在着自身的不足，其缺点包括：

（1）设计思想比较原始，电路庞杂，工艺要求高，技术难度大。

（2）分辨率较低，对于复杂场景的模拟效果不足。

（3）具有较强的非线性和非均匀性，使用时需要进行非线性和非均匀性修正。

（4）目前它的帧频最高只能达到 200 Hz，原因是电阻元的热时间常数限制了帧频的进一步提高。

（5）对制冷要求较高，密封复杂，成品率较低，连续使用时间较短。

10.3.5　基于 DMD 微反射镜阵列的红外辐射生成装置

数字微镜装置（Digital Micromirror Derices，DMD）是由美国德州仪器公司于 1987 年发明的反射式空间光调制器，DMD 器件是由成千上万个采用微机械工艺制作的二维铝反射镜组成的。20 世纪 90 年代美国将 DMD 器件应用于红外目标场景仿真器的研制中，并研制了一系列相关产品。作为反射式空间光调制器，DMD 应用于红外目标场景仿真系统中，具有分辨率高、响应速度快、像素无坏点、图像线性度和非均匀性好等优点，因此得到了快速的发展应用和深入的研究。

1. 基于 DMD 微反射镜阵列的红外辐射场景动态生成装置的系统组成

基于 DMD 微反射镜阵列的红外辐射动态生成装置是一套围绕 DMD 微反射镜阵列芯片而展开的精密光机电设备。系统组成原理如图 10-7 所示。

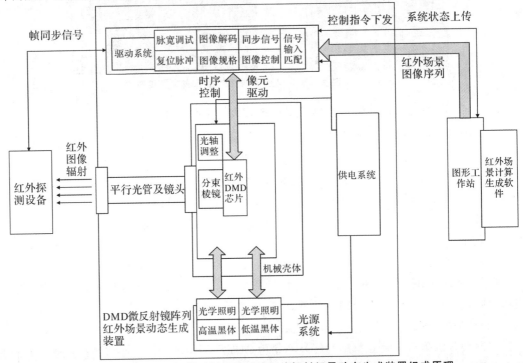

图 10-7　基于 DMD 微反射镜阵列的红外辐射场景动态生成装置组成原理

　　基于 DMD 微反射镜阵列的红外辐射动态生成装置主要包括 DMD 微反射镜阵列、信号处理及驱动控制系统、光源系统、投影光学系统、机械结构、供电系统以及相关的电缆、接插件及机械安装设施。主要部件的功能如下。

　　(1)DMD 微反射镜阵列。基于 DMD 微反射镜阵列的红外辐射动态生成装置的核心器件是德州仪器公司生产的数字微镜装置(DMD),该装置由一组集成在 CMOS(Complementary Metal Oxide Semiconductor)存储器上的可旋转的铝制微镜面阵列构成。每一个像素上都有一个可以转动的微镜,镜片可以围绕对角轴线摆动,微镜的摆动位置不同,反射光的出射角度就不同。通过调节微镜的反射角度,可实现调制反射红外辐射,进而得到红外图像,如图 10 - 8 所示。

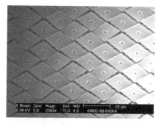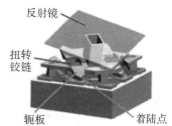

图 10 - 8　数字微镜装置(DMD)照片和每个微反射镜单元结构

　　(2)信号处理及驱动控制系统。信号处理及驱动控制系统是系统的控制中枢,主要包括图像接口、图像转换、图像解码、图像规格化、帧同步调整、信号脉宽调制变换、黑体控制和像素驱动等模块。其主要任务是:接收输入的红外场景视频信号,将其变换为红外动态图像转换器的驱动信号;接收同步信号,完成积分时间同步调制,保证成像系统所观察到的红外热成像无假灰度现象与闪烁现象;控制高温黑体与低温黑体的温度,使高温黑体与低温黑体达到指定温度并保持恒定,同时也对腔体和冷光阑温度进行控制。

　　(3)光源系统。高温黑体、低温黑体、照明光学镜头等设备共同组成红外光源系统,用以模拟场景中背景和目标的真实红外辐射特性。可以用黑体的温度变化来对应不同物体表面红外辐射能量的分布,黑体的温度范围由红外探测系统的工作波段和实际背景目标温度范围决定。

　　(4)投影光学系统。投影光学系统的主要部件是光学准直部件,包括平行光管和一系列镜头,主要完成对 DMD 芯片的光学合成与准直,并产生平行光,用以模拟无穷远处目标发出的红外辐射。光学准直部件与被测设备的光学系统必须相匹配,其视场角与产品的视场角相同,模拟器的出瞳与产品的入瞳基本重合。

　　(5)机械结构。机械结构用于集成和保护整个系统的电气回路和光学系统,并提供相关机械接口用于设备安装。

　　2.某型基于 DMD 微反射镜阵列的红外辐射场景动态生成装置的技术指标

　　基于 DMD 微反射镜阵列的红外辐射动态生成装置具有分辨率高、能量输出集中、图像稳定、图像亮度非均匀性小、几何畸变小,可分辨温差小等优点,主要用于模拟红外复杂地面场景。下面给出笔者所在团队研制的红外辐射动态生成装置的指标(见表 10 - 2)和实物照片(见图 10 - 9)。

表 10 - 2　某型基于 DMD 微反射镜阵列的红外目标模拟器硬件指标

指标类型	指标大小	指标类型	指标大小
像元数	1 400×1 050	帧频/Hz	45～100 帧连续可调
光谱范围/μm	3～5	可模拟的温度范围/℃	室温～300
最小温度分辨率/℃	≤ 0.2(100℃)	温度稳定性/(℃·h^{-1})	< 0.2(100℃)
最高对比度	(E_{MAX}/E_{MIN})＞200（中波）	灰度级/级	≥256
视场/(°)	9(±0.2)（圆视场）	出瞳距离/mm	≥500(与探测器匹配)
出瞳直径/mm	≥90(与探测器匹配)	温度分辨率/K	0.5(100℃时)
图像畸变/(%)	< 1	图像各种像差弥散	0.5 像元
非均匀性/(%)	≤5	封装	真空封装
芯片抗冲击试验量级/g	≥8	外形尺寸/mm	总长度＜500,镜筒直径＜ϕ300
器件质量/kg	<20	输入信号	VGA,标准 PAL 格式视频信号

图 10 - 9　某型基于 DMD 微反射镜阵列的红外辐射场景动态生成装置实物照片

3.基于 DMD 微反射镜阵列的红外辐射场景动态生成装置的性能特点

对于基于 DMD 微反射镜阵列的红外辐射生成装置而言,其灰度图像控制是通过 DMD 反射镜片的反转次数来实现的,同时其整个系统的模拟温度范围和灰度等级是由黑体温度所确定的,因此,它具有较好的线性灰度等级以及辐射能量的稳定性和定量化特点。其优点包括:

(1)固有的数字性质使噪声极低,灰度等级精确,动态范围大。

（2）DMD 反射器件具有较高的光效率，大于 90％的填充因子。

（3）图像细节分辨率高，水平分辨率可到达 1 024TVL（Television Lines）。

（4）输出能量集中，中波波段的能量辐射出射度强，能量远大于 IR - CRT 型红外辐射生成装置，可模拟的背景温度高达 400℃。

（5）图像稳定，图像亮度非均匀性小，图像几何畸变小，可分辨温度精度高。

（6）灰度等级与探测器的积分时间相关，当探测器的积分时间较长时，可以达到较大的灰度等级。

其自身也存在着一些的缺点，其主要包括：

（1）DMD 微反射镜阵列是一种开关方式的模拟器，只能与凝视型的探测器匹配使用，并且使用的时候需要同步电路。

（2）在长波波段，其分辨率、能量较低，并且由于 DMD 微镜片结构单元的尺寸与入射光波长相当，因此 DMD 器件的衍射现象会更严重，系统成像对比度降低。

（3）模拟场景的灰度等级是由其镜片反转的积分时间所决定的，探测器的工作帧频逐步提高，会导致积分时间减少，从而缩小模拟场景的灰度等级范围。

10.4　本 章 小 结

红外探测装置具有高精度、高灵敏度、高分辨率、高帧频、抗干扰性强、隐蔽性好等优点。面临日益严重的对抗手段和日趋复杂的战场环境，为了在实验室环境中更好地验证探测器件性能和评估目标识别算法，迫切需要针对作战需求，为红外探测装置提供逼真的虚拟红外场景。

本章详细介绍了红外场景动态仿真技术的发展、任务、分类和组成，对软件方面的红外场景建模技术和硬件层面的红外辐射动态生成装置进行了介绍。在红外场景建模技术中，给出了红外场景建模的内容、方法和基本流程，介绍了典型红外场景的辐射计算内容，包括背景、目标、干扰和大气传输效应；在红外辐射动态生成装置中，介绍了红外辐射动态生成装置的发展及分类，给出了红外场景动态生成装置的典型技术指标，对红外 MOS 电阻阵列、红外 DMD 微反射镜阵列等几种典型的红外辐射生成装置进行了介绍。

10.5　本 章 习 题

1.简述红外场景动态仿真技术的概念。

2.分析红外仿真场景与真实场景的一致性要求。

3.根据是否产生真实红外辐射，红外场景动态生成设备分为哪两种类型？

4.简述红外辐射型场景仿真设备的组成及其工作过程。

5.简述红外场景建模计算的几种典型方法。

6.简述基于外场实测统计的红外场景建模方法的原理及其优缺点。

7.简述基于红外辐射理论计算的红外场景建模方法的原理及其优缺点。

8.简述红外场景仿真计算的基本流程。

9.对红外探测影响较大的背景辐射主要包括哪些?

10.天空背景红外辐射的主要组成有哪些?

11.坦克的红外辐射特性主要包括哪些部分?

12.飞机的红外辐射主要包括哪些部分?各部分的影响因素有哪些?

13.舰船的红外辐射主要包括哪些部分?

14.红外烟雾干扰对于红外探测器的影响方式有哪些?

15.大气辐射传输计算的典型计算方法有哪些?

16.目前工程上常用的大气传输效应计算软件有哪些?

17.红外辐射场景生成装置根据红外辐射产生的原理不同如何分类?每种类型的典型代表有哪些?

18.MOS 电阻阵列的工作原理是什么?

19.DMD 微反射镜阵列的工作原理是什么?

20.典型的红外辐射动态装置的性能指标有哪些?

21.MOS 电阻阵型红外目标模拟器的系统组成有哪些?

22.MOS 电阻阵型红外目标模拟器的系统特点是什么?

23.DMD 微反射镜阵列型红外目标模拟器的系统组成有哪些?

24.DMD 微反射镜阵列型红外目标模拟器的系统特点是什么?

第11章 射频场景动态仿真技术

雷达探测技术是通过发射电磁波对目标进行照射并接收其回波,由此获得目标至电磁波发射点的距离、距离变化率(径向速度)、方位、高度等信息的一种探测技术。其能够完成目标的识别、定位、跟踪等任务,具有探测距离远、不受天气条件影响等特点,被广泛应用于各种国防装备和精确制导武器中。目前,随着作战双方大量采用了各类电子干扰装置,雷达探测装备和雷达寻的武器面临着日益复杂的电磁环境。为了考核与验证雷达探测装备和制导武器的抗干扰能力,研究分析电子战设备或射频干扰的性能,需要借助相关设备和实验环境,将射频导引头引入仿真回路中。

射频场景动态仿真技术作为射频制导武器、雷达、电子战装置研制中的重要手段,通过相关射频信号生成装备将雷达导引头、雷达接收天线、电子战对抗装置等产品实物引入仿真回路,充分考核和验证射频装置的探测性能或雷达导引头抗干扰能力。与红外场景仿真类似,射频场景的仿真也分为静态离线计算和在线动态仿真两种形式。本书重点关注在线动态仿真的内容。

本章介绍射频场景动态仿真的相关概念,对电磁场景计算中的目标、背景、干扰的典型计算方法进行介绍,并给出射频目标模拟器的发展分类、技术指标及典型设备。

11.1 射频场景动态仿真技术相关概念

射频场景动态仿真技术以信号处理为理论基础,将整个战场的复杂电磁环境视为研究对象,针对参试雷达/雷达导引头的工作波段和工作体制开展目标、杂波、干扰等对象的电磁辐射计算,并基于射频信号生成装置和天线阵列产生期望的射频辐射信号;在特殊的微波暗室环境下,模拟射频雷达导引头工作流程中接收到的各类射频信号,全面考核导引头在复杂电磁环境下的作战性能和抗干扰能力。

射频场景动态仿真技术研究包含电磁学、物理学、微电子、计算机等诸多专业学科,涉及目标辐射计算、大气传输效应、射频信号生成、高频信号处理等诸多专业技术。

11.1.1 射频场景动态仿真的发展历程

国外的射频场景仿真技术始于 20 世纪五六十年代,早期的射频场景仿真普遍采用机械式射频目标模拟器,这种目标模拟器采用伺服系统驱动目标信号的辐射单元,通过机械运动的方法体现目标与雷达导引头之间的空间角度运动,结构简单、成本较低,但精度不高。

20世纪70年代中期至80年代末,出现了以机电混合式射频目标模拟器和微波阵列式射频目标模拟器为代表的射频仿真技术。机电混合式射频目标模拟器是机械式射频目标模拟器的改进,它采用小型阵列通过控制小型阵列上的辐射阵元来模拟目标的角闪烁,从而在满足大视场角要求的同时大大减少阵列单元数。它可以模拟目标的角闪烁,也可以在小角度范围内模拟多目标及复杂背景。微波阵列式射频目标模拟器以美国陆军高级仿真中心射频仿真系统的建立为主要标志,其突出的特点是采用了微波阵列式仿真技术。该模拟器是一种电子控制式的射频目标模拟器,通过控制天线阵列上的辐射阵元来模拟目标和环境的状态。其主要优点是便于模拟目标的角闪烁特性,而且可以模拟多目标、复杂目标以及复杂背景。在那个时期,美国、英国、日本等国家先后建立了功能不同、规模不一的射频仿真实验室,比如美国的陆军高级仿真中心、美国波音公司的雷达末制导仿真实验室、美国雷锡恩公司的"爱国者"制导实验与仿真系统、美国马丁·玛丽埃塔公司的导弹雷达制导实验室、英国的 RAE 导弹制导仿真实验室等,这些先进射频仿真实验室的建立,进一步推动了射频仿真技术朝前发展。20世纪90年代,射频仿真扩展到多模仿真及雷达电子对抗仿真等多个方面,推动射频仿真技术进一步向纵深和广度发展。

国内的射频仿真技术的研究始于20世纪80年代中期,多家相关研制单位结合国内技术和应用对象,有针对性地建立了微波阵列式或机电混合式射频目标模拟器的射频仿真实验室。比如,中国航天科技公司第八研究院建立了大面阵射频寻的射频仿真试验系统,中国航天科工集团第二研究院建立了寻的制导系统射频仿真实验室,中国航天科工集团第三研究院建立了海鹰射频仿真实验室,西北工业大学建立了大型反辐射射频仿真实验室,用于射频制导武器的研制和试验。同时,国内很多高校诸如南京航空航天大学、西北工业大学、西安电子科技大学等也开展了射频仿真技术研究,在射频仿真技术领域进行了多年的探索,取得了一定的科研成果。

11.1.2　射频场景动态仿真的功能要求

射频场景动态仿真的主要任务是根据作战场景和对象特性模拟飞行器在飞行过程中的复杂电磁环境,考核和验证雷达探测系统的相关技术和工作性能。复杂电磁环境仿真是时间、空间、幅值、相位等对雷达探测装置接收到的射频信号的一种模拟,要求"复现"实战情况下的雷达探测回波信号的产生、传输和处理过程。基于相似性原理,要求在以下方面做到仿真场景与真实场景的一致。

(1)态势特性:模拟复杂电磁场景与设定的战场态势一致,包括目标类型及数量、战场自然环境等内容。要求系统能够根据设定的作战任务,设置目标类型、地形场景、气象条件、干扰方式等参数。

(2)运动特性:复杂电磁环境应与设定的弹目关系保持一致,包括目标-导弹视线角和角速度、接近速度和横向速度,背景、干扰相对目标的运动、目标位置和姿态的运动以及目标的机动。在射频电磁环境仿真系统中,运动特性的模拟主要通过天线阵列和三轴转台配合来实现。

（3）频率特性：当雷达导引头与目标之间存在相对运动时，由于多普勒效应的影响，目标回波的载频出现多普勒频移，因此，必须模拟出回波信号的频率变化。

（4）时间特性：目标回波脉冲相对于发射脉冲在时间上有一定延迟，时间延迟反映了目标相对于雷达的距离。因此，在进行信号模拟生成时，必须根据弹目距离模拟出时间延迟特性。

（5）幅值特性：由于目标对雷达波的散射作用，只有一部分能量沿着雷达波的入射方向反射回天线。幅度衰减的程度很大程度上取决于目标的雷达散射截面积。雷达散射截面（Radar Cross Section，RCS）是入射角的函数，而空中目标随时间不断发生偏航、滚转、俯仰等运动变化，因此回波信号在一定的范围内有随机的起伏噪声，［称之为幅度噪声（或幅度闪烁）］存在。要求模拟生成的射频信号与目标干扰在幅值特性上保持一致。

（6）相位特性：目标具备不同的外形结构，使得目标对入射波形成了多个散射中心，目标的回波可以认为是各散射中心不同相位反射波的叠加。目标姿态的变化，使得目标回波相位的偏移量随时间起伏变化，这就是所谓的相位角噪声（也叫角闪烁）。要求模拟生成的射频信号与目标干扰在相位特性上保持一致。

11.1.3 射频场景动态仿真的典型分类

为了考核雷达导引头在复杂电磁环境下的工作性能，需要进行信号级别的仿真验证，要求生成的射频信号包含目标、回波、杂波和干扰等信号的幅度信息和相位信息，复现射频信号从发射、传输、反射、杂波与干扰信号叠加以及在接收机内进行的滤波、抗干扰、信号处理直至门限检测这整个过程。在工程实践中，根据是否生成真实的雷达射频信号将其分为注入式射频仿真和辐射式射频仿真。

1.注入式射频仿真

注入式射频仿真是指仿真系统计算出的射频脉冲信号，采用馈线以及必要的射频控制器件，等效模拟天线的指向特性以及信号的幅相特性，并通过馈线实现参试导引头和仿真设备之间的信号传输。根据参试雷达测向体制，准确控制发送到接收机各端口信号之间的幅度、相位或时间关系，模拟不同的信号到达角。在注入式仿真设备中，雷达的发射天线和接收天线等实物不接入仿真回路，而以数学模型的形式引入。

注入式射频仿真的优点是能形成密集的动态环境，且对实验室环境要求不高，使用灵活，调整方便；其缺点是不够逼真，因为模拟信号跨过被测设备的天线直接加到接收机上，天线的特性只能利用模拟方式来实现，增加了模拟的失真程度。

2.辐射式射频仿真

辐射式射频仿真是指仿真系统计算出的射频脉冲信号，通过发射天线辐射到空间，经由雷达导引头的接收天线注入被测设备接收机。为了保证室内环境下射频信号的自由传播，需要搭建微波暗室设施，并将试验设备和参试雷达探测装置安装于微波暗室的适当位置，参试设备和仿真设备之间采用信号空馈的形式实现信号互动。在辐射式仿真设备中，雷达信号发射/接收装置的整个舱段均以实物的形式引入仿真回路中。

辐射式射频仿真的优点是模拟信号经过与真实环境相同的通道进入参试的雷达导引

头,因而信号传输过程逼真,置信度高。其缺点是试验设备建设成本较高,参数更改相对困难,并且受天线数目和暗室空间等试验环境限制,弹目之间的角度关系模拟范围有限。

需要注意的是,注入式射频和辐射式射频仿真,两者各有特点,相互补充,它们共同构成了雷达探测装置地面试验和评估的支撑技术。

11.1.4 射频电磁环境仿真的基本组成

射频电磁环境仿真的类型不同,其射频仿真设备也存在较大差异。射频电磁环境仿真的系统组成如图11-1所示。

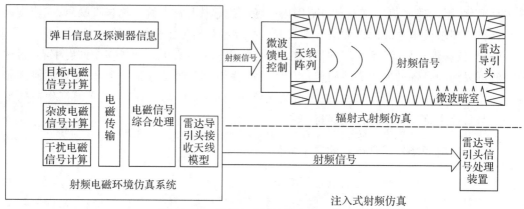

图 11-1 射频电磁环境仿真的系统组成

从图11-1中可以看出,射频电磁环境仿真系统首先根据弹目信息及探测器信息完成典型目标、背景杂波和干扰电磁信号计算,再经过电磁信号综合处理,生成射频电磁信号。辐射式射频仿真由于生成辐射传播的电磁信号,需要引入天线阵列和微波馈电控制系统,并在微波暗室内完成相关试验任务。为实现雷达导引头的闭环接入,主要引入的仿真设备包括射频场景模拟器和微波暗室。其中,射频场景模拟器主要是根据仿真要求,生成雷达导引头工作所需的目标与环境模拟射频信号,主要包括射频信号生成系统、天线阵列及馈电系统、校准系统等诸多设备;微波暗室主要用于为射频信号的传播提供自由空间环境。

11.2 复杂电磁环境的射频信号计算技术

随着信息化时代的到来,各种电子战设备和干扰设备的广泛应用使得战场电磁环境日趋复杂。为了实现战场电磁环境仿真,需要根据设定条件和仿真数据生成与真实的复杂电磁环境战场态势一致的射频信号。射频场景动态计算成为一个结合了科学深度和工程技术难度的重要问题。

射频电磁环境是指在特定作战空间内人为辐射电磁信号和其他电磁信号的总和,是各种电磁辐射源辐射电磁信号的综合结果。在射频装备半实物仿真中,主要围绕雷达/雷达制导武器的典型作战场景和打击目标,基于雷达的工作波段和工作体制,开展相关射频电磁环境的计算;通过对模拟的导引头发射信号进行幅度、延迟、多普勒频率和频率噪声调制,产生目标模拟信号和噪声干扰模拟信号;通过射频天线阵列,向参试的雷达导引头辐射期望的目标回波信号和诱饵干扰信号。

下面就从典型目标、典型杂波、典型射频、大气传输等多个方面,简要给出其射频信号的计算内容和基本方法。需要说明的是,由于射频信号的计算是一项极具专业性和理论性的工作,因此本书只给出了一些基本概念和方法,关于复杂电磁环境射频信号的深入理论,还需要读者查阅相关专业书籍或论文。

11.2.1　典型目标回波信号的计算方法

采用雷达制导的精确制导武器主要包括反舰导弹、防空导弹和空空导弹等,其攻击的目标主要包括敌方的各类作战飞机、导弹以及各种水面舰船目标。在研究目标特性时,需要根据作战武器的对象特点,开展目标雷达散射截面计算,建立目标的辐射特性模型。

为了准确模拟目标在雷达导引头中的回波信号特征,要求能够模拟出目标的距离信息和速度信息。首先,需要计算出目标的回波信号。其中,距离电压系数与目标雷达散射截面、天线增益、距离及传播衰减因子有关;多普勒频率同目标与雷达的位置和相对速度有关;延迟时间与相对距离有关。因此,要全面、准确地计算出目标回波信号,需要首先分别建立与目标雷达散射截面、目标起伏、回波信号形式、目标航迹、目标速度等参数有关的数学模型。然后,根据实验室环境的参数设置,通过射频信号进行调制,实现目标回波信号的模拟,其中距离的模拟由信号延时技术实现,速度的仿真通过对雷达信号的多普勒频移控制实现,而目标雷达散射截面、目标起伏等特性则是根据数学模型对信号幅度进行实时控制来实现的。

目前,目标辐射特性的研究方法主要分为理论分析和实际测量,而理论分析又可以分为统计建模和确定建模等方法,其中,统计建模是基于实测 RCS 数据进行统计分析而获取的计算雷达目标 RCS 的公式,其计算简单但精度较低;确定建模通过构造目标的三维几何模型,按照电磁辐射的方法,获取目标在导引头工作频率下不同方位和俯仰角度时的 RCS 特性,其计算精度较高但运算较为复杂。

1.目标雷达散射截面的概念

雷达散射截面(RCS)是表征目标在雷达波照射下所产生回波强度的一种物理量,是雷达入射方向上目标散射雷达信号能力的度量。其定义为:单位立体角内目标朝接收方向散射的功率与从给定方向入射于该目标的平面波功率密度之比的 4π 倍。

由雷达方程可知,雷达检测到的目标回波强度和其面积成正比。其计算公式为

$$\sigma = 4\pi \lim_{R \to \infty} R^2 \frac{\left| E^s \right|^2}{\left| E^i \right|^2} = 4\pi \lim_{R \to \infty} R^2 \frac{\left| H^s \right|^2}{\left| H^i \right|^2} \tag{11-1}$$

式中:E^i 和 H^i 分别为入射电磁波在目标处的电场强度(V/m)和磁场强度(A/m);E^s 和 H^s 分别为目标散射波在导引头接收处的电场强度(V/m)和磁场强度(A/m);R 为目标到观测点的距离(m)。

2.目标雷达散射截面的统计建模方法

统计建模方法就是结合特定 RCS 分布的概率密度函数和相关特性,利用相关算法生成符合这些概率分布特性的随机数来模拟 RCS 数据。常见的统计模型有施威林模型、莱斯模

型及对数正态分布模型等。

（1）Swerling（施威林）模型。Swerling 模型假设目标 RCS 起伏具有扫描间或脉冲间的统计独立性，将其分为瑞利分布下的慢起伏和快起伏，以及卡方分布下的快起伏和慢起伏，即 Swerling Ⅰ～Ⅳ 型起伏模型。

Swerling Ⅰ 型用于描述慢起伏、瑞利分布的目标，即假设 RCS 幅值起伏是一个扫描间隔按瑞利分布起伏的非相干脉冲链；Swerling Ⅱ 型用于描述快起伏、瑞利分布的目标，即假设 RCS 幅值起伏是一个脉冲间隔按瑞利分布起伏的非相干脉冲链。两者的区别在于，Swerling Ⅱ 型目标 RCS 在仿真时，假定脉冲与脉冲间的起伏是统计独立的。两者模型的概率分布密度一致，均为

$$p(\sigma) = \frac{1}{\bar{\sigma}} \exp^{-\left(\frac{\sigma}{\bar{\sigma}}\right)} \tag{11-2}$$

式中：$\bar{\sigma}$ 为目标截面积起伏全过程的平均值。

Swerling Ⅲ 型用于描述慢起伏、卡方分布的目标，即假设 RCS 幅值是一个扫描间隔按卡方分布起伏的非相干脉冲链；Swerling Ⅳ 型用于描述快起伏、卡方分布的目标，即假设 RCS 幅值起伏是一个脉冲间隔按卡方分布起伏的非相干脉冲链。两者模型的概率分布密度一致，描述公式为

$$p(\sigma) = \frac{4\sigma}{\bar{\sigma}^2} \exp\left[-\frac{2\sigma}{\bar{\sigma}}\right] \tag{11-3}$$

Ⅰ、Ⅱ型模型，适用于复杂目标是大量近似相等单元散射体组成的情况，许多复杂目标（如飞机）的截面积就属于这一类型。Ⅲ、Ⅳ型模型，适用于目标具有一个较大反射体和许多小反射体，或者一个大的反射体在方位上有小变化的情况。

（2）莱斯模型。雷达散射截面的莱斯模型的概率密度函数为

$$p(\sigma) = \frac{1}{\Psi_0} \exp\left(-s - \frac{\sigma}{\Psi_0}\right) I_0\left(2\sqrt{\frac{s\sigma}{\Psi_0}}\right), \quad \sigma > 0 \tag{11-4}$$

式中：s 为稳定体的 RCS 值与多个瑞利散射体组合的平均 RCS 值的比值；Ψ_0 为 σ 瑞利分布的平均值；I_0 为零阶一类修正贝塞尔函数。

采用莱斯模型来描述对象时，仿真目标通常由两部分构成：一个强的稳定散射体和多个弱散射体的组合。莱斯模型中，s 值表示稳定体在整个组合体目标中的权重，且 s 可以是非正整数。

（3）对数正态分布模型。雷达散射截面的对数正态分布模型的概率密度函数为

$$p(\sigma) = \frac{1}{\sigma\sqrt{4\pi\ln\rho}} \exp\left[-\frac{\ln^2(\sigma/\sigma_0)}{4\ln\rho}\right], \quad \sigma > 0 \tag{11-5}$$

式中：σ_0 为 σ 的中值；ρ 为 σ 的平均中值比，即 $\bar{\sigma}/\sigma_0$（$\bar{\sigma}$ 为平均值）。对数正态分布同样具有 2 个统计参数 σ_0 和 ρ，它们分别是是平均值（$\bar{\sigma} = \sigma_0\rho$）和方差 $[\sigma^2 = (\bar{\sigma})^2(\rho^2 - 1)]$。

对数正态分布模型用于仿真的目标，认为目标是由不规则形状的大尺寸散射体组合构成的。

3. 目标雷达散射截面的确定性建模方法

雷达散射截面的确定性建模方法是，根据各种电磁散射理论研究目标产生散射场的各种机理，基于目标三维模型定量计算各种情况下目标的 RCS 特征。其主要分为两个阶段：

目标的几何建模和电磁散射计算。

（1）目标的几何建模。几何建模是目标电磁散射界面确定性建模的前提和基础,是对目标几何外形的数值描述,主要包括目标外形几何构建、目标网格生成以及目标边缘模型生成。其中,目标外形几何构建主要是按照图纸照片等相关资料,在 CATIA、Pro/E、UG 等软件中完成目标三维模型的构建;目标网格生成主要基于目标的三维模型,利用计算机辅助工程(Computer Aided Engineering,CAE)软件完成模型的修复与网格离散优化,生成满足电磁计算所需的离散网格模型;目标边缘模型生成主要根据网格模型的拓扑关系提取自然棱边,为边缘绕射计算提供输入。

（2）电磁散射计算。电磁散射计算是电磁散射截面确定性建模的核心,其计算精度和效率是电磁散射建模的决定性因素。在计算时,必须根据雷达导引头的相关参数(频段、带宽、极化等)进行计算。由于雷达散射截面正比于散射波功率,因此求解电磁波散射的所有方法原则上都可用于 RCS 理论分析。

随着电磁学的不断发展,出现了许多针对目标外形、尺寸、材料的 RCS 计算方法。这些方法基本可以分为两种——精确解析方法和近似计算方法。在实际应用中,利用波动方程和边界条件求散射场级数解的精确解析法只能用于形状简单的目标,如球和圆柱等。因此,实践中主要采用高频电磁散射计算的近似计算方法。该类方法一般可归纳为两类:一类基于射线光学,包括几何光学(Geometrical Optics,GO)、几何绕射理论(Geometrical Theory of Diffraction,GTD)等;另一类基于波前光学,包括物理光学(Physical Optics,PO)、物理绕射理论(Physical Theory of Diffraction,PTD)、等效边缘流法域有限差分法(Equivalent Edge Currents,EEC)等。从工程应用来看,基于波前光学的近似方法具有更广泛的适用性。

4. 雷达散射截面的试验测量建模方法

基于大量试验数据开展雷达散射截面计算也是研究目标雷达特征的一个重要手段。通过对各种目标雷达散射特性进行实际测量,不仅可以获取对基本散射现象的了解,检验理论分析的结果,而且可以获得大量的目标特征数据,建立目标特性数据库。RCS 测量的典型方法有缩比模型测量、全尺寸目标静态测量和目标动态测量,并且随着微波测试仪器的发展,出现了一系列新的测量方法。

11.2.2　典型杂波干扰信号的计算方法

雷达制导的反舰导弹、防空导弹和空空导弹在攻击舰船、低空目标时,雷达导引头接收的回波信号除了目标信息之外,还包括地面、海面、建筑、云层、鸟群等环境因素产生的回波信号,这些信号会直接影响目标检测性能,对导引头的目标检测、识别、跟踪等过程产生很大的影响。因此,将除了特定目标之外一切散射体与雷达发射信号发生作用后的雷达回波称为杂波干扰。

杂波对雷达导引头的干扰机理主要是抬高噪声基底、淹没目标回波或形成虚假信号。杂波干扰强度取决于杂波的强度、目标回波的强度和目标的运动速度。其中,杂波强度通常取决于地形地貌/海况、风向风速、导弹飞行的擦地角和导引头的工作频率等因素。杂波的建模与计算涉及的因素和条件众多,计算难度大。在工程实践中,通常在数学上将杂波干扰描述为具有随机变化特性的概率密度函数和杂波功率谱。

1. 常用的杂波类型

根据杂波信号的来源,可以将杂波分为地杂波、海杂波和气象杂波等。

(1)地杂波。地杂波是一种面杂波,当雷达工作时所发射的探测信号接触到地面或地面上存在的各种干扰物时,会产生回波信号,此回波信号称为地杂波。地杂波的功率谱密度与雷达可探测到的杂波区域的面积、地面接收到杂波时的后向散射系数以及入射角有关。相关研究结果表明,地杂波是由一些存在雷达天线探测到的区域面积内的各种散射单元集合回波所构成的。因此,一般来说,地杂波的幅度特性符合高斯分布特性。

(2)海杂波。海杂波是指从海面散射的回波,不仅与雷达的工作波长、极化方式和电波入射角有关,还与不同的海情、雷达电磁波极化方式、风向等因素密切相关。通常采用高斯分布来表示海杂波的概率分布,用瑞利分布表示其幅度的概率密度分布。随着雷达分辨率的提高,人们发现其概率分布已偏离了高斯分布,出现了更长的拖尾,目前多采用对数正态分布、韦伯分布和非高斯分布等分布模型来描述其幅度概率密度函数。

(3)气象杂波。气象杂波属于体杂波,主要包括云、雨和雪的散射回波。影响气象杂波强度的因素有很多,例如雷达天线波束照射的体积、散射体的性质、信号的距离以及分辨率等。从散射体的性质方面看,气象杂波产生的强度与散射体的状态有关,大气中存在的大量微粒在接收雷达信号后将产生散射从而形成了气象杂波。一般气象杂波的幅度分布同地杂波一样满足瑞利分布特性,其功率谱选用高斯模型来模拟仿真。

2. 常用的杂波幅度分布模型

杂波的幅度谱是指幅度满足特定的模型,即满足特定的概率密度函数。在不同地形或海情下,杂波的幅度谱具有不同的分布特征,主要包括瑞利(Rayleigh)分布、对数正态(Log-Normal)分布、韦伯(Weibull)分布和 K 分布。

(1)瑞利(Rayleigh)分布。瑞利分布是雷达杂波中最常用的一种幅度分布模型,适用于描述气象杂波、低分辨力雷达的地杂波和海杂波。对于低分辨雷达(脉冲宽度大于 $0.5~\mu\mathrm{s}$)或高分辨率雷达,在入射角较大($\varphi > 5°$)时,杂波的幅度分布通常满足瑞利分布。瑞利分布的概率密度函数(Probability Density Function,PDF)表达式为

$$p(x) = \frac{2x}{a^2}\exp\left[-\left(\frac{x}{a}\right)^2\right], \quad x > 0 \tag{11-6}$$

瑞利分布的累积分布函数(Cumulative Distribution Function,CDF)表达式为

$$C(x) = 1 - \exp\left[-\left(\frac{x}{a}\right)^2\right] \tag{11-7}$$

(2)对数正态分布。随着雷达分辨率的提高,瑞利模型已经不能满足实际需要。在雷达分辨率较小或海情级数较高的条件下,杂波分布函数的尾部会有一条较长的曲线。除了分布函数与瑞利分布函数相差较大之外,两者的后向散射系数也有较大差距,对数正态分布适用于低入射角($\varphi \leqslant 5°$),复杂地形的杂波数据或者平坦区域高分辨率的海杂波数据。对数正态分布的概率密度函数(PDF)表达式为

$$p(x) = \frac{1}{x(\pi a)^{1/2}}\exp\left[-\frac{(\ln x - m)^2}{a}\right], \quad x > 0 \tag{11-8}$$

对数正态分布的累积概率密度函数(CDF)表达式为

$$c(x) = 1 - 2\,\frac{1}{2}\exp\left(\frac{\ln x - m}{a^{1/2}}\right) \tag{11-9}$$

(3)韦伯(Weibull)分布。在近距离杂波严重的情况下,很可能会出现强幅度的杂波,且关于幅度的概率密度函数尾部会有一条很长的曲线,在此种情况下用韦伯分布函数进行模拟。韦伯分布的概率密度函数(PDF)表达式为

$$p(x) = \frac{p}{q}\left(\frac{x}{q}\right)^{p-1}\exp\left[-\left(\frac{x}{q}\right)^{p}\right],\quad x > 0, p > 0, q > 0 \tag{11-10}$$

韦伯分布的累积分布函数(CDF)表达式为

$$C(x) = 1 - \exp\left[-\left(\frac{x}{q}\right)^{p}\right] \tag{11-11}$$

3. 常用的杂波功率谱分布模型

杂波的功率谱用于反映杂波序列之间的相关关系。对精度较低的早期雷达,经过观察和测量得到的许多数据表明,功率模型可看作高斯分布模型;对精度较高的现代雷达,因为雷达的波束范围很小、擦地角很小,因此应近似看作柯西分布模型或立方分布模型,该类型功率模型有更长的拖尾且在高频段,幅度比高斯模型大很多。

(1)高斯分布。高斯功率谱模型的功率谱密度函数表达式为

$$s(f) = \exp\left[-\left(1.665\,\frac{f}{f_{3\mathrm{dB}}}\right)^{2}\right] \tag{11-12}$$

式中:$f_{3\mathrm{dB}}$为功率谱取$-3\ \mathrm{dB}$处的频率。

(2)柯西分布和立方分布。由于高斯谱模型无法精确地模拟函数尾部具有一条较长曲线的分布,因此需要建立能够精确模拟此种情况的全极点模型。其功率谱密度函数表示为

$$s(f) = \frac{1}{1 + (f/f_{3\mathrm{dB}})^{n}} \tag{11-13}$$

式中:$n=2$时,为柯西分布,也称为马尔科夫分布;$n=3$时,为立方分布。

11.2.3　典型射频干扰信号的计算方法

射频干扰是利用电子设备反射、散射、吸收和辐射雷达电磁波,使被干扰雷达不能正确检测和跟踪目标,从而达到影响雷达正常工作的目的。射频干扰分为无源干扰和有源干扰,其中无源干扰是指使用除目标以外的物体对雷达波进行反射、折射、吸收或散射等所产生的干扰;有源干扰是指用特别制作的产生干扰信号的设备,由人主动操作,发射出一种特别的电磁波,从而干扰或欺骗敌方,具体又可以分为压制干扰和欺骗干扰两种。

1. 有源压制干扰

有源压制干扰发射装置通过发射高功率或类似噪声的频率,将雷达接收端的信号完全淹没在干扰频率中,使有用信号产生失真、信号检测概率降低、虚警概率增大、测量精度降低。连续波噪声干扰可以在时域、频域和空域产生干扰效果,是最常用的干扰形式。其优点在于不需要预知敌方雷达体制和信号参数就能达到干扰的目的,缺点在于需要较大的功率。有源压制干扰的本质是一种复杂多变的电磁波噪声信号,它的频率、幅度、相位是随机变化

的。根据调整内容可分为调幅式、调频式和调相式,根据带宽可分为瞄准式、阻塞式和扫频式。目前,调幅干扰主要采用的是瞄准式,调频干扰多用阻塞式和扫频式。

噪声调幅干扰是指载波的幅度随调制噪声的变化而变化,其计算模型为

$$J(t) = [U_0 + U_n(t)]\cos[2\pi f_j t + \phi(t)] \tag{11-14}$$

式中:u_0 为直流偏置,是一个常值;$U_n(t)$ 为调制噪声,均值为 0、方差为 σ_n^2、取值范围为 $(-U_0, +\infty)$;$\phi(t)$ 为相位函数,服从 $[0, 2\pi]$ 的均匀分布,且与 $U_n(t)$ 相互独立,f_j 为载波中心频率,为一个常数。

噪声调频干扰在时域恒定值下,频率随机变化,其数学模型为

$$J(t) = U_j \cos\left[2\pi f_j t + 2\pi K_{FM} \int_0^t u(s)\,\mathrm{d}s + \varphi_j\right] \tag{11-15}$$

式中:U_j 为信号幅度;f_j 为中心频率;K_{FM} 为调频斜率;$u(t)$ 为瞬时频率,呈高斯分布且均值为 0,φ_j 为 $[0, 2\pi]$ 均匀分布。

2. 有源欺骗干扰

有源欺骗干扰是指目标接收到敌方的发射信号后,目标携带的干扰机重新发出与发射信号中心频率相近的干扰信号,但该干扰信号与真正目标在频移、调制波形和时延上会有差异,而雷达则会接收到目标的干扰信号,将其误认为是真正目标回波,所以雷达导引头对虚假目标回波进行处理(即干扰)起到了作用。有源欺骗干扰主要包括距离拖引欺骗、速度拖引欺骗和有源角度欺骗等干扰类型。

(1)距离拖引欺骗干扰。距离拖引欺骗干扰是指人为改变干扰回波的斜距信息,使其与目标的斜距信息不同,使雷达跟踪虚假目标回波,起到诱骗作用;然后干扰回波的斜距信息一直改变,使雷达距离波门一直跟随着干扰回波移动,直至与目标的距离较大;维持一段时间后,停止发射干扰信号,导致雷达失去跟踪的"目标"。

距离拖引欺骗干扰的信号模型为

$$J(t) = U_n \cos\left\{(f_0 + f_d)\left[t - \frac{2R(t)}{c} - \Delta t(n)\right]\right\} \tag{11-16}$$

式中:U_n 为干扰回波的振幅;f_0 和 f_d 分别为目标回波的多普勒频率和中心频率;$R(t)$ 为 t 时刻导弹与目标的相对距离;c 为光速;$\Delta t(n)$ 为干扰机施加的延后时间。

(2)速度拖引欺骗干扰。速度拖引欺骗干扰是指人为改变干扰回波的速度信息,使其与目标的速度信息不同,从而使雷达跟踪上虚假目标回波,起到诱骗作用;然后干扰回波的速度信息一直改变,使雷达速度波门一直跟随着干扰回波移动,直至干扰的多普勒频率与目标的多普勒频率之差为雷达系统的最大频率差;在维持一段时间后,停止发射干扰信号,从而造成敌方雷达失去跟踪的"目标"。其信号模型为

$$J(t) = U_n \cos\left\{(f_0 + f_d + \Delta f)\left[t - \frac{2R(t)}{c}\right]\right\} \tag{11-17}$$

式中:Δf 为目标信号和干扰信号的多普勒频率之差。

(3)有源角度欺骗干扰。有源角度欺骗干扰主要利用信道间失配和通道幅相不平衡产生角误差,在敌方导引头天线波束内,产生两个或多个干扰源,角度闪烁使得天线波束摆动,

造成目标分辨力降低,测角误差增大。有源角度欺骗干扰适用于单脉冲体制和合成孔径雷达(SAR)体制的聚束模式和条带模式,适用于静止目标和运动目标,能够对雷达的成像、搜索和跟踪造成类似于点目标的干扰效果。

3. 无源箔条干扰

无源箔条干扰通过人为地把数量巨大的金属散射体以不定的概率释放在不同的位置上,这些金属散射体会对照射信号产生强烈的散射作用,形成强回波从而影响真实目标的检测,从而产生虚假目标。无源箔条干扰主要包括质心式箔条干扰和冲淡式箔条干扰等类型。质心式箔条干扰主要应用于单脉冲模式下的跟踪阶段,在和目标同一个跟踪单元内施放箔条弹,使得敌方雷达在相同的跟踪单元里同时检测到箔条和目标,从而跟踪能量合成中心,造成干扰效果;冲淡式箔条干扰主要应用于单脉冲模式下的搜索阶段,在离目标较远处施放多枚箔条弹,伪造几个虚假目标,降低搜索到目标的概率,从而进入跟踪箔条的阶段。

无源箔条干扰成本低廉、制造简单,能在不需要雷达系统参数值的情况下对多个方向、工作频率、模式和类型的多部雷达产生干扰。

11.2.4　大气传输损耗的计算方法

大气中各种气体、水蒸气、悬浮颗粒等元素会对射频信号产生吸收和散射作用,使雷达发射信号到目标、目标发射或反射信号到雷达的过程产生能量衰减。这种衰减称为大气传输损耗。大气传输损耗影响可以分为两方面:一是大气对雷达信号的传输损耗,二是各种天气下的传输影响。在进行信号回波影响计算时,需要根据天气类型和弹目距离完成不同情况下的大气传输损耗的计算。

1. 大气对雷达信号传输的影响

精确制导武器对空作战和对地打击任务主要是在对流层内。本书主要考虑对流层大气对于雷达信号传输的影响。大气对雷达信号传输的影响主要通过计算大气损耗因子来确定,大气损耗因子与雷达工作频率、传输距离、传输方式、传输时间、大气分布、地球点参数以及地形起伏等有关,其定义为在传输距离、发射天线、发射功率和工作频率相同的条件下,信号接收点的自由空间功率 P_0 和实际功率 P 之比,其单位为 dB,有

$$L_{\text{Atm}} = 10 \lg \frac{P_0}{P} \tag{11-18}$$

经分析,对流层对雷达信号的影响主要包括对流层折射和对流层吸收两部分,其中,对流层中氧气和水蒸气是吸收电磁波的主要因素。其典型的综合损耗计算公式为

$$L_{\text{Atm}} = L_{\text{len}} + \int_{r1}^{r2} (a_{O_2} + a_{H_2O}) \, dr \tag{11-19}$$

式中: L_{len} 为对流层折射损耗,通常采用三阶多项式拟合,式中多项式系数与雷达的仰角有关,有

$$L_{\text{len}} = c_3 R^3 + c_2 R^2 + c_1 R + c_0, \quad 0 < R < 600 \text{ km} \tag{11-20}$$

a_{O_2} 为氧气对于电磁波的吸收,是众多谐振线吸收的总和,当温度为 $20\,^{\circ}\text{C}$ 时,对流层氧气的吸收参数可由下式得到(频率 $f < 57$ GHz),其单位为 dB/km:

$$a_{O_2} = \left[\frac{6.6}{f^2 + 0.33} + \frac{9}{(f-57)^2 + 1.96}\right] f^2 \cdot 10^{-3}, f < 57 \text{ GHz} \quad (11-21)$$

a_{H_2O} 为水蒸气吸收损耗影响,计算公式如下,其单位为 dB/km:

$$a_{H_2O} = \left[0.067 + \frac{2.4}{(f-22.3)^2 + 6.6} + \frac{7.33}{(f-183.5)^2 + 5} + \right.$$
$$\left. \frac{4.4}{(f-323.8)^2 + 10}\right] f^2 \rho \cdot 10^{-4}, f < 350 \text{ GHz} \quad (11-22)$$

式中:ρ 为水蒸气密度,一般取 $1 \text{ g} \cdot \text{m}^{-3}$。

2. 气象因素对雷达信号传输的影响

雷达发射信号在多云、降雨、起雾、降雪等天气下,会出现一定程度的衰减。在工程实践中,各种天气对于雷达信号的衰减主要通过天气衰减系数来描述。假设某种天气下的单程传播损耗为 δ,其单位为 dB/km,则距离为 R 的雷达接收机所收到的回波功率 P_r' 与没有衰减时的回波功率 P_r 的关系为

$$\frac{P_r'}{P_r} = e^{0.46\delta R} \quad (11-23)$$

(1)降雨天气下雷达传播衰减模型。降雨导致的能量衰减与雷达工作载频、雨量和雨滴尺寸等因素有关。降雨损耗系数计算公式为

$$K_{rain} = a R_{rain}^b \quad (11-24)$$

式中:K_{rain} 为降雨损耗系数,单位为 dB/km;R_{rain}^b 为下雨的速率;a、b 为影响系数,其大小与降雨的温度、降雨不同部位的尺寸和雷达发射信号的载频有关。

(2)多云天气下雷达传播衰减模型。在云层里信号的衰减是水蒸气和冰粒导致的,其数学模型为

$$K_{Cloud} = K_{Cloud} M_{Cloud} \quad (11-25)$$

式中:K_{Cloud} 为云中电磁波损耗系数,其单位为 (dB/km)·(g/m³);M_{Colud} 为云层类型层数,对于水云,$M_{Cloud} = 1 \sim 2.5 \text{ g/m}^3$,对于冰云,$M_{Cloud} < 0.1 \text{ h/m}^3$。可根据云层厚度 h 计算其传递损耗值。

(3)有雾天气下雷达传播衰减模型。在有雾天气,单程吸收系数和两个因素——雾气中的含水量、射频信号的波长有关,有

$$K_{fog} = \frac{0.438 M_w}{\lambda^2} \quad (11-26)$$

式中:K_{fog} 为雾气衰减吸收系数,单位为 dB/km;M_w 为空气中单位体积的水量(g/m³);λ 为射频信号波长。

(4)降雪天气下雷达传播衰减模型。降雪天气下,射频信号的衰减系数主要和下雪速度和射频信号波长有关。下面给出不同程度的降雪天气下,电磁波衰减的数学模型为

$$K_{snow} = \frac{0.003\,49 r^{1.6}}{\lambda^4} + \frac{0.002\,2r}{\lambda} \quad (11-27)$$

式中:K_{snow} 为降雪衰减系数,单位为 dB/km;r 为下雪速度,单位为 mm/h;λ 为射频信号波长。

11.3 射频场景模拟器技术

射频场景模拟器作为数字信号处理技术、雷达技术和仿真技术相结合的产物,涉及控制、计算机、机械、微波等多个学科的内容,其核心任务是以射频形式复现雷达导引头接收的射频信号,不仅应能够模拟目标的空间属性(弹目距离、距离变化率、相对角度、相对角度变化率等)和射频特征(信号幅度、相位、频率、幅度起伏、角闪烁、极化等),还应能够模拟出自然环境杂波信号(地杂波、海杂波和气象杂波等)以及电子战作战中的电子干扰信号,从而在实验室内以射频辐射的方式逼真地复现被试雷达导引头在真实作战环境下所面临的雷达电磁环境,为射频制导武器系统提供实验室条件下的系统仿真、系统性能测试、系统性能验证与技术指标评估、系统和分系统开发以及故障诊断等手段。

典型的射频场景模拟器,主要包括射频信号生成系统、天线阵列及馈电系统等。

11.3.1 射频场景模拟器的分类

在辐射式射频场景模拟器的仿真过程中,需要模拟射频信号特征和目标空间属性。其中,除目标相对于雷达导引头的空间角度和角度变化率外,基本都是用电路的形式来实现的。因此,可以按照实现角度运动的模拟方法来对射频目标模拟器进行分类,主要分为机械式和阵列式两大类射频场景模拟器。

1.机械式射频场景模拟器

机械式射频场景模拟器又包括轨道式和紧缩场式,主要通过伺服系统来驱动机械装置上的目标模拟信号辐射单元,利用机械运动来模拟目标与导弹导引头之间的空间角度运动。

(1)轨道式:轨道式射频目标模拟器的一种典型结构是两个做成弧形并相互垂直的导轨,其中水平导轨固定不动,垂直导轨上安装有可以沿导轨移动的辐射天线,在水平导轨上面移动,两者运动组合,就能够模拟目标在空间的二自由度运动。其优点是结构简单,成本较低,被广泛用于产品测试等工作中;其缺点是无法复现目标的角闪烁现象,并且无法实现多目标、复杂背景的信号模拟,难以满足目前复杂电磁环境的仿真需求。目前其主要用于导弹雷达导引头的测试和维修。

(2)紧缩场式:紧缩场式射频场景模拟器基于准直仪原理,采用两个可以相互垂直运动的二自由度框架,这两个框架上带有一个抛物面反射镜,模拟目标的射频信号通过波导及同轴电缆馈送到一个喇叭天线上,该喇叭天线位于一个抛物面天线的焦点上,通过反射形成平面波,模拟电磁波在自由空间的传播环境,这被称为"紧缩场"技术。导引头安装在距抛物面反射镜较近的位置。它不需要很大的微波暗室和天线阵列,结构紧凑,形式简单,但对多个目标、干扰的复杂场景的模拟难度较大。

2.阵列式射频场景模拟器

阵列式射频场景模拟器是一种电子控制式的目标模拟器,由数百只辐射天线按一定规律排列组成一个天线阵,每相邻的 2 只/3 只天线组成一个子阵,称为组元。通过控制组元中不同天线辐射信号的相对幅度和相位,从而改变它们合成信号的视线位置,模拟目标相对于导引头的视线运动。其主要优点是可以实现对目标角度的快速电控模拟,缩短测试时间,利用微波高速开关和高速衰减器,通过分时复用可以实现多目标、动态场景、复杂干扰的模拟能力,从而更为逼真地模拟雷达导引头的工作场景,实现对复杂电磁环境下射频设备性能的考核,但其技术复杂、设备量大、成本高。

随着战场电磁环境的日趋复杂,人们对射频场景的仿真提出了多目标、多干扰、多波段等仿真需求,因此,阵列式逐渐成为射频目标仿真的主要发展趋势。下面围绕阵列式射频场景模拟器进行介绍。

11.3.2 射频信号生成系统的设计

在注入式射频仿真和辐射式射频仿真中,射频信号生成系统作为射频仿真系统的核心,包含一系列软件和硬件,主要根据仿真中各项设置条件和仿真状态(导弹参数、目标类型、弹目距离、自然环境、弹道参数)产生目标回波信号、环境信号和各种自然和人为的干扰信号。其中,目标回波信号的作用:再现了目标的速度、距离、RCS特征;模拟了各种杂波环境,包括高度线杂波、主瓣杂波和副瓣杂波,应用统计性模型进行统计性杂波模拟;产生了各种干扰信号,包括各种欺骗式干扰、压制式干扰等。

1.射频信号生成系统的主要组成

射频信号生成系统主要包括一系列软件和硬件。按照功能,可以划分为以下模块:

(1)射频信号时域延迟模块:完成射频信号的时域延迟,对阵列上前向波接收的信号加入时间信息即完成目标回波信号的时延,包括微波开关组合、微波光调制解调器、光纤组合链路、上下变频滤波电路以及控制逻辑等子模块。

(2)射频信号本振源产生模块:产生系统基准频率和高精度的点频率。

(3)射频通道及幅度形成模块:对阵列上前向波接收的信号加入幅度信息,即完成目标回波信号的RCS特性变化的信息,完成目标回波信息的生成。该模块由混频器、程控衰减器、滤波器等组成。

(4)射频信号频率处理模块:在阵列上前向波接收的信号中加入频率信息即完成目标回波信号的多普勒频率,并加入杂波信息。其主要包括直接数字合成(Direct Digital Synthesizer,DDS)多普勒频率合成器、数字正交调制器、中频基准信号和正交基准信号产生器、中频信号合成等子模块。

(5)干扰信号处理模块:在射频段上生成各类有源压制噪声信号,信号参数可设、可调,在空间形成具有多种压制噪声干扰样式及组合干扰样式的有源压制式干扰信号。

(6)计算机控制及接口模块:计算机控制及接口模块主要完成对整个射频信号生成系统的控制。其主要包括数控器件的二级寄存控制接口、任意波形合成电路、干扰控制电路及全系统状态的检查和显示电路。

(7)计算机软件及射频计算模型模块:计算机软件及射频计算模型模块主要包括人机交互框架程序、底层控制程序、统计杂波模型、统计型目标模型软件等。

2.射频信号生成系统的工作原理

以某型主动雷达导引头的射频信号生成系统为例,介绍其工作原理。

目标阵列前向波接收装置接收到的参试雷达导引头发出的稳幅发射脉冲信号,经功率分配器分成多路,进入射频信号生成系统。首先加入微波锁相本振进行下变频,得到光纤延时器所需的 2～3 GHz 的频率,然后把这个基带信号输入光纤延时器,通过计算机实现系统要求的各类时间延时功能。

在时间延时后,基带信号通过同样的本振上变频恢复到雷达工作频率,此时信号已加入时域上的信息;上变频滤波后,对信号进行上下混频,加入 DDS、基带直接正交射频调制(Direct Quadrature Modulation,DQM)频域信息;该射频信号经过下变频组合,中频基准被抵消,同时调制上了杂波信号。至此,雷达发射脉冲信号在频域上调制上了应有的目标、杂波和干扰信号特征。

在完成时域、频域信息的叠加后,发射脉冲信号再通过幅度电平处理电路得到具有一定幅度变化规律的发射脉冲信号,加入了幅度信息,这一变化规律是距离、目标 RCS、天线方向图调制等因素变化带来的。

最后产生目标回波信号,经射频通道输出到阵列及馈电系统。

11.3.3　天线阵列及馈电系统的设计

天线阵列及馈电系统作为射频仿真系统的重要组成部分,主要用于辐射目标及背景的模拟信号,并实现对目标及背景模拟信号的角度位置控制。通过接收、放大与传输来自射频信号生成系统的目标射频信号和射频干扰,将具有幅度特性、相位特性和频率特性的信号送到指定的天线单元,再从目标阵列和干扰阵列的适当位置发射出去,从而模拟目标及干扰信号。

天线阵列及馈电系统主要包括天线阵列、馈电系统以及阵列支撑结构、工作平台等设备。其中,天线阵列是由许多微波喇叭组成的一系列二元组/三元组阵列系统,负责将馈电系统传输的信号转换为真实的辐射信号并发射出去;而馈电系统包括诸多射频信号处理器件,将射频信号生成系统输出的辐射信号进行放大、功率分配、幅相控制后,由开关矩阵送到相应的三元组或二元组天线上辐射出去。阵列支撑通常由球面圆盘和支撑框架两部分组成,球面圆盘可采用薄钢板或玻璃钢板拼接结构,用螺钉连接,以便对阵列做局部改装。维护工作平台的作用是便于工作人员对阵列进行调整、检查和维护,同时可安放阵列的馈电控制设备。

1. 天线阵列及馈电系统的工作方式

射频仿真系统天线阵列及馈电系统通常采用三元组或二元组空间合成的工作方式(见图 11-2),用于模拟产生雷达信号,并模拟各种信号平台相对被试设备的空间运动,即实现雷达信号在天线面阵上的移动。

通常情况下,二元组天线阵列的辐射单元分成 A、B 两组,即采用两组微波喇叭来模拟一个目标位置;三元组天线阵列的辐射单元分成 A、B、C 三组,即采用三组微波喇叭来模拟一个目标位置。不同目标位置采用高速微波开关矩阵转换,根据角闪烁方程,散射点的方位取决于三元组的3个辐射单元的馈电电压相对幅度相位关系。在战术导弹射频制导仿真实验室中,通常采用三元组面阵模拟产生空间运动的目标,模拟目标在水平和俯仰两个方向下的运动。而反舰导弹对付海上目标时,导弹末制导雷达大多采用单平面跟踪体制,即只存在一条方位跟踪支路,没有俯仰跟踪支路。因此,对于专门用于掠海飞行的飞航导弹射频仿真试验用的阵列天线,可以将其设计成二元组线阵,这样可以降低整个射频仿真系统的研制费用。

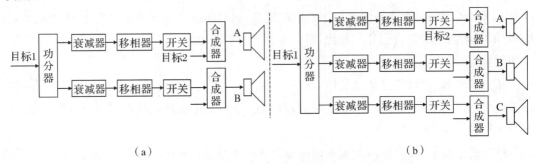

（a） （b）

图11-2 二元组/三元组双目标线极化馈电系统示意图

(a)二元组；(b)三元组

2.天线阵列的布局设计

天线阵列是射频信号的生成装置,由一系列微波喇叭及其安装平面构成。其设计主要包括天线阵列的形状、尺寸和间隔以及喇叭的设计。

(1)天线阵列的形状设计。按照天线阵列的形状,可以将其分为圆形、六角形、带状和混合阵列,其形状示意图如图11-3所示。

1)圆形阵列:一种基本的阵列形式,它所提供的方位视场角和高低视场角相等。圆形阵适用于地空和空空导弹的仿真。在最大尺寸相同的情况下,圆形面阵的视场角最大。

2)六角形阵列:辐射单元按等边三角形排列成三元组。

3)带状阵列:带状阵列至少由两排单元构成,以便形成三元组。对于反舰导弹或反坦克导弹的仿真系统,由于目标限制在一个平面上运动,高低方向的视场角不大,因此采用水平方向的带状阵列。

4)混合阵列:混合阵列是一种节省投资的折中方案。一般在小视场角内采用六角形阵列或方形阵列,而在大视场角范围内采用带状阵列。

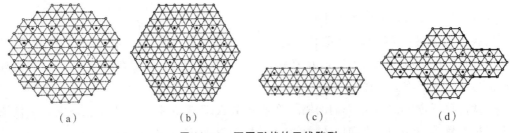

（a） （b） （c） （d）

图11-3 不同形状的天线阵列

(a)圆形阵列；(b)六角形阵列；(c)带状阵列；(d)混合阵列

(2)天线阵列的间隔设计。天线单元之间的距离在很大程度上决定了整个系统的角度模拟精度,在模拟视场角度确定的前提下,天线间隔距离决定了天线单元数目,在很大程度上决定了系统的复杂程度和成本。相关分析表明,间隔为 d 的两个辐射器的电磁波在被试雷达天线口面上的照度变化不超过 ± 0.5 dB 时,单元间隔应满足:

$$d \leqslant \frac{R\lambda}{3.337D} \qquad (11-28)$$

式中:d 为阵列天线的单元间隔;R 为阵列天线曲率半径;D 为被试雷达天线口径;λ 为雷达工作波长。

(3)天线阵列的喇叭天线设计。阵列天线的喇叭形式有圆形和矩形两种,普遍使用的是四脊双极化圆形天线。这类天线不仅性能较好,而且调整方便,它可以十分方便地发射水平极化、垂直极化和左旋或右旋圆极化射频信号。喇叭天线单元的两个极化端口的相互隔离度大于 20 dB,驻波比在整个工作频段不大于 2.5 dB。在用作线极化发射时,每只天线单元上都装有匹配负载,以避免能量泄漏到空间形成电磁干扰。

3.馈电系统的设计

馈电系统包括天线馈电控制系统与信号源控制系统,主要用于模拟目标的视在角位置及其运动轨迹,模拟分布式的面杂波以及辐射电子干扰信号,并根据电气校准中制作的校准表格和补偿算法对目标定位的系统误差进行补偿。天线馈电控制系统主要包括与粗略控制模拟目标位置相关的开关选择矩阵,以及与精确控制相关的衰减器、移相器,还包括功率分配器、功率放大器以及功率合成器等微波器件。

(1)高速微波开关矩阵。高速微波开关矩阵用于转换天线辐射单元,进行模拟目标角度位置的粗选择。用于阵列天线馈电系统中的高速微波开关可有两类可供选择:一类是机电式同轴开关;另一类是 PIN(Positive Intrinsic Negative)二极管开关。前者的特点是承受功率大,缺点是开关速度慢。后者的特点刚好相反,即功率容量小,开关速度快。

(2)微波可编程衰减器。在三元组面阵的馈电系统中,每个目标通道至少需要三只可编程衰减器。在二元组线阵的馈电系统中相对要简单些,每个目标通道需要两只微波可编程衰减器。微波可编程衰减器与微波可编程移相器共同构成二元阵的幅相控制系统,主要用于对二元组阵列单元合成的目标在两单元中的位置进行精细调节。典型的微波可编程衰减器主要由驱动电路和 PIN 二极管衰减器组成。

(3)微波可编程移相器。微波可编程移相器用来调节两个微波馈电支路之间的相移,通过计算机编程进行控制。目前,主要采用 PIN 二极管移相器,其主要由射频矢量调制器和驱动器组成,驱动器又由 D/A 转换器和电压缓冲器构成。

(4)功率放大系统。功率放大系统是由行波管放大器或固态放大器组成的射频功率放大链。该放大链具有双模工作能力,能工作于脉冲波与连续波双模状态,在脉冲工作状态下,射频输出通断比大于 80 dB,目前主要采用固体放大器作为功率放大器件。射频功率放大系统要求具有过压、过流保护器和故障告警系统,以避免设备损坏。

4. 阵列支撑结构及维护工作平台的设计

阵列支撑结构和维护工作平台主要用于支撑天线阵列,保证系统的正常运行。

(1)阵列支撑结构。阵列支撑结构是一个大型钢质框架,通常安装在微波屏蔽暗室内靠墙一边,框架中心区域通常采用球面金属圆盘,使得各个微波喇叭与雷达导引头的距离相同,从而保证了系统精度和通道一致性。天线阵列安装在球面阵的前面(凹面),馈电系统、六自由度调整机构、射频馈线等安装在球面阵的后面(凸面)。

由于面阵结构尺寸较大,因此圆盘应采用薄壳结构,尽量避免采用桁架结构,从而保证有足够的刚度与强度,并便于工作人员对每个器件进行调整和维护。圆盘背面的器件应分区配置,并采用树状分区馈电,从而缩短馈线的长度。辐射单元通过六自由度调整机构安装在阵列圆盘上,六自由度调整机构可以保证辐射单元在 6 个自由度精细地进行调整,这样可以放宽对阵列支撑结构的精度要求。

为了保证喇叭单元的位置精度,要求整个面阵结构和整个暗室的顶棚以及墙面都不接触,防止任何设备和人员的移动影响目标定位精度,其地基也应采取隔振措施。

需要说明的是,部分阵列支撑结构也可以采用平面结构,这样的优点是阵列结构简单,易于加工安装和后期维护。但平面阵列需要后期进行大量的校准修正,以保证系统精度和通道一致性。

(2)阵列维护工作平台。一个大型的阵列必须确保工作人员具有一个便于进行操作和维护的工作平台。工作平台是一个大型钢架结构,它应与阵列很接近,但不能相互接触,以避免由于工作人员在工作平台上走动而造成阵列振动。工作平台要有足够的空间,因为它上面还要放置一些馈电控制器件的机柜。为了保证模拟目标的位置精度,避免温度变化对馈电控制器件性能的影响,需要在阵列维护区安装空调。

5. 前向波接收装置的设计

在进行抗干扰仿真试验时,射频仿真系统首先需要对末制导雷达的发射脉冲进行接收,然后进行存储转发,末制导雷达发射脉冲的获取是射频仿真系统正常工作的前提。

前向波接收装置的目的是通过空间耦合的方式实时接收雷达的发射信号,其基本功能是提供一个稳幅的信号给接收装置,从中提取出射频引导信号,主要包括机械移相器、合成器、检波器、稳幅电衰减器等。接收喇叭选用阵列上 4 个天线单元喇叭,利用环行器加上收发开关,采取收发共用的方式接收雷达信号。信号经过移相及衰减后,调整至四路同相,经功率合成再稳幅,以保证接收信号的相位连续、幅度稳定,从而满足射频信号生成系统对接收信号的要求。

11.3.4 射频场景模拟器的主要指标

射频场景模拟器作为射频场景生成的核心器件,主要用于产生包含目标、干扰、诱饵、杂波等因素在内的期望雷达回波信号,对于该类设备的性能,需要通过一些指标来进行考核。下面介绍几个重要的射频场景模拟器的评价指标。射频场景模拟器技术指标主要包括模拟能力、射频信号特性等。

1.射频场景模拟器的模拟能力指标

射频场景模拟器的模拟能力指标主要用于描述系统对于雷达信号的仿真能力,包括适用对象、模拟类型、工作频段、模拟数目等,其要求不仅体现在硬件能力方面,也体现在软件功能要求方面。在选择该项指标时,需要根据仿真系统的任务和参试对象来确定。

(1)适用对象体制:雷达导引头具有主动式、单脉冲、多普勒等多种工作体制,因此,射频场景模拟器应明确参试雷达导引头的工作体制,确保研究人员能开展相关的设计研究工作。

(2)模拟目标特征:目标模拟特征决定了射频目标模拟器能够模拟的目标类型,如战斗机、轰炸机、无人机、大型舰船等。不同的目标类型决定了不同 RCS 模型和目标的速度范围与距离范围。

(3)杂波及干扰类型:仿真系统应根据试验任务需求,明确仿真系统能够模拟的杂波及干扰的类型,包括宽带噪声、窄带噪声、各种欺骗式干扰及杂波等背景干扰。

(4)工作频段:工作波段是指仿真系统接收和处理的射频信号频率范围。根据参试导引头的工作频段来确定整个仿真系统的工作频段,该指标主要与阵列天线微波馈电系统的工作频率相关,也与暗室吸波材料的尺寸及射频信号源的频率范围等因素有关。典型频段包括 X 波段(8~12 GHz)、Ku 波段(12~18 GHz)、K 波段(18~26.5 GHz)、Ka 波段(26.5~40 Ghz)、毫米波(80~100 GHz)等。

(5)视场角度范围:在进行射频仿真系统设计时,应根据典型作战任务的飞行弹道明确视场角范围。该指标决定了微波暗室的尺寸和阵列天线的范围。在进行设计时,应综合考虑仿真试验任务需求和建设成本规模,在两者之间进行平衡选择。

(6)模拟目标数目:模拟目标数目是指射频仿真系统能够同时模拟的目标数目,在设计时应根据作战试验任务进行选择,该指标直接影响射频目标模拟器、天线阵列及馈电系统的选择。一些先进的射频仿真模拟器具备 4 通道模拟能力,能够同时模拟 1 个主要目标和 1~3 个次要目标或欺骗干扰。

(7)阵列形式:针对不同的仿真试验任务,需要选择合适的阵列形式,如是二元组阵列还是三元组阵列。同时,应根据视场范围和微波暗室的尺寸确定阵列的形状。

2.射频场景模拟器的射频信号指标

射频场景模拟器作为一个射频信号生成设备,对于其产生的频率信号,在幅值范围、相位精度、功率等方面,均有一定的指标要求。

(1)信号动态范围:动态范围是指系统正常工作时允许的输入信号强度范围,通常用能检测到的最大信号强度与最小信号强度之比表示。通常要求系统的动态范围超过一定值。

(2)信号功率:模拟的射频信号的功率要求,主要包括输出信号功率范围和输出功率控制精度等。

(3)信号带宽:用于描述仿真系统产生射频信号的带宽,主要包括工作带宽和瞬时带宽等。

（4）信号精度：主要用于考核射频场景模拟器生成的射频信号精度，主要包括杂散电平、射频通断比、通道隔离度、模拟信号带内平坦度等指标。在进行系统设计时，通常要求杂散电平低于某一指标，通道隔离度不低于某一指标，模拟信号带内平坦度的幅度起伏不超过某一范围。

（5）极化方式：主要有水平极化、垂直线极化和圆极化。大多数末制导雷达采用的是线极化，而干扰机一般具有圆极化功能。

（6）更新率：阵列天线模拟目标角位置的更新率必须大于全系统目标更新率的要求，一般要求整个仿真系统的目标位置更新时间小于 3～5 ms，而阵列天线馈电系统目标位置更新时间可达到 1 ms 左右。

（7）阵面曲率半径：由远场条件初步估算得到，与参试导引头的工作频率范围有关。阵面曲率半径直接决定了微波暗室的有效长度。在系统设计时，应根据对象特点和任务经费进行综合考虑。

11.4　本章小结

现代战争中，射频制导武器面临日益严重的对抗手段和日趋复杂的战场环境。为了在实验室环境下验证雷达导引头的信号处理能力，评估导引头的抗干扰性能、检验电子战装备的作战能力，需要针对作战环境，为射频导引头或电子战装置提供一个逼真的射频场景。

本章首先对射频电磁环境仿真技术的发展、任务、分类及组成进行了介绍，并针对射频场景仿真中的信号计算模型问题，将其分为目标、杂波和诱饵三种类型进行介绍；其次，围绕生成射频回波信号的射频场景模拟器，介绍了其基本分类；再次，针对射频信号生成系统、天线阵列及馈电系统，介绍了其组成及工作原理；最后，给出了射频场景模拟器的典型性能指标。

11.5　本章习题

1.简述射频场景动态仿真技术的主要任务。

2.为保证射频场景仿真置信度，需要在哪些方面实现仿真场景与真实场景的"一致性"？

3.简述射频场景动态仿真的分类及其特点。

4.射频场景的计算内容主要包括哪些方面？

5.目标辐射特性的研究方法有哪些？每种方法的含义和各自特点是什么？

6.解释 RCS 的概念及其计算公式。

7.解释施威林统计模型的类型及其特点。

8.简述目标几何建模的过程。

9.说出几种目标 RCS 特性的计算方法。

10.简述杂波的概念及其对导引头的干扰机理。

11.典型的杂波信号有哪些？

12. 常用的杂波幅度分布模型有哪些?

13. 简述射频人工干扰的含义及典型类型。

14. 简述有源欺骗干扰的含义及其典型类型。

15. 简述有源距离干扰和有源速度干扰的工作方式及其信号模型。

16. 简述无源箔条干扰的含义和典型分类,以及不同类型的工作原理。

17. 简述大气对于雷达信号的影响及其计算公式。

18. 哪些气象因素会对雷达信号传输带来影响?

19. 简述射频场景模拟器的主要任务。

20. 简述射频场景模拟器的典型分类及其特点。

21. 简述射频信号生成系统的主要组成。

22. 简述天线阵列及馈电系统的主要组成及其功能。

23. 简述天线阵列及馈电系统的工作方式。

24. 天线阵列的形状主要有哪些?

25. 馈电系统主要包括哪些设备? 其任务分别是什么?

26. 简述射频目标模拟器的典型性能指标。

第 12 章　微波暗室仿真技术

随着新军事革命的不断推进,战争形态由机械化向信息化演变的速度越来越快,敌我双方采用大量的电子对抗,导致战场环境中充满了各种武器装备所释放的高密度、高强度、多频谱的电磁波,以及民用电磁设备的辐射和自然界产生的电磁波,这些因素使得作战装备面临着异常复杂的电磁环境,主要表现在空域上纵横交错、时域上集中连续、频域上密集交迭、能域上强弱参差,给各种电子战装备和射频探测装备带来了巨大的影响。

为了在实验室环境下精确地测量射频天线和天线罩的电气参数,获取目标对象雷达散射截面特性,考核雷达导引头特性及一切具有辐射或接收特性的无线电整机的性能,需要有一个"安静"和"自由"的测试环境。但普通试验室由于地板、天花板、墙壁或其他周围物体的反射,会给测试带来干扰,测得的结果不准确。为此,设计一种近似于无反射自由空间环境的实验室,成为射频研究需解决的重要问题。

微波暗室又称电波无反射室或者吸波室,是一个由吸波材料和金属屏蔽体组建的特殊房间,通过对内部的电磁波尽可能多地吸收,提供一个能够抑制内部电磁多路径反射干扰、屏蔽外界电磁干扰的相对寂静的电磁测量环境。借助微波暗室,通过远场和近场测量软硬件系统,可精确测量雷达、通信设备的天线参数和导弹及各种飞行目标的电磁散射特性等,同时可进行微波电路、元器件的网络参数测量和高频场仿真等,免受杂波干扰,提高被测设备的测试精度和效率。近年来,随着通信技术、仿真试验技术、隐身技术以及各种电子战武器装备的发展,微波暗室广泛应用于通信、雷达、微波、导弹、航空等领域。

在本章:首先,简要给出微波暗室的相关概念,对任务、发展和分类进行介绍;其次,介绍系统组成、工作原理和典型指标等内容;最后,从系统尺寸、屏蔽结构、吸波材料、特性仿真等方面详细介绍微波暗室的设计内容。

12.1　微波暗室技术相关概念

微波暗室是一种广泛用于雷达测试、导弹导引仿真等系统中的射频试验环境装置,在射频研究中发挥着至关重要的作用。微波暗室利用内壁上贴敷的吸波材料,模拟电磁波的自由传播的空间环境,能够完成精确测量雷达、通信设备的天线参数和各种飞行目标电磁散射特性等任务,并进行微波电路、元器件的网络参数测量和高频场仿真等任务,被广泛应用于天线通信、射频辐射计算、射频对抗仿真等诸多领域。

12.1.1　微波暗室的主要任务

微波暗室是一个能够屏蔽外界电磁干扰、抑制内部电磁多路径反射干扰、对来波能够几乎全部吸收的相对寂静的电磁测量环境。微波暗室的主要任务包括两个方面:一方面是完成外部信号的电磁屏蔽,防止其污染外部环境和发生反射而影响测量的精度;另一方面是模拟内部电磁信号在空旷空间的自由传播过程,避免墙壁、天花板、地面等因素对信号的折射和反射产生影响,抑制内部电磁多路径反射干扰。

12.1.2　微波暗室的发展历程

微波暗室技术出现于 20 世纪 50 年代初,最开始主要用于天线方向图的远场测量,随后扩展到飞机、舰船等的雷达散射特性测量,以及电子设备的电磁兼容测试等。随着射频技术的迅速发展,微波暗室在军用和民用领域得到了广泛的应用。

1.国外微波暗室的发展历程及典型代表

微波暗室的发展始于 20 世纪 50 年代初,美国麻省理工学院的辐射实验室通过在房间的各面墙壁上铺设角锥形吸波材料来吸收发射源向外辐射的电磁波,在同一时期,美国海军实验室、德国哥廷根大学、瑞士邮电部等也建立了微波暗室并得到了迅速的发展和应用,世界各军事强国建设了一大批微波暗室,用于信号通信测试、目标特性计算、电子战对抗研究。世界上著名的微波暗室包括洛克希德·马丁公司位于得克萨斯州沃斯堡的微波暗室、爱德华兹空军基地的贝尼菲尔德微波暗室等。

洛克希德·马丁公司微波暗室主要用于航电设备射频整合。诸如两种型号的 F-111,多种型号的 F-16、F-35A 等飞行器系统都曾在该实验室进行过电磁评估,可以开展定位、导航、卫星通信、语音通信、数据链、着陆等任务下的射频信息性能评估。美国空军贝尼菲尔德微波暗室位于加利福尼亚州爱德华兹空军基地,是一个测试与评估射频电子战系统,美国空军第 412 试验联队电子战大队第 772 试验中队负责该设施的运营和维护。其微波暗室长约 80 m、宽约 76.2 m、高约 21.3 m,是目前世界上最大的微波暗室之一,拥有非常先进的仿真/激励系统,可以逼真地模拟真实的电子战/信息作战任务环境,能够进行美国多种军用飞机以及盟友飞机的目标特性测试和电子战性能评估。一些飞行器在微波暗室中的测试试验场景如图 12-1 所示。

2.我国微波暗室的发展历程

我国在微波暗室方面的研究始于 20 世纪 60 年代,由于当时技术及社会条件的限制,其发展得并不理想。随着我国综合国力的增强,以及航空、航天、电子等行业的迅速发展,人们对高性能及多功能雷达天线的需求更大,对电子设备的电磁散射及电磁兼容要求更严格,因此很多企业、研究所及一些电子类的院校,都相继开展了微波暗室的建造和研究。

在 20 世纪 70—80 年代,大连中山化工厂、中国电子科技集团公司第十四研究所等一些单位相继研制出了高性能的吸波材料。进入 21 世纪,随着国家综合国力的增强,国内建设了一批军用和民用微波暗室。中国电子科技集团公司第十四研究所建成了 26 m、18 m、16 m 的大型微波暗室,暗室内配备平面近场和压缩场两套测试设备;西安电子科技大学建设完成了专用于低副瓣天线测量的小型微波暗室;电子科技大学建设了集天线测试、电磁兼容测试为一体的大型暗室群;为了进一步研究飞行器的隐身性能,西北工业大学、南京航空航天大学、北京航空航天大学也相继建造了飞行器雷达散射截面测试的微波暗室。

目前,随着微波技术的快速发展,对暗室的要求越来越高,我国微波暗室在空间范围和高端性能上还与国外存在一定差距。

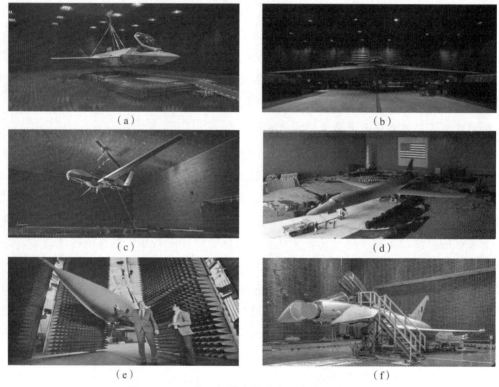

图 12-1 一些飞行器在微波暗室中的测试试验场景

(a)F-35A 战斗机;(b)B2 轰炸机;(c)全球鹰无人机;

(d)B1B 轰炸机;(e)Su-57 战斗机;(f)台风战斗机

12.1.3 微波暗室的典型分类

经过多年的发展,微波暗室已经有多种类型和形式。下面给出微波暗室的典型分类。

1.按模拟对象对微波暗室进行分类

微波暗室根据其模拟对象的不同,可以分为半电波暗室和全电波暗室。

(1)半电波暗室。半电波暗室五面贴吸波材料,主要模拟开阔试验场地,即电波传播时只有直射波和地面反射波。半电波暗室主要用于电磁兼容测量,包括电磁辐射干扰测量和电磁辐射敏感度测量,典型性能指标用归一化场地衰减和测试面场均匀性来衡量。

(2)全电波暗室。全电波暗室六面贴吸波材料,模拟自由空间传播环境。全电波暗室主要用于微波天线系统的指标测量,暗室性能用静区尺寸、反射电平静度、交叉极化等参数表示。

2.按形状对微波暗室进行分类

早期的微波暗室受限于技术水平和材料性能,只能采用改变其形状的方式来获得较好的电磁特性,因此出现过多种形状,如喇叭形、矩形、锥形、纵向隔板形、横向隔板形、孔径形、半圆形、扇形与复合形等。随着吸波材料性能的提高,目前设计的微波暗室主要为喇叭形、锥形和矩形三种。

(1)喇叭形微波暗室。喇叭形微波暗室的优点是墙壁的表面积比同类矩形微波暗室小,屏蔽层内所需要的吸波材料较少,成本较低;但其缺点是随着吸波材料长度的增加,暗室内部的测量空间会急剧减小,结构复杂,通用性较差。同时由于其结构的限制,其固有的有效散射面较大,在进行天线测量时,需要准确调整发射天线的位置,而待测天线只能放在特定的位置,因此其应用范围与发展受到限制。

(2)锥形微波暗室。锥形微波暗室能够避免来自侧墙、地板和天花板大角度的镜面反射,因而低频特性比矩形暗室好;同时,在设计时,可以将激励源所在方向设计成角锥喇叭形状,其锥角一般取 26°,在静区的方向上保持为矩形,这样的设计可以减小发射端不必要的空间,减小暗室的表面积,从而降低建造成本。其缺点在于:①由于空间传输损耗与自由空间不一样,因此只能用比较法测量天线增益;②锥顶形状决定了其只能放置一个单元天线,不能用来测量场强绝对值,也不适合测量雷达散射截面。

(3)矩形微波暗室。矩形微波暗室由于对称性的结构设计,激励源发射的电磁波经过天花板和地板,左右侧墙的反射后能够相互抵消,暗室的性能有效提升,在静区性能相当的情况下,其交叉极化度、多路径损耗和场幅均匀性要比锥形微波暗室强很多,也使得矩形微波暗室在高频及低频上的通用性更好。随着新材料的不断问世,通过在内部反射较强的部分铺设高吸波性能吸波材料,就能够实现相同的吸波性能,以及更好的通用性。

3.按用途对微波暗室进行分类

随着电子技术的日益发展,微波暗室被广泛用于导弹遥控、雷达测试,以及天线方向图、天线阻抗、天线耦合和各种目标雷达散射面的测量等方面。根据其用途可以划分为若干类型,每种类型各具特点,如图 12-2 所示。

(1)天线系统实验室。天线系统实验室主要用于测量天线的有关系统,比如用于测量天线的方向图振幅与相位、极化性能、增益系数、辐射阻抗以及天线相互间的耦合与匹配,并确定其有关性质。除常规的测试外,还可以结合矢量网络分析仪来测量天线罩驻波比和透波率,以及加上天线罩后的天线方向图的变化,运用紧缩场与近场的方法来测量天线与天线罩的参数,为天线罩的理论研究提供依据。

(2)电磁兼容性实验室。电磁兼容性微波暗室主要用于电磁兼容测试和对整体的机械及电子设备系统性能进行测试与评估,如传导干扰、辐射干扰、干扰灵敏度、有效辐射功率、定向系统的校准、传输随动系统的误差等方面的实验;同时其也用于测量手机、电脑和其他通信设备电磁波的辐射模型及对人体和周围环境的影响,包括飞机、汽车、舰船、导弹、卫星等的整机辐射与散射模型的测量。随着电子技术的发展,飞机、舰船均安装了大量的电子设备,对于不同设备之间的电磁兼容性影响,必须在实验室内进行精确测量和深入分析。

(3)电子对抗实验室。随着电子设备的发展,敌我双方均采取了大量的电子对抗手段,为了考核射频对抗设备的性能以及对抗手段的效果,需要在实验室环境下,开展电子对抗设备的实验与多种目标散射特性的测量,模拟在实战情况下不同设备在受到电磁干扰时的工作状态。

(4)目标模拟与模型缩比实验室。隐身作为第四代战斗机的典型特征,随着 F-22、F-35、歼20 的服役,隐身技术得到了迅猛发展。为了验证隐身目标的电磁辐射特性,需要在实验室环境下开展飞机、舰船等实际部件或缩比模型的 RCS 计算和研究。

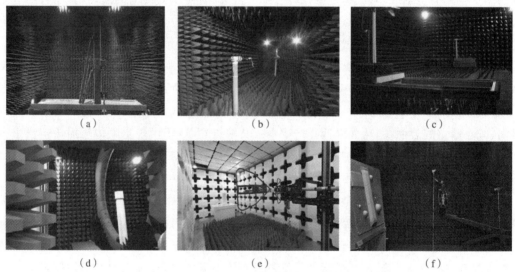

图 12-2   不同用途的微波暗室

(a)平面近场测量暗室;(b)天线远场测量暗室;(c)综合测量微波暗室;
(d)球面近场测量微波暗室;(e)手机天线测量暗室;(f)舰船电子战装置性能测试暗室

12.1.4   微波暗室的基本组成

微波暗室为电磁环境内场仿真实验提供传播电磁波的自由空间,屏蔽外界电磁信号对于暗室内部空间的影响,吸收内部用于测试的电磁波。微波暗室是由内表面粘贴吸波材料的屏蔽结构大厅组成的,大厅的形状可以是矩形截面的立方体或柱形多面体。除了内部参试的射频设备之外,微波暗室本身主要包括屏蔽结构和吸波材料,以及屏蔽门、通风波导窗、电缆接口板等一系列辅助设备,如图 12-3 所示。

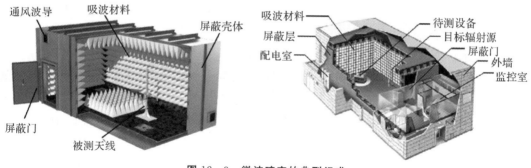

图 12-3　微波暗室的典型组成

1. 微波暗室的屏蔽结构

微波暗室的一个重要任务就是能够有效屏蔽外界电磁信号对暗室内部空间的影响。因此，在完成实验室房屋建设后，必须对其进行大规模改造，增加屏蔽壳体，从而达到阻止电磁信号传播的目的。屏蔽壳体通常采用金属材料构造，一方面能够防止外界电磁波对微波暗室内的测量环境造成干扰，另一方面能够将吸波材料没有完全吸收的能量反射回去，经吸波材料再次吸收，防止内部的电磁波外泄，也更利于保密。

目前，屏蔽结构主要采用比较薄的钢板材料，按搭建方法主要分为组合型和焊接型。其中，组合型由墙板和使墙板连接的夹具组成，墙板可以采用两面覆盖镀锌薄层的胶合板或镀锌的钢板，夹具使墙板安装成一个整体，并保证了墙板的导电连续性。焊接型是由钢板或铜板经焊接而成的密封体，要求焊接工艺精密，造价较高，但屏蔽性能更好，是目前高性能微波暗室的主要形式。

焊接型屏蔽结构主要由钢结构框架、屏蔽壳体和屏蔽口等部件组成。

(1)钢结构框架是屏蔽壳体的承载主体，是由主立柱和顶部主梁焊接后形成的框架结构。各个侧墙由立柱、圈梁和梁间短柱栓接形成侧面网格，顶部由主梁、次梁栓接构成顶部网格，底骨架是由矩形管栓接成的网格，整个 6 面体由上述六个面的网格骨架构成空间整体。

(2)屏蔽壳体采用钢板焊接式壳体结构形式。屏蔽主体四侧面及顶面为优质冷化钢板，均经屏蔽密封形成屏蔽壁板，现场焊接在钢结构框架上。地面部分为优质热化钢板，通过屏蔽密封连接在一起构成屏蔽壁板，采用塞焊工艺将地面壁板同底骨架焊接在一起。

(3)在微波暗室中，需要对外进行信号传输和通信，这些接口是屏蔽暗室的关键部件，是屏蔽室电磁泄漏的主要部位。屏蔽室的屏蔽指标取决于屏蔽口的性能，为了提高接口的屏蔽性能，应确保接口缝在频繁活动的情况下仍具有良好的电接触。

2. 微波暗室的吸波材料

微波暗室的另外一个重要任务是吸收内部的电磁波信号，形成一个近似无反射的自由空间。微波暗室用吸波材料作为衬里，通过吸收电磁波达到消除或减小电磁波的反射与散射的效果。微波暗室的性能与吸波材料本身的吸波性、频带特性、形状、厚度及种类密切相关，尤其是暗室静区的反射电平值，它是由吸波材料对暗室内电磁波的吸收能力决定的，因此，吸波材料的选型及铺设方法至关重要。

（1）吸波材料的分类。经过多年的发展，吸波材料的种类逐渐增多，根据不同的分类方法，可以进行不同的划分。

1）按材料成型工艺和承载能力分为涂覆型和结构型。涂覆型是将黏结剂与金属、合金粉末、铁氧体、导电纤维等吸波剂混合后形成吸波涂层。其中，具有特定电磁参数的吸波剂是涂层的关键，直接决定了吸波涂层的吸波性能；而黏结剂是涂层的成膜物质，使得涂层牢固附着于被涂物体表面形成连续膜，这种黏结剂必须是良好的透波材料，才能使涂层的吸收效率最大。涂覆型的特点是吸收频带宽，反射衰减率高，使用寿命长。结构型具有承载和吸波的双重功能，质量轻、强度高，通常将吸波剂分散在层状材料中，或用透波性好、强度高的高聚物复合材料作面板，采用夹芯蜂窝状、波纹状或角锥体结构。

2）按吸波原理分为吸波型和干涉型。吸波型通过自身材料对于电磁波的自身损耗，产生吸收作用；干涉型基于干涉相消原理，利用表层和底层两列反射波相互干涉抵消，具有多层结构的特点。

3）按材料损耗机理分为磁损耗型和电损耗型。磁损耗型材料的损耗机理为磁自然共振损耗和磁滞损耗。磁损耗型吸波材料主要是铁氧体材料，利用铁氧体的高磁导率可以把较低频段的电磁波束缚在材料内，铁氧体对低频有很好的吸波性能，做成瓦片、栅格等形状，适合用在空间小、频率低的测试环境中。电损耗主要通过介质电子、离子极化和界面极化来吸收、衰减电磁波，它又可分为电介质型和电阻型两类。其中，电介质型吸波材料的损耗机理为介质极化弛豫损耗，电阻型吸波材料的损耗机理为电阻损耗吸收。常用电损耗型吸波材料大多是由聚氨酯角锥渗入一定浓度的炭粉制成。

（2）常见的吸波材料。下面介绍几种常见的吸波材料。图12-4所示为微波暗室典型吸波材料示意图。

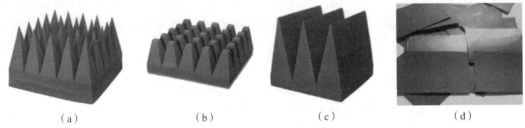

（a） （b） （c） （d）

图12-4 微波暗室典型吸波材料示意图

（a）角锥形吸波材料；（b）钝口角锥形吸波材料；（c）尖劈形吸波材料；（d）铁氧体吸波材料

1）角锥形吸波材料：由聚氨酯类泡沫塑料在碳胶溶液中渗透而成，角锥形状使得入射波发生多次反射，使其能量在多次反射中耗散掉。其发射率与尖劈长度和使用频率有关，尖劈愈长，频率愈高，反射率愈小。一般情况下，角锥长度应大于或等于最低吸收频率的1/4波长。角锥形吸波材料能减少前向散射，并具有良好的后向散射性能，所以它适合用于暗室的所有位置。为了减轻质量和降低成本，可以制作空心聚氨酯角锥吸波材料。为提高吸波材料低频段的吸波性能，并且避免吸波材料的高度过高，可将锥角变大，其低频信号的吸收性能较好，但高频信号的吸收性能较差。

2）尖劈形吸波材料：泡沫吸波材料的另一种形式，在一般情况下，它与同样高度的角锥形吸波材料具有相同的反射率,一般用在锥形暗室和进行 RCS 测试的紧缩场暗室。

3)铁氧体吸波材料:一般用在做电磁兼容测试的暗室内。铁氧体吸波材料吸收电磁波的主要机理是自然共振,指铁氧体在不加恒磁场的情况下,由入射交变磁场的角频率和晶体的各向异性等效场决定的本征角频率相等时产生共振,从而大量吸收电磁波的能量。

(3)吸波材料的施工。吸波材料的铺设有两种方式:粘贴方式和挂接方式。粘贴方式是用胶水直接将吸波材料粘在屏蔽壳体上;挂接方式是先在屏蔽体上焊上钢架,然后将吸波材料一件一件挂上去。不论采用哪种方式进行铺设,都要求吸波材料间不要留空隙,而且吸波材料顶端要对齐。

3.微波暗室的辅助设备

微波暗室除了屏蔽体和吸波材料之外,还需要一系列辅助设备,主要包括屏蔽门、通风波导、滤波装置、防尘装置、接地装置、消防装置、配电装置、照明装置、监控装置等。

(1)通风波导。通风波导又称为截止波导。微波暗室作为一个金属封闭体,室内的通风问题是通过通风波导来解决的。通风波导既具有隔离电磁波的特性,又能使空气流通。通风波导的孔径、深度等几何尺寸需要根据微波暗室的屏蔽效能来确定,即在要求的截止频率以下能提供与屏蔽效能相适应的隔离度。空气的流量是按屏蔽室的空间体积、温度调节范围来进行计算的。微波暗室通常包含多个通风波导,分为进风波导和出风波导。

(2)滤波装置。滤波装置的作用是滤除线路中传输的高频信号分量。微波暗室内部的照明、仪器设备用电以及室外的设备控制和通信联系均需要通过电缆来完成,这些电缆在传输控制信号和供应电力的同时,往往携带高频无线电干扰信号,从而影响微波暗室对电磁场的隔离作用。因此,微波暗室中的电源线、信号线、控制线等所有电缆,均需通过滤波装置,以滤除其中无用的高频分量。其中,接到电源线上的滤波器称为电源滤波器,与信号线、控制线连接的滤波器称为信号滤波器。

(3)防尘装置。微波暗室的防尘与除尘设施也是必不可少的。空气中的尘埃受到吸波材料的静电作用,会在其表面形成一层灰层,致使其吸波性能降低。而这种灰尘一旦形成,便很难清除。通常采用的方法是对空气进行过滤和净化,使之满足一定的净度要求。工作人员、参观者以及产品、仪器设备等,在进入微波暗室前均要采取除尘处理,尽量避免人为地将灰尘引入室内。

(4)接地装置。接地技术是防止电磁干扰、增加电子设备兼容能力、提高设备可靠性的重要方法。良好的接地对于微波暗室的性能和安全至关重要:一是可以防止静电感应导致在屏蔽层上的电荷积累,使电压升高从而引起火花放电,甚至引起吸波材料燃烧或影响人身安全。二是给高频干扰电压形成低电阻通路,防止其给电子设备及测试带来干扰,大大提高暗室的静电屏蔽效果。接地装置将微波暗室的屏蔽壳体与大地用低电阻导体连接起来,常用的接地方式有单点接地、多点接地、混合接地和浮动接地等。

(5)消防装置。微波暗室所用的吸波材料是一种易燃物体,它在燃烧时释放出的气体具有毒性,人呼吸后很容易中毒,必须分别采用烟火、温度、有害气体三种不同的报警装置及与之相配套的消防设施。消防系统作为微波暗室的重要组成,包括消防报警设备规格、布局及级联状态等内容。

（6）照明装置。照明装置包含照明灯具选型、数量配置、布局及照度实现等。对于照明灯具，要注意降温，注意其与吸波材料间的距离，防止发生火灾。

（7）配电装置。配电装置包含系统强电配电设计、弱电配电设计及布局、滤波装置等。作为暗室起火的主要因素，在设计配电系统时，应特别注意采取防火措施。

（8）屏蔽门。屏蔽门是人员、物品进出微波暗室的唯一通道，既要轻松方便，又要保证结构可靠。小型屏蔽门通常采用手动结构，大型屏蔽门通常采用电动或气动结构。屏蔽门在设计时，必须使门、门框与屏蔽室体紧密接触，防止电磁波在门缝处泄漏。

（9）监控装置。为了保证微波暗室的安全运行和试验的顺利进行，暗室内通常构建多套视频监控装置，对待测天线、转台状态进行摄录监控。

12.1.5 微波暗室的工作机理

微波暗室的主要工作原理是：根据电磁波在介质中从低磁导向高磁导方向传播的规律，利用高磁导率吸波材料吸收电磁波，通过共振大量吸收电磁波的辐射能量，再通过耦合把电磁波的能量转变成热能。

由大学物理知识可知，投射到材料的电磁波能量有反射、吸收和透射 3 种。电磁屏蔽过程基于将投射到材料表面的电磁波能量反射，同时将进入材料内部的电磁波通过介质转化成热能或其他形式的能量，达到衰减电磁波的目的。下面介绍微波暗室的反射损耗、磁损耗和介电损耗等损耗机理以及吸收机理。

1. 微波暗室的电磁波反射损耗机理

反射损耗过程主要通过对电磁波的反射来达到屏蔽的目的，有效的反射屏蔽要求材料能反射大部分入射电磁波。反射损耗是导体材料中的带电粒子（自由电子和空穴）与电磁场相互作用的结果，损耗能量与材料相对于真空的磁导率 μ_r 以及材料相对于理想铜的电导率 σ_r 的大小有关，一般情况下屏蔽材料的电导率越大，磁导率越小，电磁波通过反射损耗的比例就越大。对电导率高的介质如银、铜等材料，在介质表面形成的连续导电通路会对电磁波形成有效的反射损耗，反射屏蔽起主要作用；对于磁导率高的介质如铁和磁钢等材料，吸收屏蔽起主要作用。通过反射损耗进行电磁屏蔽时，会产生一系列实际应用问题，如反射出去的电磁波对外界电子器件及器件内部的正常工作带来影响，产生二次电磁波辐射干扰。根据电磁波理论及材料与电磁波的交互作用原理，更有效的方法是增强屏蔽材料对电磁波的吸收效能，使电磁辐射能量尽可能地损失在材料内部，从而减少对周围器件的干扰。

2. 微波暗室的电磁波磁损耗机理

磁损耗主要通过磁滞损耗、涡流损耗和剩余损耗等磁极化机制来吸收、衰减电磁波。在较低的频率范围和磁通密度下，磁损耗可以用列格（Legg）方程来表达：

$$\frac{2\pi\tan\delta}{\mu} = ef + \alpha B + c \tag{12-1}$$

式中：e 为涡流损耗系数；α 为磁滞系数；c 为剩余损耗；μ 为磁导率；$\tan\delta$ 为磁损耗因子；f 为频率；B 为磁通密度。

在低频阶段，磁损耗主要由磁滞、涡流及剩余损耗引起，随着频率增大，磁损耗吸收峰主要由畸壁共振、尺寸共振和自然共振引起,在高频阶段,则主要是畸壁谐振与自然谐振损耗。

3. 微波暗室的电磁波介电损耗机理

当电磁波作用于介电材料时,介电材料中含有的导电粒子在外加电场的作用下产生导电电流,消耗部分电能,而电能通过耗散转换成热能,从而形成介电损耗。介电损耗的机制包括电导损耗($\tan\delta_c$)、介电弛豫损耗($\tan\delta_{rel}$)、共振损耗($\tan\delta_{res}$)以及其他形式的损耗。其中,具有一定导电性的电磁波吸收材料能够在交变电场中产生导电电流,在电场中会发生极化现象,如果极化速度低于电场变化速度,就会产生介电弛豫损耗。共振损耗起源于共振效应,是吸波材料内部的原子、离子或电子震动引起的。

4. 微波暗室的电磁波吸收机理

电磁波吸收材料的吸波性能主要取决于其复磁导率($\mu_r = \mu_r' - j\mu_r''$)和复介电常数($\varepsilon_r = \varepsilon_r' - j\varepsilon_r''$),这两个参数决定了材料的反射特性(匹配特性)和衰减特性。介质中单位体积内吸收的电磁波能量(τ)为

$$\tau = \frac{1}{2} \times \frac{1}{4\pi} (\varepsilon_0 \varepsilon_r'' |\boldsymbol{E}| + \mu_0 \mu_r'' |\boldsymbol{H}|^2) \qquad (12-2)$$

式中:ε_0 为真空介电常数;μ_0 为真空磁导率;ε_r'' 为吸波剂复介电常数 ε_r 的虚部;μ_r'' 为吸波剂复磁导率 μ_r 的虚部;$\boldsymbol{E}$ 为电磁波电场矢量;$\boldsymbol{H}$ 为电磁波磁场矢量。

通过式(12-2)可以得出,ε_r'' 和 μ_r'' 对材料的电磁波吸收能力起决定性作用,通过增大吸波材料的 μ_r'' 和 ε_r'' 可以提高其电磁波吸收能量。目前,评价电磁波吸收能力时常用反射损耗 RL。反射损耗与有效输入阻抗 Z_{in} 和自由空间阻抗 Z_0 有关,即

$$\text{RL} = -20\log |(Z_{in} - Z_0)/(Z_{in} + Z_0)| \qquad (12-3)$$

式中:自由空间阻抗 Z_0 可以表示为

$$Z_0 = \sqrt{\mu_0/\varepsilon_0} \qquad (12-4)$$

有效输入阻抗 Z_{in} 可以表示为

$$Z_{in} = \sqrt{\frac{\mu' - j\mu''}{\varepsilon' - j\mu'' - j\sigma/(\omega\varepsilon_0)}} \cdot \text{th}\left\{ jd \frac{\omega \sqrt{(\mu' - j\mu'')[\varepsilon' - j\mu'' - j\sigma/(\omega\varepsilon_0)]}}{c} \right\} \qquad (12-5)$$

式中:μ_r'、μ_r'' 分别为复磁导率的实部、虚部,ε_r'、ε_r'' 分别为复介电常数的实部、虚部;ε_0 为真空介电常数;σ 为电导率;ω 为入射电磁波的周期,$\omega = 2\pi f$(f 为入射电磁波频率);d 为吸波材料厚度;c 为光速。

利用式(12-5)计算出自由空间阻抗 Z_0 和有效输入阻抗 Z_{in},从而得出给定频率和吸波层厚度下的电磁波反射损耗 RL。

12.1.6 微波暗室的典型指标

微波暗室的设计要根据使用对象任务的要求、工作频带、吸波材料的性能以及经费情况等几个方面进行综合考虑。为了评价微波暗室的性能,可以通过以下指标进行考核。

1. 微波暗室的工作频率范围

工作频率范围通常指微波暗室的静区范围满足其性能参数的某一技术指标的工作频率

范围。工作频率的下限主要取决于暗室的宽度和材料的厚度,上限取决于暗室的长度和所允许的静度。

在精确制导武器制导控制半实物仿真试验中,微波暗室的工作频率范围必须大于被测导引头的频率范围。工作频率的下限越低,所需吸波材料的高度尺寸越大;而工作频率范围的上限越高,则所需暗室的尺寸越大。所以,在确定微波暗室的工作频率范围时应根据实际需要而定,过高的要求会造成很大的浪费。

2.微波暗室的屏蔽性能要求

微波暗室对于外界信号的屏蔽能力主要是通过屏蔽效能来评价的,以保证暗室内有良好的静空环境,并能很好地模拟自由空间测试环境。屏蔽效能是在特定频率的信号作用下屏蔽体安装前后的电场强度、磁场强度或功率的比值,其单位为分贝(dB),即

$$SE_E = 20\lg\left(\frac{E_0}{E_1}\right) \text{或 } SE_H = 20\lg\left(\frac{H_0}{H_1}\right) \tag{12-6}$$

式中:SE_E 为电场屏蔽效能;SE_H 为磁场屏蔽效能;E_0 和 H_0 分别为没有屏蔽体时空间某点的电场强度和磁场强度;E_1 和 H_1 分别为有屏蔽体时被屏蔽空间在该点的电场强度和磁场强度。

一般而言,对于近区,电场和磁场的近区波阻抗不相等,电场屏蔽效能(SE_E)和磁场屏蔽效能(SE_H)也不相等;但是对远区,电场和磁场是统一的,电场和磁场的远区波阻抗是一个常数,因此,电场屏蔽效能和磁场屏蔽效能相等。

暗室的屏蔽效果不仅与屏蔽材料的性能有关,还与壳体上可能存在的各种不连续的形状和孔洞有关,例如屏蔽材料间的焊缝、暗室的通风窗、屏蔽门、暗室的滤波器等。因此,微波暗室屏蔽效能的计算公式为

$$SE = -10\lg\left[\left(\frac{1}{B_1}\right)^2 + \left(\frac{1}{B_2}\right)^2 + \left(\frac{1}{B_3}\right)^2 + \cdots + \left(\frac{1}{B_n}\right)^2\right] \tag{12-7}$$

式中:$B_1 = 10^{\frac{SE_1}{20}}$,$B_2 = 10^{\frac{SE_2}{20}}$,$B_3 = 10^{\frac{SE_3}{20}}$,$\cdots$,$B_n = 10^{\frac{SE_n}{20}}$;$SE_1$ 为屏蔽金属板或屏蔽金属网的屏蔽效能;SE_2 为电源滤波器的插入损耗;SE_3 为信号滤波器的插入损耗;SE_4 为通风截止波导管的屏蔽效能;SE_5 为缝隙的屏蔽效能;SE_6 为门的屏蔽效能;SE_n 为其他进入屏蔽体管道的屏蔽效能上述相关指标的单位为 dB。

3.微波暗室的形状尺寸要求

在微波暗室的使用任务中,一个重要的任务就是模拟电磁波自由传播的空间,这个空间范围主要就是指静区的范围。静区是指微波暗室内受杂散波干扰最小,电磁信号和电磁背景杂波均能满足被测设备性能测试的空间区域。

静区范围主要取决于微波暗室的结构、微波暗室的工作频率和吸波材料的电性能等因素,对于结构对称、吸波材料唯一的微波暗室,静区的形状一般为柱状,并处在暗室的中间位置。静区的性能将直接影响到微波暗室的性能与使用价值。静区也是测试用的一定空间体积,所以也称为测试区,它的范围应该不小于被测天线或者装备所占据的空间范围。

由于该项指标直接影响了被测设备所能使用的空间,因此,必须根据仿真试验任务和参

试设备的性能指标来确定该项指标。例如,在开展精确制导武器射频导引头半实物仿真中,必须根据弹道特点和导引头性能计算出模拟目标相对于导弹的视线角范围,从而决定射频目标模拟器天线阵列的尺寸,这样也就决定了微波暗室的长度和高度。

4. 微波暗室的静区性能指标

微波暗室中电磁波自由传播的性能是通过一系列静区性能指标来表征的,主要包括静区反射率电平、交叉极化特性、场幅度均匀性和多路径损耗等。

(1)静区反射率电平。反射率电平是微波暗室性能最基本的参数,指该处的等效反射场与直射场之比的对数值。所谓等效反射场是指室内反射、绕射和散射等杂散波的总干扰场。微波暗室内部不同位置的反射率电平不一样,与吸波材料的特性、暗室的结构、收发天线的方向性、工作频率、极化状态等多种特性有关。该项指标会直接影响天线、天线罩等的测试精度。

静区反射率电平是反映微波暗室性能的最主要的指标之一,静区反射率电平越低,暗室本身引入的测试误差越小,暗室的性能就越好。对于质量较好的仿真系统,静区的反射率电平应取 −60 dB 左右。

(2)交叉极化特性。暗室形状不规格、结构不严格对称、吸波材料对不同极化方向的波吸收不一致,会导致电磁波在暗室传播过程中出现极化方向偏转的现象,微波暗室中使用交叉极化指标来评价该问题的影响程度。交叉极化是指电磁波在暗室传输过程中产生的与原极化分量正交的极化分量。通常用交叉极化分量和原极化分量的比值来表示暗室交叉极化的大小,其比值反映了电磁波的极化纯度。评估交叉极化隔离度的目的在于保证发射天线自身极化隔离度足够,使水平极化和垂直极化两个方向上的测量结果互不影响。为了保证一定的测试精度,该值一般应小于 −25 dB。

(3)场幅度均匀度。在微波暗室的试验过程中,激励源辐射的电磁波在到达静区时必须近似为平面波,而实际上由于暗室各面墙壁的反射,测试天线或导引头接收到的电磁波的场幅和相位必然会受到严重影响,从而形成不均匀平面波,驻波场幅度起伏使得静区内的场幅度均匀性发生变化,因此可以采用场幅度均匀性来描述该问题的影响。

场幅度均匀性指的是规定区域内测试信号电磁场强度和相位分布的一致性。微波暗室中驻波场幅度起伏使得静区内的场幅度均匀性发生变化。场幅度均匀性反映的是被测天线周围的场均匀程度,它关系到测试结果的有效性。如果场幅度均匀性出现问题,在水平方向旋转被测天线进行远场测量时,从不同方向接收到的电磁波就会出现一定的波动,待测天线的入射场幅度不均匀,使得天线方向图的副瓣测量出现误差,造成增益实测值减小,测得的天线方向图就会起伏不定,影响天线性能分析。

对于典型的微波暗室,要求在暗室静区空间内,沿轴线移动待测天线,要求接收信号起伏不超过 ±2 dB;在静区的横截面上,水平和上下移动待测天线,要求接收信号起伏不超过 ±0.25 dB。

(4)多路径损耗。微波暗室内几何结构的不对称、吸波材料性能不一致及安装不当等因素,导致电磁波在暗室内传播时多路径损耗不均匀,造成极化面发生旋转,对极化的测量结果产生影响。微波暗室采用多路径损耗来描述该问题的影响。多路径损耗指的是来波方向为轴旋转待测天线,接收信号强度的起伏程度。多路径损耗均匀性是静区反射电平在收发天线绕暗室纵轴同步旋转时的反映。各位置的反射能量对直射能量的扰动即为暗室静区多路径损耗均匀性。

对于典型的微波暗室,要求在暗室静区空间内,收发天线对准电磁波的辐射方向并旋转,要求接收信号最大差值不超过± 0.25 dB。

12.2 微波暗室的设计内容

微波暗室的设计流程复杂、难度大、涉及专业众多。下面以比较常见的矩形微波暗室为例,对结构尺寸设计、屏蔽结构设计、吸波材料设计、静区特性分析等内容进行介绍。

12.1.1 微波暗室结构尺寸计算

微波暗室的尺寸直接影响暗室的性能指标,因而也就影响射频目标的定位精度。通常首先确定暗室的长度,然后根据长度尺寸和视场角等要求,确定暗室的宽度及高度。

在这里,暗室的长度是指暗室的有效长度,即从阵列天线至导引头接收天线间的距离,也就是指阵列天线的曲率半径。微波暗室的有效长度 R 应满足电磁波传播的远场条件。远场条件可表示为

$$R \leqslant \frac{K(D+d)^2}{\lambda} \qquad (12-8)$$

式中:R 为微波暗室的有效长度(m);D 为接收天线口径(m);d 为发射天线口径(m);λ 为工作波长(m);K 为常数。对于制导系统仿真实验用的微波暗室,通常要求 $K > 1.4$。

微波暗室的宽度根据有效长度确定。假设微波暗室具有矩形截面,其平面尺寸示意图如图 12-5 所示。

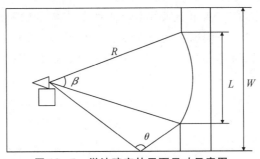

图 12-5 微波暗室的平面尺寸示意图

图中 R 为微波暗室的有效长度,L 为天线阵列的口径,W 为暗室宽度,β 为视场角,θ 为电磁波在暗室侧壁上的最大入射角。根据图 12-5 所示的几何关系,可得到微波暗室的宽度 W 为

$$W = R\cos\left(\frac{\beta}{2}\right)\cot\theta + \frac{L}{2} \qquad (12-9)$$

式(12-9)表明,微波暗室的宽度 W 与暗室的有效长度 R、天线阵列口径 L、视场角 β 及

电磁波在暗室侧壁上的最大入射角 θ 有关,暗室宽度窄,入射角 θ 就大,吸波材料的吸波性能就降低。通常 θ 为 $50°$ 左右时微波暗室的性能较好。微波暗室的高度与宽度尺寸在设计上的方法相同。

12.2.2　微波暗室屏蔽结构设计

微波暗室的建造,目的就是防止自然环境中的电磁干扰,同时防止暗室内的电磁波泄漏出去。为了定量说明屏蔽层对电磁场的隔绝效果,对屏蔽效能 SE 常常进行定量计算。可以通过多种理论方法计算得出 SE,一般用相对简单明了的谢昆诺夫公式来计算,可将电磁波入射到物体上的能量损耗分为反射损耗、吸收损耗和多次反射损耗等,这种计算方式适用于平板均匀型的电磁隔离材料计算,则有

$$SE = SE_A + SE_R + SE_M \tag{12-10}$$

式中:SE_A 为屏蔽材料的吸收损耗;SE_R 为屏蔽体表明的单次反射损耗,SE_M 为屏蔽体内部的多次反射损耗,单位均为 dB。其计算公式为:

$$SE_A = 131.43 \times b \times \sqrt{f\mu_r\sigma_r} \tag{12-11}$$

$$SE_R = \begin{cases} 186.2 + 10 \times \lg\left(\dfrac{\sigma_r}{f\mu_r}\right), & \text{平面波} \\[2mm] 20 \times \lg\left(5.35 \times r \times \sqrt{\dfrac{f\sigma_r}{\mu_r}} + 0.354 + \dfrac{0.0117}{r} \times \sqrt{\dfrac{\mu_r}{f\sigma_r}}\right), & \text{磁场} \\[2mm] 3.217 + 10 \times \lg\left(\dfrac{\mu_r}{f^3 r^3 \sigma_r}\right), & \text{电场} \end{cases} \tag{12-12}$$

$$SE_M = 10 \times \lg\left[1 - 2 \times 10^{-0.1SE_A}\cos(0.23SE_A) + 10^{-0.2SE_A}\right] \tag{12-13}$$

式中:f 为工作电磁波频率(Hz);b 为屏蔽材料的厚度(m);r 为场源至屏蔽材料的距离(m);μ_r 为屏蔽材料的相对磁导率;σ_r 为屏蔽材料的相对电导率。

在发射天线的远场时,可以采用平面波计算,然而,有的面并没有在远场处,且暗室外部的电磁环境复杂,场源的特性不能确定,则采用磁场屏蔽效能计算,则有

$$SE = 131.43 \times t \times \sqrt{f\mu_r\sigma_r} + 20 \times \lg\left(5.35 \times r \times \sqrt{\dfrac{f\sigma_r}{\mu_r}} + 0.354 + \dfrac{0.0117}{r} \times \sqrt{\dfrac{\mu_r}{f\sigma_r}}\right) \tag{12-14}$$

$$b = \dfrac{SE - 20 \times \lg\left(5.35 \times r \times \sqrt{\dfrac{f\sigma_r}{\mu_r}} + 0.354 + \dfrac{0.0117}{r} \times \sqrt{\dfrac{\mu_r}{f\sigma_r}}\right)}{131.43 \times \sqrt{f\mu_r\sigma_r}} \tag{12-15}$$

在建造暗室时主要考虑电磁方面的一些特点和性能。

12.2.3　微波暗室吸波材料设计

吸波材料作为微波暗室的关键部分,主要用来减少或者消除微波的反射与散射。微波暗室的性能在很大程度上取决于吸波材料的吸波性、形状、厚度、频带特性、种类等。吸波材料的吸收率越高,则反射率越小,周围环境越接近自由空间,微波暗室的作用效果也就越明显。目前暗室中使用的吸波材料大都为锥体吸波材料。锥体形状主要有三个参数——锥体高度、顶角和底座高度。

(1)吸波材料锥体高度的设计。在吸波材料锥体设计时要求其具有一定的高度,其目的在于让电磁波在相邻锥体之间来回反射,由于每次反射的同时伴随着大量的折射,因此进入锥体的电磁波在传播过程中与材料相互作用而损耗。锥体越高,电磁波在锥体之间反射次数越多,折射损耗就越大。锥体高度的最小值应设计为最低频率处的一个波长。

(2)吸波材料锥体顶角的计算。电磁波到达锥体表面会发生反射和折射(见图12-6)。其中,锥体顶角决定了波在锥体之间的反射次数。顶角越小,反射次数越多,电磁波损耗得就越多。但是,如果锥体高度一定,顶角 2α 越小,锥体就越小,而且数量也就越多,既降低了锥体的强度,又增加了工作量。锥体顶角是决定锥体材料吸波性能和强度的综合指标,是确定锥体形状的重要参数,所以设计时要综合考虑各种因素。由于计算过程相对复杂,在此不赘述,设计人员可以参考相关文献进行求解计算。

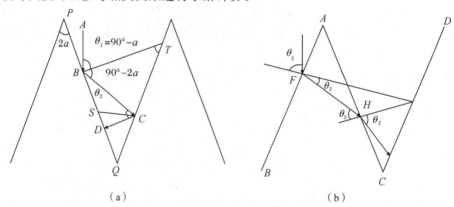

图 12-6 吸波材料电磁波反射积折射过程示意图

(a)反射示意图;(b)折射示意图

(3)吸波材料锥体底座高度的设计。锥体的底座设计对于吸波锥体的性能有比较大的影响。一方面,锥体的底座吸波剂含量较高,能够最大程度吸收到达锥底的电磁波;另一方面,底座对整个锥体重心的位置有很大影响。底座高度如果太低,则一部分电磁波得不到充分的衰减,影响吸收性能,且重心在底座之外,对横向安置时的黏结强度带来影响;但底座高度也不宜太高,一则增加质量,二则失去锥体的意义。一般取总高度的 $1/3\sim1/4$ 为宜。

12.2.4　微波暗室静区特性仿真

评价微波暗室性能的核心指标是静区反射电平。在完成结构尺寸、屏蔽结构和吸波材料的仿真计算后,需要开展静区特性的仿真计算,评判相关指标是否满足设计要求。

其仿真计算思路为:首先,确定暗室的工作频率、尺寸及所使用的吸波材料;其次,确定激励源类型[高频时采用标准增益的喇叭天线,低频时采用半波振子和对数周期偶极子天线(Log-Periodic Dipole Antenna,LPDA)];再次,计算激励源直射到暗室内任意一点的直射场,以及经过暗室六面墙壁反射后的反射总场;最后,计算预先确定的静区位置的反射电平,或者直接计算暗室内反射电平低于预设值的区域,并选择合适区域作为该暗室的静区。

目前,对于微波暗室静区特性的仿真计算,主要采用几何光学法和时域有限差分法。

(1)微波暗室静区特性分析的几何光学法。全面描述了在一个相对任意的环境中传播的电磁场是极端复杂的问题,对于高频场,相关研究发现:波的传播和散射只取决于该表面的某一有限部分。从初始表面的这一部分到观察点之间的能量传输,是通过传播轨迹周围的一个有限体积的空间连续进行的,这个轨迹就是射线追踪的射线路径。高频场的属性局部地表现为平面波特性,即局部场的波前被认为是垂直于射线路径的平面,场的振幅在一个波长量级距离上的变化可以忽略。因此,可以采用几何光学的方法计算其静区的反射电平大小。

1)几何光学法的设计思路是:设定发射源天线的方向图模拟函数(以实际提供的发射天线参数为依据)和吸波材料的性能模拟函数(吸收性能随入射角变化),按照几何光学的传播原理,计算微波暗室各面墙壁反射电场在静区内叠加后的总反射电场值,并据此得到静区内的反射电平分布。

2)几何光学法的计算简单、程序开发周期短,能够方便、快捷地完成一些非规则暗室的静区计算。

(2)微波暗室静区特性分析的时域有限差分法。时域有限差分法最早是在 1966 年由 K. S. Yee 提出来的,它是一个从时域的 Maxwell 方程出发并将其进行离散化处理,建立离散系统来计算时域电磁场的数值方法。该方法以差分原理为基础,将 Maxwell 旋度方程转换成电磁场的差分迭代形式,其中电场和磁场分量在计算空间中相差半个空间步依次交叉排列,以保证匹配层边界处的切向电场和磁场的连续条件得到满足。该方法不用借助先进复杂的数学工具和其他衍生定理公式,可以直接在时域进行计算,通过计算机仿真能够方便地模拟一些复杂的目标和随时查看计算空间的电磁场分布,是一种非常方便快捷和直观的计算方法。

1)时域有限差分方法的设计思路是:从 Maxwell 方程入手,将其以差分方式离散化,并推导出电磁场随时间变化的表达式,然后在计算空间中通过改变相关变量和参数,并给出特定的激励,则由上面推导出的电磁场迭代方程就能依次计算出下一个时刻激励源周围的电场与磁场值。通过设置理想的吸收边界,可以得到吸收边界以内任意位置的直射电场幅值,从而改变吸收边界属性,使其与微波暗室实际的吸收性能一致,这样可以得到经过吸收边界反射后的反射场。

2)时域有限差分方法广泛运用于各种电磁辐射和散射模型中,对于色散、各向异性、非均匀、非线性等都能精确地模拟。

12.3　本章小结

随着军事技术的发展,各种飞行器在战场中面临着日益恶劣的电磁环境。为了考核雷达探测能力、电子战干扰能力、数据链通信能力、制导武器的抗干扰能力,迫切需要在实验室环境下构建一个"安静"和"自由传播"的电测测试环境,这项技术就是微波暗室技术。微波暗室通过屏蔽壳体及其内壁上贴敷的吸波材料,完成外部信号的电磁屏蔽,避免墙壁、天花板、地面等因素对于信号的折射和反射等影响,抑制内部电磁多路径反射干扰。

在本章中:首先,分析了微波暗室的任务、发展历程,根据模拟对象、形状和用途对其分类进行了介绍；其次，给出了典型微波暗室的组成、工作原理和典型性能指标；最后，从结构尺寸计算、屏蔽结构设计、吸波材料选型、静区特性仿真等多个方面系统地介绍了微波暗室的设计内容。

12.4 本 章 习 题

1. 简述微波暗室的主要任务。

2. 简述微波暗室按照模拟对象的不同如何分类，以及每种分类的特点。

3. 简述微波暗室按照形状如何划分。

4. 简述矩形微波暗室的优点。

5. 简述微波暗室按照用途如何划分。

6. 微波暗室屏蔽结构的任务是什么？

7. 微波暗室屏蔽结构的搭建方法有哪些？

8. 如何对吸波材料进行分类？

9. 微波暗室的辅助设备有哪些？

10. 微波暗室的工作机理是什么？

11. 简述微波暗室中电磁波磁损耗机理。

12. 微波暗室的屏蔽性能如何评价？其计算方法是什么？

13. 微波暗室中，静区的概念是什么？

14. 静区的主要评价指标是什么？

15. 吸波材料设计时的设计内容是什么？

16. 典型的微波暗室中静区特性的仿真方法有哪些？

17. 简述几何光学法的设计思路。

18. 简述时域有限差分方法的设计思路。

第 13 章　卫星导航信号仿真技术

卫星导航系统作为一种具有全能性(陆地、海洋、航空及航天)、全天候、连续性和实时性的无线电导航定位系统,能够提供高精度的导航、定位和授时信息,其应用几乎涉及国民经济和社会发展的各个领域,已经成为重要的不可或缺的空间基础设施,在保障国家安全与促进经济发展中发挥着不可替代的作用。但作为一种导航定位系统:一方面,其在导航定位过程中不可避免地受到各种噪声和偏差的影响,使得其定位测量结果与真实位置存在一定误差;另一方面,卫星导航信号面临愈加复杂的电磁环境,各种干扰压制和欺骗使得卫星导航系统出现精度下降甚至无法工作的情况,严重时会给出虚假的导航授时信息。为了考核各类卫星导航误差及信号电磁干扰对导航精度的影响,验证导航算法的有效性,需要在实验室环境下模拟出期望的卫星导航信号,这就是卫星导航信号仿真技术,这种设备就是卫星导航信号模拟器。

在本章中,首先介绍卫星导航信号仿真的概念、分类、发展历程和技术指标等内容,然后对系统总体架构、空间星座计算、信号传输影响、终端信号计算、载波信号编码等关键技术进行详细介绍。

13.1　卫星导航信号仿真的概念及分类

卫星导航信号仿真技术是对真实卫星导航信号的高精度模拟,涉及卫星轨道运算、电磁信号传输、导航电文结构、精密信号合成、高精度测量与校准、自动化测试等多学科理论与技术,是卫星导航系统及其接收设备研制的关键技术,受到军事和工业部门的密切关注。

13.1.1　卫星导航信号仿真的功能任务

卫星导航信号仿真能够产生一个导航系统或多个导航系统兼容的全星座卫星导航信号,能够根据系统设定完成指定导航体制的信号计算。卫星导航模拟器既能够根据预先设定的轨迹信息生成卫星导航模拟信号,也能够接收实时仿真计算机传输的载体的位置、速度、加速度、姿态等信息,模拟多颗卫星在轨的位置分布和运动过程,根据载体的姿态、接收机天线布置、天线方向图、接收机与卫星之间距离的远近等因素模拟卫星导航接收机收到的不同导航卫星射频信号的到达入射角、强弱和延时情况,进而模拟载体飞行过程中的卫星导航,实时或近乎实时地生成卫星导航模拟信号。信号模拟器所生成的卫星导航信号包含了卫星发射信号的特征,以及信号经过空间传播后到达终端设备处所附加的各种传播效应。

13.1.2 卫星导航信号仿真的发展历程

1. 国外卫星导航信号模拟器的发展历程

国外较早开展了卫星信号模拟器技术研究工作,已研制出多种型号的卫星导航信号模拟器并投入使用。经过几十年的不断发展,国外市场已出现了许多成熟的模拟器产品。英国 Spirent 公司推出了 GSS 和 STR 系列信号模拟器产品,英国 Racelogic 公司的多星座 GNSS 录制回放模拟器 LABSAT 3 是一款便携式的多功能信号模拟器,支持对多星座卫星信号的模拟。美国 Keysight 科技公司的 Signal Studio 软件模拟器,能实现 GPS L1 频段、GLONASS L1 频段及 Galileo E1 频段的信号模拟,并支持在信号播发时动态添加信号减损。美国 Spectracom 公司的 GSG - 6 系列 GNSS 模拟器提供了多种 GNSS 卫星星座的模拟,实现了中频信号的实时参数运算以及调制生成。

2. 国内卫星导航信号模拟器的发展历程

国外长期严格的技术封锁,使得国内关于卫星导航模拟器的研究工作开展较晚。随着国家对北斗卫星导航系统研究的深入,卫星导航模拟器的研发越来越受到重视。目前国内市场已出现了部分相对成熟的模拟器产品,例如中国人民解放军国防科技大学研发的 GNS8000 系列模拟器,可进行多模、多通道及多星座的高动态卫星信号模拟;湖南矩阵电子有限公司推出了 INS8000 系列组合导航模拟器;航天五院研制了 CSG - 6000/7000 系列全星座导航信号模拟器;中国电子科技集团公司第 54 研究所研发的多体制卫星导航信号模拟器 CETC_NS8400,可实现四大全球卫星导航系统全部民用导航信号的模拟,具备北斗授权信号扩展能力;北京华力创通有限公司开发了功能全面的 HWA - GNSS - 8000 卫星导航信号模拟器;东方联星公司研制的 NS600/700 系列多模 GPS 导航模拟器亦表现出较好的性能。

虽然国内卫星导航模拟技术在多频段覆盖、伪距精度、算法优化及高动态场景支持等方面和西方国家仍有一定差距,但随着我国北斗卫星导航系统的不断发展,国内导航模拟器也将进入崭新的蓬勃发展时期。

伴随着 BD(北斗)卫星星座的建立和全球定位系统(GPS)体制的更新,卫星导航信号模拟器也从单通道到多通道、从模拟合成到数字合成、从中频数字合成到基带数字合成、从单一系统仿真到多系统混合仿真、从专用向通用、从系统仿真向片上仿真发展。

13.1.3 卫星导航信号仿真的基本组成及工作原理

目前,不同类型的卫星导航信号模拟器,其设计方案和类型存在一定差异,但归纳起来,其核心部件均可分为导航信号计算软件和射频信号生成硬件两部分。卫星导航信号模拟器基本工作原理如图 13 - 1 所示。

(1)导航信号计算软件。导航信号计算软件的主要任务:根据设定的仿真时间、广播星历和载体信息进行计算,并考虑对流层延迟、电离层延迟和多路径效应等信息;根据这几种信息生成观测值;根据卫星位置信息、星历参数和卫星钟差生成导航电文;根据设定或计算的通道信号功率,将观测值和导航电文转换为射频信号,生成硬件的输入信号。

(2)射频信号生成硬件。射频信号生成的硬件主要是围绕现场可编程门阵列(Field Programmable Gate Array,FPGA)/数字信号处理(Digital Signal Processing,DSP)而构造的硬件系统,根据接收到的导航电文和射频信号参数(如延迟 τ、动态 ω、幅值 A)等参数连续生成期望的卫星导航无线电信号。

卫星导航信号模拟器需要模拟卫星导航用户终端接收到的射频信号,系统工作原理为:卫星导航信号模拟系统对多颗导航卫星组成的星座进行仿真,形成某个逻辑时刻的卫星在世界大地坐标系中的实时位置,据此产生星历数据;将星历数据用导航电文形式调制到下发信号中;开展不同频点的射频信号在电离层、对流层内的传播特性建模;考虑导航信号传播时的空间路径延迟、幅度衰减、多路径效应以及载体和卫星相对运动引起的多普勒效应等影响因素,并将其影响叠加在射频信号上。

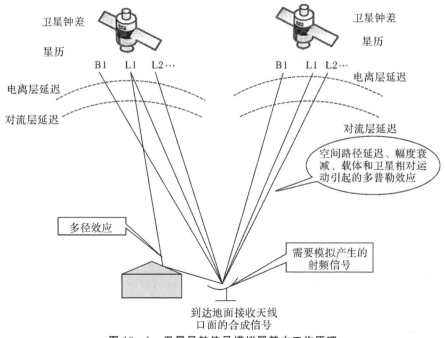

图 13-1 卫星导航信号模拟器基本工作原理

13.1.4 卫星导航信号仿真的主要技术指标

卫星导航信号模拟设备主要根据参试的卫星导航接收到的设备指标和轨迹特征模拟生成实时变化的全球卫星导航信号。为了评价其功能任务和性能指标,需要构建其技术指标评价体系。

1. 卫星导航信号仿真的功能要求

仿真功能要求主要用于评价卫星导航模拟器具备的功能。

(1)实时仿真:要求卫星导航模拟器具备实时仿真功能,即能够根据当前的载体运动信息,实时生成卫星导航信号。

(2)干扰能力:评价卫星导航模拟器是否具备导航干扰信号和各种噪声的模拟能力,包括欺骗信号、多路径效应、环境传输效应等。

(3)接口要求:包括卫星导航模拟器的对外硬件接口数目和类型。

2.卫星导航信号仿真的频段特征

卫星导航信号模拟器的频段特征用于描述该模拟器能够模拟的导航系统类型、载波频率、伪码类型和通道数目,主要由参试的导航设备以及预期的仿真场景决定。

(1)导航星座类型:导航星座类型主要用于描述该模拟器能够模拟的全球卫星导航系统,主要由参试的卫星导航接收机类型以及仿真试验需求所决定。目前,先进的卫星导航模拟器能够同时模拟多个导航系统,如 GPS+北斗或 GPS+GLONASS。

(2)载波频率:根据需要模拟对象的载波而确定,例如,GPS 模拟器的载波频率可能是 L1 波段或 L1+L2 波段,北斗卫星导航模拟器可能支持 B1、B2、B3 波段。

(3)频率:由模拟对象的频率决定。

(4)伪码类型:根据模拟对象的伪码类型决定。例如 GPS 模拟器能够模拟其 C/A 码或 C/A 码+P 码,北斗卫星导航模拟器能够模拟其 C/A 码或 C/A 码+P 码。

(5)通道数目:卫星导航信号模拟器能够同时模拟导航卫星数目,常见的有 12 通道,即能够同时模拟生成 12 颗导航卫星信号。

3.卫星导航信号仿真的动态性能

动态性能是指卫星导航模拟器能够允许用户载体运动的范围,要求模拟器生成的卫星导航射频信号在相对速度、加速度、加加速度上分别满足指标要求。

(1)速度范围:卫星导航信号模拟器能够模拟的载体运动速度。该指标的影响因素主要包括中频滤波器的带宽和直接数字信号合成时相位累加器的长度。

(2)加速性能范围:卫星导航信号模拟器能够模拟的载体运动加速度和加加速度。该指标的影响因素主要有频率累加器的字长、加速度分辨率和加加速度分辨率。

(3)分辨率:动态用户的加加速度、加速度和速度分别对应导航信号生成系统输出信号相位的三次项、二次项和一次项。根据数字信号合成的基本原理,需要用三级相位累加器来实现这种相位关系。

4.卫星导航信号仿真的信号精度

导航信号精度主要受限于模拟器硬件设备延迟及时钟抖动,实质上是信号时延精度与稳定性的反映。其指标主要包括伪距控制精度,伪距变化率精度,通道一致性,载波与伪码相干性和 I、Q 相位正相交性等内容。

(1)伪距控制精度:卫星导航信号模拟器对所模拟生成的各颗导航卫星信号伪距的控制误差,其直接影响到了卫星导航接收机的定位精度。依据卫星导航信号模拟器信号的生成原理,伪距控制实质上反映在对信号的时延控制上。

(2)伪距变化率精度:也称为多普勒频率精度,是单位时间内模拟器的伪距控制误差的衡量指标。

（3）载波相位精度：在同一接收时刻基准站接收的卫星信号相位相对于接收机产生的载波信号相位的测量值。载波相位精度即模拟器能够模拟的导航信号载波相位的精度偏差。

（4）通道一致性：伪距控制精度针对一路信号进行分析，然而接收机在对导航信号进行实际处理时，需要多个通道同时进行。为保证整个模拟器系统的信号一致，对于不同通道的相位和载波的一致性提出了一定的约束。模拟器导航射频信号通道一致性的偏差将直接影响卫星接收机定位的精确性。

（5）载波与伪码相干性：载波域伪码相位的相干性受随机误差和不确定性的影响。由于码时钟和载波时钟来自同一频率源，因此通过频点设计可以消除载波与伪码相干性随机误差。

（6）I、Q 相位正相交性：主要用于评价射频信号调制后 I、Q 两个支路载波相位的正相交程度，能够有效反映模拟的射频信号质量。

5. 卫星导航信号仿真的信号质量

卫星导航射频信号质量是影响导航接收机灵敏度测试的主要因素，因此模拟器的射频信号在相位噪声、稳定度、谐波功率和杂波功率等方面有一定的要求。

（1）相位噪声：射频信号由中频信号与本振混频得来，由于本振频率远高于中频频率，因此输出信号的相噪主要由本振相噪决定；本振相位噪声的来源是基准时钟相位噪声和倍频造成的相位噪声恶化。

（2）稳定度：系统输出的射频信号的稳定度完全取决于基准时钟的稳定度，系统可以采用内基准时钟，也可从外部输入基准时钟。

（3）谐波功率：发射信号的谐波功率来源于混频器和放大器的失真，通过在输出级采用滤波器的方法抑制带外谐波和杂波。

（4）杂波功率：杂波的来源包括混频过程的交调失真和直接数字信号生成过程中引入的杂散。带外的杂波可以通过滤波器进行有效抑制；为保证带内信号的杂波抑制性能，要通过合理的频点设计，避免混频过程的交调失真信号落入信号频带内。

13.2　卫星导航模拟仿真的系统实现

卫星导航信号仿真技术是对真实卫星导航信号的高精度模拟，能够在受控实验室环境中为卫星导航接收设备以及导航算法的研制、生产、评估、训练等环节提供关键性的测试与验证支持。

利用卫星导航信号仿真技术，可以实现对卫星信号及其环境条件的完全模拟和控制，用户能够针对不同类型的仿真需求，便捷地生成和运行多种不同的场景，并且具有对导航系统全链路环节的完全测试能力，具有非常重要的理论意义和工程价值。

13.2.1　卫星导航信号仿真系统的总体架构

卫星导航利用导航接收机观测到的卫星导航信号确定观测载体当前的位置、速度和时间等信息。为了实现导航接收机产品实物的闭环接入，验证导航算法的有效性和抗干扰性，需要根据设定要求,产生期望的卫星导航射频信号。首先,完成期望导航星座和卫星轨道的仿真计算,生成全部星座卫星的轨道数据和卫星时钟数据;其次,根据观测载体的轨迹信息和时间信息,完成包括电离层延迟、对流层折射和多路径效应等因素在内的导航信息传输影响计算;再次,根据导航星座和轨道、空间环境、差分与完好性等因素,生成下行导航电文信息,以及包括伪距、伪距变化率、载波相位等信息在内的载体观测数据;最后,根据导航电文和载波信息,生成载体接收机在设定位置收到的射频无线电导航信号。卫星导航信号仿真模拟器的内部工作流程示意图如图 13 – 2 所示。

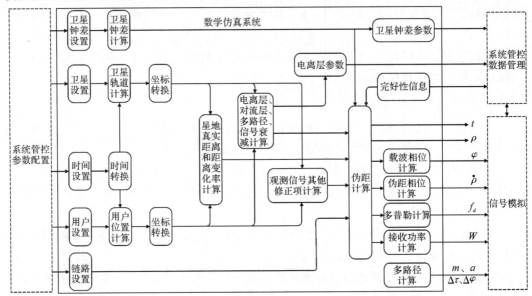

图 13 – 2　卫星导航信号仿真模拟器的内部工作流程示意图

13.2.2　卫星导航信号仿真中空间星座计算

卫星导航信号仿真中空间星座计算主要包括星座仿真、轨道仿真、导航卫星、载荷仿真以及时空转换模型等基础模块的仿真计算。卫星导航模拟测试空间段是全球卫星导航系统地面与用户段的连接节点,涉及轨道仿真模型、钟差仿真模型、星座仿真模型等内容,同时也包含卫星导航模拟测试所需要的常数与参数库以及常用的时间系统变换模型、空间系统变换模型等。

1.卫星导航信号仿真中空间星座计算的时间体系

根据卫星导航定位原理可知,时间信息是关系着卫星导航精度的重要环节,因此,研究卫星导航信号仿真的首要任务就是建立时间体系。基于地球自转、地球公转、原子振荡等不同的周期性过程,可以建立不同的时间体系,主要包括世界时、国际原子时、协调世界时以及各个导航系统所采用的时钟设置。

2.卫星导航信号仿真中空间星座计算的坐标体系

在开展卫星轨道计算时,必须明确卫星在空间中的位置,因此,需要建立一系列的坐标体系。不同的导航坐标系采用不同的地球坐标体系框架,表 13 – 1 给出了各个坐标系的基本参数。

表 13-1　不同卫星导航系统的坐标框架基本参数

基本参数	卫星导航系统			
	BDS	GPS	Galileo	GLONASS
坐标系统	CGCS2000	WGS-84	ITRF-96	PZ-90
参考椭球长半轴/m	6 378 137	6 378 137	6 378 136	6 378 136
地球引力常数/(m³·s⁻²)	$3.986\ 004\ 418\times10^{14}$	$3.986\ 005\times10^{14}$	$3.986\ 004\ 418\times10^{14}$	$3.986\ 004\ 4\times10^{14}$
椭球扁率	1/298.257 222 101	1/298.257 235 63	1/298.256 45	1/298.257
地球自转角速度/(rad·s⁻¹)	$7.292\ 115\ 0\times10^{-5}$	$7.292\ 115\ 146\ 7\times10^{-5}$	$7.292\ 115\ 146\ 7\times10^{-5}$	$7.292\ 115\times10^{-5}$

3. 卫星导航信号仿真中空间星座计算的轨道模型

在卫星导航信号仿真系统中,需要根据星历文件,完成当前卫星位置的计算,以确定载体的卫星可见性。卫星广播星历文件是地面上卫星信号观测点记录下的一段时间内的星历参数,能够据此进行卫星瞬时位置和速度的仿真计算。

下面根据轨道参数给出 t 时刻的卫星空间位置的计算步骤:①计算规划时间 t_k,卫星星历给出的轨道参数是以星历参考时间 t_{oe} 为基准的,为了得到各轨道参数在 t 时刻的值,需要先求出 t 和 t_{oe} 之间的时间差 t_k;②计算卫星的平均角速度 n;③计算平近点角 M_k;④计算偏近点角 E_k;⑤计算真近点角 θ;⑥计算 t 时刻的升交点角距 Φ_k;⑦计算摄动校正项,升交点角距校正项 δu_k,轨道径向校正项 δr_k 和轨道倾角校正项 δi_k;⑧计算校正后的升交点角距 u_k,轨道径向校正项 r_k 和轨道倾角校正项 i_k;⑨计算卫星在升交点轨道直角坐标系中的坐标 (x_k,y_k);⑩计算升交点经度 Ω_k;⑪计算卫星在地心地固坐标系中的空间直角坐标。

在进行卫星星座计算时,根据卫星星历中每个卫星的轨道参数,按照上述步骤,即可解算得到指定时刻每颗卫星在空间的坐标位置,从而可以进行卫星传播信号的延迟计算与可见性计算等。

4. 卫星导航信号仿真中空间星座计算的钟差模型

卫星导航定位的基本原理是利用伪随机噪声码进行时间比对,得到测距信号的时间延迟。因此,精确的位置测量实际上就是精确的时间测量。目前,导航卫星上普遍采用的是高精度的原子钟,但是这些钟与卫星导航系统标准时间之间仍然会有偏差和漂移,随着时间的推移,这些偏差和漂移也会发生变化。因此,为了产生高精度的卫星导航信号,必须对卫星导航的时钟偏差进行分析、研究。

钟差就是地面操控系统测得的星载原子钟的值与实际原子钟的值之间的差值,这种偏差是由很多因素引起的,比如原子钟本身的特性、太空环境的复杂性等。目前,导航系统钟差预报模型主要包括多项式模型、灰度模型和时间序列模型等。

（1）多项式模型：一种数据拟合预测模型，计算方便简单、物理意义明确，广泛应用于短期钟差预报，包括线性多项式（Linear Polynomial，LP）模型与二次多项式（Quadratic Polynomial，QP）模型。

（2）灰度模型：由于卫星钟对自身和外界的影响十分敏感，对其变化规律很难掌握，因此可以将其变化规律视为灰色系统，建立灰色模型进行研究。GM(1.1)是最为常见的灰色模型，其原理是对相同时间间隔的时间序列进行累加得到新的时间序列，由于该序列具备指数增长规律，故可构建一阶微分方程，对微分方程进行求解，对其结果进行一次累减，得出预报序列。

（3）时间序列模型：时间序列分析是根据系统观测得到的时间序列数据，通过曲线拟合和参数估计来建立数学模型的方法，一般采用曲线拟合和参数估计方法，主要包括自回归移动平均（Auto Regressive Moving Average，ARMA）模型和自回归求和移动平均（Auto Regressive Integrated Moving Average，ARIMA）模型。ARMA 模型是目前比较常用的拟合平稳序列的模型，ARIMA 模型是将自回归模型和滑动平均模型有机结合起来的一种综合模型，适合进行短期预报。

13.2.3 卫星导航信号仿真中信号传输影响

卫星导航信号仿真中的信号传输影响主要包括电离层、对流层和多路径延迟，用于描述信号从卫星端传播到接收机端的传输影响。导航信号在传播过程中，大气层的各项因素会对信号传播带来影响；同时，接收机所在的不同地点会受到不同程度的多路径延迟，从而影响接收机前端的卫星信号。

1. 卫星导航信号仿真中信号传输影响的电离层延迟

电离层会反射、折射、散射、吸收无线电信号。它的存在及其时空变化会对各类无线电通信产生很大的影响，导致出现无线电观测信号的延迟以及相位、振幅的不规则变化等情况。对于卫星导航定位系统而言，来自电离层的影响主要表现为地面站接收到的卫星载波和伪距信号的附加时延效应。这种时延效应误差最大可达到几十米，将严重削弱卫星导航定位的精度和准确度，是卫星导航定位中的主要误差源之一。

电离层延迟仿真的主要任务是根据给定的时间、监测站坐标以及卫星轨道，利用多种电离层模型，开展信号路径上电离层延迟的计算。

（1）电离层延迟效应的计算方法。卫星导航信号在穿过电离层时会被折射、吸收、反射，这些对信号的传播产生干扰，在电离层区域传播时调制码信号产生群路径，这种现象被称为电离层传播延迟，其主要与传播路径上的电子密度有关，即与路径上的总电子含量（Total Electronic Content，TEC）有关。相关研究表明，在 TEC 计算精确的条件下，计算出电离层延迟的精度在 99% 以上。因此，导航信号的电离层延迟计算就转换为如何高精度求取 TEC 的问题。

（2）典型的全球电离层延迟模型。TEC 作为电离层最重要的参数之一，受到多种因素的影响，不能用精确的理论公式表示，只能通过处理测量数据进行建模，相应的电离层传播延迟也只能用模型表示。在卫星导航定位研究中，电离层延迟的修正模型主要有以下 3 种。

1)基于导航电文的电离层延迟预报模型,典型代表是 Klobuchar 模型,该模型可以消除 60%左右的电离层延迟误差,模型的总体精度不高。

2)电离层经验/半经验物理参数模型[如国际参考电离层模型(International Reference Model,IRM)、欧洲航天局的 NeQuick 模型、欧洲定轨中心的(Center of Orbit Determination in Europe-Global Ionospheric Map,CODE-GIM)模型],是根据大量的地面观测资料和多年积累的电离层研究成果编制开发的全球电离层模型,能够很好地描述全球电离层形态。

3)广域差分系统采用的格网电离层模型,如美国广域差分系统(Wide Area Augmentation System,WAAS)、欧盟广域差分系统(European Geostationary Navigation Overlay Service,EGNOS)等。格网电离层模型精度高,但其数据量较大且有效区域受限,因此使用范围受到一定限制。

目前四大卫星导航定位系统中,GPS 采用 Klobuchar 八参数电离层模型,在地磁坐标系下利用八参数余弦函数表达式进行计算,反映电离层周日振幅和相位变化。BDS 基于 Klobuchar 模型进行相关改进,采用地固地理坐标系,其地理经度与时间具有良好的一致性,在计算系数限值上进行了部分修改,能够更好地反映电离层的周期变化。Galileo 系统采用 NeQuick 三维电离层电子密度半经验模型,该模型基于电离层剖面公式,将电离层分为底部和顶部两个部分。GLONASS 没有提供可用于估算电离层时延量的数学模型及其参数,一般借助于 GPS 的 Klobuchar 电离层时延来估计 GLONASS 测量值的电离层时延量。

(3)典型的电离层延迟映射函数算法。通过前面建立的各种电离层延迟模型,可以获得较为精确的电离层天顶延迟值,但卫星导航信号从卫星到接收机并不是只沿天顶方向传播,而是从不同的倾斜角度到达接收机。因此,需要利用映射函数,将天顶延迟值投影到信号传播的斜方向上。

电离层映射函数 $F(z)$ 涉及天顶方向的电子总含量(Vertical Total Electron Content,VTEC)和信号传输路径的电子总含量(Slant Total Electron Content,STEC),借助投影函数可以实现电离层倾斜延迟到天顶方向延迟之间的转换,从而实现倾斜观测量到电离层模型的参数化计算。电离层投影函数一般视为卫星高度角 z 的函数,定义为斜距电离层电子含量与垂直电离层电子含量的比值:

$$F(z) = STEC/VTEC \qquad (13-1)$$

电离层映射函数与卫星仰角、卫星方位角、地面站纬度、太阳活动和季节相关。

2.卫星导航信号仿真中信号传输影响的对流层折射

卫星导航信号穿过对流层时,与大气介质发生相互作用,从而导致卫星导航信号出现延迟。卫星信号在对流层介质中的传播距离与其在真空介质中的传播距离差值称为对流层延迟。由于对流层是非弥散性介质,对卫星导航信号造成非色散性折射,该折射与信号频率无关,因此不能利用双频观测值进行改正。对流层延迟误差在天顶方向可达 2.5 m,而在斜路径方向上甚至超过 20 m,且极易受天气变化的影响。

(1)对流层折射效应的计算方法。在计算卫星导航信号中对流层延迟影响时,通常用监测站天顶方向的对流层延迟与其高度角上的投影函数的乘积表示。其中包括由干燥气体造成的干延迟量(约 90%)和水汽引起的湿延迟量(约 10%)。在处理数据时,只对天顶方向延迟模型化,通过投影函数将其转换到斜路径方向上,即

$$\Delta L = M_d(E)Z_d + M_w(E)Z_w \tag{13-2}$$

式中:Z_d 和 Z_w 分别为天顶干、湿延迟;M_d 和 M_w 分别为干、湿映射函数;E 为卫星高度角。

(2)典型的对流层天顶延迟模型。在卫星导航信号仿真中,主要采用模型更正方法来完成对流层折射效应的分析计算,分为需要气象参数的模型和不需要气象参数的模型。气象参数模型采用采集地面气象参数并模拟天顶方向气象参数的方法,包括 Saastamoinen 模型和 Hopfield 模型等;无气象参数的模型包括 EGNOS 模型和 UNB 系列等,使用简便,利于实时定位,但它们的空间、时间分辨率并不高,整体精度有待加强。

(3)典型的对流层延迟映射函数算法。与电离层延迟类似,对流层延迟也需要进行投影计算。目前已提出多种映射函数模型,主要分为两类:一是把大气折射积分的被积函数按天顶距三角函数进行级数展开,如 Hopfield 映射函数和 Saastamoinen 映射函数利用一定的大气模型进行逐项积分而求得大气折射延迟;二是连分式形式的映射函数,如 Chao 函数、Marini 函数、CFA2.2 函数和 Niell 函数。

3.卫星导航信号仿真中信号传输影响的多路径效应

在卫星信号发射和传播过程中,会受到"多路径效应"影响,导致定位偏差甚至信号失真,造成卫星定位与导航的定位误差。相关研究表明,由于多路径信号影响而产生的伪距误差可达米级,影响系统的定位精度和可靠性。目前,在多路径效应延迟建模方面,主要有基于几何模型和基于函数拟合两种处理方式。

(1)卫星信号多路径效应的概念及产生机理。多路径效应是指接收机在接收到卫星发射的直射信号的同时,还同时接收到来自监测站周围地物的反射信号,两种信号干涉叠加,引起附加时间延迟或相位延迟,从而使观测值偏离真值,产生所谓的多路径误差。这种由于卫星信号经多种反射路径进入接收机而引起的干涉时延效应被称作"多路径效应"。

多路径效应按照产生机理可以分为镜面反射多路径和散射多路径。根据电波传播理论,来自卫星的信号在传播过程中遇到两种不同媒质的光滑界面,界面的尺寸远大于波长时,就会发生镜面反射。根据瑞利准则,若反射面最大起伏程度 $\delta \leqslant \lambda/(16\cos\beta)$(其中:$\lambda$ 为信号波长,β 为信号相对反射面的入射角),则可看作光滑地面。研究表明,散射多路径信号主要表现为附加在直达信号上的低频噪声,对于测距精度的影响程度小于镜面反射多路径信号。一般情况下,对于水泥地面、广阔水面这类反射物,主要为镜面反射多路径;对于深林、山地或城市这类地物,以散射信号为主。

(2)基于几何模型的多路径延迟模型。多路径延迟本质上是由直接来自视线方向和经反射到达接收天线的卫星信号叠加构成的。多路径误差不仅与接收机天线周围反射物体的材质和距离有关,也和卫星星座有关,会随时间发生改变。因此,多路径延迟误差具有时变

的复杂多样性。常用的基于几何关系的多路径延迟模型包括常数模型、随机过程模型、一般接收环境下的多路径延迟模型和动态环境下的多路径延迟模型。

（3）基于函数拟合的多路径延迟模型。多路径效应与导航卫星的仰角和方位角具有相关性，其以波动的形式变化，因此，可以采用球谐函数或三角级数对多路径效应进行仿真。

利用球谐函数模拟多路径效应的变化，则有

$$M_P(\theta,\varphi) = \sum_{n=0}^{N} \sum_{k=0}^{n} \left[A_n^k \cos(k\varphi) + B_n^k \sin(k\varphi) \right] P_n^k(\cos\theta) \tag{13-3}$$

式中：$M_P(\theta,\varphi)$ 为多路径数据；φ 为卫星的方位角；θ 为卫星的高度角；N 为模型阶数；$P_n^k(\cos\theta)$ 为完全规格化的缔合勒让德函数；A_n^k、B_n^k 为球谐函数模型系数，即待求的多路径效应模型系数。

采用三角级数建立多路径效应模型，则有

$$M_P(\theta,\varphi) = a_1 + a_2\cos\theta + \sum_{i=1,j=2i+1}^{N} \left[a_j\cos(i\varphi) + a_{j+1}\sin(i\varphi) + \right] + a_{2n+3}\cos\theta\cos\varphi$$

$$\tag{13-4}$$

式中：a_j 为三角级数模型的系数，即待求的多路径模型系数。

13.2.4　卫星导航信号仿真中终端信号的计算

卫星导航信号仿真中的终端信号设计，主要根据前面的空间星座计算结果和载体位置，考虑信号传输影响结果，完成卫星可见性计算、信号伪距计算和信号功率计算等。

1. 卫星导航信号仿真中空间星座计算的卫星可见计算

模拟器根据用户位置和历书参数，从中选出可见卫星，然后产生这些卫星的信号。对大多数用户而言，如果用户终端接收天线周围没有明显遮挡且载体姿态变化不大，则只需在测量坐标系内判断卫星相对用户的仰角。如果卫星仰角大于选定的可见卫星最低仰角，则视为可见卫星，模拟器产生该卫星的导航信号。

以用户终端接收天线位置为原点建立测量坐标系，在该坐标系内计算卫星的仰角、方位角，如图 13-3 所示。

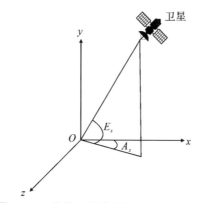

图 13-3　导航卫星的仰角和方位角示意图

卫星的仰角和方位角的计算公式为

$$E_s = \arctan(y_c^s/R)$$

$$A_s = \arccos(x_c^s/D) + \begin{cases} 0, & z_c^s \geqslant 0 \\ \pi, & z_c^s \leqslant 0 \end{cases} \qquad (13-5)$$

式中：x_c^s，y_c^s，z_c^s 分别为卫星在卫星测量坐标系中的坐标位置；$D = \sqrt{(x_c^{s2})+(y_c^{s2})}$；$R = \sqrt{(x_c^{s2})+(y_c^{s2})+(z_c^{s2})}$。

2. 卫星导航信号仿真终端信号设计的伪距信息计算

在卫星无线电导航系统中，由于信号发射位置距离接收位置很远，用户接收机接收到的导航信号经过空间传播后，其伪码时钟频率、载波频率与卫星发射时刻的状态相比发生了较大改变，实际测量出的距离并非卫星到接收机的几何直线距离，将实际测量出的距离称为伪距。为了开展导航信号的计算以及伪随机噪声信号的计算，需要根据载体位置和卫星空间位置完成伪距数值计算和载波相位计算等。

根据卫星的位置、速度、加速度和加加速度以及接收机的位置、速度、加速度和加加速度，可以得出卫星和接收机之间的伪距、伪距一阶导数、二阶导数和三阶导数等信息。

伪距仿真模型的数学表达式为

$$\rho = \sqrt{(x_s-x_u)^2+(y_s-y_u)^2+(z_s-z_u)^2} + c \cdot (\delta t_u - \delta t_s) + d_{ion} + d_{trop} + \varepsilon_\rho \quad (13-6)$$

式中：ρ 为伪距；(x_s,y_s,z_s) 为卫星的位置坐标；(x_u,y_u,z_u) 为用户接收机的位置坐标；c 为光速；δt_u 为接收机钟差；δt_s 为卫星钟差；d_{ion} 为电离层延迟；d_{trop} 为对流层延迟；ε_ρ 为所有未直接体现在上述伪距表达式中的其他各种误差的总和。

伪距一阶导数计算公式为

$$\dot\rho = \frac{\Delta v_x \cdot \Delta r_x + \Delta v_y \cdot \Delta r_y + \Delta v_z \cdot \Delta r_z}{\sqrt{\Delta r_x^2 + \Delta r_y^2 + \Delta r_z^2}} + c \cdot \dot{\delta t} \qquad (13-7)$$

式中：$(\Delta v_x,\Delta v_y,\Delta v_z) = (\dot x_s - \dot x_u, \dot y_s - \dot y_u, \dot z_s - \dot z_u)$，$(\Delta r_x,\Delta r_y,\Delta r_z) = (x_s-x_u, y_s-y_u, z_s-z_u)$。

伪距二阶导数计算公式为

$$\ddot\rho = \frac{\Delta a_x \cdot \Delta r_x + \Delta a_y \cdot \Delta r_y + \Delta a_z \cdot \Delta r_z + \Delta v_x^2 + \Delta v_y^2 + \Delta v_z^2}{\sqrt{\Delta r_x^2 + \Delta r_y^2 + \Delta r_z^2}} -$$
$$\frac{(\Delta v_x \cdot \Delta r_x + \Delta v_y \cdot \Delta r_y + \Delta v_z \cdot \Delta r_z)^2}{(\Delta r_x^2 + \Delta r_y^2 + \Delta r_z^2)^{3/2}} + c \cdot \ddot{\delta t} \qquad (13-8)$$

式中：$(\Delta a_x,\Delta a_y,\Delta a_z) = (\ddot x_s - \ddot x_u, \ddot y_s - \ddot y_u, \ddot z_s - \ddot z_u)$。

伪距三阶导数计算公式为

$$\dddot\rho = \frac{3(\Delta v_x \cdot \Delta a_x + \Delta v_y \cdot \Delta a_y + \Delta v_z \cdot \Delta a_z) + \Delta\dot a_x \cdot \Delta r_x + \Delta\dot a_y \cdot \Delta r_y + \Delta\dot a_z \cdot \Delta r_z - 3(\dot\rho - c \cdot \dot{\delta t})(\ddot\rho - c \cdot \ddot{\delta t})}{\sqrt{\Delta r_x^2 + \Delta r_y^2 + \Delta r_z^2}}$$

$$(13-9)$$

式中：$(\Delta\dot a_x,\Delta\dot a_y,\Delta\dot a_z) = (\dddot x_s - \dddot x_u, \dddot y_s - \dddot y_u, \dddot z_s - \dddot z_u)$。

得到伪距变化率之后，就可以计算多普勒频移 f_d，即

$$f_d = \frac{\dot\rho}{c} f_{sf} \qquad (13-10)$$

式中：f_{sf} 为发射信号的频率。

3. 卫星导航信号仿真射频信号生成的信号功率计算

卫星导航信号在空间传播过程中，受到各种传播路径中环境因素的影响，信号幅度、相位、极化和下行波束入射角发生变化，从而导致信号传输质量下降和误码率上升。因此，在进行卫星导航信号仿真时，必须考虑导航信号电波在空间传播过程中的损耗，根据卫星位置、用户机位置以及卫星发射功率计算用户终端接收到的卫星信号功率强度。信号衰减主要包括自有空间衰减和大气环境衰减，其中大气环境衰减主要包括大气吸收、降雨效应、云雾效应和大气闪烁等。

为了提高信号的发射效率，卫星天线在设计上通常使其信号发射具有一定的指向性，即原本散发到天线四周各个方向上的信号功率被集中起来朝向地球发射，而天线的这种指向性即为增益，不同方向上的天线有着不同大小的增益。如图 13 - 4 所示，假设某一卫星信号的发射功率为 P_T，卫星天线在某一方向上的增益为 G_T，那么在此方向上与该卫星 S 相距为 d 的接收点 R 处，接收天线单位面积所拦截的卫星信号功率等于发射功率 P_T 除以球面积 $4\pi d^2$ 再乘以增益 G_T，即

$$\Psi = \frac{P_T G_T}{4\pi d^2} \tag{13-11}$$

式（13 - 11）所示的单位面积上的接收功率 Ψ 即为功率流密度。

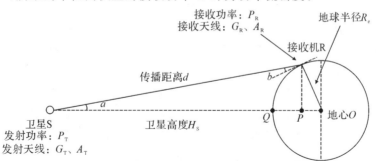

图 13 - 4　卫星导航信号的自由空间传播

同样，用来接收信号的接收天线通常也呈一定的指向性。若接收天线在某一方向上的有效接收面积为 A_R，则该接收天线的相应增益 G_R 为

$$G_R = \frac{4\pi A_R}{\lambda^2} \tag{13-12}$$

式中：λ 为信号的波长。在信号发射端，卫星发射天线有效面积 A_T 与其增益 G_T 之间也有类似关系，即

$$G_T = \frac{4\pi A_T}{\lambda^2} \tag{13-13}$$

接收天线与发射天线的工作原理是相同的，它们之间所不同的是能量传递方向相反。天线的有效接收（或发射）面积与其物理尺寸和形状有关。根据在接收点 R 处的卫星信号功率流密度 Ψ 和有效接收面积 A_R，可得在点 R 处的接收天线所接收到的卫星信号功率 P_R 为

$$P_R = \Psi A_R = P_T \frac{G_T G_R \lambda^2}{(4\pi d)^2} = P_T \frac{A_T A_R}{(\lambda d)^2} \tag{13-14}$$

式(13-14)即为自由空间传播公式,它表明了信号发射功率 P_T 与接收功率 P_R 之间的关系。将其表示成以分贝为单位的形式,即

$$P_R = P_T + G_T + G_R + 20\lg\left(\frac{\lambda}{4\pi d}\right) - L_A \tag{13-15}$$

式中:等号左右两边的 P_R 与 P_T 单位相同;等号右边倒数第二项为自由空间传播损耗; L_A 表示大气损耗,包括大气吸收、降雨衰减、云雾衰减和大气闪烁等。信号接收功率 P_R 反映了信号的绝对强度,通常用接收机所支持的最低接收信号功率值来衡量接收机的信号捕获与跟踪灵敏度。

13.2.5 卫星导航信号仿真中载波信号编码

在卫星导航仿真系统中,卫星在完成终端信号计算后,需要根据体制类型,将数据码与伪码异或相加,从而完成伪码对数据码的调制,使数据码的频带被展宽,实现扩频,从而生成导航信号。

一个典型的卫星导航信号分量可以表示为

$$s(t) = D(t) \sum_{-\infty}^{+\infty} c_n h(t - nT_c) \tag{13-16}$$

式中: $D(t)$ 为数据信息; c_n 为扩频信息; $h(t)$ 为载波波形。

从式(13-16)可以看出,卫星导航信号一般由载波波形、扩频码(测距码/伪随机噪声)和数据码三部分组成,扩频码和数据码通过各种不同的调制方式依附于载波波形上,它们在时间上有严格的对应关系,数据信息对应整数个周期的扩频码。其中,测距码包括普通测距码和精密测距码,数据码是卫星以二进制码流形式发送给用户的导航定位数据,通常又称为导航电文。不同体系的导航系统包含不同的频点以及不同的导航电文格式。在进行终端信号设计时,需要根据模拟的导航系统体系完成终端信号的编码生成。

1. 卫星导航信号仿真终端信号设计的信号体制类型

对于不同的导航系统,其型号体制和频点设计各不相同。因此,在模拟生产卫星导航信号时,必须根据选择的导航系统形式,选择不同的信号体制。

(1)GPS 系统导航信号体制。GPS 系统现在使用 3 个频段,分别为 L1、L2 和 L5 频段。其中,L1 频段中心载波频率为 1 575.42 MHz,主要为民用提供服务,L1 频段信号由 C/A 码和 P(Y)码进行调制;L2 频段中心载波频率为 1 227.60 MHz,此频段为军事使用提供服务,L2 频段信号由 P(Y)码进行调制;L5 频段作为民用频段,是和 L2 频段配合使用的,L5 频段的载波中心频率是 1 176.45 MHz。

随着 GPS 现代化进程的推进,GPS 系统使用新型 M 码调制,M 码具有频谱分裂特性,在频谱上位于更外侧的位置,避免了 C/A 码和 P(Y)码信号的干扰。随着 GPS 与 Galileo 系统兼容性的提升,GPS 系统在 L1 频段上又采用 TMBOC 调制方式。GPS 系统信号体制见表 13-2。

表 13-2　GPS **系统信号体制**

频段/信号	载波频率 /MHz	带宽 /MHz	最小接收 功率/dBW	调制方式	码速率 /Mcps	符号速率 /sps
L1 C/A			−158.5	BPSK(1)	1.023	50
L1 C	1 575.42	30.69	−157	BOC(1,1)+TMBOC(6,1,4/33)		100
L1 P			161.5	BPSK(10)	10.23	50
L1 M			−158	BOCC(10,5)	5.115	0/50/200
L2 C			−160	BPSK(1)	1.023	
L2 P	1 227.60	30.69	−164.5	BPSK(10)	10.23	50
L2 M			−161.0	BOCC(10,5)	5.115	0/50/200
L5	1 176.45	24	−154.9	QPSK(10)	10.23	100

（2）Galileo 系统导航信号体制。Galileo 系统载波频率与 GPS 系统相近,导航信号分布在 4 个频带上,它们是 E1、E5a、E5b 和 E6。Galileo E1 频段载波频率为 1 575.42 MHz;Galileo E1 频段载波频采用 CBOC(6,1,1/11)和 BOC(10,2.5)调制。其中 Galileo E1B 为数据通道,Galileo E1C 为导频通道。Galileo E5a 频段载波频率为 1 176.45 MHz,Galileo E5b 段载波频率为 1 207.14 MHz。Galileo E5 信号采用 AltBOC(15,10)调制,其码速率为 10.23 Mcps,E5 信号也分为数据通道和导频通道。Galileo E6 频段载波频率为 1 278.75 MHz。Galileo E6C 采用 QPSK(5)调制,Galileo E6P 采用 BOC(10,5)调制。其中,Galileo E6B 为数据通道,Galileo E6C 为导频通道。Galileo 系统信号体制见表 13-3。

表 13-3　Galileo **系统信号体制**

频段/信号	载波频率 /MHz	带宽 /MHz	最小接收 功率/dBW	调制方式	码速率 /Mcps	符号速率 /sps
E5a	1 176.45			AltBOC(15,10)	10.23	50
E5b	1 207.14	92.07				250
E6C	1 278.75		−155	QPSK(5)	5.115	1 000
E6P				BOCC(10,5)		—
E1F	1 575.42	40.92	−157	CBOC(6,1,1/11)	1.023	250
E1P				BOCC(15,2.5)	2.5575	—

（3）GLONASS 系统导航信号体制。GLONASS 系统使用的是频分多址技术,信号分布在 L1、L2、L3 和 E1/L1 频段上,其中:L1 和 L2 频段只有数据通道没有导频通道,L1 信号的中心频率约为 1 602 MHz,L2 信号的中心频率约为 1 246 MHz;L3 信号的中心频率约为 1 201 MHz,分为同相 I 支路和正交 Q 支路。和 GPS、Galileo 信号不同的是,GLONASS 信号主要采用 BPSK-(R)方式调制。E1/L1 信号中心频率为 1 575.42 MHz,这与 GPS L1 和 Galileo E1 信号处于同一频段,其调制方式也采用类似的 BOC(2,2)和 MOBC 调制。GLONASS 系统信号体制见表 13-4。

表 13 - 4　GLONASS 系统信号体制

频段/信号	通道	载波频率/MHz	调制方式	码速率/Mcps	符号速率/sps
L1	数据	$(1\,602+0.562\,5)K, K=-7\sim6$	BPSK(0.511)	0.511	50
			BPSK(5.11)	5.11	
L2	数据	$(1\,246+0.437\,5)K, K=-7\sim6$	BPSK(0.511)	0.511	50
			BPSK(5.11)	5.11	
L3	I	$(1\,201+0.437\,5)K, K=-7\sim8$	BPSK(4)	4.092	100
			BPSK(8)	8.184	125
	Q		BPSK(4)	4.092	—
			BPSK(2)	2.046	
E1/L1		1 575.42	BOC(2,2)	2.046	
			MBOC		

(4)北斗系统导航信号体制。北斗系统的导航信号采用了三频信号,能够有效减少信道环境对信号造成的影响,提高动态速度定位,且抗干扰能力更强。北斗卫星的三个频段为 B1、B2、B3。B1 频段中,B1I 频段的信息已公布,其主要作为民用导航来使用,频率范围是 1 559.052~1 591.788 MHz。B2 频段主要供测绘和施工等对定位精度要求较高的部门使用,频率范围是 1 166.220~1 217.370MHz。B3 频段频率能进行快速长距离的高精度定位,通常是供军方使用,其频率范围是 1 250.618~1 286.423MHz。目前北斗信号采用正交相移键控的调制方式,每个频点的信号又分为 I 路信号和 Q 路信号,I 路信号主要为用户提供免费的民用服务,Q 路信号因为具有更长的编码,因此抗干扰能力更好,需要授权才能使用。北斗系统信号体制见表 13 - 5。

表 13 - 5　北斗系统信号体制

频段/信号	载波频率/MHz	调制方式	码速率/Mcps	符号速率/sps
B1 - C_D	1 575.42	MBOC(6,1,1/11)	1.023	50/100
B1 - C_P				—
$B1_D$		BOC(14,2)	2.046	50/100
$B1_P$				—
$B2a_D$	1 176.45	AltBOC(15,10)	10.23	25/50
$B2a_P$				—
$B2b_D$	1 207.14			50/100
$B2b_D$				—
B3	1 268.52	QPSK(10)	10.23	500/500
B3 - A_D		BOC(15,2.5)	2.557 5	50/100
B3 - A_P				—

2.卫星导航信号仿真终端信号设计的测距编码计算

测距码,又称为扩频码或伪随机噪声码(Pseudo Random Noise,PRN),是一组有限长度重复循环的随机序列,其主要功能是基于扩频码对导航信号进行直接序列扩频调制,在频域上具有扩频效应,能减小信号功率谱密度,有利于信号隐藏和降低信号间干扰,使得信号在时域上具有良好的相关性。

在卫星导航系统中采用扩频码的主要目的:一是码分多址,每颗卫星的每种信号都分配有唯一的 PRN 码,由于不同 PRN 码的互相关均为 0,因而能够很好地实现与其他信号的区别。二是伪距测量,根据伪码的相关结果可以看出码的相对位移,码的相位差代表了传输时间在码相位上产生的位移,与传输时间成正比,可以利用伪随机码的自相关性实现测距功能。因此,在卫星导航系统中,测距模糊度、测距精度、信息数据隐蔽和保密、抗干扰、抗噪声、多径保护和抗衰落、多址通信、同步与捕获等性能指标都与伪随机码的设计密切相关,伪随机码序列对系统性能具有重要作用。

(1)GPS 系统的测距编码。在 GPS 导航系统中,每颗卫星都在同一频率上以码分多址(Code Division Multiple Access,CDMA)格式发射一个独特的 PRN 码对[粗测距码 C/A 和精测距码 P(Y)]。其中,L1 频率由 C/A 码和 P 码两个 PRN 码调制,L2 频率在任何时刻只用一种 PRN 码调制。

C/A 码是用于跟踪、锁定和测量的伪随机码,它是由 m 序列优选对组合码形成的 Gold 码(G 码)。G 码是由两个长度相等且互相关极大值最小的 m 序列码逐位进行模 2 相加构成的。通过改变产生它的两个 m 序列的相对相位,就可以得到不同的码。对于长度为 $N=2^N-1$ 的 m 序列,每两个码可以用这个方法产生 N 个 G 码。在这 N 个 G 码中,任何两个互相关的最大值等于构成它们的两个 m 序列的互相关最大值。GPS C/A 码是序列长度为 1 023 bit 的 Gold 码,基码速率是 1.023 MHz,重复周期为 1 ms。每颗卫星独特的 C/A 码是 G1 直接输出序列和经过时延的 G2 输出序列异或的结果。G1 和 G2 序列由 10 级线性移位寄存器产生,由 P 码的 X1 历元初始化,初始状态为 1111111111,生成多项式为

$$\left. \begin{array}{l} G1=1+x^3+x^{10} \\ G2=1+x^2+x^3+x^6+x^8+x^9+x^{10} \end{array} \right\} \tag{13-17}$$

P 码由两个伪随机码 PN1 和 PN2 相乘而产生的,其码速率为 10.23 MHz。PN1 的周期为 1.5 s,码片数 N1 为 15 345 000,PN2 与 PN1 相同,但码片数比 PN1 多 37 个。因此,由 PN1 和 PN2 相乘得到的 P 码,其序列长度约为 $2.354\ 7\times10^{14}$,其发送周期约为 266.41 天。美国国防部在 P 码的基础上又增加了加密码,禁止了非特许用户的使用。因此,P 码常用于军事用途或精密测量。

(2)Galileo 系统的测距编码。Galileo E1 信号有 E1B 和 E1C 两个通道,每颗 Galileo 卫星都拥有两组不同的扩频码,二者通过良好的相关特性实现互不干扰。两个通道的扩频码速率均为 1.023 MHz,主码长度相等,均为 4 092 个码片。二者码周期与组成方式存在一定差异,其中 E1B 数据通道不含辅码,码周期为 4 ms;而 E1C 导频通道包含长度为 25 bit 的

辅码,每个辅码码片对应一个主码周期,总的码周期为 100 ms。

Galileo ICD 直接给出了原始序列的十六进制文件,通过十六进制到二进制的数据转换,即可得到各颗卫星的扩频码主码序列。E1C 通道因加入了辅码,需采用分层码结构将主码与辅码合并。E1C 通道中辅码长度为 25bit,内容为 0011100000001010110110010,分层码周期是主码周期的 25 倍。

(3)GLONASS 系统的测距编码。GLONASS 民用伪随机码是由一个 9 级的移位寄存器产生的 m 序列,码频为 0.511 MHz,周期为 1 ms,字符速率为 0.511 Mb/s,码宽为 1/511 ms。m 序列具有良好的自相关性,具有确定的编码规则、良好的周期性和易复制性。GLONASS 伪随机码序列采用一个 9 级反馈式移位寄存器来产生,特征多项式计算公式为

$$F(x) = 1 + x^5 + x^9 \tag{13-18}$$

式中:初始化时所有寄存器均置为 1,伪随机码输出端为第七级移位寄存器。

(4)北斗系统的测距编码。北斗卫星导航系统使用了 CDMA 技术来区分每颗卫星。B1 和 B2 频点采用码长为 2 046 个码片的普通测距码,B3 频点采用码长为 10 230 个码片的普通测距码。其中,B1 频点同相支路的信号测距码,简称为 CB1I 码,是对两个 11 级移位寄存器输出模 2 相加所产生的平衡 G 码进行截位(1 bit)形成的,码速率为 2.046 Mcps,码周期 1 ms。其计算公式为

$$\left. \begin{aligned} G1 &= 1 + x + x^7 + x^8 + x^9 + x^{10} + x^{11} \\ G2 &= 1 + x + x^2 + x^3 + x^4 + x^5 + x^8 + x^9 + x^{11} \end{aligned} \right\} \tag{13-19}$$

G1 的初始序列为 01010101010,G2 的初始序列为 01010101010。G1 序列将第 11 级移位寄存器结果直接输出,G2 序列对不同卫星采用不同的相位选择器,以此来区分各颗卫星。

3.卫星导航信号仿真终端信号设计的导航电文编码

在卫星导航信号仿真中,导航电文生成模块的主要功能,就是根据卫星的星历信息和仿真起始时间,按照导航信号接口控制文件中规定的电文格式产生二进制的导航电文,包括系统时间,星历、历书、卫星时钟的修正参数,导航卫星健康状况和电离层延迟模型参数等。

为了生成与真实信号一致的导航信号,必须对不同导航系统的导航电文的结构和编码形式进行了解。下面介绍卫星导航信号仿真中的导航电文编码问题以及各个星座的导航电文类型。具体的格式编码及编码字节含义,请读者参考相关专业书籍、资料。

(1)卫星导航信号中导航电文的基本特征。卫星导航电文是由导航卫星播发给用户的描述导航卫星运行状态参数的电文。时间、轨道、电离层、设备时延等信息均可通过数据模型参数向用户播发,进而估算用户的位置坐标和速度。可以采用固定帧结构,也可以采用数据块结构,或者采用固定帧和数据块结构相结合的模式。不同体制的导航电文,其结构组成和发送方式也各有不同。

按照具体参数和用途进行划分,导航电文主要包括以下几种。

1)星历:卫星电文中表示卫星精确位置的轨道参数,为用户提供计算卫星运动位置的信息。

2)时间系统:包括导航系统的系统时间,为用户提供导航系统的时间信息。

3)历书:卫星导航电文中所有在轨卫星的粗略轨道参数,有助于缩短导航信号的捕获时间。

4)修正参数:包括钟差修正参数、电离层改正参数、设备延迟参数,为用户提供修正参数。

5)服务参数:包括卫星标识符、数据期号、导航数据有效性、信号健康状态等参数。

(2)GPS 系统导航电文结构。GPS 系统主要包括 GPS NAV、GPS CNAV、GPS CNAV-2、WASS 等导航电文结构,见表 13-6。

表 13-6　GPS 系统导航电文结构

电文种类	符号速率/sps	组成结构	播发方式	数据内容	编码方式
GPS NAV	50	固定帧结构:基于子帧(页面)、主帧和超帧。其中,主帧为 1 500 sps,子帧为 300 sps	以子帧为单位,按照子帧号和页面号在每颗卫星上顺序播发	基本导航信息(包含广播星历、系统时、星钟、测距精度指示、电离层、健康信息等),UTC,历书	扩展汉明码(32,26)
GPS CNAV	50(L2C),100(L2)	数据块结构:基于信息类型的数据块结构,每个数据块为 600 sps	以数据块为单位,在规定的最大播发间隔内或根据用户需求随机播发	基本导航信息,UTC 参数、历书、CDC、EDC、GGTO、EOP、UTC、文本信息	CRC 码+卷积码(600,300)
GPS CNAV-2	100	混合帧结构:基于 3 个长度不同的子帧组成的主帧,主帧为 1 800 sps,子帧 1 为 52 sps,子帧 2 为 1 200 sps,子帧 3 为 548 sps	前 2 个子帧按照固定周期播发,子帧 3 的不同页面按照系统需求随机播发	基本导航信息,UTC 参数、历书、CDC、EDC、GGTO、EOP、文本信息	BCH(51,8)码+CRC 码+LDPC 码+交至码(46×38)
WASS	500	数据库结构:基于信息类型的数据块结构,每个数据块为 500 sps	以数据块为单位,在规定的最大播发间隔内播发	快变改正数、完好性信息、GEO 位置信息、CDC、EDC 等	CRC 码+卷积码(500,250)

(3)Galileo 系统导航电文结构。Galileo 不同数据信号分量上调制 F/NAV、I/NAV、C/NAV、G/NAV 四种类型。其中,公开电文包括 F/NAV 和 I/NAV,它们的结构组成均为帧与子帧,子帧由页组成,页是基本结构单元。Galileo 系统导航电文概述见表 13-7。

表 13 - 7　Galileo 系统导航电文概述

电文种类	符号速率 /sps	组成结构	播发方式	数据内容	编码方式
Galileo F/NAV	50	固定帧结构:基于页面、子帧和主帧;主帧 30 000 sps,子帧 2 500 sps,页面为 500 sps	以子帧为单位,按照子帧号和页面号在每颗卫星上顺序播发	基本导航信息,与 UTC/GPS 时间转换,历书,GGTO,完好性	CRC 码＋卷积码（488,244）＋交织码（61×8）
Galileo I/NAV	250	固定帧结构:基于页面、子帧和主帧;主帧 90 000 sps,子帧 3 750 sps,页面为 250 sps	E5B-I 和 E1-B 采用同样的页面规划,频间奇偶页面交叉播放	基本导航信息,与 UTC/GPS 时间转换,历书,GGTO,完好性,搜救服务数据	CRC 码＋卷积码（240,120）＋交织码（30×8）

（4）GLONASS 系统导航电文结构。由于 GLONASS 仅由 MEO 卫星组成,因此其导航电文文件只有一种格式,GLONASS 以超帧与帧的结构形式编排数据码,每一超帧由 5 个帧组成,每一帧由 15 串二进制数据码组成,每一串长由数据位和校验位及时间标记组成。GLONASS 系统导航电文概述见表 13 - 8。

表 13 - 8　GLONASS 系统导航电文概述

电文种类	符号速率 /sps	组成结构	播发方式	数据内容	编码方式
GLONASS	50	固定帧结构:基于串、帧和超帧的帧结构;超帧为 7 500 sps	以串为单位,按照串号和帧号在每颗卫星上顺序播发	基本导航信息,卫星工作状态参数,历书,时间系统参数	汉明码(84,76)

（5）北斗系统导航电文结构。北斗导航系统由 MEO,GEO,IGSO 三种类型的轨道卫星组成,不同轨道卫星有不同的码率,因此导航电文格式也不一致。MEO/IGSO 卫星 B1I 发播 D1 码,GEO 卫星 B1I 发播 D2 码。北斗系统导航电文概述见表 13 - 9。

表 13 - 9　北斗系统导航电文概述

电文种类	符号速率 /sps	组成结构	播发方式	数据内容	编码方式
北斗 D1	50	固定帧结构:基于子帧、主帧和超帧;超帧为 36 000 sps,主帧为 1 500 sps,子帧为 300 sps	以子帧为单位,按照子帧号和页面号在每颗卫星上顺序播发	基本导航信息,与其他卫星导航系统时间转换,历书	BCH(15,11,1)码＋交织码
北斗 D2	500	固定帧结构:基于页面、子帧和超帧;超帧为 180 000 sps,主帧为 1 500 sps,子帧为 300 sps	以子帧为单位,按照子帧号和页面号在每颗卫星上顺序播发	基本导航信息,与其他卫星导航系统时间转换,历书,完好性及差分信息,格网点电离层信息	BCH(15,11,1)码＋交织码

4. 卫星导航信号仿真终端信号设计的信号调制方法

载波波形是指卫星导航信号在一个扩频码码片内的形状,其在很大程度上决定了信号的自相关函数和功率谱密度,进而也决定了信号在测距精度、抗多径、抗干扰以及射频兼容性等方面的性能。由于不同的信号码片波形代表着不同的信号调制方式,因此,信号调制方式设计已成为卫星导航信号设计的关键所在。每一代调制方式的提出,对卫星导航系统的发展都会产生很大的推动作用。

在卫星导航终端信号的模拟中,必须根据导航系统的类型选用不同的信号调制方式,对导航电文和扩展码进行调制,生成终端导航信号。

(1)BPSK 调制方法和 QPSK 调制方法。二相相移键控调制(Binary Phase Shift Keying,BPSK)是导航常用系统中普遍采用的信号调制方式,第一代 GPS 的 C/A 码信号、P(Y)码信号,GLONASS 系统信号以及北斗区域系统的 B1 信号等,均采用这种调制方式。BPSK 调制信号通常用 BPSK(n)来表示,其中参数 n 表示扩频码速率 f_s 为 $n \times 1.023$ MHz,如 BPSK(1),BPSK(2)、BPSK(3)等。BPSK(n)调制信号的表达式都可用下式表示:

$$s_{BPSK}(t) = \sqrt{2P} D(t)c(t)\cos(2\pi f_c t + \varphi_0) \qquad (13-20)$$

式中:P 表示信号功率;$D(t)$ 为数据码;$c(t)$ 为扩频码;$D(t)$、$c(t)$ 取值为 ± 1,$c(t)$ 的码片宽度为 $1/(n \times 1.023$ MHz$)$;f_c 为信号的载波频率;φ_0 是载波初相。

正交相移键控(Quadrature Phase Shift Keying,QPSK)调制,实际上就是额外包含一路与数据通道相位完全正交的导频通道,数据通道为 I 支路,导频通道为 Q 支路。其生成方式为

$$s_{QPSK}(t) = \sqrt{2P}\left[D(t)c_I(t)\cos(2\pi f_c t + \varphi_0) - c_P(t)\sin(2\pi f_c t + \varphi_0)\right] \quad (13-21)$$

式中:$c_I(t)$ 为数据通道扩频码;$c_P(t)$ 为导频通道扩频码。

(2)BOC 调制方法。二进制偏移载波(Binary Offset Carrier,BOC)调制是一种使用了副载波的扩频调制技术。这种技术通过将一个方波形式的副载波与 BPSKR 扩频信号相乘,将原来的 BPSK 信号的频谱二次调制转移到中心频点的两侧。BOC 调制信号通常用 BOC(m,n)来表示,其中 m 表示再调制的副载波频率 f_b 为 $m \times 1.023$ MHz,n 表示扩频码速率 f_s 为 $n \times 1.023$ MHz。BOC 调制信号表达式为

$$s_{BOC}(t) = s_{BPSK}(t)\mathrm{sign}\left[\sin(2\pi f_b t + \varphi_{b0})\right] \qquad (13-22)$$

式中:φ_{b0} 为副载波的初始相位,两个常用值是 0 和 $\pi/2$,对应正弦相位和余弦相位,相应的 BOC 信号分别称为正弦相位 BOC 信号和余弦相位 BOC 信号。

与传统的 BPSK 调制信号相比,BOC 信号在扩频码速率相同的情况下,BOC 信号的自相关函数更加尖锐,从而具有更优的测距性能和抗多径性能。同时,BOC 信号的两个主瓣分别位于中心频点两侧,避免了与 BPSK 信号的频谱混叠,具有更好的频谱兼容性。

(3)MBOC 调制方法。复用二进制偏移载波(Multiplexed Binary Offset Carrier,MBOC)调制是为了满足 GPS 系统和 Galileo 系统的互操作,在 BOC 调制的基础上衍生出的调制方式。MBOC 信号的功率谱由高副载波分量 BOC(m,n)的功率谱和低副载波分量 BOC(n,n)的功率谱按一定比例组成,表示为 MBOC(m,n,r),其中 r 表示 BOC(m,n)分

量的功率占总功率的比例,例如 1/11 表示信号中高副载波占总功率的 1/11。MBOC 调制通过高副载波分量将更多的能量分配给高频分量,可以提高信号带宽,从而提高信号的测距能力。

13.3 典型的卫星导航信号模拟器

下面给出某型卫星导航模拟器的技术指标。该卫星导航模拟器能够同时模拟 BDS、GPS 多个全球卫星定位系统的卫星导航信号,实时接收外部的载体轨迹数据,并利用硬件触发事件与外部系统同步,低延迟、高准确度地完成星座与用户之间的相对运动的模拟和信号处理及生成,实时输出卫星导航模拟信号,实现系统的闭环测试。其可用于导航终端设备的研发、测试、验收,以及半实物仿真系统的实时闭环测试。

13.3.1 典型卫星导航信号模拟系统的性能指标

某型卫星导航信号模拟系统的主要性能指标见表 13 - 10。

表 13 - 10　某型卫星导航信号模拟系统的主要性能指标

序号	指标类型	指标内容	要　　求
1	频段指标	导航系统	GPS+北斗
2		频点	GPS:L1、L2;北斗:BD1、BD2、BD3
3		发生器通道数	12(每频点)
4		多路信号数	12(每频点)
5	动态范围	载体速度范围/(m·s^{-1})	0~36 000
6		载体加速度范围/(m·s^{-2})	0~3 600
7		载体加加速度范围/(m·s^{-3})	0~5 000
8	信号精度	伪距相位控制精度/m	优于±0.05
9		伪距变化率精度/(m·s^{-1})	优于±0.005
10		通道间一致性/ns	0.3
11		载波与伪码初始相干性/(°)	<1
12	信号质量	杂波功率(最大)/dBc	-50
13		谐波功率(最大)/dBc	-40
14		相位噪声	-80 dBc/Hz:100 Hz;-85dBc/Hz:1 kHz; -90 dBc/Hz:10 kHz;-90 dBc/Hz:100 kHz
15		频率稳定性/s^{-1}	±5×10^{-11}
16	信号电平控制	功率调节范围/dBm	-145~ -110,-65~ -30
17		功率分辨率/dB	0.2
18		功率准确度/dB	±0.5

续 表

序　号	指标类型	指标内容	要　　求
19	实时性要求	更新周期/ms	5
20	时钟稳定度	秒稳	$\leqslant \pm 1 \times 10^{-11}$
21		天稳	$\leqslant \pm 5 \times 10^{-10}$
22		射频输出口(N 型头)	1 个
23		实时轨迹通信方式	1 路反射内存
24	对外接口	外部参考输入	1PPS 脉冲信号:1 路;10 MHz 时钟信号:1 路
25		标准参考输出	1PPS 脉冲信号:1 路;10 MHz 时钟信号:1 路
26		输出秒脉冲指标	输出电平:LVTTL 上升沿稳定度:0.1 ns 高电平持续时间:大于 20 ms

13.3.2　典型卫星导航信号模拟系统的外观界面

下面给出某几款典型卫星导航模拟系统的外观和软件界面,如图 13 - 5 所示。

图 13 - 5　几款典型卫星导航信号模拟器的外观和软件界面

13.4　本章小结

随着我国北斗系统的交付使用和卫星导航精度的不断提升,卫星导航系统对飞行器的作用不断增大。卫星导航模拟器系统能够根据设定参数和输入信号,产生一个导航系统或多个导航系统兼容的全星座卫星导航信号,在实验室环境下,它可以为卫星接收设备和卫星导航算法的验证与测试提供一个虚拟的试验场景,是飞行器制导控制半实物仿真中的一个重要的仿真设备。

在本章中:首先,简要介绍了卫星导航系统,包括组成、定位原理、信号组成及其面临的干扰和噪声;其次,介绍了卫星导航信号仿真技术的组成、工作原理、发展历程以及主要技术指标;再次,针对卫星导航仿真系统的实现,从总体架构、空间星座计算、信号传输模型、终端信号设计、射频信号生成等几方面入手,介绍了卫星导航信号仿真的关键技术实现;最后,给出了典型的卫星导航模拟器的指标及外观。

13.5 本 章 习 题

1. 简述卫星导航信号仿真技术的概念。

2. 分析卫星导航信号仿真系统的典型组成以及各部分的任务功能。

3. 简述卫星导航信号仿真系统的工作原理。

4. 简述卫星导航信号仿真系统的主要性能指标有那些?

5. 简述卫星导航信号仿真系统的内部工作流程。

6. 简述卫星导航信号仿真中空间星座的计算内容包括那些。

7. 简述卫星导航系统中地心地固坐标系、大地坐标系和地面坐标系的含义。

8. 简述四大导航系统所选用的地球坐标系统的名称。

9. 请简述如何根据导航卫星轨道参数,计算 t 时刻的卫星空间位置。

10. 常用的导航系统钟差预报模型有哪些?

11. 简述电离层传播延迟的概念,以及典型的全球电离层延迟模型。

12. 简述对流层传播延迟的概念,以及常用的对流层天顶延迟计算方法。

13. 简述多路径效应的概念。

14. 简述伪距的概念,并给出伪距的计算公式。

15. 简述影响导航卫星信号功率的因素。

16. 简述卫星导航信号的载波编码的组成。

17. GPS 导航系统的频段有哪些? 其主要特征是什么?

18. 北斗导航系统的频段有哪些? 其主要特征是什么?

19. 卫星导航系统中采用扩频码的目的是什么?

20. 卫星导航电文的组成包括哪些内容?

21. 载波波形的概念及作用是什么?

22. 简述 BOC 调试方法相对于 BPSK 方法的优点。

第 14 章　仿真系统集成联试验收技术

飞行器半实物仿真系统通过一系列专用设备,将数学模型和参试装备进行闭环连接,实现飞行器性能参数的闭环验证与实装考核。作为一个典型的分布式仿真系统,飞行器半实物仿真系统通常包含多个专用仿真设备,由多家生产厂家研制,其开发平台和设计习惯各不相同,而仿真系统与参试产品在软件通信和硬件连接等方面进行深度交联。这些因素使得飞行器各个设备之间接口关系类型多变、交互关系复杂耦合,系统集成难度较大。因此,在各分系统研制完毕后,必须进行集中联调联试,以保证项目的顺利交付和后续试验的顺利进行。在仿真系统研制与集成后,需要按照合同要求和协调纪要,开展整个系统的测试验收工作,确保系统各项功能和性能指标满足任务要求,从而完成交付工作。

飞行器半实物仿真系统的集成联试与验收测试工作,对于整个仿真系统达到设计预期目标至关重要。通过整个仿真系统的集成联试,考察各个分系统的调度关系,检查系统设备之间的信号流向,优化系统人机交互和使用模式,从而保证各个仿真设备与参试产品构成一个统一的整体,进行闭环仿真试验。通过对仿真系统的验收测试检查系统性能指标是否满足,系统功能要求是否实现,系统文档资料是否规范,从而对飞行器半实物仿真系统的研制工作进行系统性的总结和验证。

14.1　飞行器半实物仿真系统的集成联试技术

飞行器半实物仿真系统集成联调联试是以系统功能检查为主的一种测试,必须满足实用性、全面性、渐进性原则,是确保系统相关的功能属性和设计属性在试验过程中得到完全验证的一种重要手段。通过全系统的总体集成联调联试,验证仿真系统研制任务,优化仿真系统使用步骤,相关结果可以作为仿真系统验收测试的重要依据。

14.1.1　半实物仿真系统集成联试原则

飞行器半实物仿真系统集成联试是以半实物仿真试验任务功能为核心,通过对各种试验应用场景的测试对飞行器半实物仿真系统的总体设计方案、系统调度机制、系统接口关系、系统性能指标等进行调试、完善与优化,从而达到系统验收的条件和试验任务的要求。

在开展集成联试时,应遵循如下原则。

(1)集成联试目标实用性。进行飞行器半实物仿真系统集成联试时,其任务目标应围绕仿真系统的真实使用过程来进行设计。通过集成联试工作,可以暴露系统设计问题,改进系统人机交互方式,完善系统使用操作流程,最终保证后续试验的顺利进行。

(2)集成联试内容全面性。在进行集成联试的内容规划时,一定要围绕系统的总体组成方案和系统使用要求,全面、综合地设计集成联试内容,从网络通信到调度机制,从模型接口到硬件连接,从电气通信到展示效果,全面验证各个分系统的接口关系和交互过程。

(3)集成联试步骤渐进性。由于半实物仿真系统涉及诸多大型机电设备,接口关系复杂,因此,在开展全系统集成联试时,必须遵循渐进性原则,在确保人员和设备安全的基础上,以循序渐进的方式,由简到难,由静态到动态,由开环到闭环,按照先分系统后全系统的顺序开展集成联试工作。

14.1.2　半实物仿真系统集成联试目标

集成联试是指在系统工程科学方法的指导下,根据用户需求和总体设计方案,优选各种技术和方法,将相互关联的各个子系统连接成为一个完整可靠、经济有效的整体,并使之能彼此协调工作,相互配合,共同完成一个整体目标。通过集成联试,实现检验系统通信调度、考核产品接入能力、调试系统工作模式、检测系统功能指标和完善系统操作细则等目的。

(1)完成系统整体通信调度联试。飞行器半实物仿真系统中的各个仿真分系统通过实时网络进行通信。为保证试验部件的闭环仿真,要求各个分系统必须在统一的调度下执行相关的操作和试验。因此,仿真系统集成联试的首要工作就是完成仿真系统的通信调度联试,验证各分系统通信链路的正确性,考核仿真主控管理系统对于分系统的推进过程,测试全系统的时钟同步性能。

(2)完成参试产品接入兼容调试。由于半实物仿真需要引入制导控制系统产品实物,因此,必须对参试产品的接入性进行测试和考核。评估参试数学模型的解算周期与一致性问题,检测产品与部件的通信链路,测试产品部件的安装位置与仿真方式,评估分析产品与设备的电磁兼容性等问题。

(3)完成仿真试验工作模式调试。通过对参试部件进行组合,可以得到不同的仿真试验模式,用于实现不同的仿真试验目的。因此,系统集成联试需要完成不同试验模式的组合。

(4)完成试验系统总体指标测试。通过集成联试,可以完成涉及系统总体指标的测试,包括时钟同步性、最长工作时间、仿真步长、试验数据存储能力等相关总体指标的测试,为后续系统总体验收测试提供依据。

(5)完成试验系统操作运行细则编写。集成联试的一项重要工作,就是完成试验系统操作运行细则的编写。根据联调联试的具体结果,形成系统操作运行手册,为后续仿真试验的顺利执行提供保障。

14.1.3　半实物仿真系统集成联试内容

飞行器半实物仿真系统的总体集成联调联试,应以仿真系统的建设目标和功能需求为依据,主要开展不同分系统与分系统之间、仿真系统与产品之间的通信测试、过程调度、总体管控等的调试。相关集成联试工作要能全面反映系统的工作环境和工作状态,能够全面考核系统的性能和功能。

(1)系统网络通信联调联试:制导控制半实物仿真中的各个节点通过实时网络进行通信连接,因此,进行集成联试的首要任务就是检查各个节点的网络通信是否正常。应确保各个节点的地址和板卡节点 ID 没有冲突,检查光纤收发端口的连接是否正确。

(2)系统调度推进联调联试:按照总体方案规定的系统推进机制和同步策略,检查仿真主控管理系统与各个仿真节点的调度控制。通过测试时钟推进机制和控制消息响应,检测系统全局推进响应机制是否正确,评估系统时钟同步误差的大小及影响,考核异常情况处理策略是否完备。

(3)仿真模型兼容联调联试:在半实物仿真系统中,仿真模型完成飞行器数学模型的解算,并为其他节点提供数据信号激励。因此,仿真模型的正确性和一致性显得尤为重要。在进行系统集成联试时,必须开展仿真模型的兼容性调试。根据实时仿真机的要求,对原有的数学模型进行修改和补充,增加相关的数据显示模块和硬件驱动模块,开展模型一致性测试,确保模型转换前后的解算结果一致。

(4)电气接口通信联调联试:按照产品实物部件的具体要求,完成电气接口的测试。在进行联试时,必须严格检查相关电缆的接线是否正确,防止由于电缆接线错误导致产品部件损伤。对于数字信号通信的连接方式,检查其通信协议和解码程序,从而保证仿真系统与产品部件的通信正常。

(5)产品部件安装联调联试:惯性测量组件、舵机、导引头等实物部件在进行半实物仿真试验时,需要安装在转台和负载模拟器等物理效应设备上。因此,需要检查相关部件与工装的连接是否正确可靠,防止出现安装干涉。在安装惯导和导引头时,注意产品部件的安装方向,保证产品的坐标系与转台的旋转方向一致。在安装舵机部件时,注意舵机通道的安装顺序,保证舵机通道和加载通道一致。

(6)试验数据存储联调联试:在仿真系统中,需要根据仿真试验目的,对试验数据的存储及显示进行调整,检查试验数据的存储格式和存储内容是否满足需求,过程显示效果是否直观。

(7)三维视景效果联调联试:根据试验目的,基于标准弹道的仿真数据,对三维视景显示效果进行联调联试,优化场景驱动引擎的显示效果,调整视景观察者的角度和位置,评判其显示帧频是否流畅。

(8)系统仿真模式联调联试:在各项内容基本调试完成后,需要根据试验目的完成参试部件的闭环仿真试验,并根据试验目的,设计不同部件组合的试验模式,再通过联调联试完成试验模式的测试,并形成详细的操作细则。

14.1.4　半实物仿真系统集成联试步骤

在开展半实物仿真系统的集成联试时,需要根据试验目的、设备特点、参试部件状态和仿真系统组成,在确保人员和设备安全的基础上,以循序渐进的方式,由简到难,由静态到动态,由开环到闭环,按照先分系统后全系统的顺序进行集成。飞行器半实物仿真系统的典型集成联试步骤如图 14-1 所示。

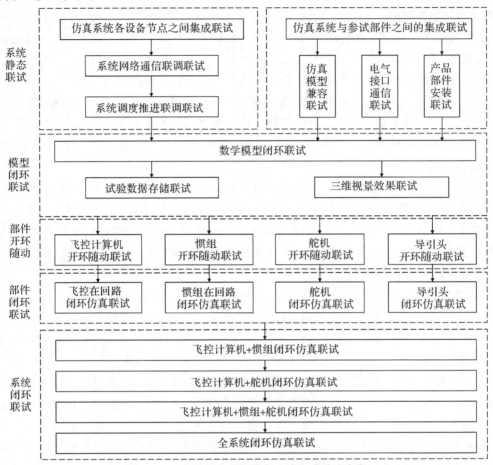

图 14-1　飞行器半实物仿真系统集成联试步骤

(1)系统静态联试。该阶段主要完成仿真系统各设备之间的集成联试以及参试部件和仿真系统之间的集成联试,其中,仿真系统联试工作包括网络通信联试和调度推进机制联试,主要用于检验系统通信和网络调度方案,测试系统的实时性和同步性;参试部件和仿真系统的集成工作主要包括检查系统机械、电气和通信接口的正确性,测试参试部件和数学模型与仿真系统的接口匹配性和兼容性。

(2)模型闭环联试。在完成仿真模型的适应性修改后,开展实时模型的闭环仿真。检验数学模型修改前后的解算一致性,并通过数学仿真考核数据记录的完备性,调整仿真曲线的显示内容,优化三维视景的显示效果。

(3)部件开环随动。在部件引入过程中,先进行开环的随动试验,即使用数学模型进行闭环解算,但相关数据会输出给相应的物理效应设备,从而激励各参试部件,使其进行随动运行。通过开环随动试验对比相关部件的输出状态与对应的数学模型输出状态的变化趋势,检查相关部件在物理效应设备上的安装极性,验证数据通信和信息解码的正确性,初步评估导航算法和控制律计算的正确性。

（4）部件闭环联试。确定开环随动结果无误后，逐一开展部件的闭环接入工作，对比不同部件引入前后的仿真结果，分析部件性能对系统的影响。

（5）系统闭环联试。在系统闭环联试时，依然要按照由简到难的原则，逐一引入产品部件。在每次增加参试产品的前后，对仿真结果进行深入分析，评估部件引入的影响程度。对引入后出现的异常情况，需要分析其产生原因，排除仿真试验设备引起的弹道异常。

14.2　飞行器半实物仿真系统验收测试工作

半实物仿真系统作为一个大型分布式系统，涉及多个设备和多家厂商，对其进行全面细致的验收测试，是系统投入使用前的必备环节。用户和研制方应根据合同、技术附件及相关标准，制定合理可行的验收大纲，开展深入细致的性能测试，进行全面可信的统计评估，从而保证系统顺利验收，确保系统置信水平，降低系统应用风险。

飞行器半实物仿真系统的验收测试工作的开展：一方面，是检验系统研制质量的需要。验收是对系统研制方履行合同情况的审核和检查，可以检验系统研制方履约的能力、信誉以及项目质量，在验收过程中如果发现系统存在质量问题，用户可以根据合同规定要求研制方及时处理，以保护自身的权益。另一方面，也有利于完善项目资料，明确项目竣工后各方的责任。通过项目验收促使各个设备的制造商和研制方规范各自的项目资料，以便在项目研制完成后能够把研制过程中大量繁杂的资料完整地保存下来，同时通过验收最终厘清系统交付后各方的责任。因此，必须参考相关的规定和标准，科学合理地开展系统验收测试工作，为整个系统的研制工作画上圆满的句号。

14.2.1　半实物仿真系统验收测试步骤

验收测试工作作为飞行器半实物仿真系统研制工作的系统性总结和质量把关的最后一道防线，验收人员按照相关标准规范和合同技术内容，制定合理可行的验收大纲，明确相关性能指标的具体测试方法，执行程序化操作，标准化评定，全流程测试。在开展验收测试过程中，必须遵循一定的流程和步骤开展相关工作。整个验收测试工作可以分为验收准备、验收测试和验收评审等三个阶段，如图 14-2 所示。

下面简要给出系统验收测试的主要步骤。

1. 半实物仿真系统验收准备申请

飞行器半实物仿真系统研制方在完成系统集成联试和文档整理后，根据合同研制进度要求，向系统用户提交验收申请报告；用户根据合同，要求成立验收测试小组，制定验收测试大纲和验收计划，并协调相关部门，完成验收测试的准备工作，其大致过程可以包括：

（1）提交验收申请。系统研制方在完成集成联试之后，根据合同进度要求，向用户机关或管理部门提交验收申请报告，应包括系统名称、系统组成及交付清单、主要功能指标、系统研制过程、系统验收情况、研制过程中出现的问题及解决情况、文档交付目标以及合同规定的其他内容。

（2）进行机关审查。用户机关或管理部门在收到验收申请后，与仿真试验系统的具体技术人员进行沟通,了解项目研制进展和联调联试结果,根据沟通结果判断项目是否达到了交付验收条件,相关性能是否满足技术指标要求。如果不符合验收条件,应反馈给半实物仿真系统研制单位并说明原因。

（3）制定验收大纲。半实物仿真系统具备验收条件之后,用户机关可组织、建立由试验系统使用维护的技术人员和相关分系统研制方参与的项目验收测试小组。验收小组应该包括项目负责人、系统使用人员、机关项目管理人员、各个分系统的参研人员、文档归档管理人员以及相关专家等。由于飞行器半实物仿真系统通常为非标定制设备,缺乏可以直接引用的验收测试标准规范,验收测试小组可以基于合同规定及相关技术纪要中规定的功能要求和技术指标,参考相关标准规范和相关项目验收经验,共同制定验收测试大纲。

在验收测试大纲中,先要明确验收测试目的和验收测试内容,详细给出各项功能要求和性能指标的测试方法、所需的测试环境及限制条件、指标合格的判断准则等内容,并应根据节点要求和测试内容制定验收进度安排和人员安排。

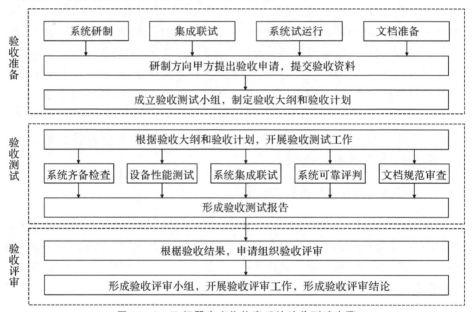

图 14 - 2　飞行器半实物仿真系统验收测试步骤

2.半实物仿真系统验收测试实施

验收测试小组在完成验收大纲之后,就需要按照验收大纲制订详细的验收测试计划,开展系统齐备检查、设备性能测试、系统集成联试、系统可靠评判和文档规范审查等工作,并根据测试过程和检查结果完成验收测试报告的编写工作。

在测试中发现相关指标不符合规范,验收小组应根据大纲要求,如实记录相关结果,并督促研制方进行修改完善,并在修改完善后进行复检。在复检时,必须对因修改所影响的其他性能指标重新进行测试。测试报告应全面记录测试过程中发现的问题及修正情况。

3.半实物仿真系统验收测试评审

在完成验收测试之后,用户机关或管理部门就可以根据验收测试结果,组织开展飞行器半实物仿真系统的验收评审工作。目前,验收评审工作主要采用会议评审的形式,由用户机关根据研制情况,邀请相关行业领域具有丰富工作经验的专家,组建验收评审小组。

(1)验收评审会议。在评审会议中,评审小组应先听取半实物仿真系统研制方对于项目研制工作的总结汇报,然后听取验收测试小组的验收测试过程汇报,检查测试结果是否满足合同规定要求。由于飞行器半实物仿真系统的研制是一项复杂的工作,因此在项目研制过程中,可能出现设备功能和性能指标与合同要求不一致的情况。对于这种情况,需要进行仔细判别。对于参试对象或任务更改导致的系统性能指标变化,可以将双方在研制过程中签订的技术协调纪要或状态更改单作为更改依据;对于研制方自身问题导致的系统性能指标变化,需要召开多方参与的技术讨论,分析研判指标未能满足的原因。

(2)验收评审报告。评审小组根据研制总结和验收测试报告,对项目进行讨论和表决,给出半实物仿真系统通过验收与否的结论,并形成验收评审报告。验收评审报告的主要内容应包括验收依据、验收内容、验收过程、验收准则、验收测试结论、验收评审结论以及表决情况等。对于系统中没有完成的任务和要求,可以作为遗留问题,在验收评审报告中给出,并作为后续二次评审的依据。根据表决情况,由评审小组组长在验收评审报告上签署验收评审结论,参加验收评审的成员应在验收报告上签字。验收评审报告作为相关文档资料,与设计方案、研制总结、测试大纲、测试报告一起进行归档保存。

14.2.2　半实物仿真系统验收测试内容

本书参考相关案例和标准,给出典型验收测试内容,主要包括系统齐备检查、设备性能测试、系统集成测试、系统可靠评判和文档资料审查等内容。

(1)系统齐备检查。根据合同规定,对交付的设备、附件、备件、软件、随机文件等进行数目统计和外观检查,检查其部件型号是否满足要求,设备外观是否出现破损,以确保设备组成完整和设备外观正常。

(2)设备性能测试。根据合同规定要求,参考相关标准规范,对各项分系统的性能指标进行测试,特别是转台、负载模拟台、卫星导航模拟器、目标模拟器等大型专用设备,通过专用测量设备,按照规定的或专用测试方法,检查其性能指标是否满足指标要求,部分指标需要专业计量部门出具的计量检测报告。

(3)系统集成测试。按照半实物仿真系统预期使用模式,基于典型的数学模型和参试部件,开展不同模式的试验验证,通过全系统全状态下的试运行,检查仿真系统的模型调用、电气连接、机械安装、系统调度、软件使用、人机交互等功能是否满足设计要求;通过对飞行试验、数字仿真等数据进行校核分析,初步评价仿真系统的可信度水平。

(4)系统可靠评判。由于飞行器半实物仿真系统中包含多台大型机、电、液一体化设备,按照国家相关规范要求,需要对系统可靠性进行计算分析。可以按照可靠性的相关规范,对系统可靠运行时间、平均无故障时间、平均修复时间等参数进行计算和测量,评估系统的可靠性。

(5)文档资料审查。按照国家和企业的相关文档管理规范,对于合同附件规定,对提交的相关资料进行规范性检查,主要检查资料是否齐全、格式是否规范、内容是否全面,并检查存储介质内容的可读性和完好性。

14.2.3 半实物仿真系统性能指标测试

飞行器半实物仿真系统作为飞行器性能考核验证的仿真环境,在系统研制和方案设计时,对各项设备性能均提出了较高的要求。在对系统进行验收测试时,一项重要的工作就是对各项设备性能指标进行测试,检查设备指标是否满足合同要求。飞行器半实物仿真系统的性能指标测试主要包括功能检查和设备性能指标测试两方面。

1.仿真系统功能检查

仿真系统功能检查主要是检查整个系统是否具备某一功能要求(单项设备功能要求和系统整体功能要求)。在进行功能检查时,主要通过测试样例、人机操作、闭环运行等方式,为测试人员进行操作展示,测试小组成员根据展示效果和操作过程,讨论并给出设备和系统是否具备该功能的结论。

2.设备性能指标测试

通过前面的介绍可知,飞行器半实物仿真系统包含多个半实物仿真系统专用设备,不同的设备具有多项性能指标。因此,设备性能指标的测试是半实物仿真系统验收工作的重中之重。由于半实物仿真系统中设备多样,涉及机械、电气、光学、射频等诸多专业,因此,性能指标测试的设计难度和实施难度相对复杂。

在开展设备性能指标测试时,对于部分设备性能指标可以参考相关国家标准法规的内容,明确相关指标的计算方法。常用的标准包括:《惯性技术测试设备主要性能试验方法》(GJB 1801—1993)、《三轴转台校准规范》(JJF 1669—2017)、《三轴角运动模拟转台通用规范》(GJB 2884—1997)、《电波暗室校准规程》(GJB 9379—2018)、《红外目标模拟器检定规程》(GJB/J 3351—1998)、《红外目标模拟器检定规程》(QJ 2942—1997)、《飞机结构强度地面试验系统静动态力校准要求》(HB 7295—2020)等。

对于没有相关标准可以借鉴的产品,可以由研制方提出初步的验收方案,经验收小组邀请相关专家进行评估,经评估分析确认后,作为验收大纲的一部分进行验收操作。

14.2.4 半实物仿真系统可靠性能测试

飞行器半实物仿真系统包含大量的机、电、液一体化设备,其系统组成结构复杂;同时,仿真系统中包含设备众多,不同设备的性能结构各不相同。因此,仿真系统的可靠性分析,也是半实物仿真系统验收时的一项重要考核内容。

可靠性是指设备/系统在规定的条件下,在规定的时间内,完成规定功能的能力。可靠性是用来描述系统及其部件无故障、无退化或对保障系统无要求地完成任务的能力的一种术语。作为考核复杂系统性能保持能力的重要指标,系统研制方/设备制造商为了说明自己产品保持其性能指标的能力,就要在设备研制的前期提出产品的可靠性指标,并在交付前进行验收试验或给出分析计算结果。对于可维修的设备而言,单独使用可靠性指标无法很好地评价其在某时刻具有或维持规定功能的能力,因此常用可靠性和维修性的综合指标评价,也称之为广义可靠性。

可靠性的设计与测试是一项复杂的工作,下面给出常用的评价指标。

(1)可靠度的概念。可靠度的定义为"系统在规定的条件下、在规定的时间内,完成规定功能的概率"。可靠度的计算公式为

$$R(t) = \frac{N_0 - r(t)}{N_0} \qquad (14-1)$$

式中:N_0 为产品总数;$r(t)$ 为系统工作到 t 时发生的故障数。

(2)平均故障间隔时间(Mean Time Between Failure,MTBF)。平均故障间隔时间又称平均无故障时间,是衡量一个产品的可靠性指标,其定义是指产品或系统在两相邻故障间隔期内可靠工作的平均时间。两次故障之间的时间越长,系统就越可靠。其计算公式为

$$\mathrm{MTBF} = \frac{1}{R_0} \sum_{i=1}^{N_0} t_i = \frac{T}{R_0} \qquad (14-2)$$

式中:R_0 为故障总次数;t_i 为系统第 i 次工作的持续时间;T 为系统总的工作时间。

(3)平均故障修复时间(Mean Time To Repair,MTTR)。平均故障修复时间是指系统从发生故障到维修结束之间的时间段的平均值,其计算公式为

$$\mathrm{MTTR} = \sum_{i=1}^{n} \frac{\mathrm{tr}_i}{n} \qquad (14-3)$$

式中:n 为维修次数,tr_i 为系统第 i 次维修的时间。

(4)可用度。可用度是指系统在开始运行时处于正常工作状态的概率,其计算公式为

$$A_i = \frac{\mathrm{MTBF}}{\mathrm{MTBF} + \mathrm{MTTR}} = \frac{1/\lambda}{1/\lambda + 1/\mu} \qquad (14-4)$$

式中:λ 为系统故障率;μ 为系统修复率。

14.2.5　半实物仿真系统文档资料审查

文档资料是在项目立项、设计、研制、验收等系统研制全过程中形成的各种载体形式的、具有保存价值的原始记录,它真实记录了系统研制过程中的具体情况,反映了系统研制是否规范、研制计划与研制进度是否吻合、系统研制是否达到批复要求等。

在飞行器半实物仿真系统的研制与使用过程中,由于系统研制单位较多、设备运行周期较长、使用维护人员变动风险大,因此,文档资料作为设计与使用的重要记录发挥着重要作用。因此,飞行器半实物仿真系统验收过程中,一个较为重要的环节就是项目档案的验收。对系统研制过程中的文档资料进行审查时,按照相关国标或规范,结合系统研制形成文件的实际情况,审查项目交付文档档案数目、规范、内容,确保文档资料的齐全性、完整性、准确性、系统性。若档案验收不合格或未进行档案资料的验收,则该项目不可进行验收或为经验收不合格。

1.半实物仿真系统文档资料主要清单

本书参考相关国家标准,结合笔者团队多年的项目研制经验,给出半实物仿真系统的典型任务清单。主要包括以下内容:

（1）系统方案设计报告。系统设计方案报告是项目实施方案的重要指导，包括仿真系统的技术路线、实施方案、调试方法、研制进度等内容。

（2）系统使用维护说明。系统使用维护说明是在项目研制完成后，对飞行器半实物仿真系统后续使用维护的具体介绍，主要包括各个分系统的软件使用说明、硬件电气连接方式、仿真试验操作步骤、设备使用维护教程等内容。

（3）系统研制总结。系统研制总结是对整个项目研制工作的系统总结，主要包括项目技术方案总结、项目研制过程概述、项目研制中遇到的问题及解决方法、项目后续遗留问题等。

（4）系统验收大纲。系统验收大纲是项目验收的重要指导文件，主要包括验收测试内容、验收测试所需设备、功能指标验收测试方法、测试数据记录表格、验收结果判别方法等内容。

（5）系统验收测试报告。系统验收测试报告是验收测试的结果文件，主要包括验收测试时间、验收测试人员、验收测试所需设备、验收测试原始结果和验收测试结论等内容。

（6）其他文档资料。除了上述主要文档之外，通常还包括《任务书》《研制合同及技术附件》《技术协调纪要》《系统电气图册》《产品合格证》等文件，进口设备还需要提供相应的报关文件。

2.半实物仿真系统文档验收审查内容

飞行器半实物仿真系统的文档验收审查，主要审查文档资料的齐全、完整、准确等情况。不仅要审查文档的内容和质量，也要对文档的分类、整理和组卷等标准化工作进行审查。

（1）文档质量审查。文档质量审查的主要内容：文档资料目录清单是否满足合同和归档要求，文档内容的详细程度是否满足后续人员学习和培训要求，文档资料的技术状态是否是最终的验收状态，文档资料的内容是否准确详实没有错误。

（2）文档规范审查。文档规范检查的主要内容：文档分类是否符合法规标准，文档资料的签字与盖章是否为原件，文档资料的页码页号是否完整，文档资料的排版格式是否满足标准化要求。

（3）电子档案检查。电子材料检查主要是对电子材料的数量、质量、命名、排序、载体可读性等进行检查，确保电子文件的总份数和每份电子文件的内容与归档的纸质档案一致。

14.3 本章小结

飞行器半实物仿真系统作为一个大型分布式仿真试验系统，参试设备众多、研制厂商不同、系统交互复杂、设备产品交联。为了保证系统的性能指标满足设计要求以及使用效果达到建设目的，需要对整个仿真系统进行集成联试和验收测试。

在集成联试阶段，主要根据系统最终的使用模式，开展系统网络通信、系统调度推进、仿真模型兼容、电气接口匹配、产品部件安装、试验数据存储、视景效果优化以及仿真模式验证等工作，通过全系统的集成联试确保各个仿真设备具备统一的时钟推进和控制调度，检查仿真模型和参试产品的正常接入，优化数据存储、三维效果和人机交互，为系统验收测试和交付使用奠定良好的基础。

在验收测试阶段,成立验收测试小组和验收评审小组,根据合同技术要求,参考相关标准规范,检查系统设备是否齐备、测试性能指标是否合格、评价使用模式是否满足要求、分析系统可靠性是否达标、审查文档资料是否合规。通过一系列测试和检查,确保系统各项功能和性能指标满足任务要求,从而完成项目的仿真项目的交付结题工作。

14.4　本章习题

1. 简述半实物仿真系统集成联试的必要性。

2. 简述半实物仿真系统集成联试的主要原则。

3. 简述半实物仿真系统集成联试的主要内容。

4. 简述半实物仿真系统集成联试的主要步骤。

5. 简述半实物仿真系统验收测试的主要步骤。

6. 简述系统验收大纲应该包含的内容。

7. 简述半实物仿真系统验收测试的主要内容。

8. 简述系统性能指标测试的主要方法。

9. 简述系统可靠性的概念及计算公式。

10. 简述系统平均故障间隔时间和平均故障修复时间的概念及计算公式。

11. 简述半实物仿真系统交付文档的内容。

12. 简述文档资料审查的内容。

第 15 章　仿真系统试验运行维护技术

在飞行器半实物仿真系统验收测试交付后,仿真系统就进入了设备运行和日常维护阶段。试验人员根据使用场景和试验任务,遵循相关标准和规范制定管理文件,完成仿真试验和仿真系统的日常维护保养工作。

半实物仿真系统作为一种大型的仿真环境,相较于数学试验,诸多产品部件和仿真设备的引入使得半实物仿真试验的技术难度大、试验周期长、涉及专业广、投入成本大、试验数据多。因此,在开展仿真试验时,必须按照相关标准和规范,制订一系列研制计划和管理文件;在相关文件和规范的指导下,科学有序地开展试验过程,保质保时地完成试验任务。对半实物仿真系统而言,由于系统结构复杂,因此对于在系统使用过程中可能出现的异常状态,必须提前分析,做好相关预案。同时,半实物仿真系统包含诸多大型机、电、液设备,为确保系统使用过程中人员安全和设备正常工作,需要制定详实的仿真系统管理维护细则,便于系统使用人员进行日常保养维护。

本章从试验管理规范制定、试验过程操作、异常处理设计和设备运行维护等角度出发,介绍半实物仿真系统的试验运行和日常管理的相关工作。

15.1　半实物仿真系统的试验过程管理规范

在开展半实物仿真试验时,以试验设计、准备、实施与总结整个工作流程为主线,实施全过程控制,强化精细化、规范化、定量化、表格化管理。为了确保各阶段仿真试验正常、有序地开展,必须编制一系列试验管理文档,用于指导和规范整个试验过程。

参考相关标准和规范,根据不同试验阶段,将试验过程管理文档流程分为若干内容,如图 15-1 所示。

研制单位的仿真试验管理方案,可以根据本单位的管理标准进行制定,例如可以将试验方案和试验大纲进行合并,或者将试验分析报告和试验总结报告进行合并。

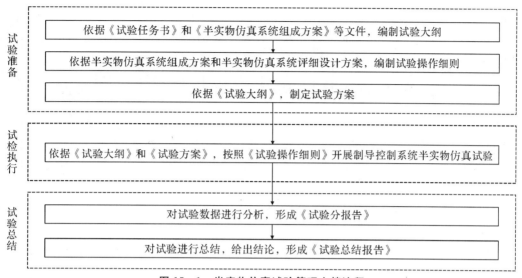

图 15-1　半实物仿真试验管理文档流程

15.1.1　飞行器半实物仿真系统中的试验大纲编写

飞行器半实物系统仿真试验大纲是由试验实施人员编写的技术文件,是对仿真试验的目的、要求和程序所作的纲领性规定,是制订具体实施计划和细则、检查任务进展情况的依据性文件,其内容介于试验任务书和试验方案之间。编写试验大纲的目的是做好半实物仿真试验的组织、管理和具体实施工作。编写大纲内容应根据参试设备的状态以及仿真试验设备的组成情况进行。

试验大纲要明确试验目的、试验环境条件、试验产品技术状态、试验内容与方法、试验步骤、试验计划、试验人员岗位及分工以及试验保证条件和安全措施等内容,具体内容如下:

(1)编写依据:主要说明编制试验大纲的依据,如研制总要求、试验任务书、相关标准和规范等文件。

(2)试验目的:主要说明研制试验的目的和性质,如研制试验的目的通常是验证产品研制方案在某个方面的设计是否能够实现研制总要求规定的技术性能指标。

(3)试验环境:试验环境条件是指试验时的外部环境条件,具体包括温度、气压、湿度、洁净度、电源品质、接地要求等。

(4)试验状态:试验状态是指被试产品的技术状态、批次、数量,产品的质量要求,仿真设备的硬件状态信息、软件版本信息、数学模型版本信息、设备标检信息等。

(5)试验内容:根据系统试验计划和试验目的,以及干扰拉偏方式、故障引入方式、试验模式,最终确定试验内容。

(6)试验步骤:试验准备、试验实施、试验过程中各阶段的步骤和程序等。

(7)试验组织:根据需求设置相应的岗位,并明确相关岗位人员的分工和职责,试验操作人员必须经过岗前培训,具备操作能力和应急处理能力。

(8)试验安全规范:主要明确试验过程中的质量要求和安全措施,提出具体要求及相关标准。

(9)试验结果评价:主要包括试验数据的处理方法和分析内容,明确仿真结果合格性的判据。

15.1.2 飞行器半实物仿真系统中的试验方案制定

飞行器半实物仿真系统试验方案是试验大纲内容和要求的细化,是试验执行单位组织实施试验活动的依据。试验方案的内容包括试验任务中每个项目的详细试验方案和具体试验保障方案,对其既可以单独编制,也可以纳入试验大纲。试验方案的内容主要包括以下几项:

(1)方案编写依据:主要说明编制试验方案的依据,如试验大纲、仿真设备文档、相关标准和规范等资料性文件。

(2)试验弹道规划:根据试验大纲规划的试验内容,明确仿真试验弹道的数目,按照试验内容设计方法制定每条弹道的拉偏、干扰的方式和数值。

(3)试验进程安排:根据规划的试验弹道数目,考虑试验耗时和硬件设备连续工作时间等因素,合理安排试验项目顺序,规划试验时间,完成试验进程安排。

(4)试验人员部署:针对仿真系统和参试设备的具体情况,以及仿真试验和数据分析工作的需求,确定工作岗位的人员名单,制定试验人员的排班表。

(5)试验安全事项:针对试验中人员安全、产品安全和设备安全,采取相应保障措施。在人员安全方面,要做好用电安全、液压气压系统安全、重物坠落安全工作,做好防止物体飞出等方面的安全防护;在产品安全方面,做好过电压、过载、碰撞的防护;在设备安全方面,做好电气和机械接口的防错、接地、放置的安全等工作。

(6)试验结果处理:对试验数据的分析内容和处理原则,给出具体操作步骤和处理方法,制定详细的试验结果判断依据。

15.1.3 飞行器半实物仿真系统中的试验操作细则

飞行器半实物仿真系统的试验操作细则通常是由半实物仿真设备研制人员和试验人员共同制定的,其目的是指导和约束试验人员的操作步骤,是保证试验顺利执行的重要规范。它应包括所需实施的具体试验的一般步骤(试验前、试验中和试验后的检测,试验异常情况的处理等)和详细步骤。试验步骤应与试验程序中规定的每一个具体试验项目一一对应,操作步骤应按具体操作顺序的先后逐一明确列出。

试验操作细则的内容主要包括以下方面:

(1)编写依据:主要说明编制的依据,如仿真系统设计方案、仿真系统使用维护说明、试验大纲等文件。

(2)操作细则:主要明确每种试验模式下的操作步骤,试验步骤应以图文的形式细化到试验准备、观察、实施的具体操作步骤(如将某一连线接入某检测设备的某个接线柱上,为测试某一试验参数而将某一开关扳到反映特定试验状态的某一位置,点击仿真软件的某个按钮等)等。

（3）异常处理：主要对各种可预见的故障进行分类，给出故障原因分析方法及异常处理方法。

（4）数据处理：主要明确各种数据的处理规则，明确数据的存储顺序、存储格式、单位含义、数据处理方法、判断依据等。

15.1.4　飞行器半实物仿真系统中的试验分析报告

在完成半实物仿真试验的每条弹道试验后，都需要对每组试验数据进行统计分析，评判该组试验结果，形成试验数据分析报告。主要内容应包括以下方面：

（1）试验概况：试验目的、试验时间、试验地点、环境条件、产品状态、试验周期、设备的工作时间、试验拉偏参数、试验人员等信息，便于其他人员直观地掌握本组试验概况。

（2）试验数据：试验中主要数据的变化曲线，以及主要性能参数的统计结果，便于其他人员查看弹道曲线和状态变化过程。

（3）故障现象：对本次试验中出现的故障现象进行描述，分析故障原因。

（4）分析结果：根据仿真对象特点和试验内容，对数据进行分析，报告中应该包含各项分析结果和试验误差分析内容。

15.1.5　飞行器半实物仿真系统中的试验总结报告

在一轮试验完成后，需要对本轮试验数据进行统计分析，根据试验中记录的各类数据、曲线、音像资料、产品状态、环境条件、使用设备、仪器仪表、工装、试验运行情况、故障处理情况及参试人员等信息进行试验总结，编写试验总结报告，从而提交专家进行评审，评估本次试验是否达到预期目标。

试验总结报告的内容主要包括以下方面：

（1）试验概况：本轮试验的次数、试验时间范围、试验地点、环境条件、产品状态、设备的工作时间、试验结果统计、排除故障试验、故障的统计与分析、设备的更换和返修情况、试验人员等信息，便于参会评审专家掌握本轮试验的相关情况。

（2）试验数据：本轮试验中主要数据的变化曲线汇总，以及主要性能参数的统计结果、主要性能指标的散布情况。

（3）故障现象：对本轮试验中出现的故障现象进行描述，分析故障原因，开展归零工作。

（4）分析结果：根据仿真对象特点和试验内容，对本轮数据进行分析，分析总体参数对于拉偏参数的敏感性和适应性。

（5）试验结论：给出仿真试验结论，明确本轮试验是否达到目的，该组产品性能和设计结果是否满足性能要求，并对后续研制工作提供修改建议和优化方向。

15.2　半实物仿真系统的试验内容实施过程

飞行器半实物仿真的试验过程，主要可以分为三个阶段——试验准备阶段，试验进行阶段和试验完成阶段。在试验过程的不同阶段，试验人员必须严格按照试验操作细则进行操作,保障试验的顺利进行。

15.2.1 飞行器半实物仿真系统中的"试验准备"操作

在飞行器半实物仿真的试验准备阶段,主要工作就是按照试验大纲和试验操作细则开展试验环境检查、参试部件检查、仿真设备检查、连接状态检查、试验人员准备以及安全措施检查等工作。

(1)试验环境检查:对试验场地、信号地线、环境温度进行检查,确保试验环境满足试验大纲的要求。

(2)参试部件检查:检查参试产品性能是否合格,技术状态是否明确,产品编号和状态是否正确。

(3)仿真设备检查:仿真设备检查是试验准备工作的核心,主要功能是检查各个设备的状态是否良好,仿真软件和仿真模型的版本是否正确,调理机箱和供电电源等设备是否启动。需要注意的是,相关仿真设备应按照有关规定进行定期校核和标定,在使用有效期内,其标定应能追溯到相关计量标准检测结构,且具有检测合格的结论。

(4)连接状态检查:检查仿真设备内部以及仿真设备和参试部件之间的连接情况是否正常。此时主要检查电缆接插件连接是否可靠、光纤网络通信是否正常、产品安装关系是否正确、部件安装螺栓是否紧固等。

(5)试验人员准备:在开始试验前,必须对试验操作人员进行岗前培训,使其能够知晓岗位职责,熟练掌握试验步骤和操作规程,熟悉异常应急处理措施。

(6)安全措施检查:主要是按照试验大纲的要求检查系统故障应急处理装置是否具备,相关安全措施是否完善。

15.2.2 飞行器半实物仿真系统中的"试验进行"操作

在参试产品和试验部件准备完毕后,就可以按照操作细则,开展仿真试验了。在开展仿真试验前,一定要再次确定本次仿真试验的试验模式和参数设置是否正确。

在试验过程中,一定要有条不紊,按照试验方案中的试验规划开展相关工作,切忌贪功冒进,不按规章执行。在每组试验的进行过程中,必须高度关注弹道特征和试验运行情况。通过主控管理子系统或试验数据子系统监控各个节点的运行情况,一旦发现节点异常或弹道有发散的趋势,要立刻终止仿真,保证人员、产品和设备的安全。试验过程中及时、全面地记录各种信息,包括数据、曲线、音像资料、产品状态、环境条件、使用设备、仪器仪表、工装、试验运行情况以及故障处理情况参试人员等。

在试验中出现故障时应予以记录,同时分析出现故障的原因:属于非产品故障且对试验产品没有影响的,在排除故障后经双方认可后继续进行试验;出现产品故障时需对该质量问题进行归零,完成归零后方可继续进行试验。如果故障原因是人为操作失误,应该在完成相关记录后,在检查并确保产品和设备没有损伤的情况下继续进行相关试验任务。

15.2.3 飞行器半实物仿真系统中的"试验完成"操作

在半实物仿真试验完成后,需要遵循试验操作细则和试验大纲,对参试产品和试验设备进行复原。对试验数据进行整理和归纳，开展数据的处理分析工作，从而形成相关试验报告。

（1）试验设备复原。在仿真完成后，为保证参试产品的安全及后续试验的顺利进行，一定要将相关参试部件和试验设备复原，如电气信号复位、参试产品下电、机械台体回零、液压系统泄压、仿真软件重置等。

（2）试验数据整理。半实物仿真试验中可能会产生多种试验数据，如弹道仿真数据、弹载遥测记录数据、设备运行状态数据、试验过程监控数据等。不同的试验数据，存储位置和格式各不相同，因此，在试验完成后，需要对试验数据开展整理工作，完成试验数据的归纳、整理、命名、备份等。

（3）试验结果分析

试验结束后，需要按照试验大纲规定的数据处理方法对仿真结果、弹道曲线、关键参数进行统计处理和对比分析，评判本次试验数据是否满足试验目标，并按照试验大纲的要求形成试验分析报告和试验总结报告。

15.3　飞行器半实物仿真系统的异常处理设计

飞行器半实物仿真系统作为一个大型的分布式仿真设备，在使用运行过程中，由于设备故障、操作失误、极限弹道等，会出现一系列异常情况。下面针对异常的引起因素、典型设备故障类型、异常预防措施和异常分析原则进行简要介绍。

15.3.1　飞行器半实物仿真系统中异常现象的引起因素

在半实物仿真中，经常会出现一些故障现象，导致不能顺利完成试验任务，不能实现预期的仿真目的。根据引起异常故障的因素，可以将其分为仿真设备故障、人员操作失误、参试部件因素等。

（1）仿真设备故障。仿真设备故障是指由于半实物仿真系统相关设备引起的故障异常。在半实物仿真系统中，包含诸多仿真设备，由于不同系统的组成结构和工作原理不尽相同，因此，发生故障的现象和类型也较为复杂，主要包括网络通信异常、电气老化、软件异常、电缆损坏等。

（2）人员操作失误。人员操作失误作为系统异常中的人为因素，主要是指试验操作人员未按照操作细则进行操作，导致试验中止或异常，包括电缆连接错误、设备操作顺序错误、输出参数异常、数据处理分析粗心等。

（3）参试部件因素。参数部件因素主要是指仿真系统中的参试试验部件引起的系统异常，通常包括部件故障和设计结果两种情况。其中，部件故障是指系统中的软件、硬件功能异常、电缆损坏、接插件虚焊等；设计结果因素通常是指控制结构和参数不能满足设计指标、抗干扰策略未能达到预期效果等。

在这些故障因素中，仿真设备故障是引起系统异常的主要因素，要求在进行系统设计时充分考虑,同时,在试验前进行充分的检查,最大程度避免设备异常,对人员、产品和设备产生影响;人为操作失误,应通过一系列操作来避免,试验人员在上岗前,必须经过详细的岗前培训,操作时严格按照操作大纲执行;重点关注参试部件因素,因为半实物仿真的重要目标就是通过实物在回路的仿真试验暴露出系统设计的不足和软硬件的异常问题。

15.3.2 飞行器半实物仿真系统中的典型设备故障类型

半实物仿真系统作为一个分布式大型设备,涉及计算机、电气、机械、光电等诸多专业,涉及专用软件、网络通信、电气信号、机械结构等诸多领域。因此,故障类型和原因也多种多样,主要可以分为软件程序故障、网络通信故障、电气接口故障、机械结构故障等。

(1)软件程序故障。不同的产品和用户对于仿真设备的需求各不相同,使得半实物仿真系统中众多仿真软件通常要定制开发。研制人员的水平参差不齐,导致仿真软件由于程序设计问题在某些情况下出现运行异常,导致设备运行故障。

(2)网络通信故障。由于分布式仿真系统各个节点之间采用基于光纤的实时网络进行通信,因此,网络通信故障,轻则造成各个节点无法通信,严重时会因异常数据导致设备损坏。光纤是一种由玻璃或塑料制成的纤维,在具体使用中,外力因素或环境因素使得光纤线缆发生弯曲、挤压、断裂等现象,光纤接口出现松动、进灰等问题,使得传输信号质量变差直至通信中断。

(3)电气接口故障。电气接口故障主要是指仿真系统内部以及仿真系统与产品之间的电气连接故障。引起该故障的原因主要包括三个方面:一是电气设计问题,造成设备在运行中频繁跳电、频繁烧保险、电气器件频繁烧毁等问题;二是工艺焊接问题,导致元器件虚焊、线路连接错误、接插件松动等问题;三是环境因素,导致元器件老化、信号接触不良、电气电缆损坏等问题。

(4)机械结构故障。半实物仿真系统包括转台、负载模拟器等大型机、电、液一体化设备。设备中的润滑、老化、机械部件松脱等,造成设备在运行中出现机械部件损坏或者产品质量问题。

15.3.3 飞行器半实物仿真系统中的异常预防措施

飞行器半实物仿真系统的异常处理机制应是一种设计属性,而不能作为一种补救性行为。只有在系统设计之初把系统的功能实现和异常处理结合起来,才能尽量避免或减少故障的发生,同时也能在出现异常时更好地查找故障原因。下面从总体规划层面、软件设计层面、硬件设计层面和使用维护层面入手,介绍异常情况的预防措施。

(1)总体规划层面的异常预防设计。在仿真系统总体规划层面,为了避免异常故障导致人员、产品和设备的损失。一方面,要求仿真主控管理系统在运行过程中实时监控各个节点的运行状态,一旦出现异常就立刻中止仿真试验;另一方面,要求各个分系统在设计时,针对可能的异常状况开展相关的安全保护设计。具体可以采用以下措施:

1)在实时网络通信架构设计方面,应充分考虑系统监控管理的设计需求,设计出合理可行的故障反馈和状态监控的通信协议。

2）主控管理软件应及时监控各个节点的运行状态，当监控到节点出现异常状态时，及时通知其他正常节点进入应急处理模式，从而保证各个设备的安全。

3）对于一些重要的大型机电液仿真设备，除了软件停止操作外，还需要具备硬件急停按钮，防止软件死机导致设备无法制动停止。

4）对于包含一些电气信号的弹上产品，应设置合理的异常处理逻辑顺序，根据产品供电要求完成电气复位、设备下电等操作，从而避免损伤产品部件。

5）仿真系统应具备强大的数据存储功能，当仿真系统出现异常时，依然能够正常的完成试验数据的记录和存储。

6）仿真转台和负载模拟器作为一个大型的机、电、液一体化设备，对其安全性设计尤为重要。一方面，要求这些设备具备软件、电气、机械等多重保护措施；另一方面，应设计合理的应急中止策略和操作逻辑，例如可以按角速度归零、角度安全复位、电机断开、设备下电等顺序操作，保证设备在异常中止时的安全性。

（2）软件设计层面的异常预防设计。在软件设计层面，仿真软件应该按照软件工程的设计思想进行开发和研制，在代码编写过程中，应遵循相应的规范或标准，如《军用软件 C/C++编程要求》（SJ 21141.1—2016）等，注意事项如下。

1）在软件设计阶段，应按照软件编程要求，开展软件结构设计、软件函数、接口的命名工作。

2）各个仿真软件的设计、编程风格应保持一致，代码的函数、模块、变量的命名规则应基本一致。

3）软件的编写过程应遵循模块化思想，采用面向对象思想的设计。

4）源代码变量命名遵循相关规范，保证每一个变量及函数的命名能体现出其具体作用及功能，名称的意义清楚规范，容易区分。

5）代码注释应详细、准确，能够反映整个代码工作的流程、原理和算法。

6）在软件生存期内，通过完善的规范，包括软件需求分析、软件详细设计和总结报告等文件的编写和控制，来消除设计人员对软件状态的随意更改，确保软件状态，提高软件可靠性。

7）在软件开发过程中，通过一系列严格的测试来进一步提高软件的可靠性。在测试过程中详细记录实验现象和出现的问题。

（3）硬件设计层面的异常预防设计。在硬件设计层面，应重点关注硬件的可靠性和容错性设计，同样遵循相关的规范和标准进行设计。注意事项如下：

1）元器件是电路设计的基础，在设计中要注意压缩和限制元器件的品种、规格和数量，选用合格的供应单位的元器件（应均为工业级产品），严格测试和筛选。

2）对电路进行详细分析、计算，对每一个器件的工作电流、电压、机内温升、使用环境等参数进行设计，并根据可靠性要求合理地确定元器件降额准则和安全系数。

3）线性电路尽量采用集成电路，数字电路应尽量采用中、大规模集成电路，提高单元、分机的集成度、减小体积、降低功耗。

4)采用模块化设计,在满足任务要求情况下,尽量采用成熟的、现有的技术成果,减少开发风险。

5)采用必要的冗余技术,如整件热备份技术,对接插件、开关等增加冗余接点,实行多点并接等措施。

6)在设计时,对元器件特别是半导体器件、电容器、电感器等在瞬态过程中的承受能力进行分析并采取相应措施,抑制过载的发生。

(4)使用维护层面的异常预防设计。对系统使用层面的设计,要求在仿真系统的试验操作和日常维护中,应加强相关内容的检查,最大程度地避免故障的发生。一些常见的注意事项如下:

1)仿真试验前,应重点检查仿真参数设置、仿真模型选择、弹载软件版本等诸多信息,防止由于人员操作失误带来的故障问题。

2)仿真试验前,应检查各个节点的网络通信情况,可以通过查看反内存网交换机的状态灯初步判断网络的连接状态。

3)仿真试验前,应检查仿真系统与产品部件的电缆连接情况,防止出现脱插状态;同时,检查产品供电电源和信号调理机箱的供电是否正常。

4)仿真试验前,检查产品部件在转台、负载模拟器的机械安装情况,查看螺钉、接插件、链接件的牢固情况,防止运行过程中出现断裂、飞出等情况。

5)在仿真试验过程中,试验人员应高度关注仿真过程曲线和转台运行情况,当预判出系统出现严重振荡,有可能超出设备运行范围时,应及时手动中止仿真运行。

6)在设备日常维护过程中,应注意仿真实验室的环境干净整洁;同时,注意实验室的恒温恒湿,以减缓仿真设备的老化。

15.3.4 飞行器半实物仿真系统中的异常分析原则

半实物仿真的主要目的就是考核制导控制部件的性能,暴露其内部存在的软硬件问题。因此,在半实物仿真试验过程中,当出现仿真异常时,一定要进行深入分析,按照相关策略从异常现象、异常机理两方面进行问题复现,从异常现象消失和异常根源治理两个层面进行改进措施。如果故障因素是参试部件,则需要针对故障原因,对控制参数、系统机构、软件代码进行优化和改进;如果故障因素是仿真设备或人员,则要对仿真系统设计错误进行修改,对操作细则进行完善,从而避免故障再次发生。

对于一些较为复杂的异常现象,可以由仿真系统研制单位和参试部件研制单位组成工作小组,从对象接口、仿真机理、信号传输等诸多方面入手,通过对比分析试验数据,开展一系列相关的假设验证试验,评估故障定位是否准确;然后针对定位结果,开展相关的故障修复和优化设计,并通过试验检查系统异常是否再次出现。在进行异常分析定位时,在一定程度上可以借鉴我国航天系统质量问题"归零"中"技术归零"的原则(见表 15 - 1),开展相关工作。

表 15 - 1　我国航天系统质量问题归零中"技术归零"的基本内容和相互关系

归零要求	基本内容	相互关系	关系说明
定位准确	准确地确定问题发生的部位	前提	处理质量问题的基本条件
机理清楚	通过分析、试验,查清问题产生的根源	关键	查清质量问题的根本所在
问题复现	通过对故障状态的试验、验证,确认问题发生的现象	手段	验证定位准确与否、机理清楚与否的尺度
措施有效	制定并实施有针对性的纠正措施,确保问题彻底解决	工作核心	要清除当前的不合格或缺陷,应保证不再重复发生
举一反三	将信息反馈,进行排查,防止出现同类问题	延伸	达到全面根除质量问题重复发生的隐患

15.4　飞行器半实物仿真系统的日常使用维护

飞行器半实物仿真系统作为一套大型的复杂精密的仿真设备,其设备众多、结构复杂、成本较高,为保障设备的正常运行和试验的顺利进行,必须做好仿真系统相关设备的日常使用维护工作。半实物仿真系统的日常使用维护是一项复杂烦琐、细致而又不可缺少的工作,维护人员必须遵循相关实验室的管理规范,做好设备的日常管理及维护工作。

下面从设备维护类型、运行环境控制、设备使用细则等几个方面,对半实物仿真系统的日常使用维护内容进行介绍。

15.4.1　飞行器半实物仿真系统中的设备维护类型

设备保障维护是根据设备特点和要求,执行相应的管理操作和维护操作,保障仿真系统能够满足运行使用要求,从而避免设备故障,延长设备使用寿命。

1.半实物仿真系统设备维护类型

设备维护类型主要包括日常性维护、纠错性维护、适应性维护、完善性维护等。

(1)日常性维护主要是对设备进行日常保养和检查,通过定期运行、定期检查、定期整理、定期校准等多种手段保证设备的正常运行。

(2)纠错性维护主要用于纠正系统在研制、集成联试和交付验收等阶段没有发现的错误,主要错误类型包括设计错误、程序错误、接口错误、数据错误、文档错误等。

(3)适应性维护主要用于针对新的仿真任务需求和软硬件运行环境变化而作出的修改维护,适应性内容主要包括参试对象变化、通信协议变化、仿真模型变化、数据结构变化等。

(4)完善性维护主要是为了扩充功能或改善性能而进行的修改,主要包括扩充和增强功能(如增加专用设备功能、增加数据存储内容和分析功能等)、改善性能(如改善人机交互界面、改善数据显示界面等)、便于维护(增加模型和软件的注释、完善文档)。

2.半实物仿真系统设备维护过程

在进行各种维护时,需要根据任务要求成立维护小组,完成本次的维护工作。其维护过程主要包括以下几方面:

(1)分析维护内容。维护小组应全面、准确地理解半实物系统的功能和目标,半实物仿真系统的内部结构和操作要求。根据本次维护类型,对维护需求进行分析,确定具体维护目标和工作内容,从而明确维护人员和维护经费的需求,并需要对维护风险进行分析,初步明确维护可能对系统带来的影响和变化。对于纠错性、适应性、完善性维护,最终还应根据分析结果形成维护申请,提交上级机关进行审批。

(2)制订维护计划。根据维护需求制订合理可行的维护计划,包括维护任务的范围、维护方案、所需资源、风险分析、维护要求、经费预算、进度安排、支持条件以及参加人员名单。

(3)实施维护计划。根据维护计划,维护小组与系统研制方和设备供应方一起,完成系统纠错、性能完善、功能适应等工作,在维护过程中,做好需求分析、设计、实现、测试和维护记录等工作,并根据维护风险分析的内容对部分维护结果进行测试分析。

(4)记录维护过程。在维护过程中,应做好维护记录工作,包括维护类型、维护目标、维护日期、维护内容及维护方法、维护后的运行检查结果、文档修改情况以及维护人员姓名等。

(5)检查维护结果。在维护完成后,应对维护结果进行检查,特别是纠错性、适应性和完善性维护。检查内容主要包括:维护方案的全部要求是否得到满足;修改部分与系统的其他部分的使用是否发生冲突;有关文档是否做了相应的修改,是否与系统修改后的结果相符;维护记录是否及时、真实、完整。

15.4.2 飞行器半实物仿真系统中的运行环境控制

半实物仿真系统包含多个大型的复杂精密设备,在日常使用时,对其外部环境有许多具体要求。

1.环境因素对于试验设备的影响分析

设备的外在环境因素(包括供电、温度、湿度)直接影响设备的精密性、可靠性、寿命性。

(1)供电影响。供电水平、质量对电子类设备保持良好的运作是十分关键的,外部电压的稳定性会影响电子类设备的使用总年限。供电系统的良好接地水平会直接影响信号精度和运行平稳性,某些极端情况下电力浪涌会造成设备损坏。

(2)温度影响。环境温度也会影响设备的可靠性。若温度太高,则无法保障各种电路器件的各项性能,同时还极有可能会烧毁电子元件;若温度太低,绝缘类材料会变硬变脆,大大缩短设备的使用年限,降低设备的安全性能。

(3)湿度影响。对于湿度而言,湿度过大的情况:一方面会导致电路板出现变形,插拔十分困难,触点中的接触电阻逐步增大,无法保障设备正常运转;另一方面,负载台、转台等机械台面会出现生锈现象,影响设备的外观和性能。但是,若湿度太小,则会引起静电现象,而静电会危害电子类元件的使用总寿命,极端条件下甚至可能烧毁精密电子器件。

2.仿真设备对于环境因素的要求

保障半实物仿真系统实验环境具有恰当的温度、湿度,是系统中各类电子设备和机电装置保持正常运作的前提。为保障设备正常运行,通常要求实验室干燥、通风,实验室内温度通常控制在 $10\sim25℃$,相对湿度应在 $30\%\sim70\%$ 的范围内。为了保证达到这些要求,应在实验室内安装空调、通风类设备,对部分具有十分关键设备的实验室,应装上双空调系统,以保障在某个空调发生故障后,不会使得实验室系统无法运作。在我国南方或沿海等气候潮湿地区,必须安装专用的除湿设备,在北方等气候干燥地区,应配备加湿设备,避免湿度过大或过小对于设备造成损害。为了保持实验室中的干净、干燥,通常还需要配上除尘设备,同时还需要防止外部的灰尘进入实验室中。

15.4.3　飞行器半实物仿真系统中的设备使用细则

对于半实物仿真系统中的转台、负载台、铁鸟台等大型机、电、液一体化设备,为了保障使用过程的人员和设备安全,在日常使用维护时必须制定详细的设备使用细则,用于指导和规范设备的正常使用。两者的日常使用维护细则基本相同,下面给出典型的注意事项和操作细则。

(1)转台/负载台/铁鸟台安装就位后,在相应的安全区域内设置警戒线,并在醒目的地方放置警示提示。

(2)转台/负载台/铁鸟台工作时,在设备转动范围严禁站人或放置其他物品。

(3)要求转台/负载台/铁鸟台的 380V AC 电源线和 220V AC 电源线的地线可靠接地。

(4)转台/负载台/铁鸟台属于专业测试设备,应该配备专门人员并按正常操作顺序进行操作。

(5)转台/负载台/铁鸟台在拆装被测件的时候,考虑到测试人员的人身安全和设备安全,必须在断电后方可进行操作。

(6)转台在安装负载时,需将转台三个轴电磁锁上锁,严禁超过额定负载质量,安装完毕后必须检查固定螺钉是否拧紧。

(7)转台在安装完负载后必须要配平,配平的标准是各轴能够在任意位置停留。

(8)负载台/铁鸟台在安装完试验舵机后,必须对连接部分进行检查,判断其连接关系是否牢固。

(9)负载台/铁鸟台在台体上方部件移动后,必须检查固定螺钉是否拧紧。

(10)连接转台/负载台/铁鸟台台体和相应机柜之间的电缆时,要确保电源关闭,严禁带电插拔电缆。

(11)转台/负载台/铁鸟台如果出现异常运行,应迅速按下控制柜上的红色"断电"或"紧急开关"按钮。重新开机通电时,需先将控制柜上的红色"紧急开关"右旋打开。

(12)转台/负载台/铁鸟台如果意外出现计算机死机情况,应关闭系统电源,并重新启动计算机。

(13)转台/负载台/铁鸟台如果长期不用,应拔掉电源插头,测试安装基面用航空洗涤汽油洗净吹干,然后用工业凡士林油封,并盖上防尘罩。

(14)定期使转台/负载台/铁鸟台设备通电运行,应保证设备每季度通电工作一次,每次约 0.5 h,防止环境条件的改变对设备机械或电气部分造成不良影响,同时检查转台/负载台/铁鸟台各系统的工作是否正常。

(15)每3个月检查一次体外电缆和插头以确保以下所列事项:电缆不要有重物覆盖;电缆外表不应有划伤(即使是小部分划伤也应避免);尽量不要扭曲电缆,以避免损坏电缆插头。

(16)负载台/转台/铁鸟台的机柜内部有高压元件,严禁私自打开机柜门,在设备进行通电的情况下,严禁任何人在任何情况下用手直接触摸机柜内的元件。

15.5 本章小结

飞行器半实物仿真系统作为一个费用高、规模大、组成复杂的大型专用分布式仿真设备,其设备使用和日常维护对于保证系统顺利运行、完成系统建设目标、避免系统人员风险、延长系统使用寿命等尤为重要。

在本章中,首先,详细介绍了仿真试验的试验运行过程管理工作和操作步骤,结合典型半实物仿真试验过程,详细介绍了试验过程的管理工作,给出了试验大纲、试验方案、操作细则、分析报告和总结报告的编写规范和内容要求;对于半实物试验过程的操作内容,从试验准备、试验进行、试验结束三个阶段,给出了详细的操作步骤和注意事项。

其次,针对设备的异常故障处理情况,详细分析了引起设备异常的原因、设备故障类型、设备故障运行情况,并给出了飞行器半实物仿真试验中的异常分析原则和注意事项。

最后,对于仿真系统的日常使用维护工作进行了介绍,分析了设备维护的类型,其主要包括日常性维护、纠错性维护、适应性维护、完善性维护,并给出了设备维护过程;分析了系统运行环境因素对于设备性能的影响,并给出了环境因素的控制要求;针对转台/负载台/铁鸟台等大型机电设备,详细给出了其使用操作细则,以指导相关人员使用。

15.6 本章习题

1.简述在半实物仿真试验的不同阶段对于试验管理文档的需求。

2.简述试验大纲的作用和编写目的。

3.简述试验大纲的主要内容。

4.简述试验方案的主要内容。

5.简述试验操作细则的作用和编写目的。

6.简述试验操作细则的主要内容。

7.简述试验分析报告的主要内容。

8.简述试验总结报告的主要内容。

9.简述试验准备阶段的主要工作内容。

10.简述试验运行过程中的注意事项。

11.简述试验结束阶段的主要工作内容。

12.简述半实物仿真系统异常的主要原因及含义。

13.简述半实物仿真系统的几种设备故障类型及其含义。

14.在总体规划层面,应该如何开展半实物仿真系统异常预防设计?

15.在软件设计层面,应该如何开展半实物仿真系统异常预防设计?

16.在硬件设计方面,应该如何开展半实物仿真系统异常预防设计?

17.在使用维护方面,应该如何开展半实物仿真系统异常预防设计?

18.当半实物仿真系统出现异常时,其分析原则和注意事项有哪些?

19.说明我国航天系统质量问题归零中"技术归零"的"二十字"归零要求。

20.简述设备维护的类型及其内容。

21.简述设备维护的典型过程。

22.简述部分转台/负载台的日常使用细则。

第 16 章　仿真系统试验方案设计技术

飞行器半实物仿真系统完成验收交付后,就可以根据任务需求开展相关的半实物仿真试验。为保障仿真试验能够到达预期目标,需要根据试验目标完成试验方案的设计。

试验设计的主要任务是根据试验目的和任务要求,在确定试验模式、试验内容类型和拉偏参数的基础上,运用统计学原理,研究如何合理选取试验样本,控制试验中各种因素及其水平的变化,制定出一个优化的可行试验方案。该方案要能以尽可能少的试验次数来获取足够有效的试验信息,有助于对试验结果做出有用的推断,得出比较可靠的试验结论。

为了实现这个目的,试验设计人员必须深刻了解参试武器制导控制系统的工作原理和设计结果,熟悉试验工程方法中试验法、测量法、评定法之间的相互关系,要从飞行器性能指标评定需要出发,在接近参试装备实际使用的条件下控制影响试验的各种因素,合理选取试验样本,以便能够从获取的试验数据中评价制导控制系统的总体性能,确保能够完成试验任务。

本章首先介绍飞行器仿真试验的目的与任务,其次,对试验设计的要素和参数进行分析,再次,对试验设计的基本原理和主要过程进行介绍,最后,给出常用的试验设计方法。

16.1　飞行器仿真试验设计的目的与任务

仿真试验的过程也是一种信息的获取过程,通过策划、组织与实施,获取参试设备的试验过程信息流。在试验过程中,设置的参数选择越多,试验内容就越充分,试验结论也就越可信,但是试验时间和周期也就越长,试验成本也随之增加。选取试验参数、确定试验科目时,就需要通过试验设计进行规划,在实现试验目标、满足试验要求的前提下,尽量采用较少的、典型的试验条件进行试验。

仿真试验设计就是依据试验任务的目的和要求,在确定试验方法、测量方法和评估方法的基础上,从对被试武器装备的战术技术性能、作战效能指标评定出发,在接近实际使用的条件下,选择和控制影响试验的各种因素及其水平,合理选取试验样本,以便能够从试验中推断出被试系统的总体性能,并确定试验最优或最满意方案,以获得最佳的试验结果。

16.1.1 仿真试验设计目的

对于仿真试验而言,其试验设计的主要目的包括以下方面:

(1)确定影响参试设备的制导精度、控制性能、战技指标、性能边界、作战使用的因素。

(2)确定考核指标影响因素的取值水平和范围。

(3)确定试验状态条件、被试系统构型、试验样本与试验资源等。

仿真试验设计可对科研设计人员展现出参试设备试验过程的全貌,描述参试装备的战技指标、性能边界、部件影响、作战使用等试验与评估的全过程。因此,仿真试验设计不仅仅是统计学意义上的试验设计,而且是在实际工程层面的进一步拓展,更接近于工程应用,但其核心还是根据具体的参试对象和试验目的选择与组合试验条件。

16.1.2 仿真试验设计任务

仿真试验设计的任务,就是根据参试设备试验总要求,并结合实际试验条件,选择若干试验科目进行试验,利用其试验结果,对参试战技指标、性能边界、部件影响、作战使用进行客观的评估。试验设计最终所确定的试验科目,本质上是在统计学意义上从母体中抽取试验样本,也就是说,所抽取的试验样本与样本量必须服从于母体的总体分布,这样的试验设计才有意义。

在试验成本最低、试验效果最佳的原则下,规划试验资源、试验计划和试验目标,对参试设备提出评估方法或改进意见。需要注意的是,不同参试设备在不同阶段,试验目的、试验科目、试验样本各不相同,必须根据对象特点和试验目的进行合理的选取。

16.1.3 仿真试验设计原则

仿真试验设计总的原则是以最低成本实现最大效益,也就是既要获得足够的评价参试设备性能的相关数据,又要求试验成本最小。一般地,需要遵循以下原则:

(1)全面性原则:在仿真试验任务规划与设计过程中,依据相关国家军用标准和行业标准,围绕参试设备和试验目的,列举出全部考核性能指标;在分析试验参数变量时,将每一个考核指标可能产生影响的每一个因素都作为候选变量列举出来。

(2)科学性原则:按照参试设备的使用特点和要求,科学、合理地安排试验内容和试验科目;选择试验变量及其数值范围,其应在参试设备的实战条件内,而不应超出参试设备的使用条件。

(3)关键性原则:在进行仿真试验设计时,应重点考核参数设备在实战使用中可能出现的缺陷、关键性能指标以及在前一阶段出现的问题等关键性问题。要充分考虑试验信息资料的继承与应用,针对关键问题,有针对性地设计试验内容和科目,以最少的试验次数获取足够的试验信息资料。

(4)效率性原则:在对试验科目、试验变量及其水平全面分析的基础上,根据半实物仿真系统的具体性能约束对试验内容和科目进行筛选、舍弃、合并;根据变量对考核指标的影响程度,将影响大的变量作为试验条件,将影响小的变量固定水平或舍弃,以提高试验的效率性。

16.1.4 仿真试验设计步骤

仿真试验设计内容,包括试验任务分析提出、试验类型和参数的选取、试验样本的抽取、试验方案的确定等。在半实物仿真试验设计过程中,要根据试验任务确定参数内容和数据范围,然后采用一定的试验设计方法确定试验数目和试验方案,最终形成试验大纲和试验方案。在整个过程中,必须科学地组织,有计划、分步骤、分阶段地进行试验的相关工作。

1.明确仿真试验设计任务

明确试验任务是试验设计的首要步骤,要根据试验的性质、目的和总任务确定试验的具体任务或试验项目,否则,试验设计将无从下手。

试验任务与飞行器半实物仿真系统的具体需求有关。在每轮仿真试验开始前,要根据总体研究进展明确本次的试验任务目标。例如:仿真试验的目的是考核飞行器的控制性能,则主要考核各项干扰和偏差对于系统控制性能的影响;仿真试验的目的是为实弹靶试提供研制依据,则试验内容就应围绕实弹靶试条件以及可能出现的故障干扰进行。

2.选取仿真试验模式参数

半实物仿真试验的核心任务就是考核飞行器参试实物部件和算法在各种干扰和偏差下的系统性能。因此,当试验任务明确后,必须对影响该任务的偏差和干扰内容进行整理和归纳,明确试验总体所涉及的变量;通过查阅相关资料和总体数据,确定各变量的概率分布特征和分布参数;基于相似性原理,分析各项影响因素在模型中的影响机理,从而提出包含各项误差和干扰在内的数学模型。

3.确定仿真试验抽样样本

一般来说,飞行器性能的影响因素众多,每一个因素的变化范围也很大。在试验任务中,由于受到人力、物力、财力和时间的限制,因此不可能对所有的变量和每个变量的所有变化范围都进行试验,试验设计者只能在其作战范围内选择部分有代表性的变量及变量变化范围内的若干水平。试验设计的任务就是要合理地选择试验变量和变量范围,利用在这些变量上进行试验所得出的结果来推断出总体的性能。因此,一项重要工作就是确定试验样本量,并依据相关统计学原理完成样本抽样。试验样本量的确定首先要满足制导控制系统性能指标的充分考核,在此前提下,采用贝叶斯或序贯截尾等假设检验方法,减少试验样本量,从而缩短研制周期,加快研制进度。

4.完成仿真试验设计方案

在确定试验样本和试验弹道后,就可以根据试验任务,完成试验规划,开展相关试验文档的编写。其中,试验大纲是试验方案和试验保障要求的全面、概括表述,它是试验执行单位组织执行试验任务的指导性文件,是试验人员在试验中共同遵守的技术规范,也是制定试验方案的依据。试验方案是试验大纲内容和要求的细化,是组织实施试验活动的依据。试验方案的内容包括试验任务中每个项目的详细试验方案和具体试验保障方案。

16.2　飞行器仿真试验设计的内容与参数

在半实物仿真试验任务中,为了全面、系统、准确地确定参试设备的性能指标,需要综合考虑多个影响因素。因此,仿真试验的重要内容,就是完成仿真试验类型的确定和试验参数的选取。

16.2.1　半实物仿真试验的内容规划

在飞行器半实物仿真试验中,试验内容主要包括器件影响仿真、参数拉偏仿真、干扰影响仿真、故障处理仿真、边界条件仿真等。

（1）器件影响仿真试验。在飞行器半实物仿真试验中,开展器件影响仿真试验的主要目的是考核不同参试部件对于飞行器性能指标的影响。在仿真试验时,主要基于标准弹道或部分拉偏弹道,逐一引入相关参试器件,分析对比引入真实产品前后的弹道曲线和仿真结果,并将其用于完成性能影响程度分析和参试部件的模型校核,验证软件流程的正确性,检查各个设备的电气连接情况和器件的匹配情况。

（2）参数拉偏仿真试验。由于气动计算、安装误差等原因,使得飞行器的实际参数与数学模型存在一定差异,从而导致实际飞行中的控制性能和制导精度与理论设计结果存在一定偏差。因此,在半实物仿真试验中,最重要的内容就是开展参数拉偏仿真试验,评估系统方案和系统参数在数学模型不精确的情况下的适应性和鲁棒性。

（3）干扰影响仿真试验。飞行器在飞行过程中,会受到各种各样的外在干扰和内在噪声的影响,它们对控制性能、制导精度、抗干扰能力产生影响。其中,外在干扰包括环境干扰和人为干扰等。因此需要通过半实物仿真,验证系统控制能力,考核系统的抗干扰能力。

（4）故障处理仿真试验。飞行器在半实物仿真试验中,需要通过开展如舵机卡死、信号异常等故障情况仿真。一方面,评估飞行器故障情况下的弹道曲线;另一方面,考核飞行器控制软件中故障处理策略的正确性和有效性。

（5）边界条件仿真试验。飞行器在半实物仿真中需要开展一系列边界条件仿真试验,评估飞行器在极限情况下的控制能力,确定飞行器的边界性能指标。

16.2.2　半实物仿真试验的参数分析

飞行器是一个非常复杂的系统,大攻角、非线性、强耦合等特点决定了飞行器控制系统的设计必须要经过严格的考核。一方面,计算误差和加工工艺的因素,使得飞行器实际的气动系数、质量特性、推力状态不可避免地与数学模型存在一定的差异,从而导致设计结果与真实状态不一致;另一方面,飞行器在飞行过程中,不可避免地会受到环境、级间分离、人工诱饵、器件噪声等因素的干扰,使得飞行器偏离预定弹道,影响飞行特性和制导精度。因此,半实物仿真中的重要内容,就是针对飞行器在飞行过程中受到的各种偏差和干扰,开展一系列验证仿真试验,评估飞行器中实际部件和飞控软件在各种偏差和干扰下的控制性能。

为了评判制导控制系统在各种偏差和干扰情况下的工作性能,必须对飞行器在飞行过程中所面临的各种偏差和干扰情况进行分析。根据偏差和干扰产生的原因,可以将其分为动力系统偏差、气动参数偏差、弹体参数偏差、环境干扰影响、人工干扰影响、器件噪声影响和发射边界影响等。

1. 飞行器动力系统偏差分析

动力系统作为飞行器的推力来源,其主要任务是将飞行器推进到一定速度或将其维持在一定速度。在实际工程中,生产工艺、工作环境、燃料特性等因素,使得飞行器实际推力与数学模型存在一定差异,这主要包括由安装工艺引起的推力偏心和由燃料特性引起的推力变化。

(1)推力偏心。对于大多数飞行器而言,理想状态下的发动机推力作用线应与弹体几何纵轴重合,推力作用线通过弹体质心。但实际飞行中,从喷管排出的燃气流产生的推力矢量与发动机的理论轴线不重合,使得推力矢量偏离质心一个微小距离,此距离是一个空间矢量,其大小和方向均可能会随时间变化,从而引起发动机推力偏心的变化。

推力偏心一般由几何推力偏心和燃气流推力偏心两部分组成,前者是发动机壳体、喷管等部件的几何尺寸和安装工艺引起的偏差,后者是发动机装药燃烧异常导致排出的燃气流不均匀造成的偏差,并且随着燃药的不断消耗,全弹质心和燃气流推力偏心均在不断变化。

在描述推力偏心的影响时,通常用推力线偏斜角度和推力线作用点位置偏差来描述。其中,推力线偏斜角度用于描述发动机推力矢量与弹体纵轴的偏差角度,可以采用直角坐标描述或极坐标描述;推力线作用点位置偏差用于描述发动机推力作用点与弹体质心的位置偏差,通常包括三个方向的位置偏差。

(2)推力偏差。在飞行器实际飞行过程中,环境温度、喷口压力等状态的变化,以及燃料特性的差异,使得发动机的实际推力与理论推力模型存在一定偏差,从而影响飞行器的速度和射程。因此,在仿真试验中,需要考虑推力偏差的影响。

在描述推力偏差时,通常设定一个推力偏差范围,认为推力在该范围内均匀分布或正态分布,可对其进行随机分布拉偏,也可以按照极值进行拉偏。例如,可以认为实际推力为理论推力的±5%或±10%。

2. 飞行器气动参数偏差分析

飞行器动力学模型使用的空气动力系数来源于风洞吹风数据或气动理论计算,然而在风洞吹风过程和数据处理过程中,以及气动理论计算中,设备、方法等因素不可避免地会给数据带来误差,降低气动数据的置信度。因此,有必要对使用的气动系数进行拉偏,考核在气动计算存在偏差条件下的控制性能。

(1)气动参数拉偏内容。典型的气动力拉偏项包括阻力系数、升力系数、侧向力系数、俯仰力矩系数、偏航力矩系数、滚转力矩系数,以及气动导数等。

(2)气动参数拉偏方法。在进行拉偏试验时,通常认为气动力系数在基准值的一个偏差范围内,按照正态分布或均匀分布进行选择,也可以按照偏差极限边界进行选择。

3. 飞行器弹体参数偏差分析

在飞行器生成和制造过程中,受工艺和装配等因素的影响,部分弹体实际参数会与设计值或仿真模型的设置值存在一定偏差,从而导致仿真结果与实际情况不一致。弹体参数偏差主要表现在质量特性和结构装配等方面。

(1)质量特性偏差。受设计与制造等因素的影响,实际飞行器的质量及转动惯量会与模型中存在一定差异,从而直接影响飞行器的总体参数和性能,尤其是质心的偏差,会直接影响控制力矩的大小。因此,在仿真中需要考虑质量特性的偏差。飞行器的质量特性偏差主要可以分为质量偏差、转动惯量偏差和质心位置偏差。在仿真时,可以认为实际值在基准值上下一定范围内浮动。

(2)结构安装偏差。结构安装偏差主要是指由于安装工艺的影响,弹上部件的安装位置和设计值存在一定的偏差。结构偏差主要包括舵面、翼面、惯导等部件的安装角度误差和位置偏差。这些偏差的具体量值与飞行器结构设计以及工艺水平有关。

4.飞行器环境干扰影响分析

飞行器在飞行过程中的环境因素是一个复杂变化的动态过程,大气密度、风速等影响气动力的环境参数在不同的经纬度和季节存在显著变化,因此,在仿真中必须考虑大气环境偏差对制导控制系统性能的影响。

(1)大气密度偏差。在飞行器设计中,通常采用标准大气模型计算飞行器所在位置的大气密度数值,而这个数值通常与实际大气密度存在一定的差异。通过对多个地区不同季节大气密度变化的对比分析可知,大气密度与标准大气的差异在不同季节或高度最高可达 $10\% \sim 15\%$。而密度偏差直接改变飞行器气动力和气动力矩的大小,影响飞行器的控制性能和战技指标。因此,需要通过对大气密度的数值进行拉偏来考核不同大气密度条件下的制导控制系统性能。在工程实践中,大气密度偏差可以采用对标准大气密度的拉偏,或者采用目标区域指定月份的气象统计数据来进行考量。

(2)大气风场影响。在进行制导控制系统设计时,通常假设大气为静止状态,即忽略大气风速对于飞行器运动特征的影响。但真实世界的大气始终处于复杂的运动状态中,对飞行器的气动力和气动力矩产生影响,因此,在进行仿真验证时必须考核各种风场条件下的控制性能。根据大气风速的运动类型,可以将其分为由大气环流引起的稳态常值风、大气紊流引起的湍流、阵风等模式。其中,常值风场会影响飞行器的气动参数,继而影响其飞行轨迹和射程范围;湍流、阵风等瞬态风场会对飞行器姿态控制性能产生影响。在进行仿真验证时,可以根据任务需求,添加指定地区和季节的随高度变化的稳态常值风场,或者添加指定幅值的阵风影响,考核飞行器在不同大气风场影响下的制导控制性能或相关战技指标。

(3)海浪影响。一些反舰导弹飞行过程中,是通过无线电高度表来测量导弹距海面的高度的,将其送入惯导回路,计算得到组合高度,与装订高度进行比较,再根据高度控制方程进行高度控制。由此可见,当海面波动时,无线电高度表的测量高度会因测量面的变化而变化,从而对导弹的高度控制产生影响,特别是在较大风浪时,导弹有可能因触浪而导致反舰导弹掉海,因而必须对海浪进行模拟。在工程上,一般把海浪看作一种平稳正态随机过程,可利用频谱方法来进行研究。

5.飞行器人工干扰影响分析

在现代战争中,敌我双方作战单元在被攻击时均会采用逃逸机动或诱饵干扰等对抗形式，以便提高自身生存概率。因此，在仿真中需要对目标机动或诱饵干扰进行仿真，分析目标随机机动/干扰影响下的制导精度和脱靶量变化。

（1）目标机动影响。在分析目标机动影响时，可以根据目标类型设置不同的机动方式、机动过载、机动时刻等，考核制导控制系统在各种目标机动影响下的平均脱靶量。机动方式分为正常运动和规避机动。以飞机为例，正常运动表征目标正常飞行或行驶的状态，主要包括匀速平飞和匀加速/匀减速机动；规避机动用于描述目标在告警装置警告后，不断改变飞行方向或行驶方向、高度和速度，以削弱敌方武器的攻击效果，典型动作包括转弯机动、战斗转弯和蛇形机动等模式。

（2）目标干扰影响。现代作战装备在被敌方武器锁定后，通常会释放各种类型的干扰和诱饵来欺骗或压制敌方武器的探测系统，降低被打击的概率，主要干扰类型包括红外诱饵和雷达干扰。根据参试设备的不同制导方式和目标类型，设置多种干扰方式和干扰释放时间，通过大量仿真试验考核制导控制系统的抗干扰性能。

6.飞行器器件噪声影响分析

在飞行器的实际飞行过程中，飞行器通过导引头、陀螺、加速度计、空速管、气压表等传感器部件获取飞行器及目标的相关信息。这些产品部件作为传感器件，均包含不同形式的测量噪声，这些噪声会直接影响传感器部件的测量精度和分辨率，继而对制导控制系统的性能产生影响。在进行仿真试验时，通常考虑测量器件的实际工作特性，引入相关形式的测量噪声或随机误差。

器件噪声按噪声源分为内部噪声和外部噪声。其中，内部噪声是来自传感器件和电路元件的噪声，主要包括热噪声、放大器的噪声、散粒噪声；外部噪声是由传感器电路外的人为因素或自然干扰造成的，主要原因就是电磁辐射。在进行半实物仿真试验时，如果某些产品部件不引入仿真回路，则需要考虑其各项噪声和测量误差对系统性能的影响。

7.飞行器发射边界影响分析

在分析系统性能时，需要考核不同发射条件下的飞行性能、弹道特点和落点散布，通过仿真验证评估各种发射条件对于飞行性能的影响，获取飞行器的边界性能和攻击区面积。

（1）发射初始条件影响。对于舰载武器和机载武器而言，其发射时的姿态和速度随着平台的运动情况而在一定范围内变化起伏。为了考核不同发射条件下对于武器性能的影响，需要对发射时的姿态、速度以及经纬度和射向进行仿真验证。在仿真时，根据发射平台的运动特征选取一定的取值范围，在取值范围内进行仿真。

（2）分离冲击扰动影响。一些飞行器在飞行过程中，会受到各种冲击干扰，包括弹体分离冲击，发动机点火冲击等，这些冲击会使得武器分离时产生较大的姿态扰动，严重时会导致扰动过大而发生翻滚失控。因此，需要根据气动计算结果和历史经验数据设置分离冲击干扰的大小。

（3）武器边界性能仿真。武器边界性能仿真主要考核武器的最大边界和最小边界，主要通过设置不同的弹目距离、发射时的高度信息、目标的最大速度来评估武器的边界性能。

综上所述，飞行器在飞行过程中，受到各种偏差和干扰噪声，使弹道特性、控制性能和制导精度受到影响。在真实飞行试验中,受到试验条件的限制,相关偏差和干扰内容具有不可控性和不能预见性,难以定量评估各项偏差内容对于飞行器的影响,而在半实物仿真环境内,可以定量地设置各项偏差和干扰的引入时刻和量级大小,从而精确地评估偏差和干扰对于设计性能的影响。

16.2.3　半实物仿真试验的要素选取

通过前面的分析可知,飞行器仿真试验中需要考虑诸多影响因素。每项因素都在不同程度上反映了所研究问题的某些信息,且各因素之间存在一定的相关性,使得试验数据在一定的程度上有重叠;但因素太多也会增加计算量和分析的复杂性。因此,在进行定量分析的过程中,期望变量少而获得的信息量多,这就需要采用一定的优化方法对试验要素进行优化。典型试验要素优化方法有解释结构模型法和相关分析法。

(1)解释结构模型法。解释结构模型(Interpretative Structural Modeling,ISM)法,是美国的 J. 华菲尔特教授于 1973 年作为分析复杂社会经济系统有关问题的一种方法而开发的,其特点是把复杂系统分解为若干个要素,利用实践经验知识,构成一个多级递阶的结构模型。此模型以定性分析为主,把模糊的思想转化为直观的、具有良好结构关系的模型。当影响试验的因素越来越多时,可以应用 ISM 方法进行建模,以梳理各影响因素之间错综复杂的关系,提取试验要素。

(2)相关分析法。相关分析法作为研究变量之间相关关系的数理方法,也可以用于分析试验要素之间的相关关系。试验要素作为武器系统试验的自变量,有的相对独立,有的则与其他变量存在相关性。进行相关分析有两种方法:第一种方法,是通过散点图直观显示变量之间的关系;第二种方法,是通过计算相关系数准确反映两变量之间的关联程度。两种方法各有优劣:第一种方法的相关关系简单明了,但不够精确;后一种方法虽不直观,但能以数字准确描述变量之间的相关程度。

相关关系一般分为强正相关关系、弱正相关关系、强负相关关系、弱负相关关系、非线性相关关系和不相关关系等。在实际工程应用中,可以采用不同的相关系数分析变量之间的关联程度。常用的相关系数有 Pearson 简单相关系数、Spearman 等级相关系数和 Kendall 等级相关系数。

16.3　飞行器仿真试验设计的原理与方法

通过对半实物仿真试验内容和偏差参数的分析可知,半实物仿真的试验内容多样,影响因素众多。如果考虑所有影响因素在各种取值范围下的影响效果,势必造成海量的试验样本。因此,仿真试验设计的一项重要任务就是根据参试对象特点和试验目的,采用相关统计学方法,从各种试验参数组合中抽取有限的样本参数,从而对总体性能进行推断,制定合理可行的试验方案。

一个优化的试验方案,既要满足被试装备战术技术指标评价的要求,还要考虑试验周期、试验设施等条件,以较小的代价获取最大的试验效益。在工程实践中,典型的试验设计方法包括正交试验设计、均匀试验设计、序贯试验设计和超拉丁超立方试验设计等。

16.3.1 仿真试验设计的理论基础

在仿真试验设计中,试验参数样本的选取是以统计学概率论为理论基础的,根据试验或观察得到的数据来研究随机现象,对研究对象的客观规律做出种种合理的估计和推断。在统计分析中,可用的信息包括总体信息、样本信息和验前信息。总体信息是总体分布或总体所属分布族带来的信息。样本信息是从总体中抽取的样本所提供的信息。验前信息是在抽样之前有关战术技术指标统计分析的相关信息。验前信息主要来源于前期经验、历史资料、仿真分析等。在统计推断中,按照是否使用验前信息分为经典统计学和贝叶斯统计学。统计学原理主要包括抽样理论、估计理论等。

1.仿真试验设计中统计抽样理论

在统计学中,研究对象的全部元素组成的集合称为总体,在飞行器半实物仿真中的各影响因素和参数构成的集合就是总体。总体是由许多个别事物组成的,组成总体的每一个个别事物称为个体。例如,在飞行器半实物仿真试验中,一次试验内容的影响因素全部组合为总体,每个试验弹道为一个个体。在总体 X 中按抽样原则抽取的 n 个个体 $X_1, X_2, \cdots, X_n$ 就称为总体的容量为 n 的样本,它构成一个 n 维随机变量。n 称为样本大小或样本量。抽样试验也称为抽样检验,是按照一定的试验设计原则和规定的抽样方案从总体中抽取少量产品作为样本,对样本进行试验,并根据样本的试验结果对制导控制系统性能指标作出推断。利用抽样观察得到的结果来分析、推断总体的某些特性,就是统计推断。

由于统计推断基于样本的采样数据(样本值),而采样数据又不能包含研究对象的全部资料,因此,由此获得的结论必然包含了不确定性,这与样本大小有着直接的关系。样本大小决定了统计推断的精确度和可信度,样本量越大,统计推断的精确度和可信度就越高。为了提高统计推断的精确度和可信度。一方面,要改进统计分析方法,使得能够充分运用样本提供的信息来对总体作出估计和推断;另一方面,要在一定的资源条件下,为获取更多的有用信息,选择合适的抽样方法和样本量。

2.仿真试验设计中统计估计理论

统计分析的基本任务是利用样本的试验结果推断总体参数的指标值。指标的估计就是根据从总体中抽得的样本所提供的信息,对总体分布中包含的未知参数进行数值上的估计,其包括点估计和区间估计。

飞行器半实物仿真试验的目的是得到系统的某一性能参数,一般通过多次试验获得该参数对应的武器装备技术性能和使用性能的试验值,再用这些值来估计参数的准确值,这在统计学中称为参数的点估计问题。显然,估计的精度与试验次数(也就是样本量)有密切的关系。点估计又称为点值估计、定值估计。估计的过程为,首先根据总体参数的性质构造一个统计量,然后由样本数据计算出统计量的值,并将其直接作为相应的总体参数值替代。点估计是用来估计参数的一个统计值,但由于样本的抽取具有不确定性,因此造成点估计值也具有随机性,可能会有波动,这就是抽样误差。因此,指标的估计通常采用数理统计中的区间估计方法。区间估计可以给出参数一个波动范围,并且一般可以给出在该范围包含参数真值的概率。

16.3.2　正交试验设计的概念及原理

正交试验设计(Orthogonal Test Design,OTD)是武器装备试验中最为广泛的因素试验设计方法之一。典型试验应用如爆炸成型因素分析试验、导弹打靶试验、常规射击试验、武器命中精度试验、雷达跟踪精度试验、水下武器攻击试验等,都会采用正交试验设计方法。

正交试验设计简称正交设计,它是利用正交表科学地安排与分析多因素试验的方法,具有"均匀分散,整齐可比"的特点。该方法的基本思想就是选择具有代表性的样本点进行试验,然后由试验结果分析各因素不同水平下的效应,以此为基础推断任意因素、任意水平条件下的被试系统的性能指标。正交试验设计方法适用于因素数和水平数都较少,或因素数和水平数都较多但试验实施简单的项目,其非重复试验次数一般为水平数的二次方。

1. 正交试验设计的相关概念

正交试验设计是根据因素设计的分式原理,采用由组合理论推导而成的正交表来进行试验设计,并对结果进行统计分析的多因素试验方法。正交表具有以下特点。

(1)正交性:正交表中任意两列横向形成的数字都相同。

(2)均衡性:任一列中,不同水平个数相同,这使得不同水平的试验次数相同。由正交性特点可知,每种水平下,其他因素各水平出现的次数是相同的,这保证了在讨论某一因素时,无须考虑其他因素。

(3)独立性:没有完全独立的试验,任意两个结果之间不能直接比较。任何两个试验间都有两个以上因素具有不同水平,所以直接比较两个试验结果无法对水平影响下结论。只有完成全部试验,并对全部试验结果进行统计处理才能得出相应的结论。

在仿真试验中,各因素或者具有相同的水平数或者水平数不完全相等,因此所产生的正交表有规则表与不规则表两种形式。

(1)规则表:在规则表中,各因素具有相同的水平数。规则表使用方便,试验安排与数据处理比较简单,易于使用,但要求规则表中每个因素具有相同的水平。

(2)不规则表:即混合水平表,每个因素的水平数不要求严格相等,有的因素水平数多,有的则少。其优势是因素可以具有不同水平,应用比较灵活。

在工程应用中,由于影响因素的水平各不相同,因此通常采用不规则表进行设计。不规则表是基于规则正交表并通过并列法进行并列获得新的并满足不规则因素水平的正交表。

2. 正交试验设计的基本原理

正交试验设计的基本原理体现在正交表的构造和选取上。正交表的构造是一个复杂的组合数学问题,不同类型的正交表构造方法较多、差异较大。为了简要说明正交表的构造方法,以构造正交表 $L_m{}^N(m^k)$ 为例,要求水平数 m 限定为素数或素数的方幂,N 为基本列数,可以是任意正整数。当给定 m、N 后,有以下关系:

$$k = \frac{m^N - 1}{m - 1} \qquad (16-1)$$

（1）有限域和以 p 为模的剩余类域。利用有限域理论构造正交表。所谓有限域，是指有限个元素的集合，在这个集合中，定义"加法"和"乘法"两种代数运算，对集合中的任意元素 a、b 和 c，采用定义运算法则，所得结果还属于这个集合，并且满足以下条件：

1）交换律，即 $a+b=b+a$，$a\times b=b\times a$。

2）结合律，即 $(a+b)+c=a+(b+c)$，$(a\times b)\times c=a\times(b\times c)$。

3）分配率，即 $(a+b)\times c=a\times c+b\times c$。

4）存在 0 和 1 元素，满足 $a+0=a$，$a\times1=a$。

5）任意元素 a，存在负元素 $-a$ 和逆元素 $\bar{a}$，满足 $a+(-a)=0$，$a\times\bar{a}=1$。

有限域中元素的个数 p 称为有限域的阶。若由元素 $0,1,2,\cdots,p-1$ 构成的集合，定义加法和乘法运算：加法，两元素的和除以 p 所得的余数，为两元素相加后所得的元素；乘法，两元素的乘积除以 p 所得的余数，为两元素相乘后所得的元素。这个集合称为以 p 为模的剩余类域。可以验证，以 p 为模的剩余类域一定是有限域。

（2）构造 $L_{m^N}(m^k)$ 正交表。因素水平记号用 $0,1,2,\cdots,m-1$ 表示，水平记号的加、乘运算是按以 p 为模的剩余类域的加法、乘法规则进行的。$L_{m^N}(m^k)$ 型正交表中有 m^N 个试验，即每一列有 m^N 个水平记号。采用分割法构造基本列。

1）把标准 m 分列放在表的第一列，列名记为 a。

2）将标准 m^2 分列放在表的第二列，列名记为 b，其后放 a,b 两列的 $m-1$ 个交互列，共有 m 个 m^2 分列。

3）紧接着放置 m^3 分列和交互列。如此继续下去，直到标准 m^N 个分列，以及与前面各列的交互列，得到 m^{N-1} 个 m^N 分列。

因此，整个 $L_{m^N}(m^k)$ 型正交表有 $k=1+m+m^2+\cdots+m^{N-1}=\dfrac{m^N-1}{m-1}$ 个列。

16.3.3　均匀试验设计的相关概念

均匀试验设计（Uniform Test Design，UTD）是在试验范围内均匀分布试验点的一种试验设计方法，它和正交设计相似，也是通过一套精心设计的均匀设计表来进行试验设计。由于均匀设计只考虑试验点的"均匀散布"，而不考虑"整齐可比"，因此可以大大减少试验次数。当试验因素变化范围较大时，均匀设计可以极大地减少试验次数。

1. 均匀试验设计的相关概念

均匀设计是数论方法中"伪蒙特卡洛方法"的一个应用，由方开泰与王元于 1978 年创立。均匀设计是从均匀性角度出发，使试验点在整个试验范围内均匀分布的一种设计方法。它的优势是当试验因素数目较多时，试验次数并不是很多，试验次数可以是因素的水平数目，也可以是因素的水平数目的倍数，而不是水平数目的二次方。然而，由于均匀设计不具有整齐可比性，对试验结果不能做直接分析，需要通过回归分析方法对试验数据进行统计分析，从而推断最优的试验条件。

均匀试验设计通过均匀设计表和使用表安排试验。均匀设计表的代号一般记为 $U_n(q^k)$ 或者 $U_n^*(q^k)$。其中：k 表示均匀设计表的列数或试验因素；q 表示各因素的水平数；n

表示行数或试验次数;U 的右上角加"＊"或不加"＊"代表了两种不同类型的均匀设计表,所有的 U_n^* 设计表是由 U_{n+1} 设计表去掉最后一行而得到的,通常加"＊"的均匀设计表均匀性更好,应优先选用。其主要性质如下。

(1)在每一列中没有重复数字出现,即每个数字只出现一次。

(2)在试验中,为了使不同因素、不同水平搭配均匀,要求任意两列同行数字构成的有序数对各不相同,即每个数对仅出现一次。

均匀设计表适用于因素水平数较多的试验任务,但在具体的试验中,大部分因素水平数很难保证相等,此时需要采用混合水平均匀设计表或拟水平均匀设计表。

2. 均匀试验设计的基本原理

均匀试验设计的主要工具是均匀表和与之配合的使用表。均匀设计表的试验点设置很有规律,各种均匀表都有固定的行数和列数,它们之间存在内在的联系。以等水平数为奇数的均匀表构造方法为例,偶数均匀表可由奇数均匀表导出。

(1)均匀表结构。根据均匀设计特点,等水平均匀表的构造规律如下:

1)均匀表中的第一列是行数或试验次数,表中最上面一行是试验需要考虑的因素,剩余部分由每个因素的水平组成,每个因素水平个数都等于试验次数。

2)均匀设计表中,若试验次数为奇数且为素数,当试验次数为 n 时,则第一行个数为 $n-1$,试验次数为奇数且为非素数时,则第一行个数就不能为 $n-1$。例如 $U_9(q^9)$,试验次数与水平数都为 9,则在第一行中就没有 3 和 6 这两个数。

3)均匀表中,任一列的水平数没有重复。

(2)同余运算。根据均匀表的性质,为了使均匀设计表中每一列因素的水平有 n 个不重复的数字,定义同余运算规则如下:

xy 的乘积和 z 对 n 同余,记作 $xy \equiv z (mod \quad n)$

$$z = \begin{cases} xy, & xy < n \\ xy - kn, & xy \geqslant n \end{cases} \qquad (16-2)$$

式中:x、y、z、k 均为正整数,使得 $0 < xy - kn \leqslant n$,记 $(x,n)=1$,表示 x 与 n 的最大公约数是 1。因此,为了保证均匀表中任一列是 n 个不同的自然数,对第一行的某一个数要满足条件 $(x,n)=1$,按同余运算规则即可得出该列上 n 个不同的自然数。

(3)均匀表构造规则。依据以上描述,总结出均匀表构成规则。当水平数为奇数时,有

1)U_n 设计表的第一列是 $1,2,3,\cdots,n$,第一行是由一切小于 n 的自然数 x_i 组成的,且满足 $(x_i,n)=1$。

2)U_n 设计表的第 i 列第 j 个元素 U_{ij} 为 $U_{ij} \equiv j \cdot x_i (mod \quad n)$,其中 x_i 为第 i 列的第一个元素,$i=1,2,\cdots,m$,$j=1,2,\cdots,n$,需要注意的是,$m < n$。

当 n 为素数时,则符合 $(x_i,n)=1$ 的不大于 n 的自然数为 $1,2,3,\cdots,n-1$,这表明 n 为素数时,相应的 U_n 设计表有 $n-1$ 列,当 $n=p^k$ 时,则 U_n 设计表的列数为

$$p^k \cdot \left(1 - \frac{1}{p}\right) = n \cdot \left(1 - \frac{1}{p}\right) \qquad (16-3)$$

式中:p 为素数;k 为正整数。

任意正整数均可分解为素因子的连乘积,当 $n = p_1^{k_1} \cdot p_2^{k_2} \cdots p_m^{k_m}$ 时,则相应的 U_n 表有 $n \cdot \left(1 - \dfrac{1}{p_1}\right) \cdot \left(1 - \dfrac{1}{p_2}\right) \cdots \left(1 - \dfrac{1}{p_m}\right)$ 列,$p_1, p_2, \cdots, p_m$ 为不相同的素数。

当 n 为偶数时,如果也采用奇数的方法构造设计表,则得到的列数较少,不能满足试验要求。因此,偶数的均匀表一般要通过将奇数的均匀表划去最后一行来获得。总之,当 n 为素数时,均匀表才有 $n-1$ 列,在其他情况下都小于 $n-1$ 列。

(4)使用表设计。每个均匀设计表都需要一个相应的使用表配合使用,才能完成试验方案设计。均匀设计表不能单独用于试验,它是在具体使用时根据均匀性原则选择试验点设置的基础性工作。如均匀设计表 $U_n(n^m)$,由于均匀表中的各列不等价,若设置 S 个因素 $X_1, X_2, \cdots, X_S (S \leqslant m)$ 的试验,将会涉及选择均匀表中的哪个 S 列是用于试验这一问题,而使用表就是用来确定使用均匀设计表中的哪个 S 列的。特别是当使用回归模型分析试验结果时,均匀设计表中给出的列数实际上不能全部安排试验。因此,在使用均匀表安排不同因素试验时,必须给出具体的使用表。

16.3.4　其他试验设计方法

除了正交试验设计和均匀试验设计之外,在工程上还有拉丁超立方试验设计和序贯试验设计。

1. 拉丁超立方试验设计方法

拉丁方试验设计(Latin Square Design,LSD)也称为正交拉丁方设计,是一种为减少试验顺序对试验的影响而采取的一种平衡试验顺序的技术。最初设计试验方案时,采用了拉丁字母组成的方阵,尽管后来方阵中的元素已经不再采用拉丁字母,而改用阿拉伯数字或英文字母表示,但仍然习惯称这种试验为拉丁方试验。若一个方阵用 r 个字母排成的 r 行 r 列(即 $r \times r$)拉丁方,则按拉丁方的字母及其行和列来安排各个因素的试验设计称为拉丁方设计。当试验过程中只涉及 3 种试验因素时,就可以考虑采用拉丁方设计。拉丁方设计的特点,是在每行、每列中任何一个字母只能出现一次,且必须出现一次。它适用于小样本量的多因素设计,而且试验因素之间没有交互影响。拉丁方设计是一种优良、实用的科学研究方法,它常用于比较两种以上因素的影响程度。其主要优点如下。

(1)拉丁方的行与列皆为配伍组,可以用较少的试验次数获得较多的信息;

(2)双向误差控制使观测单位区组化与均衡化更强,进一步减少了试验误差,比配伍组设计更加优越,且试验灵敏度高、省时省力。

拉丁方设计也存在一定局限性:

(1)要求 3 种因素的水平数相等且无交互作用,虽然当 3 种因素的水平数不等时,可以通过调整次要因素的水平数达到设计要求,但费时费力;由于因素间可能存在交互作用,故使用受到一定的限制。

(2)当因素的水平数较少时,易受偶然因素的影响。

2. 序贯试验设计方法

通常情况下,统计验证试验设计是在试验前确定所需要的样本量,在试验中对选择的样本个体进行全部试验,并获得试验数据进行分析与处理。这种方法的优点是便于试验的计划和组织。但在有些情况下采用这种方法会造成不必要的浪费。

序贯方法的特点是在抽样时不预先指定子样容量,而是要求给出一组停止采样的规则。每新抽一组子样后立即考察一下,按给定的停止规则决定是采样还是停止采样,即样本量是一个随机变量。一般而言,采用序贯方法可以达到以下两个目的:

(1)在相同的鉴定精度要求下,减少试验次数。该方法可以在拒绝区域和接收区域之间划出一个缓冲区域,避免因一次试验的失败而产生截然不同的判决,这就在一定程度上弥补了假设检验的不足。可以设想,用序贯方法进行试验设计,比原来的固定子样(n,c)抽样方案优越,它可以节约抽样的数目,从而节约抽样检验的费用。

(2)可以根据当前的检验效果调整抽样次数,从而可以恰当地选取子样容量,使所得到的估计具有预定的精度,或者在给定的抽样费用前提下使风险最小。

序贯试验设计需要明确两个法则:一是停止法则,即在对总体进行逐次抽样的过程中何时停止下来;二是判决法则,即根据停止时得到的序贯样本对总体作出判断或选择。

16.4　本章小结

在半实物仿真系统构建完成之后,如何科学、合理地设计试验方案和开展试验工作,是试验操作人员面临的一个重要问题。试验方案和因素的选择是否合理,试验样本的抽样和数目是否满足需求,直接影响到仿真试验的成败。在试验方案设计中,应考虑到战术技术指标评价中的风险、精度或置信水平要求,以及试验中的各类因子与因子水平要求,选择和控制影响试验的各种因子及其水平,合理选取试验样本,制定出一个优化可行的半实物试验方案。一个优化的试验方案,既要满足对被试装备战术技术指标评价的要求,还要考虑试验周期、试验设施等条件,以较小的代价获取最大的试验效益。

在本章中:首先,系统地介绍了仿真试验设计的目的、任务、原则和典型步骤;其次,针对典型飞行器仿真试验,介绍了仿真试验的类型规划、参数分析和要素选取方法;最后,介绍了典型的试验设计方法,包括正交试验设计方法、均匀试验设计方法等。

16.5　本章习题

1.简述仿真试验设计的主要目的。

2.简述仿真试验设计的主要任务。

3.简述仿真试验设计的基本原则。

4.说出几种典型的半实物仿真试验类型。

5.简述为什么要开展参数拉偏仿真试验。

6.简述动力系统偏差产生的原因和常用模型形式。

7.简述气动参数偏差产生的原因和主要考虑因素。

8.简述弹体参数的偏差影响分析。

9.简述环境影响类型有哪些。

10.简述常用的试验要素优化方法及其概念。

11.简述正交试验设计的概念及其特点。

12.简述均匀试验设计的概念。

13.简述拉丁超立方试验设计的概念。

14.简述序贯试验设计方法的概念。

第 17 章　仿真试验数据处理分析技术

在各类飞行器仿真试验过程中,通过试验数据记录系统、产品接口系统或遥测记录系统,记录仿真过程中的各项试验数据,如飞行器在飞行过程的各个时间点上的位置、高度、速度、加速度等弹道特征,以及飞控计算机等弹上部件工作状态、遥测信息等诸多产品电气信号。通常情况下,在试验过程中,将相关试验数据存储到文件或数据库中,等仿真试验完成后,通过对仿真试验相关数据开展一系列数据整理、分析对比和统计工作,进而判断飞行器的状态是否正常,相关分系统的设计是否符合目标。

在飞行器半实物仿真试验中,仿真试验数据的分析处理统计工作对于分析试验任务完成情况、评估制导控制系统性能、进行故障定位分析、优化改进制导控制系统等均具有重要意义。

在本章中,首先介绍半实物仿真试验数据分析内容,然后围绕数据处理和统计分析介绍相关概念和常用方法。

17.1　半实物仿真试验数据分析内容

在半实物仿真试验完成后,会产生不同类型和来源的仿真试验数据,为了完成性能分析和结果验证等目标,需要对仿真试验数据进行深入分析,统计相关结果、对比飞行弹道、考核设计目标,从而形成相关试验数据分析报告。在飞行器半实物仿真试验中,主要的试验数据分析内容包括以下方面:

(1)飞行器战技指标统计。在飞行器设计中,通常规定了部分战技指标,需要对大量的试验数据进行统计分析而得到,比较典型的例子就是导弹的脱靶量。导弹的脱靶量是指在靶平面内导弹的实际弹道相对于理论弹道的偏差,即靶平面内的制导误差,其表示导弹命中目标的误差大小,或称作命中精确度。通过对不同拉偏弹道的统计获取脱靶量影响因素。在处理时,可以采用点估计、区间估计等统计分析方法对指标的特征进行估值。

(2)飞行器弹道特征计算。飞行器在进行方案设计时,会根据飞行任务要求,对飞行器弹道特征中某些参数提出要求,规定这些参数在全程飞行过程中或部分飞行阶段的数值范围,例如导弹的速度、位置、姿态角、角速率、气动角和过载等。因此,必须分析不同扰动条件下的试验数据,对各项参数在指定的时间段进行统计分析,判断数据是否超出范围。在处理时,主要通过对各参数的试验数据(如均值、方差、最大值、最小值等)进行统计分析,判断各参数的特征是否满足要求。

（3）飞行器任务时序分析。时序分析是指分析时间序列的发展过程、方向和趋势，检查关键事件的触发顺序和触发时间。例如，在运载火箭飞行过程中，需要经历助推器分离、整流罩抛罩、一二级火箭分离、二级发动机点火、二级发动机关机、二级发动机二次点火等诸多任务时序。每一个事件的时间需要严格按照设定的时刻执行。因此，仿真结束后，通过一系列统计处理获取相应任务时序，并与设定值进行对比，判断控制时序指令是否正常。

（4）飞行器弹道曲线对比。为了验证半实物仿真方法的准确性和有效性，需要进行仿真结果的曲线对比，通过曲线对比了解参数的变化曲线和其特征点，检验飞行器参数是否与设计一致。通过同一试验相关参数的绘图分析，以及不同试验间相同参数绘图分析，判断不同试验条件或不同控制参数对于飞行弹道或系统性能的影响。

从数据分析内容可以看出，为了达到上述目的，需要对试验数据进行大量的数据预处理和统计分析工作，从而得到相关试验结论。下面对数据预处理方法和统计分析方法进行简要的介绍。

需要说明的是，以上只是典型飞行器半实物仿真试验的数据分析内容。由于飞行器多种多样，半实物仿真系统和试验方案也各有不同，因此，在工程实践中，数据分析的具体内容必须根据仿真对象特点和仿真试验内容进行编制。

17.2　仿真试验数据预处理方法

在仿真试验数据中，会产生海量的仿真数据和遥测数据，试验数据的杂乱性、重复性和不完整性，会造成数据分析效率低下，严重时导致分析结果不准确和不可信。因此，在获取试验数据后，为了快速地从试验数据中获得有效的信息、获取试验对象的相关特征、评价仿真试验是否成功等，需要首先根据试验数据特点进行一系列预处理工作，通过一系列数学处理方法填充空缺、消除噪声，并纠正数据中的不一致，从而获得有效的、平滑的、时间统一的、融合后的仿真试验数据，从而便于后续开展相关的数据统计分析。

下面简要介绍预处理的相关概念，包括试验数据的特点和数据预处理内容等，然后对数据滤波、数据空缺补齐、重复检测、单位修正、野点剔除、数据归一等半实物仿真常用的试验数据预处理方法进行介绍。

17.2.1　仿真试验数据预处理相关概念

数据预处理工作，就是通过一系列数学方法补全残缺的数据，纠正错误的数据，去除多余的数据，将所需的数据挑选出来并且进行数据集成，将不适合的数据格式转换为所要求的格式，这样可以消除多余的数据属性，从而实现数据类型相同化、数据格式一致化、数据信息精练化和数据存储集中化。通过对数据预处理，可以降低后续数据分析的时间和成本，提升数据分析的效果和质量。

下面分析试验数据的特点，然后简要介绍常见的数据预处理内容。

1. 仿真试验数据特点分析

在各种仿真试验中，网络通信、系统噪声、数据记录、人为操作等因素可能会导致试验数据存在杂乱、重复、不完整等问题,使后续数据分析出现偏差,严重时会得出错误的结论。在仿真试验中,各种记录存储的试验数据通常具备如下特点:

(1)杂乱性:仿真试验数据是从各个分系统中得到的,记录的数据也来源于多个产品。一般情况下,由于各应用系统的数据缺乏统一标准定义,数据结构存在较大差异,导致数据内涵出现不一致的情况,因此数据往往不能直接拿来使用。在半实物仿真试验中,典型情况是时钟零点不统一、数据单位不统一、存储间隔不统一等。

(2)重复性:重复性是指对于同一个客观事物,在数据库中存在两个或两个以上完全相同的物理描述。在半实物仿真试验中,经常会出现试验数据的重复和信息的冗余现象。

(3)不完整性:它是由系统设计时存在的缺陷以及使用过程中的人为因素造成的,在数据记录中可能会出现有些数据丢失或不确定的情况。在半实物仿真试验中,由于噪声、人为或软件等原因,记录的试验数据会出现异常数据或数据缺失等情况。

因此,为了保证后续试验数据分析结论的正确性,提升数据分析质量,必须对试验数据进行审核、筛选、排序、补齐、转换等必要的预处理。

2.仿真试验数据预处理内容概述

当前,仿真试验数据的预处理内容主要包括数据清理、数据集成、数据变换和数据简化等。

(1)数据清理。数据清理的主要任务是去除试验数据中的噪声数据和无关数据,处理遗漏数据、清洗脏数据,去除空白数据域和知识背景上的白噪声,考虑时间顺序和数据变化等。其主要包括数据野点剔除、数据噪声处理、重复数据清理和缺失值数据补全等内容。

(2)数据集成。数据集成的主要任务是对多文件或多数据库运行环境中的异构数据进行合并处理,解决语义的模糊性。该部分主要涉及数据的选择、数据的冲突、数据的内容冗余以及不一致等问题。数据集成并非是简单的数据合并,而是把数据进行统一化和规范化处理的复杂过程。它需要统一原始数据中的所有矛盾之处,如字段的同名异义、异名同义、单位不统一、字长不一致等,从而把原始数据在最低层次上加以转换、提炼和聚集。

(3)数据变换。数据变换的主要任务是根据数据特点和任务目标,用维变换或转换方法减少有效变量的数目或找到数据的不变式,包括规范化、归约、切换、旋转和投影等操作。其中,规范化指将数据按一系列规范条件进行合并,也就是属性值量纲的归一化处理。规约是指将数据按照语义层次结构合并。

(4)数据简化。数据简化是在对分析任务和数据理解的基础上寻找依赖于分析任务目标的表达数据的有用特征,以缩小数据规模,在尽可能保持数据原貌的前提下最大限度地精简数据量。数据简化主要包括属性选择和数据抽样。

17.2.2　仿真试验数据噪声滤波方法

噪声数据是测量过程中的随机误差或偏差,主要包括错误数据、假数据和异常数据,常用的有处理方法平滑处理、模糊聚类、人工检查和回归分析等。此处主要介绍前两者。

(1)基于平滑处理的噪声滤波方法。平滑处理通过不同的方法对原始数据进行加权求和等操作完成信号数据的滤波和平滑处理,是一种典型的低频增强的域滤波技术。平滑滤波的主要思路就是对被计算点周围的数据进行平均处理,将其作为该计算点的数值。因此,数据周围(即领域)的大小与平滑的效果好坏直接相关,邻域越大平滑的效果越好,但邻域过大,平滑会使边缘信息损失得越多。

(2)基于模糊聚类的噪声滤波方法。模糊聚类的噪声滤波方法,其基本思想就是用相似尺度来衡量事务之间的亲疏程度,并以此来实现分类。模糊聚类分析的实质就是根据研究对象本身的属性来构造模糊矩阵,在此基础上根据一定的隶属来确定分类关系。首先,根据分类对象的不同指标计算分类对象间的相似程度,建立模糊相似关系矩阵,这是衡量数据样本相似程度的一种模糊度。其次,根据工程经验选取较为合适的判据对噪声数据进行处理。

17.2.3 仿真试验数据空缺补齐方法

在仿真试验中,记录设备差错、人为操作失误、数据野点剔除等因素,会造成试验数据丢失或试验数据样本间隔不一致的情况。为了便于后续统计处理,需要对试验的"空缺点"进行补齐。通常情况下,对于连续正常数据中出现的 $1\sim2$ 个点的数据缺失,可以采取线性插值或样条插值等拟合方法填补;对于信息缺失,特征又较为复杂的数据,可以考虑采取决策树技术填补空缺值。

(1)线性插值方法。线性插值法是一阶多项式的插值方式,它的优点是计算简单、使用便捷。通过线性插值,可在误差允许范围内近似代替原函数,或计算数据序列中没有的数值。若在二维平面内有两点 (x_0,y_0)、(x_1,y_1),则可建立一阶线性函数,使得这两点在直线上并通过该直线找到两点间的所有可能数值。该函数的形式为

$$y=f(x)=a_0+a_1x \tag{17-1}$$

将点 $(x_0,y_0)(x_1,y_1)$ 代入式(17-1),计算可得

$$f(x)=\frac{x-x_1}{x_0-x_1}y_0+\frac{x-x_0}{x_1-x_0}y_1 \tag{17-2}$$

通过式(17-1)即可估计两点间的空缺点的坐标。

(2)三次样条插值方法。将试验样本区间分为 n 个区间 $[(x_0,x_1),(x_1,x_2),\cdots,(x_{n-1},x_n)]$,共有 $n+1$ 个点,其中端点值 $x_0=a,x_n=b$。三次样条即每个分段区间的曲线都是一个三次多项式方程,并满足以下条件:①在每个分段区间 $[x_i,x_{i+1}]$ 上,$s(x)=s_i(x)$ 都是一个三次多项式方程;②在所有已知点上满足插值条件;③曲线光滑,即 $s(x)$,$s'(x)$ 平滑连续。可以构造以下三次多项式方程,即

$$y=a_i+b_ix+c_ix^2+d_ix^3 \tag{17-3}$$

称这个方程为三次样条函数,可以采用待定系数法进行求解。

(3)基于决策树的数据补全方法。决策树是在已知各种情况发生概率的基础上,通过构成决策树来求取净现值的期望值大于等于零的概率、评价项目风险、判断其可行性的决策分析方法,是直观运用概率分析的一种图解法。由于这种决策分支画成图形很像一棵树的枝干,故称之为决策树。当基于决策树进行空缺补全时,将数据中其他不存在空缺项的数据生成一个决策树,然后应用此决策树填补空缺的数据项。生成决策树的算法很多,如 ID3、C4.5等,对于诸多算法,将其应用于同一问题,取得的效果各不一样。此处给出 ID3 算法的具体过程:

1)对空缺数据项进行分类,按照分类生成对应的测试属性集合。

2)根据选定的测试属性集合生成当前数据库表,将其置为当前决策树节点。

3)遍历决策树节点,计算测试属性的数据增益,寻找最优解并将其作为空缺数据填补。

17.2.4　仿真试验数据重复检测方法

在仿真试验数据和遥测试验数据的记录过程中,可能存在数据输入错误,格式、拼写有差异等问题,导致不能正确识别出标识同一个实体的多条记录,使得在仿真试验数据中同一数据可能对应于多条记录。重复记录会导致错误的分析结果,因此,在对试验数据进行预处理时,需要对重复记录进行清洗。清洗重复记录的首要问题是判断两条记录是否重复,这就需要比较记录的各对应属性,计算其相似度,再对属性的权重进行加权平均后得到记录的相似度。如果两记录相似度超过了某一阈值,则认为它们是重复记录,否则就认为它们不是重复记录。对相似重复记录进行检测的主要算法有排序-合并方法、基本相邻比较算法、多趟近邻排序算法等。

(1)排序-合并方法。排序-合并方法是检测数据库中完全重复记录的标准方法,其基本思路是将数据集排序后,两两进行比较,检测数据是否完全相同。该方法计算量大,对于一个大小为 N 的样本,需要比较 $[N \times (N-1)]/2$ 次。

(2)基本相邻比较算法。相较于排序-合并方法,基本相邻比较算法的算法复杂度大大降低。算法首先从数据各属性中选出一个关键字,大小为 N 的数据集按照关键字进行排序,再设定大小为 f 的滑动窗口,最后仅比较新进入滑动窗口内的数据与前 $f-1$ 条数据之间的相似程度。该算法只需比较 $N \times f$ 次,算法的有效性取决于关键字的选取和滑动窗口的大小。

(3)多趟近邻排序算法。通过多趟近邻排序算法进行独立的多趟检测,每趟检测选取不同的关键字进行排序,使用较小的滑动窗口检测相似重复记录,基于相似重复记录的传递性将每趟检测出的相似重复记录合并。与基本近邻比较算法相比,多趟近邻排序算法较少受到滑动窗口大小的限制,并且检测范围更全面。

17.2.5　仿真试验数据单位修正方法

在飞行器半实物仿真试验中,试验数据一般由多个仿真设备输出和采集。为了便于进行统计分析和曲线对比,需要对试验数据进行修正。主要修正内容包括时间修正和坐标转换。

(1)试验数据时间修正。在半实物仿真试验中,数据传输延迟和设备时间差异等因素,使得不同来源的试验数据时间零点不一致。为了在同一时间维度下开展对比分析,需要对试验数据进行修正,使得其所有的仿真试验数据零点统一。目前,工程上可以采用三点拉格朗日插值方法进行时间修正,其基本思想是:首先获得系统的延时误差,取定观测时间点 t 和该时间点的观测值,然后取以该时间点为中心的三个时间点和它们对应的观测值,利用拉格朗日插值公式计算出 t 时刻的真实值。

设 t_{n-1}、t_n、t_{n+1} 三个时刻的观测数据为 V'_{n-1}、V'_n、V'_{n+1},其实际对应的目标时刻为 t'_{n-1}、t'_n、t'_{n+1},则由拉格朗日插值公式可得

$$V_n = \frac{(t_n - t'_n)(t_n - t'_{n+1})}{(t'_{n-1} - t'_n)(t'_{n-1} - t'_{n+1})}V'_{n-1} + \frac{(t_n - t'_{n-1})(t_n - t'_{n+1})}{(t'_n - t'_{n-1})(t'_n - t'_{n+1})}V'_n +$$

$$\frac{(t_n - t'_{n-1})(t_n - t'_n)}{(t'_{n+1} - t'_n)(t'_{n+1} - t'_{n-1})}V'_{n+1} \tag{17-4}$$

式中：V_n 为 t'_n 时刻目标的真实观测数据；$t'_n = t_n - \Delta t$，其中 Δt 为总的延时。

（2）试验数据坐标转换。在制导控制半实物仿真试验中，不同设备和弹道器件的坐标系定义可能会存在一定差异，使得不同来源的俯仰角、偏航角的数值出现偏差。因此，在对数据曲线进行对比分析时，需要将不同坐标系下的数据转换为同一坐标系下的数据。例如，遥测数据中的东北天坐标系下的导航姿态角与仿真模型中发射系姿态角，两者并不一样，在分析时，应先进行坐标转换，再进行曲线对比分析。

17.2.6　仿真试验数据野点剔除方法

在飞行器半实物仿真试验中，需要通过遥测接口记录参试产品的相关下传数据。在接收过程中，受到数模转换、电气传输等因素的影响，接收数据会产生异常跳变点；而在接收记录仿真试验数据时，可能由于网络读写冲突等产生数据异常跳变点。在试验数据处理中，把这种偏离正常信号变化规律的数据点称为野值。为了正确处理和分析试验数据，需要对试验数据剔除野点。剔除的主要过程是：首先，按照一定的规则进行野点的判断，在判断出野点后进行剔除；其次，按照一定的方法进行补全操作。因此，野点剔除的重点在于判断野点值，常用的原则包括格拉布斯法、拉伊达法等。

（1）基于格拉布斯（Grubbs）准则的野点剔除方法。格拉布斯准则适用于测量次数较少（$n < 100$）的情况。将多次独立试验得到的数据 x_i 按顺序排列，然后导出 $g = (x_n - \overline{x})/\sigma$ 的概率分布，取显著水平 α，得

$$P\left\{\frac{x_n - \overline{x}}{\sigma} \geqslant g_0(n, \alpha)\right\} = \alpha \tag{17-5}$$

若某个样本数据 $x_b(1 \leqslant b \leqslant n)$ 与样本均值的偏差满足

$$v_b = |x_b - \overline{x}| > g_0 \sigma \tag{17-6}$$

式中：g_0 为格拉布斯临界值表，可以通过查表来得到。则可以认为 x_b 为野点，将其剔除。

（2）基于拉伊达（PauTa）准则的野点剔除方法。拉伊达准则又称为 3σ 准则，是以三倍测量列的标准偏差为极限取舍标准。基于样本数据的描述性处理结果，将超过 3σ 的数据视为野点进而剔除。假设样本数据的个数为 n，若某个样本数据 $x_b(1 \leqslant b \leqslant n)$ 与样本均值的偏差超过 3 倍标准差，则认为该值为野点，满足下式时认为 x_b 为野点，即

$$v_b = |x_b - \overline{x}| > 3\sigma, \quad 1 \leqslant b \leqslant n \tag{17-7}$$

该准则给定的置信概率为 99.73 %，该准则适用于测量次数 $n > 10$ 或预先经大量重复测量已统计出其标准误差 σ 的情况。在进行数据处理时，需要将可疑值舍弃后再重新算出除去这个值的其他测量值的平均值和标准偏差，然后继续使用该依据进行判断。

类似的方法还包括肖维勒准则、狄克逊准则等方法，这几种方法各有优缺点，在使用时应根据具体情况进行分析。另外，用不同的方法检验同一组试验数据，由于检验方法不同，

因此即便在相同的显著性水平上,也可能会出现不同的结论,此时试验人员要对结果进行更加深入的分析。

需要注意的是,半实物仿真的一项重要任务就是暴露产品设计和研制中的异常,因此,在对试验数据分析处理时,对于可疑数据的取舍和处理一定要慎重。在试验进行过程中,若发现异常数据,应立即停止试验,分析原因并及时纠正错误;试验结束后,在对数据进行取舍时,应先找原因,不能任意抛弃和修改。这是因为样本中的异常数据往往是系统的某些异常引起的,而暴露和发现这些异常,正是试验的主要目的之一,也是系统后续改进的重要依据。

17.2.7　仿真试验数据归一标准方法

在对大量的试验数据进行处理分析时,为了消除试验样本数据中量纲影响和变量自身变异和数值的影响,常常需要将试验数据标准化。数据的标准化过程也就是统计数据的指数化过程,主要包括数据同趋化处理和无量纲化处理两个方面。数据同趋化处理主要解决数据不同性质问题,对不同性质指标直接求和不能正确反映不同作用力的综合结果,需先考虑改变逆指标数据性质,使所有指标对测评方案的作用力同趋化,再加总才能得出正确结果。数据无量纲化处理主要解决数据的可比性问题,去除数据的单位限制,将其转化为无量纲的数值,便于不同单位或量级的指标能够进行比较和加权。

(1)最小-最大标准化归一方法。最小-最大标准化归一方法是对原始数据进行线性变换。假设试验样本数据的最大值和最小值分别为 x_{max} 和 x_{min},期望标准化后的数据范围为 $[y_{min}, y_{max}]$,原数据 x_b 的标准化过程为

$$y_b = (y_{max} - y_{min}) \times \frac{x_b - x_{min}}{x_{max} - x_{min}} + y_{min} \tag{17-8}$$

采用最小-最大标准化归一方法对原始数据进行线性变换,保持原始数据值之间的联系。

(2)Z-score 标准化归一方法。该方法基于原始数据的均值和标准差进行数据的标准化。已知整个样本数据的均值为 $\bar{x}$,样本标准差为 σ,则原数据 x_b 的标准化过程为

$$y_b = \frac{x_b - \bar{x}}{\sigma} \tag{17-9}$$

Z-score 标准化归一方法适用于样本数据的最大值和最小值未知的情况,或有超出取值范围的离群数据的情况。

17.3　仿真试验数据统计分析方法

试验数据分析是指采用适当的统计方法对各类试验数据进行详细研究,提取有用信息并形成结论的过程,其目的在于最大化地挖掘试验数据的信息、发挥各项测试仿真试验的作用。在统计学领域,可以将数据分析划分为描述性统计分析、探索性数据分析以及验证性数据分析。其中,探索性数据分析侧重于在数据之中发现新的特点,验证性数据分析则侧重于对已有假设的证实或证伪。

下面首先介绍数据统计分析的相关概念和分析内容,其次,对描述性分析、假设检验分析、相关分析和回归分析等常用的仿真试验数据统计分析方法进行介绍。

17.3.1 仿真试验数据统计分析相关概念

试验数据分析的研究对象是试验数据。假设从被研究事物 X 中得到 n 个测量值,即 $x_1, x_2, \cdots, x_n$。这 n 个值为样本数据,n 为样本容量。数据分析的任务就是对这 n 个样本数据进行分析,提取数据中包含的有用信息,进一步对总体的特性作出推断。

试验数据统计分析的方法有很多种,根据数据分析目的和方法的不同,可以将试验数据的分析处理方法分为统计描述、统计推断、相关分析和回归分析等。表 17-1 归纳了一些统计分析方法。

表 17-1 一些数据统计分析方法

统计描述	连续概率	集中趋势	平均数(二次方、算术、几何、调和、算术-几何、希罗平均数不等式)、中位数、众数
		离散程度	全距、标准差、变异系数、百分位数、四分差、四分位数、方差、标准分数、切比雪夫不等式
		分布形态	偏态、峰态
	离散概率	次数、列联表	
统计推断	统计推断	置信区间、参数估计、假设检验、显著性差异、原假设、对立假设、第Ⅰ类和第Ⅱ类误差、统计检验力	
	实验设计	总体、样本、抽样、重复、阻碍、特敏度、区集	
	样本量	统计功效、效应值、标准误差	
	常规估计	贝叶斯估计算法、区间估计、最大似然估计、最小距离估计、矩量法、最大间距特效检验	
	特效检验	Z 检验、T 检验、F 检验、卡方检验、Wald 检验、曼-惠特尼检验、秩和检验生存分析	
	生存分析	生存函数、乘积极限估计量、对数秩和检定、失效率、危险比例模式	
相关分析和回归分析	相关性	混淆变项、皮尔森积差相关系数、等级相关(史匹曼等级相关系数、肯德等级相关系数)	
	线性回归	线性模式、一般线性模式、广义线性模式、方差分析、协方差分析	
	非线性回归	非参数回归模型、半参数回归模型、Logit 模型	
图形统计	饼图、条形图、双标图、箱形图、管制图、森林图、直方图、QQ 图、趋势图、散布图、茎叶图		

17.3.2 常用的仿真试验数据描述性统计分析方法

描述性统计是指对仿真试验数据用恰当的统计方法进行整理、综合,计算出有代表性的统计量,以描述出事物的性质及相互关系,揭示事物的内部规律。描述数据特征的统计量大致分为两类:一类表示数据的中心趋势,或称集中趋势,如均值、中位数、众数等,用来衡量个体趋向总体中心的程度;另一类表示数据的离散趋势,或称差异程度,如方差、标准差、极差等,用来衡量个体偏离总体中心的程度。两类指标相互补充,共同反映数据的特征。

1. 常用的中心趋势描述

中心趋势描述的是数据中某变量观测值的"中心位置"或者数据分布的中心,这种与"位置"有关的统计量又称为位置统计量。描述中心趋势的统计量有均值、中位数、众数等。

(1)均值:描述数据样本集中位置或平均水平的指标称为平均数。根据均值计算方式,平均数又分为算术平均数、几何平均数、调和平均数等。其中:算术平均数是最常用的位置统计量,又称为样本均值;几何平均数包括简单几何平均数和加权几何平均数,多用于计算平均比率。

(2)中位数:中位数也称为次序统计量,是将数据按从小到大的次序排列后,位于中间的那个数。中位数用于描述偏态分布数据的集中位置,它不受极端值的影响。

(3)众数:在一组数值中出现次数最多的那个数就是众数,通常众数只用来对一组数据的分布情况进行粗略的了解。在用频数分布表示测定值时,频数最多的值即为众数。

2. 常用的离散趋势描述

离散趋势指标是用来度量、描述数据分布差异情况或离散程度的统计量。数据差异量越大,表示数据分布的范围越广、越分散,中心趋势指标的代表性越小;差异量越小,表示数据分布得越集中,变动范围越小,中心趋势指标的代表性越大。最常用的离散趋势指标是极差、分位数、方差、标准差、变异系数等。

(1)极差和分位数:极差是指样本最大值与最小值之间的间距。分位数又称百分位数,是一种位置指标。首先将数据按照从小到大的次序排列,第 k 个百分位数是指至少有 $k\%$ 的数据小于或者等于这个值。常用的分位数包括中位数和四分位数。

(2)方差和标准差:方差是描述数据取值分散性的一种度量统计量,它能够刻画出数据在散布范围内的集中或离散程度。方差是数据相对于均值的偏差二次方的平均值,其算术平方根被称为标准差。需要注意的是,方差的量纲与数据的量纲不一致,方差的量纲是数据的量纲的二次方;而标准差的量纲与数据的量纲一致。

(3)变异系数:在比较两组数据的离散程度时,如果数据的测量尺度相差较大,或者数据量纲存在不同,直接采用标准差来进行比较是不科学的,必须消除测量尺度和量纲的影响。变异系数是用来消除上述影响的一个重要指标,是一个描述数据相对分散性的统计量,大小为标准差 s 除以样本均值 $\bar{x}$。

3. 常用的分布形状描述

要全面了解数据概要的特点,还要掌握数据的分布图形是否对称、偏斜程度以及扁平程度等分布特征。这些分布特征影响着其他的数据统计指标,例如当数据倾斜程度高时,算术平均值无法准确表达数据集中趋势,许多依赖数据正态分布的统计检验手段也会失效等。在工程实践中反映这些分布特征的常用统计指标就是偏度和峰度。

(1)偏度。偏度是用于衡量分布的不对称程度或偏斜程度的指标。样本数据偏度的计算公式有两种,即

$$p_d = \frac{n^2 u_3}{(n-1)(n-2)s^3} \tag{17-10}$$

$$p_d = \frac{1}{nS_0^3} \sum_{i=1}^{n} (x_i - \bar{x})^3 \tag{17-11}$$

式(17-10)和式(17-11)中: u_3 和 s 分别表示样本数据的 3 阶中心矩与标准差; S_0 是未修正的标准差。

当 $p_d > 0$ 时,数据的分布是右偏的,表明均值右边的数据比均值左边的数据分布得更分散;当 $p_d < 0$ 时,数据的分布是左偏的,表明均值左边的数据比均值右边的数据分布得更分散;当 p_d 接近于 0 时,数据的分布无偏倚,即分布是对称的。

(2)峰度。峰度是用来衡量数据尾部分散性的指标。样本数据的峰度计算公式同样有两种,即

$$f_d = \frac{n^2 u_4}{(n-1)(n-2)s^4} - \frac{3(n-1)^2}{(n-2)(n-3)} \tag{17-12}$$

$$f_d = \frac{1}{nS_0^4} \sum_{i=1}^{n} (x_i - \bar{x})^4 \tag{17-13}$$

式(17-12)和式(17-13)中: u_4 和 s 分别表示数据的 4 阶中心矩和标准差; S_0 是未修正的标准差。

当数据的总体分布是正态分布时,峰度近似为 0;与正态分布相比较,当峰度大于 0 时,数据中含有较多远离均值的极端数值,称数据分布具有平峰厚尾性;当峰度小于 0 时,表示均值两侧的极端数值较小,称数据分布具有尖峰细尾性。

17.3.3 常用的仿真试验数据假设分析方法

假设检验是数理统计学中根据一定假设条件由样本推断总体的一种方法,也被称为显著性分析,是用来判断样本与样本、样本与总体的差异是由采样误差引起的还是本质差别造成的统计推断方法。在对仿真试验数据进行假设检验时,首先对总体的某个位置参数或总体的分布形式作某种假设,然后由抽取的样本所提供的信息构造合适的统计量,对所提出的假设进行检验,以作出统计判断。假设检验是统计判断中的一个重要内容,在统计学的理论和实际应用中占据重要位置。

在假设检验中,常把一个被检验的假设称为原假设,用 H_0 表示,通常将不应轻易加以否定的假设作为原假设。将当 H_0 被拒绝时而接收的假设称为备择假设,用 H_1 表示, H_0 与 H_1 通常成对出现。将使原假设被拒绝的样本观测值所在区域称为拒绝域 W。在进行假设检验时,可能犯以下两类错误:第一类是 H_0 为真但观测值落在拒绝域中,从而拒绝原假设 H_0,这种错误称为第一类错误,其发生的概率称为犯第一类错误的概率,或称拒真概率,通常记为 α。第二类是 H_0 不真(即 H_1 为真)但样本观测值落在接受域中,从而接受原假设 H_0,这种错误称为第二类错误,其发生的概率称为犯第二类错误的概率,或称受伪概率,通常记为 β。这就是假设检验中经常会提到的两类错误。试验人员为了评判假设检验的结果,定义了显著性水平的概念,用来确定否定或接受无效假设的概率。当显著性水平取 0.05 时,表明作出接受原假设的决定的正确的可能性(概率)为 95%。

　　根据总体分布函数是否一致,可以将其分为参数假设检验和非参数假设检验两种。

　　1.常用的参数假设检验方法

　　在对样本数据进行假设检验时,若样本总体的分布函数类型已知,则需要对总体的未知参数进行假设检验,称其为参数假设检验。参数检验的目的在于对总体的参数及其有关性质作出明确的判断。在仿真试验数据的统计分析中,常用的假设检验方法包括 μ 检验、t 检验、χ^2 检验。

　　(1)总体标准差已知的单样本均值的 μ 检验。已知一组样本数据 X,假设其服从正态分布 $N(\mu, \sigma^2)$,当已知总体标准差 σ 时,选取检测统计量 μ 为

$$\mu = \frac{\bar{x} - \mu_0}{\sigma/\sqrt{n}} \tag{17-14}$$

判断该样本的均值是否符合假设。该检验利用 μ 检验统计量,故称为 μ 检验。

　　(2)总体标准差未知的单样本均值的 t 检验。已知一组样本数据 X,假设其服从正态分布 $N(\mu, \sigma^2)$,当其总体标准差 σ 未知时,可以选用样本标准差 s 代替 σ 进行判断,选取检验统计量 t 为

$$t = \frac{\bar{x} - \mu_0}{s/\sqrt{n}} \tag{17-15}$$

判断该样本的均值是否符合假设。该检验用 t 检验统计量,故称为 t 检验。

　　(3)总体均值未知的单样本正态方差的 χ^2 检验。已知一组样本数据 X,假设其服从正态分布 $N(\mu, \sigma^2)$,当其总体均值 μ 未知时,选取统计检测量为

$$\chi^2 = \frac{(n-1)s^2}{\sigma_0^2} \tag{17-16}$$

来判断该样本的正态总体方差是否符合假设,该方法称为 χ^2 检验。

　　2.常用的非参数假设检验方法

　　在工程实践中,有时会遇到对于试验数据的总体分布形式所知甚少的情况,此时就需要对未知分布函数的形式及其他特征进行假设检验,这种假设检验称为非参数假设检验。

　　(1)单样本正态分布 Jarque-Bera 检验。Jarque-Bera 检验是对样本数据是否具有符合正态分布的偏度和峰度拟合优度的检验。该检验以 Carlos Jarque 和 Anil K. Bera 命名,简称 JB 检验。该方法利用正态分布的偏度 g_1 和峰度 g_2,构造一个包含 g_1、g_2 且自由度为 2 的卡方分布统计量 JB,即

$$\text{JB} = n\left(\frac{1}{6}J^2 + \frac{1}{24}B^2\right) \sim \chi^2(2) \tag{17-17}$$

式中:$J = \dfrac{1}{n}\sum\limits_{i=1}^{n}\left(\dfrac{x_i - \bar{x}}{s}\right)^3$,$B = \dfrac{1}{n}\sum\limits_{i=1}^{n}\left(\dfrac{x_i - \bar{x}}{s}\right)^4 - 3$。

　　对于显著性水平 α,当 JB 统计量小于 χ^2 分布的 $1-\alpha$ 分位数 $\chi^2_{1-\alpha}(2)$ 时,接受 H_0,即认为总体服从正态分布;否则拒绝 H_0,即认为总体不服从正态分布。该检验方法适用于大样本。

　　(2)样本任意分布(Kolmogorov-Smirnov)检验。Kolmogorov-Smirnov 检验简称 KS 检

验,它是通过将样本的经验分布函数与给定分布函数进行比较,推断该样本是否来自给定分布函数的总体。假设给定分布函数为 $G(x)$,构造统计量,则有

$$D_n = \max_n [|F_n(x) - G(x)|] \tag{17-18}$$

即两个分布函数之差的最大值,对于假设 H_0,总体服从给定的分布 $G(x)$ 和 α,根据 D_n 的极限分布确定是否接受 H_0 的统计量的临界值。因为该检验方法需要给定 $G(x)$,所以当用于正态性检验时,只能做标准正态检验,即 H_0 总体服从标准正态分布 $N(0,1)$。

17.3.4　常用的仿真试验数据相关分析和回归分析方法

在飞行器各项设计中,飞行器的各项性能指标与设计输入之间存在密切联系。例如飞行器的飞行距离与发动机性能和气动外形密切相关。此时,各变量之间既存在着密切的关系,但又不能由一个简单的数学公式精确地求出另一个变量的值,这类变量间的关系都是相关关系或回归关系。在仿真试验数据分析中,分析、揭示诸多性能指标与设计参数之间的关系,对优化方案、提升性能具有重要的意义。所谓相关分析,就是用一个指标来表明现象间相互依存关系的密切程度;所谓回归分析,就是根据相关关系的具体形态,选择一个合适的数学模型,来近似地推导出变量间的基本变化关系。两者相辅相成,相关关系只确定变量间的关系,即以某一指标描述自变量与因变量之间关系密切的程度;回归分析则是在相关分析基础上建立一种数学模型,可根据自变量的数值准确地推算因变量。

1.常用的相关分析方法

相关分析的方法主要包括可视化法、相关系数和等级相关系数计算、偏相关分析等。可视化法通过绘制相关性散点图找出变量之间相关关系模式,是一种探索性分析方法,需要和相关系数等结合来进行分析和判断。偏相关分析也称净相关分析,主要是在控制其他变量的线性影响的条件下分析两变量间的线性相关性。在工程上,常用的是相关系数和等级相关系数计算方法。

假设两个变量 X 和 Y,通常使用协方差和线性相关系数度量这两个变量之间的线性相关关系。协方差的定义为

$$\text{Cov}(X,Y) = \sum_{i=1}^{n}(x_i - \bar{x})(y_i - \bar{y})/(n-1) \tag{17-19}$$

协方差为 0 时,表明两个变量之间没有线性关系,大于 0 时表明正相关,小于 0 表明负相关,但是协方差的大小不能表明变量之间关系的强弱。两个变量之间的总体相关系数通常用 ρXY 来表示,由于 ρXY 通常是未知的,因而使用样本相关系数 r 来代替 ρXY。依据问题中的变量类型和变量值分布等特点,相关系数通常包括积差相关系数和等级相关系数。

(1)积差相关系数。积差相关系数用来度量两个变量之间相关强度和方向的统计量,计算公式为

$$r = \frac{\sum_{i=1}^{n}(x_i - \bar{x})(y_i - \bar{y})}{\sqrt{\sum_{i=1}^{n}(x_i - \bar{x})^2}\sqrt{\sum_{i=1}^{n}(y_i - \bar{y})^2}} \tag{17-20}$$

式中:n 为数据总数;x 为自变量;y 为因变量;r 为相关系数。由式(17-20)可知,r 是协方

差与两个随机变量的标准差乘积的比率。积差相关系数适用于两个变量都服从正态分布，或两个变量服从的分布接近于正态分布的对称单峰分布的情形。但当研究的变量不是等距或等比数据，或者变量所服从的分布不是正态分布时，若要考察它们的相关程度就不能使用积差相关系数，而必须采用等级相关系数。

（2）等级相关系数。英国心理学家斯皮尔曼（Spearman）根据积差相关的概念推导出了样本的等级相关系数，其简化后的计算公式为

$$r_s = 1 - \frac{6\sum_{i=1}^{n}(R_{x_i} - R_{y_i})^2}{n(n^2-1)} \tag{17-21}$$

式中：R_{x_i}、R_{y_i} 分别为 x_i 与 y_i 的秩，秩是指 X 变量值经排序后 x_i 在序列中的位置数；n 为对偶数据的个数。研究表明，在正态分布假定下，等级相关系数和积差相关系数在效率上是等价的。对于分布不明的数据，用等级相关系数更合适。实际问题中，两变量之间的关系往往还受其他因素的影响，这些因素有时候会导致相关分析的结果变得不可靠。

2. 常用的回归分析方法

回归分析是对具有相关关系的变量之间数量变化的一般关系进行测定，确定一个相关的数学表达式，以便于进行估计或预测的统计方法。设有两个变量 x 和 y，前者为自变量，后者为因变量，并均为随机变量。当自变量 x 变化时，会产生相应的变化，如果具有大量或较多的统计数据 (x_i, y_i)，则可以用数学方法找出两者之间的统计关系 $y = f(x)$，这种数学方法称为回归分析。回归分析按照经验公式的函数类型可以分为线性回归和非线性回归；按照自变量的个数可以分为一元回归和多元回归；按照自变量和因变量的类型可以分为一般的回归分析、含哑变元的回归分析和 Logistic 回归分析等。

在此，仅对一元线性回归分析进行简要分析。

设 Y 是一个可观测的随机变量，它受到一个非随机变量因素 x 和随机误差 ε 的影响。若 Y 与 x 有以下线性关系，即

$$Y = \beta_0 + \beta_1 x + \varepsilon \tag{17-22}$$

且 ε 的均值 $E(\varepsilon) = 0$，方差 $\text{var}(\varepsilon) = \sigma^2(\sigma > 0)$，其中 β_0 与 β_1 是固定的未知参数，称为回归系数，Y 称为因变量，x 称为自变量，则称式（17-22）为一元线性回归模型。

对于实际问题，若要建立回归方程，首先要确定能否建立线性回归模型，其次要确定如何对模型中未知参数 β_0 与 β_1 进行估计。

首先，对总体 (x, Y) 进行 n 次独立观测，获得 n 组数据（称为样本观测值）(x_1, y_1)，(x_2, y_2)，$\cdots$，(x_n, y_n)；其次，在直角坐标系 Oxy 中画出数据点 (x_i, y_i)，其中，$i = 1, 2, \cdots, n$，该图形称为数据的散点图。若这些数据点大致位于同一条直线的附近，则认为 Y 与 x 之间的关系符合式（9-28）。此时，利用最小二乘法可以得到回归模型参数 β_0 的 β_1 的最小二乘估计 $\hat{\beta}_0$、$\hat{\beta}_1$，估计公式为

$$\left.\begin{array}{l} \hat{\beta}_0 = \bar{y} - \bar{x}\hat{\beta}_1 \\ \hat{\beta}_1 = \dfrac{L_{xy}}{L_{xx}} \end{array}\right\} \tag{17-23}$$

式中：$\bar{x} = \dfrac{1}{n}\sum_{i=1}^{n}x_i$；$\bar{y} = \sum_{i=1}^{n}y_i$；$L_{xx} = \sum_{i=1}^{n}(x_i - \bar{x})^2$；$L_{xy} = \sum_{i=1}^{n}(x_i - \bar{x})(y_i - \bar{y})$。

故建立经验公式模型：

$$\hat{y} = \hat{\beta}_0 + \hat{\beta}_1 x \tag{17-24}$$

一元线性回归分析的主要任务：一是利用样本观测值对回归系数 β_0、β_1 和 σ 进行点估计；二是对方程的线性关系（即 β_1）进行显著性检验；三是在 $x = x_0$ 处对 Y 进行预测；等等。

在一元回归模型中，若变量 y 与 x 的关系是 n 次多项式，即

$$y = a_n x^n + a_{n-1}x^{n-1} + \cdots a_1 x + a_0 + \varepsilon \tag{17-25}$$

式中：ε 是随机误差，服从正态分布 $N(0, \sigma^2)$，$a_0, a_1, \cdots, a_n$ 为回归系数，则称式（17-25）为一元多项式回归模型。

17.4 仿真试验数据统计分析绘图常用软件

在仿真试验统计分析中，不仅需要完成大量的统计计算分析，还需要进行大量的绘图分析对比工作。如何科学高效地完成数据处理，如何便捷美观地绘制对比曲线，都是试验人员面临的重要问题。目前，试验人员主要借助统计分析软件完成试验数据的计算和绘图分析工作，常用的分析计算和曲线绘图软件包括 MATLAB、Excel、SPSS、SAS、R 语言、Origin 等。

（1）MATLAB 统计分析模块。MATLAB 作为当前国际控制界最流行的面向工程与科学计算的高级语言，在飞行器分析、仿真和设计方面有非常广泛的应用，在方案论证、系统设计、仿真验证等不同的研制阶段都发挥了重要的作用。在试验数据统计分析方面，MATLAB 包含统计、优化、曲线拟合、信号处理等多个专业工具箱，提供了一系列函数，能够方便、快捷地完成数据统计、参数估计、方差分析、回归分析等任务，使得制导控制系统设计人员能够从浩瀚的试验数据中快速、有效地获得所需的分析结果。MATLAB 提供了丰富的数据可视化函数。通过一系列直观、简单的二维图形和三维图形绘制命令与函数，可以将实验结果与仿真结果用可视的形式显示出来；同时，其还提供了一系列函数，用于绘制条形图、直方图、盒图、阶梯图和火柴棒图、QQ 图等特殊图形，便于试验人员借助几何图形来了解数据的特征与分布情况。

（2）Excel 统计分析功能。Excel 作为 Office 办公套装软件的一个重要组成部分，可以进行各种数据的处理、统计分析和辅助决策操作，广泛应用于管理、统计财经、金融、数据分析等领域。Excel 虽然不是专业的统计软件，但它具有比较强的数据库编辑和统计分析能力，能够满足一般的统计数据处理与分析的要求。Excel 具有数据编辑、绘图分析、统计处理功能，为用户提供了许多方便、实用的分析工具库，包含数据库、统计、信息、逻辑、工程、财务等功能丰富的函数，还提供了便捷的绘图功能。

Excel 界面友好，简单易学，多数操作无需编程，通过"菜单""按钮""对话框"等操作就能完成，无需花时间记忆大量的命令。Excel 还具备一定的可扩展性，通过在 VBA 下编写宏程序可以使重复的任务自动化，通过自定义 Excel 工具栏、菜单和界面能大大简化模板使用。

（3）SPSS 统计分析软件。SPSS 是 IBM 公司推出的一系列用于统计学分析运算、数据挖掘、预测分析和决策支持任务的软件产品及相关服务的总称，具有操作简单、功能强大、编程方便、接口丰富等特点。SPSS 包含四大模块，主要用于数据处理、描述性分析、推断性分析和探索性分析。SPSS 具有完整的数据输入、编辑、统计分析、报表、图形制作等功能，提供了从简单的统计描述到复杂的多因素统计分析方法。

（4）SAS 统计分析软件。SAS 是美国 SAS 软件研究所研制的一套大型集成应用软件系统，具有比较完备的数据存取、数据管理、数据分析和数据展现功能。SAS 系统中提供的主要分析功能包括统计分析、经济计量分析、时间序列分析、决策分析、财务分析和全面质量管理工具等。SAS 系统是一个模块组合式结构的软件系统，共有三十多个功能模块。SAS 是用汇编语言编写而成的，比较适合统计专业人员使用。

（5）R 语言统计分析软件。R 语言是一套由数据操作、计算和图形展示功能整合而成的软件，可以运行于 UNIX、Windows 和 Macintosh 的操作系统上。其包括数据存储和处理系统、数组运算工具（其向量、矩阵运算方面功能尤其强大）、完整连贯的统计分析工具、优秀的统计制图功能、简便而强大的编程语言，可操纵数据的输入和输出，可实现分支、循环，用户可自定义功能。

（6）Origin 统计分析软件。Origin 是 OriginLab 公司开发的用于科学绘图和数据分析的软件，Origin 支持多种样式的 2D/3D 图形，支持包括 Excel、ASCII、NetCDF、SPC 等多种格式的数据导入，可以输出 EPS、JPEG、TIFF、GIF 等格式的图形。Origin 提供了强大的数据分析功能，包括统计、信号处理、曲线拟合以及峰值分析等。

17.5　本 章 小 结

飞行器半实物仿真试验完成后，会形成大量的仿真试验数据，准确高效地完成数据统计分析，得到全面、准确的仿真试验结论，是试验人员的重要工作内容。

在本章中：首先，系统分析了典型飞行器半实物仿真试验数据统计分析的主要内容，具体包括战技指标统计、弹道特征计算、任务时序分析、弹道曲线对比等；其次，从数据预处理和统计分析方法两个方面详细展开了试验数据的统计工作，介绍了噪声滤波、空缺补齐、重复检测、单位修正、野点剔除、归一标准等常用的数据预处理方法，并在数据描述性统计分析、数据假设分析、相关分析和回归分析等方面介绍了常用的统计分析方法；最后，简要介绍了几种常用的统计分析软件。

17.6　本 章 习 题

1. 简述飞行器仿真试验数据的主要分析内容。
2. 简述数据预处理的概念。
3. 仿真试验数据的特点有哪些？
4. 试验数据预处理的内容主要包括哪些类型？每种类型的主要任务是什么？
5. 简述基于平滑处理的噪声滤波方法的基本思想。

6.简述基于模糊聚类的噪声滤波方法的基本思想。

7.简述对于不同的空缺数字,该如何选择空缺补齐方法。

8.简述 ID3 决策树方法的主要步骤。

9.重复数据检测方法有哪些?

10.简述常用的野点判断的处理方法。

11.简述试验数据描述性统计的工作内容及典型分类。

12.简述中心趋势描述统计的概念及常用的统计量。

13.简述离散趋势描述统计的概念及常用的统计量。

14.简述假设检验中两类错误的含义。

15.简述两种常用的参数假设检验方法。

16.简述相关分析与回归分析的概念及两者的关系。

17.简述常用的相关分析方法。

18.简述回归分析的分类。

19.请介绍几种常用的统计分析绘图软件。

第18章 仿真系统 VV&A 与可信度评估技术

半实物仿真广泛应用于飞行器的方案设计、系统研制、集成测试、运行维护、训练管理等不同阶段,通过飞行器仿真技术,可以有效减少系统的研制费用、缩短研制周期,从而节省人力、物力和财力,具有显著的经济效益和社会效益。随着建模与仿真(Modeling and Simulation,M&S)复杂程度的不断增加,仿真系统设计人员和使用人员始终面临三个问题:仿真模型是否正确描述了研究对象的外部表征和内在特性?仿真试验是否有效反映了仿真模型的数据、性状和行为?仿真结果是否满足设计目标和用户的需求?这三个问题,实际上就是仿真系统的正确性和可信度问题,即仿真系统的最终结果是否可信,其仿真结论对于预期应用来说是否可用,它们将直接影响基于仿真结果所进行的以后一系列应用决策过程。一个不正确的仿真结论可能导致重大的决策失误。王子才院士曾指出:"仿真可信度能否达到要求,直接影响仿真系统应用的成败。"因此,只有保证了 M&S 的正确性和可信性,最终得到的仿真结果才有实际应用的价值和意义,仿真系统才真正具有生命力。因此,对如何保证M&S 工作的正确性和可行性的研究,引起了国内外仿真界的高度重视。在这种背景下,校核、验证与确认(Verification Validation and Accreditation,VV&A)应运而生。VV&A 技术能够提高和保证建模仿真的可信度,降低由于仿真系统在实际应用中的仿真结果不准确而引起的风险。

在本章中:首先,简要介绍 VV&A 和可信度评估的相关概念;其次,给出 VV&A 和可信度评估的基本原则,梳理其工作在飞行器仿真中的应用过程;最后,给出 VV&A 和可信度评估的典型方法。

18.1 仿真系统 VV&A 和可信度评估的相关概念

仿真模型的正确性和建模精度直接决定了仿真结果与真实系统性能的一致程度,也就决定了仿真结果是否可信,仿真结论是否可用。本节对 VV&A 和可信度评估相关概念、两者关系及其发展历程进行介绍。

18.1.1 校核验证与确认的基本概念

仿真系统的校核、验证与确认工作,是伴随仿真系统开发的全过程而逐步进行的,能够引领、指导、强制约束、仿真系统的设计与开发,并对其进行持续、全面的质量管理,其主要工作就是完成 M&S 过程校核、仿真结果验证及由权威部门对模型与仿真系统的确认。下面给出校核、验证与确认的概念及其相互关系。

1. 校核验证与确认的概念

(1)校核(Verification)：确定仿真系统准确地代表了开发者的概念描述和设计的过程，保证模型从一种形式高精度地转换为另一种形式。从概念模型到仿真模型的转化精度指标和从模型框图到可执行计算机程序的转换精度的评估都是在模型校核过程中完成的，即检查仿真程序有无错误，确定解算方法的精度。

(2)验证(Validation)：从仿真模型应用目的出发，确定模型在它的适用范围内以足够的精度同建模和仿真对象保持一致。模型验证保证了模型的正确性。

(3)确认(Accreditation)：正式地接受仿真系统为专门的应用目的服务的过程，即官方认可模型，可以用于某些特定应用。

2. 校核验证与确认的关系

VV&A 的概念可以从三个方面进行理解和概括：首先，VV&A 是一门技术方法，即一套贯穿于仿真系统开发全过程的控制技术，确保能够尽早发现仿真系统中的错误和缺陷，保证设计和开发过程始终朝着满足需求的方向前进；其次，VV&A 是一个过程管理，在仿真系统的设计和开发全过程中协调用户、设计与开发人员，以及 VV&A 人员，明确不同角色的 VV&A 任务和责任，基于仿真系统的应用目的，对其适用性和局限性提出明确建议；最后，VV&A 是一个道德规范，要求参与仿真系统建设的所有人员具有责任心，不但对系统当前的应用负责，也要对将来可能的应用负责，为仿真系统的共享和可重用而努力。

VV&A 各个部分是相辅相成的。校核是前提和基础，侧重于对建模与仿真过程的检验，主要从逻辑上强调所建模型应符合开发者的意愿，保证仿真的每一步都有逻辑的完整性和正确性，为后续验证工作提供范围和依据，从而回答"是否正确地去建模与仿真？"的问题；验证侧重于对仿真结果的检验，是校核工作的深入，主要检验所建模型与真实系统的相容性程度，一般是在初始参数及输入相同的前提下，比较仿真输出与实际输出的差异，回答"是否建立了正确的模型或仿真系统？"的问题；确认则是在校核与验证基础上，由权威机构来最终确定建模和仿真对于某一特定应用是否可以接受，回答"模型或仿真系统是否可用和可信？"的问题。

18.1.2　仿真可信度评估的基本概念

在仿真系统的建设过程中，需要根据仿真目的分析评价 M&S 的过程、现象和结果，判断是否能够正确反映真实研究对象，这项工作就是仿真可信度评估。下面对其相关概念和基本原则进行简要介绍。

1. 仿真可信度评估的基本概念

目前，仿真界关于仿真可信度尚未给出统一明确的定义，不同学者从不同的角度对仿真可信度进行了不同的定义。根据研究角度的不同，仿真可信度定义大致可分为两类：一类着重强调仿真可信度的主观性，认为仿真可信度本质上是仿真系统使用者的信心程度，其中最具有代表性的定义为"仿真系统的可信度是仿真系统的使用者对应用仿真系统在一定环境、一定条件下仿真试验的结果,解决所定义问题正确性的信心程度";另一类则认为仿真可信度是纯客观的,反映的是在特定仿真目的和意义下仿真系统与原型系统之间的相似程度,不以仿真系统使用者的喜恶而改变,其中最具有代表性的定义为"仿真可信就是由仿真系统与原型系统之间的相似性决定的仿真系统与仿真目的相适应的程度"。两类定义各有特点,反映了不同评价人员的出发角度和侧重因素。

2. 可信度与逼真度的差异

通过前面关于可信度的定义可知,仿真可信度与仿真逼真度之间有很大的相似性,下面就简要分析两者的差异。

可信度就是由仿真系统与原型系统之间相似性决定的仿真系统与仿真目的相适应的程度。而逼真度是指仿真对仿真对象某个侧面或整体的外部状态和行为的复现程度。对于可信度和逼真度这两个概念,两者存在一定的相同点,两者的研究对象都是实际系统和仿真系统,并且通常一个仿真系统具有较高逼真度,其可信度也相对较高。在另一方面,逼真度考察的是仿真与仿真对象的差别本身,而可信度考察的是这种差别对仿真可用性的影响程度;逼真度适用于规模较小,复杂程度低的系统,可信度则比较适用于仿真规模较大、复杂程度较高的系统;逼真度主要研究仿真系统的外部特征,可信度研究的不只是外部特征,还包括仿真系统的实现方式等;逼真度的研究主要凭借人类的感觉器官进行分析,可信度的研究则是通过主观、客观等多种方法相结合进行判断分析。

3. 仿真可信度评估的基本性质

(1)目的相关性。目的相关性是仿真用户对所开发的仿真系统进行可信度研究时的根本属性。如果不同仿真用户对同一系统进行仿真研究时的用意各不相同,那么最终系统所反映出来的仿真可信度也不尽相同。可信度研究的是仿真系统与实际系统之间的差别给仿真系统的应用造成的影响,如果抛开仿真目的来谈可信度,没有任何实际意义。

(2)主观性。由侧重主观性的可信度评估定义可知:可信度评估需要使用者参与,选择不同的评估方法、指标、参数都会影响系统的评估结果,反映出不同的可信度,进而影响人们的心理变化。

(3)客观性。由侧重客观性的可信度评估定义可知:基于某一明确仿真用意所建立的仿真系统,其可信度应具有确定性和无偏见性,不会随着可信度研究者的评价意见和评估过程中所使用的评价方法等主观因素转移,是保持固定不变的。如果对于同一个研究系统,不同评估方法和评估人员给出的可信度有所差异,那么造成这种差异的原因在于系统的仿真可信度分析过程,而与所研究系统的仿真可信度本身没有关系。

(4)综合性。仿真可信度是仿真系统中多种因素的综合反映,硬件性能、输入数据、仿真模型、解算算法等诸多因素影响着整个系统的仿真可信度。在进行可信度评估时,某项指标可能受多种因素影响,某一种因素也可能影响可信度的多项指标。因此,可信度评估综合性的性质,对于飞行器半实物仿真这种大规模集成系统的仿真可信度研究来说,造成了诸多困难,在评估过程中需要加以重视。

(5)层次性。通常,仿真用户依据实际系统所开发的仿真系统是由多个子系统组合而成的,各子系统与整个系统的仿真可信度之间具有一定的联系。因此,在研究整个系统的仿真可信度时,也应该对各子系统进行相关的可信度研究。需要注意的是,整个系统仿真可信度高的,其各子系统的可信度也较高,但各子系统可信度高的,其整个系统的仿真可信度未必高。

(6)条件性。仿真系统的运行环境可分为内部环境和外部环境两部分,其中内部环境主要是指仿真系统的物理载体(计算机、互联网络、物理效应模拟设备等),外部环境主要是指仿真系统的相关人员(操作人员、维护人员等)。开展仿真可信度评估工作的前提条件是保证仿真系统处于所需的运行环境之中,即各种载体保持正常的工作状态、相关人员执行正常的操作流程。仿真系统运行环境的意外改变对仿真效果所造成的影响,并不应该纳入仿真可信度的考察范畴,否则将会导致仿真系统的可信性、可靠性、可用性、可维护性等被混为一谈,从而丢失了仿真可信度评估工作的核心价值。

18.1.3　VV&A 与可信度评估的相互关系

VV&A 是贯穿 M&S 全生命周期的质量控制技术,是一个过程管理、道德规范和政策要求,是仿真模型可信度的一个完整保证体系。对仿真系统各模块采用不同种类、形式各异的 VV&A 工作,都是可信度评估不可分割的一部分。在仿真系统开发过程中,良好的 VV&A 工作是在系统开发过程中最大限度地减少可能导致可信度降低的因素,VV&A 通过对仿真系统各阶段工作及其成果的正确性和有效性进行全面的评估,从而保证仿真系统达到足够高的可信度水平以满足应用目标的需要。从某种意义上来讲,VV&A 工作是可信度评估的基础,可信度评估是 VV&A 的重要目标。可信度评估与 VV&A 之间既有联系又有区别,主要表现为以下几个方面:

(1)可信度评估与 VV&A 活动的主体不一样。可信度评估活动的主体主要是专门的评估人员及用户;而 VV&A 活动的主体比较广泛,包含仿真模型开发与使用的所有人员。

(2)VV&A 为可信度评估提供文档、数据、方法和工具的支持,因而可信度评估要充分利用 VV&A 的成果,而可信度评估的结果也可以为 VV&A 的确认工作提供重要的参考。

(3)VV&A 是贯穿 M&S 整个生命周期的一项重要活动,以一定规范来约束系统的开发,利用校核与验证(Verification and Validation,V&V)技术与方法来确保仿真模型的可信度;若可信度达不到要求,可以督促开发人员进行修改,再次进行可信度评估。因此,VV&A 是一个反复迭代的过程;可信度评估是对 M&S 各个阶段的产品进行可信度度量的活动,这个过程要比 VV&A 过程短。

(4)VV&A 中的确认结论是在系统的可信度满足要求的情况下由确认代理给出的,其中可信度评估的结果是确认的一个重要条件;而可信度评估是对仿真模型进行客观评价,可不对评估结果作出是否可以接受的判断。

18.1.4　VV&A 与可信度评估的发展历程

VV&A 是针对仿真系统可信度评估而实施的一项活动,贯穿于仿真系统建设的全生命周期中。经过近 60 年的发展,VV&A 技术已成为 M&S 技术中的一个重要部分,受到各个部门(特别是国防部门)的高度重视,正从局部的、分散的研究向实用化、自动化、规范化与集成化的方向发展。

1. 国外 VV&A 与可信度评估的发展历程

以美国为代表的欧美军事强国,较早地开展了仿真可信度的研究,其发展是一个从简单到复杂,从片面到全面,从部分到整体,且内容不断充实和完善的过程。

(1)VV&A 与可信度评估的理论方法研究。国外对 VV&A 研究最早开始于对仿真模型的校核与验证(V&V),20 世纪 60 年代仿真应用初期,为了消除人们对利用模型代替实际系统进行仿真实验的可信度的怀疑,Biggs 和 Cawthore 等就对"警犬"导弹仿真进行了全面评估。兰德公司的 Fishman 和 Kiviat 明确指出仿真模型有效性研究可划分为模型校核和模型验证两部分,这一观点被国际仿真界普遍采纳。从此 VV&A 研究的概念和内容逐渐变得清晰起来。20 世纪 70 年代末开始,夏季计算机仿真会议(Summer Computer Simulation Conference,SCSC)开始将模型 VV&A 列为一项专门议题。此后,各类仿真会议,如美国春季仿真会议、冬季仿真会议(Winter Simulation Conference,WSC)、欧洲仿真会议、亚洲仿真会议、国际自动控制联合会(International Federation of Automatic Control ,IFAC)世界大会、高性能计算机会议、美国军事运筹学会议(Military Operation Reserch Symposium,MORS)等都安排了仿真 VV&A 的专题讨论,来自工程界相当数量的技术报告也纷纷涉及 VV&A 问题。20 世纪 80 年代以后,随着大型复杂仿真系统的开发与应用,仿真 VV&A 的难度在不断增加,这就迫切要求建立全面、科学和有效的 VV&A 过程与机制。因此,VV&A 过程的研究便引起了高度重视。美国国防部 DoD 的 *Verification Validation and Accreditation Recommended Practice Guides* (VV&A RPG)提出了基本原则用以指导 VV&A 过程。一大批学者也对 VV&A 的概念定义、相关模型、实施过程进行了深入研究,众多学者提出了多种方法对仿真结果进行了分析和验证。

(2)VV&A 与可信度评估的标准规范研究。20 世纪 70 年代中期,美国计算机仿真学会(Society for Computer Simulation, SCS)成立了模型可信性技术委员会(Technical Committee on Model Credibility,TCMC),其核心任务就是建立与仿真 VV&A 模型可信度相关的概念、术语和规范。这是 VV&A 研究的一个重要里程碑,表明该领域的研究已经进入了规范化和组织化阶段。美国国防部于 1991 年设立了国防建模与仿真办公室(Defense Modeling and Simulation Office,DMSO),并指定其负责 M&S 的正确性与仿真结果的可信性工作。美国国防部 5000 系列指令(DoD Directive)提出了关于国防部武器装备采购的新规范和要求,要求国防部所属的各军兵种制定相应的 VV&A 规范,以提高 M&S 的可信性水平。1996 年,DMSO 成立了一个军用仿真 VV&A 工作技术支持小组,负责起草国防部 *VV&A Recommended Practice Guide*(VV&A RPG),并发布了多个版本。1997 年电气与电子工程师协会(Institute of Electrical and Electronics Engneers,IEEE)通过了关于分布交互仿真 VV&A 的建议标准 IEEE 1278.4,这是关于大型复杂仿真系统 VV&A 的一个较为全面的指导。

英、法等国家的 VV&A 标准化研究也紧随其后。2001 年,英、法国防研究组织(Anglo - French Defense Research Group,AFDRG)资助了一项 VV&A 框架研究项目,对两国间相关领域所遵循的 VV&A 共性问题进行研究。加拿大国防部合成环境协调办公室于 2003 年 5 月制定并发布了 *M&S VV&A Guidebook*(建模与仿真 VV&A 指南),该指南成为加拿大防御体系的 M&S 发展和应用中普遍使用的 VV&A 指导手册。与此同时,北约和仿真互操作性标准化组织(the Simulation Interoperability Standardization Organization, SISO)也开始了 HLA 联邦的 VV&A 规程的研究和制定工作。总体来说, VV&A 的标准化工作极大地促进了 VV&A 技术在各领域仿真系统可信度评估工作中的应用。

2.国内 VV&A 与可信度评估的发展历程

国内在 VV&A 及可信度评估研究方面起步较晚。20 世纪 80 年代以后,仿真工作者对 VV&A 及可信度评估研究也日益重视起来,开展了许多有益的工作。相关学科和科研院所,对 VV&A 和可信度评估的相关概念、理论方法、技术途径等内容进行了深入的探索和研究,取得了一系列研究成果,并成功在相关型号研制和仿真系统建设中进行了应用。但总体来说,国内的 VV&A 研究仍处于发展阶段,与国际先进水平相比,还有一定的差距:没有成立一个权威的 VV&A 部门和机构;VV&A 术语使用不统一,没有形成一套权威的 VV&A 标准与规范;对复杂大系统仿真的 VV&A 技术与方法研究不足;对仿真系统的 VV&A 研究主要集中在结果验证方面。

18.2 仿真系统 VV&A 和可信度评估的基本原则

通过前面的介绍可知,仿真系统的 VV&A 以及可信度评估,都是极具挑战性的复杂工作,相关工作需要在一定原则的指导下进行。不同的科研人员和相关机构制定了一系列基本原则。下面就给出仿真系统 VV&A 与可信度评估的基本原则,两者既有一定的相似性,也有一定的区别。

18.2.1 校核验证与确认的基本原则

为了更好地保证 VV&A 的质量,在开展 VV&A 工作时,应遵循如下原则:

(1)VV&A 必须贯穿于仿真的全生命周期。VV&A 不是仿真生命周期中的某一个阶段或步骤,而是贯穿于整个生命周期的一项连续活动。生命周期本质上是一个迭代过程且是可逆的。通过 VV&A 发现的缺陷,有必要返回到早期的过程并重新开始。

(2)VV&A 结果不应被看作是一个非对即错的二值变量。因为模型是对系统的一种抽象,所以完美的模型描述是不可能得到的。模型 VV&A 的结果应被看作是可信度为 0~100 之间的数值,其中 0 表示绝对错误,100 表示绝对正确。

(3)仿真模型的可信度应由相应的 M&S 对象来评判。仿真的目的在问题形成阶段被确定下来,并在生命周期中的系统与对象定义阶段被进一步具体化。研究对象技术指标的准确描述对仿真的成功是非常关键的。不同研究对象对模型的描述精度的需求是不同的,这要视决策在多大程度上依赖于仿真结果。所以,仿真可信度需由研究对象来评判。

(4)V&V 需由 M&S 开发人员以外的机构或人员独立完成,以避免偏见。模型测试应由无偏见的人员来完成。由模型开发人员进行的测试不具有独立性,因为他们担心否定性的测试结果可能会不利于对他们成绩的评价。同样,承担仿真合同的机构也常常存有偏见,因为否定性的测试结果可能会损害该机构的信誉,由此可能要承担失去未来合同的风险。

(5)要重视仿真模型 VV&A 的困难程度。为了有效地设计和完成测试,并确定合适的测试案例,必须对整个仿真模型有一个全面的了解。但是,人们不可能完全理解复杂模型的各个方面。所以说,完成一个复杂仿真模型的测试是一项难度非常大的任务,它要求 VV&A 人员具有创造性和敏锐的洞察力,要正视模型 VV&A 的困难程度。

(6)仿真模型的可信度仅仅是针对模型测试下的特定条件而言的。仿真模型的输入-输出转换精度受输入条件的影响。在一组输入条件下正常的转换,可能会在另一组输入条件下得出错误的输出结果。在特定条件下建立的模型具有充分的可信度,并不一定适于其他输入条件。已建立的模型可信度描述条件称为试验仿真模型的应用域。模型的可信度是仅针对模型的应用域而言的。

(7)完全的仿真模型测试是不可能的。完全测试要求对模型在所有可能的输入条件下进行测试。模型输入变量各种可能取值的组合可能会产生巨大的模型运行次数。受时间和经费的限制,不可能进行所有条件下的测试工作,测试数目取决于期望要获得的试验模型的应用域。用测试数据进行模型测试时,问题不在于使用了多少个测试值,而在于测试数据涵盖了多大百分比的有效输入域。涵盖得越多,模型的可信性就越高。

(8)必须制订仿真模型的 VV&A 计划并进行相应的文档记录。测试不是模型开发生命周期中的一个阶段或步骤,而是贯穿于全生命周期的一项连续活动。开展测试时,应准备好测试数据或条件,制订好测试计划,并对整个测试过程进行记录。特殊或随意性的测试并不能提供合理的模型精度测量,甚至会引导人们得出错误的模型可信度评估结果。成功的测试工作需要制订详细的测试计划。

(9)应防止第 Ⅰ、Ⅱ、Ⅲ 类错误的发生。在仿真研究中,容易出现三种类型的错误。第 Ⅰ 类错误指的是实际上充分可信的仿真结果却被否定了。第 Ⅱ 类错误指的是无效的仿真结果却被当作有效的而得以接受。第 Ⅲ 类错误指的是求解了错误的问题,而提出的问题并没有完全包含在实际求解的问题中。在开展 VV&A 时,应避免第 Ⅰ、Ⅱ、Ⅲ 类错误的发生,特别是第 Ⅱ、Ⅲ 类错误,其带来的后果可能是灾难性的。

(10)应尽可能早地发现仿真生命周期中存在的错误。在仿真模型或仿真系统搭建完成之后,再开展诊断和纠正建模错误是一件非常耗时、复杂且代价高的工作,而有些至关重要的错误在后期阶段是不可能发现的,这将会导致第 Ⅱ 或第 Ⅲ 类错误的发生。因此,应尽可能早地在仿真研究生命周期中发现和纠正系统中存在的错误。

(11)必须认识到多响应问题并恰当解决。对多响应问题,即带两个或多个输出变量的验证不可能通过一次比较一个相应模型和系统输出变量的单变量统计过程来完成测试。在比较中必须采用多变量统计方法把各输出变量之间的相关性包含在内。

(12)每一个子模型的成功测试并不意味着整个模型是可信的。由于模型通常包含多个子模型,在系统组件过程中,子模型的容许误差会出现积累或放大,可能会出现每个子模型是充分可信但整个模型不是充分可信的的情况。因此,即使每个子模型经测试是充分可信的,集成后的整个模型仍然需要进行测试。

(13)必须认识到双验证问题的存在并恰当解决。如果可以收集到系统的输入输出数据,那么可以通过比较模型和系统输出来进行模型验证。系统和模型输入的同一性判定是模型验证中的另一个问题,称之为双验证问题。这是一个常受到忽视的重要问题,可能会大大影响模型验证的精度。

(14)仿真模型的验证并不能保证仿真结果的可信度。对仿真结果的可信度和可接受性来说,模型验证是一个必要但不充分条件。根据仿真研究的目的,通过比较仿真模型与所定义系统进行模型验证。如果对仿真研究目的的确认不正确,或者对系统的定义不恰当,仿真结果都将是无效的。模型可信度和仿真结果可信度之间存在明显的不同。模型可信度由系统定义和仿真研究目的来评判,而仿真结果的可信度则由实际问题的定义来评判,其中包括对系统定义的评估和对研究目的的确认。所以模型可信度评估是仿真结果可信度评估中的一个子集。

(15)问题形成的准确性会大大影响仿真结果的可信度。仿真的最终目的不应只是得到问题的解,而是要提供一个充分可信和可接受的解(其能被决策人员所用)。因此,问题形成的准确度,将会大大影响仿真结果的可信度和可接受性。如果针对的是错误的问题,那么不论对问题求解得多好,其仿真结果都将与实际问题无关。

18.2.2 仿真可信度评估的基本原则

通过讨论仿真系统可信度评估原则,可以深化对仿真可信度等有关概念的理解,对仿真系统的可信度评估理论研究和实践都有重要的指导作用。可信度评估原则主要有以下内容:

(1)相对正确原则。考虑到实际系统的复杂性,不存在一个完全有效的仿真系统,即没有任何一个仿真系统有完全的代表性和正确性。"完全"由仿真的问题决定,"有效"只是对于确定的应用范围来讲的。

(2)全生命周期原则。仿真可信度评估是贯穿整个仿真系统全生命周期的一项活动,而不只是其中的一个过程。全生命周期本质上是一个迭代过程且是可逆的。通过可信度评估发现的缺陷,有必要返回到早期的过程并重新开始。

(3)确定范围原则。确定仿真系统所研究问题的范围,对仿真系统应用结果的可信性评估和验收都是至关重要的。

(4)有限目标原则。仿真系统的可信度评估目标,应紧紧围绕仿真系统的应用目标和功能需求,对与应用目标无关的项目,可以不进行考虑,以便减少评估的开支。

(5)必要不充分原则。仿真可信度评估不能保证仿真系统应用结果的正确性和可接受性。因为仿真系统的可信度评估过程只是仿真系统有效的必要条件,如果仿真系统的目的和要求本身就不正确,那么分析结果也不正确。

(6)全系统性原则。对仿真系统的部分系统的可信度评估不能保证整个仿真系统的可信性,反之亦然。因此,整个仿真系统的可信性必须从系统整体出发进行评估。

(7)量化性原则。对仿真系统的可信度评估不仅仅是一个接受或拒绝的二值选择问题。可信度评估不是得到完全正确或完全不正确的结果,而是得到一种表达正确程度或不正确程度的结果,常用比例系数来表示。

(8)创造性原则。仿真可信性评估既是一门艺术又是一门科学,需要足够的创造性和洞察力。仿真系统的可信性评估是一门科学,并不是简单直接的过程,而是一种要求有创造力和理解力的过程。

(9)分析性原则。仿真可信度评估不仅要利用系统测试所获得的数据,更重要的是要充分利用系统分析人员的知识和经验,对有关问题尤其是无法通过测试来检验的问题进行深入的分析。

(10)良好计划和记录原则。仿真可信度评估需有要良好的计划和记录。作为一项连续的工作,应准备验证数据,制定计划,做好时间安排。

(11)相对独立性原则。仿真可信度评估要保证一定独立性以减少开发者的影响。但是,可信度评估人员要与开发人员相互配合,从而加深对系统的理解,以减少人、财、物资源的浪费。因此,仿真系统的可信度评估的目的是追求成本、可靠性水平及开发人员可靠性三者之间的平衡。

(12)数据正确性原则。仿真可信度评估所需要的数据必须是经过校核、验证与确认的。这是因为,数据作为仿真系统的输入或仿真系统的结果,应该被检查是否一致、有效。

18.3 仿真系统 VV&A 和可信度评估的基本流程

VV&A 运用于仿真系统开发的全生命周期过程中,以保证仿真系统的可信度。系统开发的每个阶段都与多个 VV&A 活动相对应。下面给出 VV&A 相关工作在系统全生命周期工作中的应用和工作流程。

18.3.1 VV&A 在飞行器半实物仿真中不同阶段的应用

VV&A 评估过程贯穿仿真开发的全生命周期,伴随并影响仿真开发进程。VV&A 过程依附于仿真系统开发过程,两者之间有着非常紧密的耦合关系。VV&A 过程包含了为数众多的校核、验证与确认活动,这些活动都以仿真开发的阶段性成果为评估对象,而 VV&A 评估的结果又会对仿真系统开发产生必要的影响。下面给出飞行器半实物仿真系统中 VV&A 的工作内容。

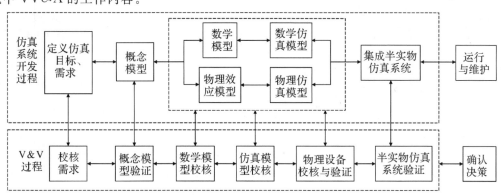

图 18-1 飞行器半实物仿真系统中 VV&A 的工作内容

18.3.2 VV&A 的典型工作流程

VV&A 活动是一个连续复杂的评估过程,而并非单一任务。下面对其典型工作流程进行介绍。

1. 4 种规范中规定的 VV&A 工作流程

目前,多种 VV&A 规范对其工作流程进行了设定,大致将其分为三个阶段——VV&A

需求和 VV&A 规划、V&V 阶段以及确认阶段。下面给出比较有代表性的四种规范中的 VV&A 工作流程,如图 18-2 所示。

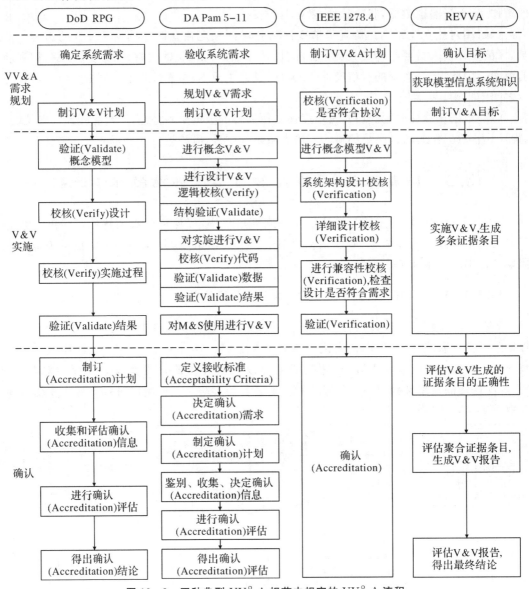

图 18-2　四种典型 VV&A 规范中规定的 VV&A 流程

(1)DoD RPG 是美国国防部的国防建模与仿真办公室根据《国防部建模与仿真 VV&A》(DoDI 5000.61)对下属的陆军、海军、空军和导弹防御局等起整体指导作用而发布的相关规范。

(2)IEEE 1278.4 是由 IEEE 分布式交互仿真(Distributed Interactive Simulation,DIS)委员会发起的,并于 1997 年完成,是 DIS VV&A 的指导章程。

(3)DA Pam5-11 为美国陆军仿真建模 VV&A 章程,于 1997 年制定,用于指导陆军开发、执行和归档等 VV&A 行为的实施。

(4)REVVA 是(Wertern European Union,WEU)和(Western European Armaments Group,WEAG)项目,由法国、丹麦、意大利、荷兰和瑞典共同承担。该项目的目的是为数据、模型和仿真开发一个通用 VV&A 的方法框架。

由图 18-2 可以看出,V&V 阶段大都包括对概念模型、设计、实施和结果进行 V&V,而确认阶段一般先进行计划和标准的制定,然后确认并得出结论。在定义 VV&A 过程时,DA Pam5-11 最详细,IEEE 1278.4 次之,而 REVVA 最粗略;定义确认过程时,IEEE 1278.4 最粗略,REVVA 次之。

2. 典型 VV&A 工作流程

在此,结合相关规范协议,给出典型 VV&A 的工作流程。将其分为八个阶段。

(1)确定 VV&A 需求。VV&A 工作是从确定 VV&A 需求开始的,包括 VV&A 工作的程度和范围、各阶段所要选用的 VV&A 技术、确定 VV&A 代理、准备 VV&A 工作所需的硬件和软件、确定所需的期限和费用等。

(2)制订 VV&A 计划。根据 M&S 的预期应用和 M&S 开发者确定的开发方案制订计划,包括 M&S 总体情况、系统开发的基本方案、确认代理、主要模型及其关键数据、M&S 需求及可接受性判据等。随后制订 V&V 计划,内容包括 V&V 工作步骤及时间安排、主要的 V&V 对象以及所使用的技术方法、V&V 代理的具体分工、数据 VV&C 计划等。

(3)概念模型 V&V。概念模型校核侧重于考查概念模型是否符合 M&S 的功能需求,而概念模型验证侧重于考查概念模型是否符合 M&S 的逼真度需求。对概念模型的 V&V 都应当进行记录。概念模型 V&V 应当在 M&S 的进一步开发之前进行,这样可以尽早发现概念模型中可能存在的错误。

(4)设计 V&V。对设计进行 V&V 的目的是确保 M&S 设计与概念模型相一致,能够满足设计要求。

(5)实施 V&V。设计以软、硬件方式实施后要实施 V&V,其核心内容是,在同等输入条件下,比较 M&S 响应与原型系统的响应之间有何差异,分析这种差异对预期应用需求的影响有多大。

(6)应用 V&V。在 M&S 准备运作前,还需要对应用的相关环节进行 V&V。这包括一些辅助性工作,如检查使用的软硬件平台是否合适等。对于人在回路仿真系统来说,还要检查操作员是否经过了必要的训练。

(7)可信度评估。在进行 V&V 工作的每一阶段,都有一个阶段性的 V&V 报告。在进行可信度评估之前,应将这些阶段性报告汇总成一个综合性的 V&V 报告。另外,还要收集其他一些信息,如 M&S 的配置管理状况、文档状况、使用的 M&S 开发标准,以及原有类似系统的使用情况等。这些信息和 V&V 报告都将在可信度评估中作为重要依据。根据可信度指标判据,评估 M&S 的性能和局限对于预期应用是否可接受,应提交可信度评估报告,对评估情况进行总结,并对 M&S 是否进行确认提出建议。

(8)确认。在可信度评估结束后,由确认代理和 M&S 用户对所提交的可信度评估报告进行复审,并综合考虑 V&V 结果、M&S 的开发和使用记录、M&S 运行环境要求、配置管理和文档情况以及 M&S 中已知存在的局限和不足之处,最终作出 M&S 是否可用的结论,向用户提交确认报告。

18.4　飞行器仿真 VV&A 的典型方法

目前,VV&A 经过多年的发展,已经形成了诸多方法和技术,美国国防部总结了目前常用的校核验证与确认的方法,并公布在相关建议规范中。根据理论性和难度的不同,将其分为非正规方法、静态方法、动态方法和正规方法等 4 类,见表 18-1。

表 18-1　美国国防部归纳的 VV&A 方法

非正规方法	静态方法	动态方法			正规方法
过程审核	因果关系图	接收测试	场地测试	预测性测试	归纳法
桌面检查	控制分析:	α 测试	功能(黑盒)测试	产品测试	推导法
检查法	调用结构分析	断言检测	图形比较	回归测试	逻辑推论
表面验证	并行过程分析	β 测试	接口/界面测试:	灵敏性测试	归纳断言
图灵测试	控制流分析	自底向上测试	数据接口测试	缺陷/错误插入测试	Lambda 微积分
	状态转移分析	自顶向下测试	模型接口测试 用户接口测试	统计技术	谓词微积分
	数据分析: 数据依赖分析 数据流分析	比较测试	对象流测试	结构(白盒)测试:	谓词变换
		兼容性测试: 接收测试	分支测试	分支测试	正确性证明
	界面分析: 模型界面分析 用户界面测试	性能测试 安全性测试 区间测试 标准测试	特殊输入测试 边界值输入测试 等效区间测试 极值输入测试	条件测试 数据流测试 循环测试 路径测试 声明测试	
	语义分析				
	结构分析	调试	无效输入测试 实时输入测试 自驱动输入测试 强度测试 路径驱动输入	子模型/模块测试	
	符号评估	运行测试: 运行监视测试 运行剖面测试 运行跟踪测试		符号调试	
	语法分析			可视化动画	
	追溯性评价				

18.4.1　非正规方法

非正规方法是在 VV&A 工作过程中经常使用的方法。称它们"非规范"是因为这些技术依赖人工推理和主观判断,没有严格的数学描述和分析推理,但并不是说它们使用效果差。相反,如果应用得当,将会取得很好的效果。常用的非正规方法有:

(1)审核(Audit):评估 M&S 符合现有的计划、规程和标准的程度。审核一般通过会议、审查和检查的形式进行。审核可确保 M&S 开发过程的可追溯性,便于当 M&S 出现错误时查找错误根源。

(2)桌面检查(Desk Checking):对 M&S 工作产品或者文档的正确性、完整性、一致性和清晰性所做的详细检查。

（3）表面验证（Face Validation）：表面验证是一种在 M&S 开发初期阶段进行验证时经常会用到的技术，即 M&S 开发团队、用户和领域专家根据自己的主观估计和直觉来判定 M&S 输出是否合理。

（4）检查（Inspections）：检查小组对 M&S 开发阶段中的各产品特别是 M&S 需求定义、概念模型设计、M&S 详细设计等进行检查。检查过程通常包括概览、准备、检查、修改和跟踪五个阶段。

（5）图灵测试（Turing Test）：专家对来自 M&S 输出和来自在同样输入条件下原型系统输出的这两组数据进行确认，说明这两组数据之间的差别。如果专家的反馈意见表明不能区分这两组数据，就说明 M&S 的可信度很高。

18.4.2　静态方法

静态 V&V 方法用于评价静态模型设计和程序的正确性。使用静态方法可以揭示有关模型结构、建模技术应用、模型中的数据流和控制流以及语法等多方面信息。常用的静态方法有：

（1）因果关系图（Cause-Effect Graphing）：因果关系图考查模型中的因果关系是否正确，它首先根据模型设计说明确定模型中的因果关系，并用因果关系图表示出来，在图中注明导致这些因果关系的条件。根据因果关系图，可以确定导致每一个结果的原因，由此可以创建一个决策表，并将其转化为测试用例（Test Cases）对模型进行测试。

（2）控制分析（Control Analysis）：包括调用结构分析、并发过程分析、控制流分析和状态变化分析。所谓调用结构分析，就是通过检查模型中的过程、函数、方法或子模型之间的调用关系，来评价模型的正确性。并发过程分析技术在并行和分布式仿真中特别有用，通过分析并行和分布式仿真中的并发操作，可以发现同步和时间管理等方面存在的问题。控制流分析是指通过检查每个模型内部的控制流传输顺序，即控制逻辑，来检查模型描述是否正确。状态变化分析就是检查模型运行时所经历的各种状态，以及模型是如何从一个状态变换到另一个状态的，通过分析触发状态变化的条件来衡量模型的正确性。

（3）数据分析（Data Analysis）：包括数据相关性分析和数据流分析，用于保证数据对象如数据结构的恰当使用和正确定义。数据相关性分析技术用于确定变量和其他变量之间的依赖关系。数据流分析技术则是从模型变量的使用角度评价模型正确性的，可用于检测未定义和定义后未使用的变量，追踪变量值的最大、最小值以及数据的转换，同时也可用于检测数据结构声明的不一致性。

（4）错误/失效分析（Fault/Failure Analysis）：这里所说的错误是指不正确的模型组成部分，失效则是指模型组成部分的不正确响应。错误失效分析是指检查模型输入、输出之间的转换关系，以判断模型是否会出现逻辑错误。同时检查模型设计规范，确定在什么环境和条件下可能会发生逻辑错误。

（5）接口分析（Interface Analysis）：模型接口分析和用户接口分析。模型接口分析是指检查模型中各子模型之间的接口或者联邦中联邦成员之间的接口，来确定接口结构和行为是否正确。用户接口分析则是指检查用户和模型之间的接口来确定人与仿真系统进行交互时是否可能发生错误。

(6)可追溯性评估(Traceablility Assessment):用于检查各要素从一种形态转换到另一种形态,是否还保持着一一对应的匹配关系。没有匹配的要素可能意味着存在未实现的需求,或者是未列入需求的多余的功能设计。

18.4.3　动态方法

动态方法需要运行 M&S,根据运行的表现来评定 M&S。动态方法在使用时一般先在可执行模块中加入作为检测工具的测试程序,然后运行可执行模块,对仿真输出进行分析并作出评价。常用的动态方法有:

(1)可接受性测试(Acceptance Testing):将原型系统的输入数据作为仿真系统的输入并运行仿真,根据输出结果确定 M&S 开发合同中所列的所有需求是不是得到了满足。

(2)α 测试(Alpha Testing):由 M&S 开发者在 M&S 最初版本完成之后对 M&S 进行的测试。

(3)β 测试(Beta Testing):由 M&S 开发者在真实的用户使用环境中对 M&S 进行的测试。

(4)断言检查(Assertion Checking):断言是在仿真运行时应当有效的程序语句。断言检查是一种校核技术,用于检测仿真运行过程中可能会出现的错误。

(5)自下而上测试(Bottom-Up Testing):用于测试自下而上开发的模型。自下而上测试从最底层模型开始,在同一层次的模型测试完毕后,再将它们集成在一起进行测试。

(6)自上而下测试(Top-Down Testing):用于测试自上而下开发的模型,它从最顶层的整体模型开始测试,逐层往下一直到最底层。

(7)兼容性测试(Compliance Testing):将仿真与有关的安全和性能标准进行比较,包括权限测试、性能测试、安全测试和标准测试等,常用于测试分布交互仿真中的联邦成员。

(8)功能测试(Functional Testing):又称为黑箱测试(Black-Box Testing),它不考虑模型的内部逻辑结构,目的在于测试模型在某种输入条件下,能否产生期望的功能输出。

(9)图形化比较(Graphical Comparison):通过将 M&S 输出变量值的时间历程曲线与真实系统的输出变量时间历程曲线进行比较,来检查曲线之间在变化周期、曲率、曲线转折点、数值、趋势走向等方面的相似程度,对 M&S 进行定性分析。

(10)接口测试(Interface Testing):测试数据接口、模型接口和用户接口。与接口分析技术相比,接口测试技术运用起来要更严格。

(11)产品测试(Product Testing):产品测试是由 M&S 开发者在所有的子模型或联邦成员成功集成并通过接口测试后对整个 M&S 系统进行的测试,它是可接受性测试的前期准备。

(12)灵敏度分析(Sensitivity Analysis):在一定范围内改变模型输入值和参数,观察模型输出的变化情况。如果出现意外的结果,说明模型中可能存在错误。通过敏感性分析可以确定模型输出对哪些输入值和参数敏感。

(13)特殊输入测试(Special Input Testing):对模型施加特殊输入而评估模型精确性的测试方法,包括边界值测试、等效区间测试、极值输入测试、无效输入测试、实时输入测试和随机输入测试等。

(14)统计技术(Statistical Techniques)：采用统计技术比较在相同输入条件下模型输出数据与原型系统输出数据之间是否具有相似的统计特性,包括方差分析,置信区间、因子分析,谱分析等。

(15)结构测试(Structural Testing)：对模型内部逻辑结构进行分析,又称白箱测试(White - Box Testing)。它借助数据流图和控制流图,对组成模型的要素(如声明、分支、条件、循环、内部逻辑、内部数据表示、子模型接口以及模型执行路径等)进行测试。

(16)可视化和动画(Visualization/Animation)技术：可视化和动画技术能对模型的校核与验证提供很大的帮助,它以图形方式显示模型在运行过程中的内部和外部动态行为,有助于发现错误。

18.4.4　规范 V&V 方法

规范 V&V 方法是指用正规的数学证据来证实 M&S 正确性的方法,它是最有效的 V&V 方法。然而还没有一种真正的规范 V&V 方法可直接用于 M&S,只能作为非规范 V&V 方法的基础和补充。规范 V&V 方法包括归纳、推理、逻辑演绎、谓词运算、谓词变换和正确性证明,还有待于进一步研究和发展。

18.5　飞行器仿真可信度评估的典型方法

在飞行器仿真系统可信性评估工作中,评估方法直接影响评估结果的准确性、客观性与可信性。合适的可信性评估方法将会使飞行器仿真系统的可信性评估工作非常有效：一方面可以确保评估结果真实、可信,评估结论能够支持仿真系统的确认;另一方面可以降低可信性评估人员的工作强度,提高评估效率。

目前,可信性评估的方法有很多,通过分析比较,可以将其分为两大类：一类为定量方法,如相似度评判法、基于置信度评估法和人工神经网络方法;另一类为定性与定量相结合方法,如层次分析法、模糊综合评判法、模糊层次分析法、灰色综合评估法和基于逼真度评估法等。

下面对这两类方法分别进行介绍,并加以分析与比较。

18.5.1　仿真可信度评估的定量方法

在作战仿真系统可信性评估中,定量方法主要用于数学模型和软件模型的可信性评估,它的特点是这些模型都有确定的输出结果,而且有参考数据可以用来比较。定量方法主要适用于模型的可信性评估,但对于系统的评估,还需要另外进行处理。

(1)相似度评判法。相似度评估法是可信性评估的一个最基本方法。这种方法应用相似理论,考察在相同的输入条件下模型的输出与理论设计值(理论输出)是否一致及一致的程度。相似度评估法的核心思想是通过构造系统或者某一部件的与实际系统的相似元,比较相似元素的相似程度。这种方法简单、实用,便于计算机实现,而且在仿真的同时就可以得到模型的可信度。

基于相似度评估法的可信性评估的步骤如下：

选取实际系统的 n 个模型指标参数 $\theta_R(\theta_1,\theta_2,\cdots,\theta_n)$，以及对应仿真系统的 n 个模型指标参数 $\theta_s(\theta_1',\theta_2',\cdots,\theta_n')$。

选择构造相似元组 $\mu_i(\theta_i,\theta_i'),i=1,2,\cdots,n$。

(1)计算这些元组的相似性，计算公式如下：

$$q(\mu_i)=\frac{\min\{|\theta_i|,|\theta_i'|\}}{\max\{|\theta_i|,|\theta_i'|\}}, \quad i=1,2,\cdots,n \tag{18-1}$$

(2)计算模型的相似性，计算公式如下：

$$C_j=\sum_{i=1}^{n}r_iq(\mu_i), \quad \sum_{i=1}^{n}r_i=1, \quad i=1,2,\cdots,n \tag{18-2}$$

式中：r_i 为权重大小，可以由先验知识或专家系统评判给出。

(3)最后，计算仿真系统的相似性，计算公式如下：

$$C_{\sum}=\sum_{j=1}^{l}\omega_jC_j, \quad \sum_{j=1}^{l}\omega_j=1, \quad j=1,2,\cdots,l \tag{18-3}$$

式中：l 为仿真系统中涉及的模型个数，ω_j 为权重。

(2)基于置信度评估法。置信度是从概率的角度定义模型或仿真系统的可信度的。先给出待评估的模型或仿真系统的可信区间(通常由主题专家给出)，用实际模型或系统的输出结果与相同条件下仿真输出结果之间的差值落在该可信区间的概率来定义模型或仿真系统的可信度。

基于置信度评估法的原理为：设某仿真系统的输出特征量有 m 个，其特征向量为 $\boldsymbol{X}=(X_1,X_2,\cdots,X_m)$。其中 X 为随机型试验数据，其分布函数记为 $\boldsymbol{X}\sim F(x_1,x_2,\cdots,x_m)$。在相同的输入条件下，该系统的仿真模型的输出特征向量为 $\boldsymbol{Y}=(Y_1,Y_2,\cdots,Y_m)$。其中 $\boldsymbol{Y}$ 为随机型试验数据，其分布函数记为 $\boldsymbol{Y}\sim G(y_1,y_2,\cdots,y_m)$。一般可以认为，特征向量 $\boldsymbol{X}$ 与 $\boldsymbol{Y}$ 是相互独立的，即 $(\boldsymbol{X},\boldsymbol{Y})$ 的联合分布函数为 $F(x_1,x_2,\cdots,x_m)G(y_1,y_2,\cdots,y_m)$。假设仿真模型的可信区间为 $W=\{|X_i-Y_i|<\varepsilon_i,i=1,2,\cdots,m\}$，$\varepsilon_i$ 为给定的仿真模型的可接受精度，则仿真模型的可信度实际上就是可信区间上的发生概率，即在给定的可信区间 W 的情况下，仿真模型的可信度可表示为：$C=P(W)=P\{|X_i-Y_i|<\varepsilon_i,i=1,2,\cdots,m\}$。

(3)基于人工神经网络评估方法。基于人工神经网络的可信性评估方法的最大优点是该算法具有自适应、自学习能力，非常适用于需要对大量复杂数据进行最优处理的情况。

基于人工神经网络的可信性评估方法的一般步骤为：选择神经网络的类型，如感知器、BP 网络、动态递归网络等；设计神经网络的结构和学习算法；选择和获取训练样本，并进行适当的预处理；定义目标函数 E(E 为网络输出与教师信号之间的误差函数)和误差容许限 E^*(E^* 为学习结束条件)；将样本数据输入网络，进行网络训练，直到满足目标函数 $E\leqslant E^*$ 为止；将待求解数据输入网络，求解模型或仿真系统的可信度。

18.5.2　仿真可信度评估的定性与定量相结合方法

在飞行器仿真可信度评估中，很多结论和数据往往难以定量给出，很多情况下需要由资深专家进行定性评判。因此，定性与定量相结合方法是飞行器仿真可信度评估中比较常用的方法。这类评估的特点是当模型或系统的一部分输出存在确定值时,就用该定量值进行评估;当模型或系统的一部分输出无法确定,而且没有参考数据可以用来比较时,就需要充分利用主题专家的评判来定性确定。将二者进行综合,便可以得到模型或仿真系统的可信度。主要方法如下:

(1)层次分析法。层次分析法(Analyze Hierarchy Process,AHP)将人的主观判断用数量形式进行表达和处理,是一种定性与定量相结合的多准则决策方法。

运用 AHP 方法进行可信度评估时,大体上可分为以下四步:①分析系统中各因素之间的关系,提出可信度评价指标,建立系统的多层次递阶结构;②对同一层次影响因素的重要性进行两两比较,构造两两比较判断矩阵;③计算各层次影响因素的权重,并进行一致性检验;④根据各影响因素的权重评估仿真系统的总体可信度。

AHP 方法具有系统、灵活、简便以及定性与定量相结合等优点。AHP 方法能够把复杂的作战系统问题分解成若干个组成部分,并将这些组成部分按支配关系分组,形成多层次的递阶结构;通过两两比较的方法确定同一层次中各因素的相对重要性;综合决策者的判断,确定被选方案相对重要性的总排序。整个过程体现了人类思维决策的基本特征,即分解—判断—综合,这也是系统仿真可信性评估分析的基本过程。因此,AHP 是一种常用的可信度评判方法。但是,由于第②步中同一层次影响因素的重要性往往是由主题专家确定的,而他们通常只给出定性结论,这样将导致各层次影响因素的权重无法计算出来,而且,第③步中的一致性指标有时难以达到,因此 AHP 方法在一定程度上将受到限制。

(2)模糊综合评估法。模糊评估是考虑物质世界的模糊特性,在评价不确定性对象的优劣程度时,用优、良、中、差、较差等模糊概念来表达,是一种主观加客观、定量与定性相结合的方法。这种方法应用模糊数学中的模糊变换原理和最大隶属度原则,考虑与被评估模型相关的各个因素,对其进行综合评价。

运用模糊综合评估法(Fuzzy Synthetic Evaluation)进行可信度评估时,评估过程可分为以下四步:①确定因素集和评估集;②确定因素集的权向量;③进行单因素评估,确定各因素对决策目标的评估向量,综合得到模糊评估矩阵;④选择适当的模糊算子并对它进行改善,进行综合评估,得到评估结果向量。使用这种评估方法,由于经过模糊运算会"淹没"许多权重分配信息,所以仿真系统的总体可信度结果的正确性受到影响。因此,通常采用多层次模糊综合评估。

(3)模糊层次分析法。模糊层次分析法(Fuzzy-AHP,FAHP)是在层次分析法的基础上,对作战仿真系统的可信度进行模糊综合评估的方法。它与层次分析法的本质区别在于将 AHP 中的"构造判断矩阵"改变为"构造模糊一致性判断矩阵",解决了 AHP 中存在一致性指标难以达到的问题。

FAHP 的步骤可分为:①分析影响仿真系统可信度的因素,建立仿真系统可信度因素集的层次结构模型;②结合仿真应用目的和专家经验,给出可信度评估的决策集;③选择可信度评估的基本因素,进行单因素评估,包括建立单因素评估决策集、构造重要性两两比较矩阵、计算权重向量、进行一致性检验和计算单因素评估的可信度 5 个环节;④逐层向上,进行模糊综合评估,得到评估结果。

(4)灰色综合评估法。灰色综合评估法是,先运用灰色理论将评估专家评估的分散信息综合处理成一个描述不同灰类的权向量,在此基础上再对其进行单值化处理,得到被评估对象的可信度综合评估值。

灰色综合评估法的步骤为:①建立灰色综合评估模型,分为三个阶段,即建立可信度评估树的层次结构、组织专家对评估树的指标进行打分、根据专家评估结果,建立灰色评估矩阵;②对各种评估因素和各专家进行权重系数选择,权重系数可以是专家直接给出的,也可以是采用信息分析法、模糊子集法等方法计算出来的;③进行多层次综合评估。

(5)基于逼真度评估法。逼真度就是指模型或仿真系统以可以测量或可察觉的方式复现真实系统状态和行为的程度。逼真度是仿真可信度的前提,对没有逼真度的仿真谈可信度毫无意义。基于逼真度评估法比较适用于作战仿真系统的战场态势显示模型、毁伤模型及环境模型的可信性评估结果。

基于逼真度评估法是在模糊层次分析法的基础之上进行求解逼真度(可信度)的方法。这种方法可以分为三个过程:①分析影响仿真模型逼真度的因素,建立逼真度因素集的层次结构模型;②结合仿真模型目标和专家经验分析指标的权重,对专家因素权重进行评判,构造专家的三角模糊互补判断矩阵,计算专家的归一化权重向量,求取各个专家权重向量的平均值(即为最终权重向量);③计算模糊综合评估值,得到的评估结果即为模型的可信度。

18.6　本　章　小　结

为了保证 M&S 的质量,必需对建模与仿真的质量特性进行评测。校核、验证、确认和可信度评估主要回答结果是否可信和结论是否可用的问题,是保障仿真系统建设目的实现的重要手段。

在本章中:首先简要介绍了 VV&A 和可信度评估的相关概念、两者关系和发展历程;其次,分别介绍了 VV&A 和可信度评估所需遵循的基本原则;再次,介绍了 VV&A 在飞行器仿真不同阶段的应用过程,并给出典型工作流程;最后,分别介绍了 VV&A 的典型方法和可信度评估的典型方法。

18.7　本　章　习　题

1.简述 VV&A 的概念。

2.简述 VV&A 中 V、V、A 三者之间的关系。

3.给出两种可信度的定义。

4.分析可信度与逼真度之间的差异。

5.简述可信度的基本性质包括哪些内容。

6.分析 VV&A 和可信度评估之间的关系。

7.介绍 VV&A 的基本原则。

8.介绍可信度评估的基本原则。

9.列举四种 VV&A 的典型规范。

10.分析 VV&A 的基本工作流程。

11. 简述非规范 V&V 方法的含义和主要方法。

12. 简述静态 V&V 方法的含义和主要方法。

13. 简述动态 V&V 方法的含义和主要方法。

14. 简述仿真可信度评估的方法。

15. 简述基于置信度评估方法的主要步骤。

16. 简述层次分析法的主要步骤。

17. 简述模糊综合评估法的主要步骤。

18. 简述灰色综合评估法的主要步骤。

第 19 章　未来趋势之 LVC 仿真

随着军事技术的发展,武器装备呈现出复杂化、多样化、信息化、体系化的趋势。装备试验对象由单个装备向装备体系拓展,试验环境由单一简单环境向实战化的复杂环境转变。实装-虚拟-构造(Live Virtual Constructive,LVC)仿真通过形成统一的规范和标准,将当前分散的试验场、训练基地、演习场等环境连接、集成起来,解决虚实融合、数据传输、综合评估、资源管理等一系列问题,从而提供一个贴近实战、功能多样、综合性强、开放性好的一体化仿真试验环境,为装备体系试验提供有效技术手段,从而应对武器装备在陆、海、空、天、电、网联合作战中的各种挑战。

在本章中,简要介绍 LVC 仿真的概念、任务、发展历程,对其中涉及的关键技术进行初步梳理,并介绍其典型应用案例。

19.1　LVC 仿真的概念内涵与发展历程

LVC 仿真将地面模拟器和数学仿真模型集成在一起,构建更加逼真、复杂的仿真试验环境,完成武器装备的全系统、全流程、全剖面、一体化的测试与评估,从而能够更好地仿真未来战争。

19.1.1　LVC 仿真的概念、定义

LVC 仿真通过为不同级别的装备研究人员提供适当的交互、一致性和互操作性体验,来实施对抗演练、制订作战计划、开展训练评估和技术测试验证等工作。利用建模与仿真、网络、计算机等技术,在统一集成的架构基础上,构建安全、保密的仿真训练环境来增强训练真实性和仿真体系性,从而提升军事训练水平和装备作战性能。LVC 并不特指某一种仿真架构,而是集成了实装仿真、虚拟仿真和构造仿真的仿真架构的统称。

(1)实装仿真的定义。实装仿真(Live Simulation)是指仿真应用者操作真实装备产生的一系列虚拟行动,其典型特征是真实的人操作真实的装备。例如,在空军军事训练演习中经常使用空战机动仪器系统(Air Combat Maneuvering Instrumentation,ACMI),可以将飞机在飞行过程中的位置、速度、加速度、方向及武器状态等信息传输到分布式仿真网络中,供其他设备或人员使用,用于完成判断飞行员操纵飞机的能力、导弹的使用情况以及空战结果评判等任务。

（2）虚拟仿真的定义。虚拟仿真（Virtual Simulation）是指仿真应用者通过操作仿真系统在仿真的战场环境中作战，其典型特征是真实的人操作仿真的装备。该模拟属于人在回路模拟方法。最典型的例子是使用飞行训练模拟器来提升飞行员的驾驶能力以及执行任务能力。

（3）构造仿真的定义。构造仿真（Constructive Simulation）是一种战争演练和分析工具，通常由模拟的人操纵模拟的系统。在仿真过程中，人会对系统提供参数等信息，但不直接参与。这类仿真通常用来训练分辨率较低的、高级别的指挥决策。

LVC 仿真就是在构造虚拟环境和真实环境叠加的情况下，开展真实装备、虚拟装备及构造装备三者间的对抗试验。

19.1.2　LVC 仿真的功能要求

为了使分布在不同地区的实装、虚拟及构造实体能够在一个统一的环境内交换信息，构建 LVC 仿真系统，并组织 LVC 训练/测试，要求各分系统具有互操作性、可重用性和可组合性三个特点。

（1）互操作性的要求。互操作性是指 LVC 仿真系统内各分系统一起工作并共享信息的能力。互操作性发生在多个尺度上。组件可以在组件框架的上下文中互操作，应用程序可以在给定的计算机或多台计算机之间互操作，系统可以在系统的上下文中协同工作。互操作性意味着需要协同工作，只有当系统能够在给定的上下文或领域中就重要主题进行有效的通信，同时在设计好的工作流程中完成自己分配的工作时，系统才能协同工作。

互操作性主要体现在公共架构、沟通能力和公共背景等方面。其中，公共架构是关于如何构建系统的指导方针，公共架构是系统互操作性要求的一个明显特征；沟通能力主要包括公共语言和通用通信机制，用于保障不同的系统之间信息交互的顺畅性；公共背景主要包括对环境、时间和技术流程的共识。

（2）可重用性的要求。可重用性是指系统脱离原来设计环境下的运行能力，即要求参试对象可以在不同于其设计初衷的环境下运行。为此，要求整个系统必须根据定义良好的公共架构进行构建；在重用的设施上与其他系统能互操作；具有定义良好的接口；对于不兼容公共架构的系统，能够通过封装实现系统的接入和数据的交互。

（3）可组合性的要求。可组合性是基于互操作性和可重用性的系统集合实现快速组装、初始化、测试和执行的能力。参与试验的系统可以有不同级别或不同规模。例如，可以从一个组件库构建应用程序，或者从一个应用程序库构建系统或逻辑靶场，这样一个逻辑靶场就由一些预定义的系统（包括软件和特定的硬件）、一些预定义的应用程序和一些从组件池构建的应用程序组成。

19.1.3　LVC 仿真的发展历程

下面从国外和国内两个方面，简要介绍 LVC 仿真的发展历程。

1. 国外 LVC 仿真发展历程

美国国防部从 20 世纪 80 年代中期开始，针对不同平台、不同模型、不同仿真应用之间的高性能互操作问题开展了一系列研究工作，先后提出了多种分布式仿真体系架构，制定了一系列仿真规范和标准,重点解决了不同领域的 LVC 仿真系统的互操作问题。

(1)LVC 仿真概念建立时期。基于利用计算机模拟系统进行训练在节约经费、保护环境、减少人员伤亡等方面具有独特的优势,美军从 20 世纪 70 年代开始大力发展计算机模拟训练,研发了一系列计算机模拟器和推演模拟系统。随着联合作战概念的提出以及网络的发展,美军将部分模拟器和部分推演模拟系统分别互联,用于不同层次的联合训练,构建了一系列的综合训练环境,并逐渐发展形成了一系列的分布式仿真协议和标准。但是,无论是模拟器互联训练还是推演模拟系统互联训练,都存在一个明显的缺点——训练与实际作战脱节,即受训的各级作战人员在训练时使用的装备与实际作战时使用的装备不一致。因此,美军开始尝试将模拟器与实际装备进行互联训练,并取得了良好的训练效果。于是,美军将这种模拟器与实际装备互联进行训练的理念进一步扩展到将实兵系统、模拟器和推演模拟系统三者互联在一起进行训练,这样既能发挥模拟系统节约经费的优势,又能为受训者提供贴近实战的训练环境,从而形成了 LVC 训练的概念。

(2)LVC 仿真应用探索时期。2002 年 6 月 24 日~8 月 15 日,美军进行了具有里程碑意义的"千年挑战 2002"演习,美军首次采用了类 JLVC(Joint Live Virtual Constructive)联邦的环境来支撑演习。通过这次演习,美军发现在部队地域分散和演习经费有限的情况下,模拟系统能为组织大规模实兵演习起到黏合剂的作用,实兵系统则能为受训者提供近似实战的训练体验,演习肯定了 LVC 训练方法的效果。2004 年,美军发布了《训练能力选择性分析报告》(*Training Capabilities Analysis of Alternatives*,TCAoA),对军事训练和模拟仿真系统建设情况进行了系统性分析,报告明确指出"单纯的模拟训练不能替代实兵训练,如果模拟训练不和实兵训练相结合,训练的效果可能不好,甚至会对作战起负面的作用",这从侧面肯定了 LVC 训练方式。

(3)LVC 发展高速发展时期。"千年挑战 2002"演习后,联合国家训练能力(Joint National Training Capability,JNTC)项目开始推动以 LVC 训练方式进行演习,大力支持JLVC 联邦建设。2002 年至今,美军在"红旗军演""北部利剑""TS09"等系列军事演习中都采用了 LVC 训练方式。2009 年 2 月和 2010 年 4 月,美国国防分析研究所分别发布了 2007版和 2009 版的《训练部门建模与仿真业务计划报告》(*Training Community Modeling and Simulation Business Plan*,TMSBP),报告明确提出要"大力发展作为美军训练转型的使能器的 LVC 训练环境,使得美军能像作战一样进行训练"。报告对当时投资的八个主要联邦项目(包括联合多分辨率建模联邦 JMRM、联合实兵虚拟推演联邦 JLVC、联合陆军推演训练能力多分辨率联邦 JLCCTC - MRF、联合陆军推演训练能力实体分辨率联邦 JLCCTC - ERF、战斗部队战术训练器联邦 BFTT、海军持续训练环境 NCTE、海军陆战队可部署虚拟训练环境联邦 DVTE 和空天协作环境联邦 ACE)进行分析并指出,未来要利用面向服务的体系架构、网络中心的数据集成和具有无缝互操作能力的 LVC 训练环境来提高国防部的训练能力。从美军在 LVC 训练领域的相关工作和进展情况上可以看出,通过这些年对军事训练方法的探索,美军已经充分肯定了建立 LVC 训练环境和实行 LVC 训练的重要性,且已开展了多项相关研究工作,并通过演习不断改进 LVC 训练环境的建设。

2.国内 LVC 仿真发展历程

我军 LVC 训练体系建设起步较晚,但进入 21 世纪以来,也形成了一系列产品,并已将其逐步应用于实际演习中。

（1）航天科工二院开发出 SSS-RTI,对 RTI 的关键技术进行研究,使用层次式结构模式,结构简单,运行效率高,使用多线程的方式将客户端和服务器分离,采用组播通信,具有数据分布管理的功能,SSS-RTI 具有系统可配置、可移植、高性能等优势。

（2）国防科技大学开发了 KD-RTI,并在军内外多个单位进行应用,遍布原总参、原总装、航天、航空、船舶、电子、院校等多个领域。KD-RTI 具有数据交换速率高、无丢包率、低时延的优点。

（3）北京航空航天大学开发的 DVE_RTI 实现了分布式交互体系设计、松耦合模块化结构设计、基于组播的逻辑数据通道过滤技术和 RTI-RTI 交互协议等。DVE_RTI 具有规模扩展性好、系统可维护性强、网络资源利用率高等优点。同时,为了实现 DVE_RTI 之间的数据通信而设计的 RTI-RTI 交互协议可以解决不同种类 RTI 之间的互联问题。

（4）哈尔滨工业大学综合借鉴了 TENA 及 HLA 架构,自主研发了一个服务于联合试验的架构和联合试验平台,用以整合各类试验资源。利用组件资源,可以通过组装的方式快速灵活地构建联合系统,从而降低对联合试验人员编程能力的要求,提高靶场试验系统的构建效率。

（5）西北工业大学开发了实时中间件系统,用于实现强实时下的分布式 LVC 仿真,其核心是一组支撑数学模型、半实物系统运行的中间层软件集合,为仿真、试验系统的运行提供通信、数据管理和调度服务。实时中间件系统支持 VMIC 反射内存网与快速以太网,以便于适应不同实时性粒度的模型在其上的运行需求,为分布式仿真系统提供了高效的支撑。目前其已成功应用于多个攻防对抗系统的虚实结合仿真系统中。

19.1.4　LVC 仿真的基本组成

LVC 仿真将相互独立的内场仿真资源和外场实装资源统筹兼顾、系统集成,形成虚实融合、功能互补、实时运行、统一控制的内外场联合试验系统,构建尽可能真实的作战环境,按作战方式充分考核武器系统的战术技术性能和作战实用性效果。基于内外融合、虚实合成的 LVC 联合试验环境,通过开展内外场联合试验,完成对武器装备全面、科学、客观的试验鉴定。典型的 LVC 仿真的系统组成主要包括参试资源和运行环境。

1. LVC 仿真的参试资源

LVC 仿真中的管理和配置的仿真资源包括以下几项。

（1）半实物仿真系统:如装备制导控制半实物仿真系统。

（2）数字仿真系统:包括武器单元数学仿真系统和武器系统全数字仿真系统。

（3）内场模拟器:武器单元的模拟器通过模拟作战网络系统,可实现侦察指挥流程与实装之间的无缝互联,如飞行模拟器、无人机地面操作模拟舱等。

（4）参试品实装部件:包括各类飞行器、侦察系统、指挥系统和发射系统等武器实装。

2. LVC 仿真的运行环境

LVC 仿真运行环境用于集成各类 LVC 试验资源,将分布在各地的试验资源互联互通互操作,以支持性能试验、作战试验和任务训练等各类试验任务,主要包括仿真试验支撑系统、仿真试验管控系统和仿真试验演示系统。

(1)LVC仿真试验支撑系统。LVC仿真试验支撑系统主要为试验开展提供统一、公共的基础运行支撑环境,提高系统互联互通能力以及资源的统一存储能力。其主要包括试验资源建模工具、试验资源封装工具、通信中间件、共享资源库、基础数据库、异构系统网关、时间同步系统、数据采集回放工具、试验评估分析系统、公共服务系统等。

1)试验资源建模工具:主要是对LVC试验资源进行统一描述与标准化建模,通过对试验资源的对外交互接口及与外界进行交互的信息格式进行可视化设计,形成标准的资源模型,从而为资源的快速接入提供基础。

2)试验资源封装工具:主要实现对半实物资源、数字资源、模拟器资源、实装资源的快速封装,将各类资源转换为满足接口规范的在体系内可重用的资源,实现资源的随遇接入和即插即用。

3)通信中间件:作为试验支撑系统的核心,是解决资源接入、消除资源互联互通性能瓶颈的关键部分。试验过程中,来自不同地区的资源应用、工具、实用程序,以及通过网关适配器联结的非兼容的被试系统或其他相关系统,组成了一个统一的试验系统,通过中间件进行通信,从而实现互操作。

4)共享资源库:主要对已完成建模封装的各类资源服务,包括实物装备、半实物模拟器、全数字仿真系统试验应用软件等参试资源,以及资源建模过程中生成的模型进行统一存储管理。

5)基础数据库:主要用于存储和管理LVC仿真试验各个阶段产生的数据信息,为试验系统正常运行提供必要的数据支持。

6)异构系统网关:主要用于协调和控制异构系统的接入,负责将不兼容系统转换成兼容系统,在不同的通信协议(DDS、TENA、HLA RTI 等)之间进行链接,并使底层的通信协议对通信节点透明。

7)时间同步系统:主要为LVC仿真试验提供统一的时空基准,实现跨局域网、广域网、跨地域的高精度时间同步。

8)数据采集回放工具:主要用于从通信中间件中采集试验资源间交互的各类试验数据,并支持对试验数据的回放,从而为联合试验的评估分析提供数据支持。

9)试验评估分析系统:试验任务执行完成后,对采集到的有效试验数据进行分析与加工,以试验数据为基础,通过构建评估指标体系和评估分析方法生成评估分析结果。

10)公共服务系统:主要包括联合试验地理图形服务、集成服务以及服务支撑,为联合试验各软件服务提供基础软硬件环境。

(2)LVC仿真试验管控系统。LVC仿真试验管控系统主要为试验人员提供面向任务的关键应用开发集成框架与策略,以及通用工具支撑,并提供联合试验一体化解决方案,从而提高试验系统的一体化水平与联合试验开展的效率。其主要包括试验任务规划工具、试验导调控制工具及试验状态监视工具等。

1)试验任务规划工具:根据试验任务的要求,在分析需求的基础上,以可视化的方式快速构建试验方案,规划系统参与的试验资源,规划试验资源间对象模型、消息、数据流的交互关系以及数据筛选,制订数据采集回放计划,规划系统任务流程等,最终形成试验方案文件。

2)试验导调控制工具:以公共软件设施为基础,实现对各类参试资源的统一控制,并提供相应的功能支撑服务接口。其为参试人员提供相应的试验开始准备、试验执行调度、资源释放管理,从而为试验人员提供试验开展的全过程支撑。

3)试验状态监视工具:主要用于为试验人员提供各类参试资源运行状态的统一监视管理。对设备开机状态、通信状态、网络负载、云端负载等资源状态进行监控。对试验进程、设备工作计划的执行情况、环境状态、安控情况等试验组织与运转状态等服务进程进行监控。对作战视角、兵力分布、战场态势等应用过程进行监控。

(3)LVC 仿真试验演示系统。LVC 仿真试验演示系统主要由演示资源接入和虚拟现实呈现工具构成,主要为 LVC 仿真试验的开展提供统一、共用的演示平台,对任务场景进行沉浸式三维展现,实现试验任务场景的高逼真度还原。

1)演示资源接入工具:接入相关 LVC 试验资源,支撑综合演示。

2)虚拟现实呈现工具:主要针对典型态势场景进行高精度、多视角的沉浸式呈现。

19.1.5　LVC 仿真的应用特点

LVC 仿真采用虚实结合的仿真方式,被广泛应用于武器装备训练和体系对抗仿真中,相比传统训练方式和数字仿真推演,具有一系列优势。

(1)LVC 仿真更加真实。LVC 仿真将虚拟系统与实际装备紧密结合,通过仿真技术创建一个逼真的战场环境,而不是人为构设且限制条件较多的战场环境,能打破地理范围小、实兵对抗逼真度低等训练条件的限制,使参与人员有身临其境之感。同时,其还能逼真地展现真实战场联合作战背景,并较好地反映各军兵种效能,摆脱单军兵种的训练局限。仿真系统可有效生成虚拟友军和敌军,营造一个在时间和空间上均有所扩展的训练环境,这使得多层级训练成为可能,能增强训练场景实战性。

(2)LVC 仿真更加安全。LVC 仿真将实兵装备对抗置于虚拟场景下,武器发射、毁伤效果等均基于仿真技术,可有效降低安全风险,有助于大胆创新作战方式、试验新战法。以飞行训练为例:一方面,在虚拟场景下,可有效模拟空中特情,提升飞行员对特情的反应和处置能力;另一方面,进行对抗演练时,武器发射、命中等均在虚拟环境中,既有实际过程,又不用担心安全问题。

(3)LVC 仿真更加全面。通过计算机和其他辅助系统,LVC 仿真可以实现对抗态势和战场环境定制,生成基于真实环境基础的更加复杂多样的战场环境。LVC 训练可对同一作战场景进行重复练习,有助于增加受训人员在作战中的生存概率。

(4)LVC 仿真更加经济。LVC 仿真可以实现战场环境重复利用以及时间和空间上的连续性,满足各阶段训练需求,减少战场环境重复布置,降低设计困难,减轻人力物力等资源消耗,减轻武器装备的磨损程度,从而极大地节约训练经费支出。

19.2　LVC 仿真的体系架构

LVC 仿真作为集成了实装、虚拟的联合仿真试验平台,能够有效整合各类作战单元和分系统的仿真资源,将地理上分布的可互操作、可重用、可组合的仿真资源集成起来,实现跨域的资源共享,构建各类仿真设备和实装部件互联互通的联合仿真试验环境,其核心工作就是网络体系架构。LVC 仿真经过多年的发展,出现了一系列通信交互的通用体系架构。下面简要介绍几种常用的仿真网络体系架构。

19.2.1　仿真网络体系架构的功能要求

LVC 仿真的基础和核心是仿真网络体系架构,它描述了仿真系统各个主要组成部分的结构以及各个单元之间的物理和逻辑关系,对于 LVC 仿真系统的设计、实现和应用有着重要的指导意义。其主要功能要求包括系统工程流程、联邦协议模板、可重用开发工具等。

(1)系统工程流程设计。使用不同仿真架构的用户,必须开发统一的多体系架构分布式仿真环境,这时每个用户特有的开发流程会使得不同用户间有效协作产生障碍,这些用户可能是不同企业、研究所、院校等。为了成功开发多体系架构 LVC 环境,使用不同仿真架构的用户需为了共同目标一起工作。因此,必须解决用户之间固有的实践和开发过程差异,避免出现团队成员间发生误解、混乱和混淆。解决问题的关键是,制定统一用于开发和执行多体系架构环境的通用系统工程流程。

(2)联邦协议模板开发。为了确保 LVC 环境正常工作,需要开发许多协议,包括参考框架、共享数据库、实体枚举以及支持工具等。在多仿真架构 LVC 环境中,需要开发的协议更多,包括执行管理机制、网关和支持中间件等。在推进 LVC 通用体系架构建设时,需开发一个与体系架构无关的模板来建立联邦协议。新模板内容和格式可以基于已有联邦协议,从各种不同程序中提取文档,以对不同架构用户的利益进行调和。

(3)可重用开发工具设计。分布式仿真开发过程每一步都包含许多实现自动化的机会,尤其是一些实用工具开发,如需求开发工具、场景开发工具、概念和对象建模工具、测试和事后检查工具等。尽管这些工具能满足大多数功能需求,但这些工具本身在开发时往往使用不同业务模型,导致工具共享困难。另外,这些工具通常使用不同格式的存储和交换数据方式,也会对各跨体系架构重用这些工具造成阻碍。因此,在开发实用工具时,需要考虑其重用性,研究并建立各种与 LVC 仿真应用程序工具资源有效共享相关的业务模型选项,确定最有益的方法,并在最需要的领域以可控方式实现该方法。可重用开发工具的主要产品是一组经过识别的 LVC 开发工具,可以跨不同体系架构重用,并支持用于工具分化和维护的业务模型。同时,提供一组独立于体系架构的格式,用于跨体系架构数据存储和交换。

19.2.2　仿真网络(Simulation Network,SIMNET)

1978 年 9 月,美国波林空军基地的上尉 Jack A. Thorpe 发表了一篇论文 *Future Views:Aircrew Training* 1980—2000,提出了联网仿真的思想,并且描述了联网仿真的功能要求,希望建立一种分布式的虚拟战场环境,不同的参训人员可以通过网络进行互操作,实现虚拟的对抗演练。虽然当时联网仿真所需要的技术还不成熟,但美国国防部(Department of Defense,DoD)接受了这一思想。1981 年,Thorpe 被调到美国国防部高级研究计划局(Defense Advanced Research Projects Ageney,DARPA),在他的推动下,DARPA 于 1983 年和美国陆军共同制订了一项合作研究计划——SIMNET 计划,他们计划要将分散在各地的多个地面车辆(如坦克、装甲车)仿真器用计算机网络连接起来,进行各种复杂任务的训练,演示验证实时联网的人在回路作战仿真和作战演习的可行性,达到降低训练成本、提高训练的安全性及减小对环境的不良影响的目的。

经过 10 年的努力,SIMNET 项目取得了巨大的成功,连接了分布在不同场地的 250 个仿真器,不仅包含主战坦克、装甲车、雷达侦察车、战斗机等武器装备的仿真器,而且包含采用当时苏军战术的计算机生成兵力(Computer Generated Forces,CGF),最多时实体数达到了 850 个,实现了实体级的仿真互连和各仿真节点自治。它不仅在美国军队的训练中得到了广泛应用,获得了很好的训练效果,而且对美国军队的训练方式产生了根本性的影响。

19.2.3　分布式交互仿真(Distributed Interactive Simulation,DIS)

1990 年,DARPA 将 SIMNET 移交给美国陆军仿真、训练与装备司令部,并将其更名为 DIS。在 SIMNET 之前,各种模拟器都是独立运行的。而从 SIMNET 开始,将多种仿真应用集成在一个虚拟环境中进行的分布式仿真,日渐成为仿真技术的一个重要发展方向。

1989 年 3 月,由美国佛罗里达大学的仿真与训练研究所(Institute of Simulation and Training,IST)主办,召开了第一届 DIS 研讨会,会议成立了工作小组。在 1992 年 3 月举行的第六届 DIS 研讨会上,美国陆军仿真、训练与装备司令部提出了 DIS 的结构,并着手制定 DIS 协议第 1 版。随后,美国电气和电子工程师协会(Institute of Electrical and Electronics Engineers,IEEE)将 DIS 协议纳入自己的标准体系中。1993—1995 年,IEEE 发布了 1278.1~1278.5 系列标准,这成为业界公认的 DIS 协议。

随着需求的发展,人们在研究过程中逐步发现 DIS 存在诸多问题,主要表现如下:

(1)DIS 协议仅适于平台级实体的仿真,很难与整建制的仿真实体实现互操作。

(2)节点间采用广播方式进行通信,可扩展性差。当节点数量增加时,网络带宽的消耗呈指数级增长,同时对大量不相关的数据包的处理也浪费了宝贵的节点系统资源,大大限制了仿真的规模。

(3)只能进行实时仿真。各节点的虚拟时间必须同步推进,不但对时钟同步的要求高,而且不能适应离散事件的仿真。

19.2.4　聚合级仿真协议(Aggregate Level Simulation Protocol,ALSP)

1991 年 1 月,DARPA 提出了 ALSP,并于 1992 年 7 月开发了第一个正式投入使用的 ALSP 系统,用以支持军事演习。其优点在于聚合级实体对网络带宽的要求较低,这也是聚合级仿真得到重视的原因。

ALSP 主要是针对离散事件和逻辑时间的仿真系统,应用局限于军事演习领域的构造仿真,不能实现与其他两类仿真(真实仿真和虚拟仿真)的互操作。特别地,当 ALSP 系统与实时、连续、平台级的 DIS2.x 系统中的实体交互时,其聚合级的部队实体需要解聚成为单独的实体,在实时仿真时钟下实现与 DIS2.x 系统中实体的交互;完成交互之后,在适当时刻需要重新聚合成部队级的实体,在非实时仿真时钟下运行。实现这一交互过程在目前的 ALSP 体系结构和技术条件下是比较困难的。同时,ALSP 目前的体系结构在系统性和完备性方面还需要进一步发展和深入研究。

19.2.5　高层体系架构（High Level Architecture，HLA）

1995 年 10 月，美国国防部公布了国防部建模与仿真主计划（the DoD Modeling and Simulation Master Plan，MSMP），并提出了六大目标。其中第一个目标是为建模与仿真提供一个公用技术框架（Common Technical Framework，CTF），这个目标又包括三个子目标：一是开发一种高层体系结构（HLA），以取代 DIS 标准；二是建立任务空间概念模型（Conceptual Models of the Mission Space，CMMS），为建立相容而权威性的模型描述提供一个公共的起点，以利于仿真部件的互操作和重用；三是制定数据标准（Data Standard，DS），为建模与仿真提供公共的数据表示方法。

通用技术框架的三部分密不可分，其中，HLA 是促进所有类型的仿真之间及其与 C⁴I 系统之间的互操作、促进建模与仿真组件重用的关键。美国国防部建模与仿真办公室（DoD Modeling and Simulation Office，DMSO）在 1997 年 2 月发布的任务空间概念模型技术框架中详细定义了 CMMS 的组成部分、技术框架、知识存储和相关的开发支持及应用工具，并发布了建模与仿真数据工程技术框架，用于指导建模与仿真领域中的数据工程实践。

经过一系列用以验证 HLA 可行性、合理性的 HLA 原型系统的开发、运行及测试后，DMSO 于 1997 年发布了 HLA 规范 1.1 版，1998 年发展到 1.3 版。2000 年 9 月，在 DMSO HLA 1.3 规范基础上制定的 1516、1516.1、1516.2/D5 成为正式的 IEEE 标准，该系列标准沿用至今，成为目前在世界范围内通用的 HLA 标准之一。

19.2.6　试验与训练使能体系架构（Test and Training Enabling Architecture，TENA）

1970 年，美国国会为提高联合作战试验与评估能力，提出联合试验与评估（Joint Test and Evaluatin）的概念。1994—1995 年，美国国防部先后提出"逻辑靶场"概念和"试验与训练使能体系结构（Test and Training Enabling Architecture，TENA）"技术。TENA 的设计目的是为美国军队测试与训练靶场及其用户带来便捷的互操作性。通过使用大规模、分布式、实时的综合环境，综合了测试、训练、仿真和高性能计算，使用公共架构在"逻辑靶场"上可以实现真实的装备之间及其与仿真武器和兵力的交互，不论这些兵力实际存在于世界的哪个地方，都可以实现。TENA 的设计大大促进了基于采办的集成测试和仿真。

2005 年 12 月，TENA 在美军联合任务环境试验能力（Joint Mission Enviroment Test Capability，JMETC）项目中被用来建立新的试验支撑基础设施原型，以支持与各军种分布试验能力、仿真和工业界的试验资源的连接，并用来控制和分发视频数据。截至 2010 年 10 月，美国军队已建成 57 个互联互通分布式试验站，覆盖 63 个试验靶场和基地，构成了基于 TENA 的虚拟专用网，初步构建了联合任务环境下试验的基础设施，有力支撑了美国军队联合任务能力试验的开展。

19.2.7　几种体系架构的情况

几种仿真体系架构各有特点，适用场景也各有不同。随着技术的发展，各个体系架构开发团队在原有设计的基础上，根据应用单位的反馈，也在不断进行改进，从而实现更大领域的覆盖。因此，目前市面上还是多种体系架构并存的状态。2012 年，美国对目前各仿真体系架构的市场占比情况进行了调查,从结果来看,目前以 HLA、DIS、TENA 为主:DIS 具有设计简单、传输速率快等优势,设计之初能够更好地适用于实装及虚拟仿真的融合;HLA作为 M&S 的通用标准,为仿真系统提供六大类的仿真服务,能更好地支撑虚拟及构造仿真的融合;TENA 面向靶场试验领域,作为靶场互联的支撑体系结构,更加适用于实装及虚拟仿真。几种体系架构的对比情况如图 19-1 所示。

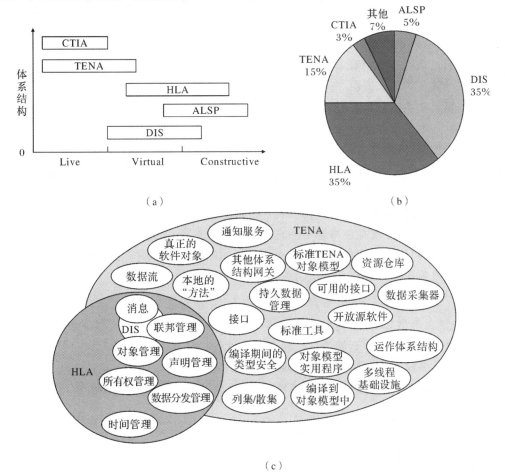

图 19-1　几种体系架构的对比情况
(a)适用范围;(b)市场占比;(c)HLA/DIS/TENA 的区别

19.3　LVC 仿真的关键技术

LVC 仿真通过相关通信体系架构实现了不同类型、不同地区、不同模式的仿真资源的互通互联,能够在统一的调度下完成设定的仿真任务和训练工作。因此,LVC 仿真的关键,就是实现异构系统的实时互通互联互操作。

19.3.1　LVC 仿真异构系统难点分析

在 LVC 仿真中,各种仿真资源和参试装备应用领域、任务分工、建设目标和设计实现的不同,使 LVC 仿真具有显著的异构性。

1. LVC 仿真异构性的表现形式

在 LVC 仿真系统中,异构性主要表现在以下几方面。

(1)硬件设施:各类仿真资源由于任务目标和技术途径的不同,系统设计时所采用的硬件设施常常不一致,如通信网络、硬件型号、电气接口等,导致仿真资源在硬件层次上无法实现互操作。

(2)通信协议:数据通信协议是支持分布式系统语法互操作的基本保证。由于缺乏统一的机构协调,也缺乏统一的对象模型标准,难以保证各类仿真资源的数据格式、对象模型的定义相同,导致各类仿真资源之间无法使用统一数据通信协议直接互联。

(3)模型语义:在使用相同的对象模型定义的情况下,各系统对象模型中数据的理解也不一定相同,如本书前面介绍的飞机的机体坐标系和导弹的弹体坐标系。

(4)时钟推进:一致的仿真时间推进机制是分布式系统协调运行的必要条件,而现存各系统的时间推进机制无法保证一致。例如,有的系统采用中心调度节点发送调度信号的形式触发各分系统推进,有的系统则以约定的形式,约束各分系统以一致的顺序推进。

(5)仿真步长:仿真步长影响着仿真时间推进的速度,也影响着仿真系统的性能和仿真结果的精度。由于各系统性能指标对仿真步长的要求不同,因此仿真步长难以保持一致。

各种仿真资源和参试装备在多种层次上的异构,导致各个系统之间无法直接进行互联互通互操作,严重阻碍了对现有资源的整合。

2. LVC 仿真异构性的处理要求

仿真资源和参试装备之间存在的异构性阻碍了系统之间的互通互联互操作。因此,要求 LVC 仿真系统在开展体系架构设计和系统集成联试时,应做到:

(1)对现有系统应该有足够的包容,减少因系统集成而引起的原有系统改动。

(2)保证足够的开放性,支持集成系统的不断扩展,为后续的系统发展、重用提供足够的支持。

(3)在语义层次上,支持各异构系统对相关信息具有一致的语义理解。

(4)对于整个使命空间中的所有仿真实体,各系统需要对其时空关系有一致的理解,即保证分布式系统间实体的时空一致性。

下面就从系统网络互联、资源规范、信息交互、同步推进、实装接入、架构聚合和资源管理为例,介绍 LVC 仿真中的关键技术。

19.3.2 LVC 仿真中仿真资源规范技术

LVC 仿真实现互操作的基础是仿真资源模型。仿真资源模型可以利用元模型概念建立,元模型定义了一些基本的概念、限制和规则,对象模型和元模型之间形成特定关联关系。在 LVC 仿真试验中,各类仿真资源需要被集成到一个统一的逻辑时空靶场中,要求每一个实体可以理解对方的属性,并且可以对这些属性进行操作。因此,体系结构框架采用对象模型的方式来描述这些属性,具有以下优点:面向对象的方式使对象模型具备了软件工程意义上的可重用性;在应用程序的编译过程中可以发现大多数接口的匹配问题;通过标准化过程可以使标准对象模型保持长期稳定、正确、有效、易于重用。

在工程实践中,应根据装备试验及仿真应用的实际需求,提供简单、有效、标准的对象模型;支持资源对象的描述与建模,支持对象的组合与聚合,以生成复杂对象模型;在要求对象模型易于使用和理解的同时,对象模型应该是一个能够在装备试验领域、建模与仿真领域共用的基本对象模型集。

对象模型建模机制应当遵循如下原则:通过接口混合和匹配,定义复杂对象行为;应用多态概念来实现对象接口所定义的对象行为;尽可能多地通过组合"积木"对象来创建新对象;支持事件(又称消息)机制实现应用间的事件通信;对象模型采用统一建模语言(Unified Modeling Language,UML)和体系结构定义语言;封装装备试验环境中的各种接口和协议,对装备试验中的各种资源(数学模型、模拟器、被试装备等)之间所交换的信息编码,提供公共通信语言,实现不同试验资源间的语义交互。

19.3.3　LVC 仿真中仿真信息交互技术

LVC 仿真的仿真资源信息交互技术主要负责维护整个系统中的对象与消息传递,保证资源的正确交互和基于类型等形式的兴趣管理,并提供远程方法调用功能,保证各类资源之间信息的互通互联。在此,对其从状态订阅、消息传递和远程调用三个方面进行展开。

(1)状态订阅。状态订阅主要提供虚拟化状态对象(Virtualization Infrastructure Object,VIO)的发布和订阅功能,负责对象的发布、订阅、更新和维护。状态订阅通过交互模块中的状态更新、VIO 订阅及 VIO 队列管理完成。状态更新主要用于发布者发布更新 VIO,其功能为连接事件通道、将对象发布状态封装成对象后推送到事件通道中,进而完成整个状态更新的全过程。对象订阅主要针对订阅者,用于向事件通道表达订阅 VIO 的兴趣,其功能为连接事件通道、将用户的订阅兴趣转化为事件通道中的标准格式,进而完成整个对象订阅兴趣提交的过程。代理及回调队列管理主要负责表达兴趣后,将收到的对象数据进行缓存并解析出来。

(2)消息传递。消息传递模块提供消息发现与消息传递功能。消息传递模块与对象交互模块的实现机制大体相同,是一种限定性的对象交互,只在特定条件下才会使用。消息更新为发布者功能,主要用于发布更新消息。消息更新模块的功能为连接事件通道、将对象消息封装成对象后推送到事件通道中,进而完成消息更新的全过程。消息订阅主要为订阅者功能,主要用于向事件通道表达订阅消息的兴趣。消息订阅模块的功能为连接事件通道、将用户的消息订阅兴趣转化为事件通道中的标准格式,进而完成整个消息订阅兴趣提交的过程。代理及回调队列管理主要负责表达消息兴趣后,将收到的对象数据解析出来。

(3)远程调用。远程调用区别于状态订阅、消息传递的处理,用于提供及时、可控的远程通信,但是这类通信需要试验编写人员手工调用获取远程信息。从计算机层面,它可以提供及时的数据通信和模型处理。实际应用中,数据通信可以用来完成模型间的紧耦合通信(组件仿真);模型处理可以转换为模型间的主从调用关系,当被调用模型为实物或半实物设备时即等同于一个设备命令。远程方法调用的底层实现主要由客户端和服务端两部分完成,在远程方法调用的过程中,订阅者端通过客户端与公共对象请求代理体系结构(Common

Object Requeset Broker Architechture,CORBA)的对象请求代理(Object Requeset Broker, ORB)进行交互,发布者通过 CORBA 的服务端与 ORB 进行交互,这样订阅者就可以通过客户端和服务端实现对发布者端方法和属性的调用了。

19.3.4　LVC 仿真中时钟同步推进技术

在 LVC 仿真中,为了保证系统中时钟的统一,必须开展时钟同步推进技术的研究,保证虚拟资源和构造资源的时钟同步统一推进。为满足仿真与试验的要求,需要完成保守逻辑时间推进和实时时间推进的时间管理。时间服务主要分为时钟获取方式、时钟对象服务、时间推进等。

(1)时钟获取方式用于获取系统时间,并与时钟对象进行交互。

(2)时钟对象服务中的时钟对象是在系统时间中传递的实体,仿真中就是利用发布、订阅该实体进行时间推进的。

(3)时间推进又分为三部分——时间对象订阅、时间对象发布、时间队列维护。订阅的时间对象被保存到时间队列中。其中,在逻辑时间推进中选取最小时间对象并将其发布出去;在实时时间推进中维护一个定时器,每隔一定时间查询该队列,并将当前系统时间发布出去。

19.3.5　LVC 仿真中实装信息实时接入技术

实装信息实时接入技术是虚实结合的体系作战物理单元接入仿真系统的关键节点,该终端提供接入无线互联网/天地一体卫星数据链的硬件接口,将对象模型封装在硬件中,将时间-空间-位置测试设备(Time Space Position Instrumentation,TSPI)集成到作战单元上,开展指挥控制、试验、训练;研究远程支持适配技术,包括可变质量和低数据率网络、低功耗、受限 CPU 和内存环境。在武器装备体系检验主要对象装备中加装实装信息嵌入式采集设备,主要采集与总线有关的数据和火力控制等信息,如装备定位信息、装备姿态数据、弹种信息、瞄准/测距/击发的火力控制信息等。此外,设备还需要具备数据接收能力,主要接收装备战损状态,以控制作战装备下一步的执行动作能力。实装位置信息的精确程度是虚实战场空间同步的关键,可综合运用卫星、惯导和相对定位等方法。

19.3.6　LVC 仿真中体系架构聚合技术

在 LVC 环境集成时,需聚合不同系统架构,不同系统间的兼容性和实时性会造成较大困难,不仅面临技术挑战,而且会面临商业模式和管理挑战。通常后者带来的问题更加严重。因此,需要仔细研究与多系统架构聚合相关的问题和风险,并开发一种策略来有效实现多系统架构聚合。主要方法包括以下几种。

(1)建立标准线路,定义所有仿真架构进行数据通信的线路。

(2)建立统一静态应用程序结构,专门用来提供聚合服务。

(3)构建共享实现机制,搭建通用仿真基础设施(Common Simulation Infrastructure, CSI)。其中,专属于某一体系架构的内部通信都通过仿真当前使用的相同中间件服务进行通信,中间件通过 CSI 与其他仿真对象进行所有聚合功能通信。CSI 将聚合服务间的对齐自动化,以便让来自不同体系架构接口的仿真能有效且直接交互。

19.3.7　LVC 仿真中仿真资源管理技术

LVC 仿真试验具有超实时、大样本、复杂模型解算等特点,系统中各类异构仿真模型均运行在强实时网络环境下,通过额外的以太网进行仿真试验调度和管理。将仿真计算任务分解给强实时网络上的特定模型计算机,使模型机在满足强实时性要求的情况下完成计算任务。充分利用现有大型计算机的计算资源,利用计算资源调度管理软件对异构高性能集群计算环境中的计算节点、软件授权等计算资源的状态进行收集和负载平衡,充分利用其高速计算能力。

资源管理包括仿真试验网格、基于网格的仿真资源管理、网格运行调度三部分。装备试验的运行需要计算资源和仿真模型资源的支撑,在试验运行调度过程中提交、控制和查看。通过对 LVC 仿真试验网格技术进行研究,对现有计算资源进行管理,建立强实时网格仿真计算作业调度与管理机制,保障分布式并行仿真的正确运行。通过对 LVC 基于网格的仿真资源管理系统研究,可实现对仿真模型进行统一的接口验证、安全控制和存储管理,并对模型在并行运行模式下的集成和配置提供开发环境。通过对 LVC 网格运行调度系统研究,可提供良好的人机交互界面,方便用户操作仿真试验网格系统和基于网格的仿真资源管理系统。

19.4　LVC 仿真的典型应用

经过多年的发展,LVC 仿真在装备训练和体系对抗领域得到了一系列应用。在飞行器方面,LVC 仿真技术被大量运用在空战训练和装备模拟方面。下面简要介绍其典型应用。

19.4.1　空战训练系统

美军从 20 世纪 70 年代就开始空战训练系统研发,P5 空战训练系统(美空军为 P5 Combat Training System,美海军为 P5 Tactical Combat Training System,P5 CTS/TCTS)为美军现役最新空战训练系统,它的重点部件是机载子系统、地面控制子系统及地面评估子系统。机载子系统可以收集和处理飞行数据,进行实时武器模拟,并记录相关任务数据用于支持任务后飞行讲评,包括外部吊舱、内部转换接口和安装架,可以支持各种不同飞机平台。地面子系统集成了独立作战显示系统,该系统支持飞行员在家中或在战区环境中进行全面评估。目前,P5 系统的吊舱至少可以支持 72 架高机动作战飞机组,能够保持 148 km 空对空和 231 km 空对地数据链通信能力(通过中继还可扩展至 322 km),这使得使用范围可以从联队级本地训练延伸到类似于"红旗"军演的大规模部队演习。2021 年 2 月,美海军已在 F/A-18F 飞机上完成下一代空战训练系统——"战术作战训练系统增量Ⅱ"的首轮飞行试验,它是美军现役 P5 系统的海军增量改进版,也是首个经过认证的多层次安全吊舱,能够支持开展高度安全的飞机间空战训练。美空军也在积极采购下一代空战训练系统 P6 CTS,

并希望在 2030 年前替换目前广泛使用的 P5 CTS。

19.4.2　F-35 全任务模拟器和 F-35 分布式任务系统

F-35 全任务模拟器(Full Mission Simulator,FMS)由洛克希德·马丁公司(简称洛马公司)研发,它的交付与实装保持同步,第 1 台于 2011 年交付埃格林空军基地。洛马公司给 F-35FMS 使用了与实装相同的作战飞行程序,确保飞行员在模拟器中的训练过程与实装操作一致。部分影响任务系统训练效果的硬件也使用了真机件,如部分处理器。洛马公司 F-35 战机训练部门副总裁称:"F-35 战机飞机模拟器可以让客户身临其境般地体会这种战机,能够提供全球独一无二的战机训练解决方案,也可以量身定制所需训练课程。"目前, F-35 FMS允许 45%～55%初始飞行训练在模拟器上完成。

F-35 分布式任务系统由洛马公司主导研发。2020 年 7 月,在内华达州内利斯空军基地,该系统通过了美国空军和 F-35 联合计划办公室的验收。该基地的 F-35 FMS 首次与世界各地同类设备实现互联互通。F-35 分布式任务系统可让分布在世界各地的飞行员共享虚拟训练环境、战法战术和作战要素。该平台还支持大型部队开展演习,迄今为止,平台兼容的飞机模拟器有 F-35、F-22、F-16、F-15 和 E-3C"望楼"预警机。世界各地的飞行员都可在这个虚拟环境中进行高级战术训练。该系统的研制成功,不仅为飞行对抗演练提供了各种真实战场环境,而且有助于提高训练效率和减少资源浪费。

19.4.3　SLATE 训练系统

安全保密的-真实-虚拟-构造高级训练环境(SLATE)项目是美国国防部和军兵种为了加快国防高新技术预研成果转化应用而推出的先期技术演示项目,它基于 2012 年美军空战司令部和美空军实验室共同开展的 LVC 飞行员项目。SLATE 训练系统使用的机载训练吊舱,是在 P5 系统训练吊舱基础上的改进型,加载了可以处理新波形的组件,增加了 LVC 处理机,可将合成实体注入 SLATE 靶场环境中,去"欺骗"飞机传感器和飞行员。2018 年,该项目成功完成演示验证,充分展示了 SLATE 训练系统强大的 LVC 训练能力,获得了各方的高度认可。

此外,为了提升 LVC 训练能力,美军还委托相关企业开发了诸多配套系统。比如 Cubic公司的"敌机"膝板系统,柯林斯宇航公司的安全真实空空任务系统和联合空战训练系统,莱昂纳多DRS公司的 ACMI 训练吊舱和 F-35 飞机机载嵌入式训练系统、诺斯罗普·格鲁曼公司的 LVC 实验、集成和操作套件(Lvc Experimentation Integration and Operations Suite,LEXIOS)以及 DMON 系统等。

19.5　本章小结

随着体系对抗成为未来战争模式选择的必然,如何验证武器装备在体系作战下的作战效能,如何提高人员装备在体系作战下的训练效率,是军事人员的研究重点。LVC 仿真技术通过集成实际装备、虚拟设备和构造模型,将各种仿真资源通过网络进行连接,实现互通互联互操作,从而完成武器装备的全系统、全流程、全剖面、一体化的测试、训练与评估,被广泛应用于武器装备研制、战法战术研究、作战能力评估、装备使用训练等领域,从而满足体系对抗日益增长的高成本、高难度和高复杂度的需求。

在本章中:首先,介绍了 LVC 仿真的概念、功能要求、发展历程、基本组成和应用特点;其次分析了通用体系架构的功能要求,简要介绍了 SIMNET、DIS、ALSP、HLA、TENA 等几种典型 LVC 仿真体系架构;再次,分析了 LVC 中的技术难点,并从仿真资源规范、仿真信息交互、时钟同步推进、实装信息接入、体系架构聚合、仿真资源管理等方面,介绍了 LVC 仿真的关键技术;最后,以美军几个典型空战训练装备为例,介绍了 LVC 的典型应用场景。

19.6　本 章 习 题

1. 简述 LVC 仿真的定义。

2. 简述实装仿真的概念,并给出典型例子。

3. 简述虚拟仿真的概念,并给出典型例子。

4. 简述构造仿真的概念,并给出典型例子。

5. 简述互操作性的概念。

6. 简述可重用性的概念。

7. 简述可组合性的概念。

8. 简述几种 LVC 仿真中的参试资源。

9. 简述 LVC 仿真环境的主要组成。

10. 简述 LVC 仿真的应用特点。

11. 简述 DIS 的相关内涵。

12. 简述 HLA 的相关内涵。

13. 简述 TENA 的相关内涵。

14. 简述 LVC 仿真系统中异构性的表现形式。

15. 简述 LVC 仿真的关键技术。

第20章 数字孪生

近年来,随着工业技术以及新一代信息技术的迅速发展,飞机、无人机、空间站、卫星、火箭和导弹等典型复杂装备的集成化、智能化程度不断提高。伴随着复杂装备的发展,其设计、研制、测试、运行、维护等全寿命周期成本大幅度增加。而近年来伴随着传感器技术、物联网、云计算、边缘计算、大数据和人工智能等新一代信息技术的快速发展,数字孪生作为新的仿真技术孕育而生。

数字孪生作为智能化时代的核心技术之一,是仿真技术的一个新突破,它以数字化方式创建物理实体的虚拟模型,借助数据模拟物理实体在现实环境中的行为,通过虚实交互反馈、数据融合分析、决策迭代优化等手段,为物理实体增加或扩展了新的能力。作为一种充分利用模型、数据、智能并集成多学科的技术,数字孪生面向产品全生命周期过程,发挥连接物理世界和信息世界的桥梁和纽带作用,是联结物理世界与虚拟空间的一座桥梁,提供更加实时、高效、智能的服务,在当前学术界和工业界引起了广泛关注。世界著名咨询公司Gartner连续多年将数字孪生列入十大战略性科技发展趋势,德勤发布的《德勤2020技术趋势报告》中,将数字孪生视为五大可引发颠覆性变革的关键新兴趋势之一。

数字孪生作为一项在航空航天领域中孕育出的全新仿真方式,在很大程度上改变了诸多领域的研究手段,在飞行器的智能设计、高效制造、模拟发射、故障诊断和预测、精度分析和提升等诸多环节提供助力。在本章中,简要介绍数字孪生的概念、内涵、发展历程、典型组成、结构范式、关键技术,以及其典型应用场景。

20.1 数字孪生的概念、内涵与发展历程

数字孪生是一种集成多物理、多尺度、多学科属性,具有实时同步、虚实映射、高保真度特性,能够实现物理世界与信息世界交互与融合的技术手段。在信息技术迅速发展和智能制造需求不断提高的时代背景下,研究数字孪生技术的科研人员数量激增。随着人们对于数字孪生技术认识的不断加深,对于数字孪生技术的研究不仅局限于概念开发与描述探讨,其开始在多个行业领域中得到具体应用。

20.1.1 数字孪生的概念定义

数字孪生(Digital Twin)也被称为数字镜像、数字映射、数字双胞胎、数字双生和数字孪

生体等。数字孪生不局限于构建的数字化模型，不是物理实体的静态和单向映射，也并非物理实体与虚拟模型的简单加和；数字孪生不等同于传统意义上的仿真/虚拟验证和全生命周期管理，也并非只是系统大数据的集合。目前，数字孪生技术被广泛应用于航空航天、装备制造、城市管理、交通运输、电力维护、健康医疗、能源勘探等诸多领域。因此，不同的行业基于自身需求和认知，对于数字孪生的的认知也略有不同，没有达成共识，不同的学者、机构和公司等对数字孪生的理解也存在着不同。

（1）相关学者给出的数字孪生定义。

Michael Grieves 教授：数字孪生是一组虚拟信息结构，可以从微观原子级别到宏观几何级别全面描述潜在的物理制成品。在最佳状态下，可以通过数字孪生获得任何物理制成品的信息。描述数字孪生的基本概念模型包括三个主要部分——实体空间中的物理产品，虚拟空间中的虚拟产品，将虚拟产品和物理产品联系在一起的数据和信息。

李培根院士：数字孪生是"物理生命体"的数字化描述。"物理生命体"是指"孕、育"过程（即实体的设计开发过程）和服役过程（运行、使用）中的物理实体（如产品或装备），数字孪生体是"物理生命体"在其孕育和服役过程中的数字化模型。数字孪生不只是物理实体的镜像，而是与物理实体共生的。数字孪生贯穿从（产品）创新概念开始到得到真正产品的整个过程。

陶飞教授：数字孪生是以数字化方式创建物理实体的虚拟模型，借助数据模拟物理实体在现实环境中的行为，通过虚实交互反馈、数据融合分析、决策迭代优化等手段，为物理实体增加或扩展新的能力。作为一种充分利用模型、数据、智能并集成多学科的技术，数字孪生面向产品全生命周期过程，发挥连接物理世界和信息世界的桥梁和纽带作用，提供实时、高效、智能的服务。

（2）相关机构给出的数字孪生定义。

美国国家航空航天局（NASA）：数字孪生是充分利用物理模型、传感器更新、运行历史等数据，集成多学科、多尺度、多物理量、多概率的仿真过程，从而在虚拟空间反映相对应的实体的全生命周期过程。

美国航空航天学会（AIAA）：数字孪生是模拟单个物理资产或一组物理资产的结构、上下文和行为的一组虚拟信息构造，在其整个生命周期中使用来自物理孪生的数据进行动态更新，并为实现价值提供决策所需的信息。

美国机械工程师协会（ASME）：数字孪生是物体、产品、设备、人、过程、供应链甚至是完整商业生态的精确虚拟表示。它基于数据进行创建，数据来源是贴附于原物体或原物体内部的物联网传感器。

（3）相关公司给出的数字孪生定义。GE 数字集团（GE Digital）：数字孪生是资产和流程的软件表示，用于理解、预测和优化绩效以改善业务成果。数字孪生由三部分组成：数据模型、一组分析工具或算法以及知识。

1）西门子公司（SIEMENS）：数字孪生是物理产品或流程的虚拟表示，用于理解和预测物理对象或产品的性能特征。数字孪生用于在产品的整个生命周期，在物理原型和资产投资之前模拟、预测和优化产品和生产系统。

2）思爱普公司（SAP）：数字孪生是物理对象或系统的虚拟表示，但其远远不仅是一个高科技的外观。数字孪生使用数据、机器学习和物联网来帮助企业优化、创新和提供新服务。

3)美国参数技术公司(PTC):数字孪生正在成为企业从数字化转型举措中获益的最佳途径。数字孪生主要应用于产品的工程设计、运营和服务,带来重要的商业价值,并为整个企业的数字化转型奠定基础。

(4)数字孪生的概念总结。通过上述介绍可知,尽管不同机构和专家对数字孪生有着不同的理解,但存在以下共识:

1)数字孪生是一个集成了多物理、多尺度、多学科的仿真过程,涵盖了研究对象的全生命周期。

2)数字孪生基于真实世界物理特性和研究对象,利用历史数据和各种传感器获取实时数据,通过多学科耦合完成物理实体到虚拟模型的完整精确映射。

3)数字孪生充分利用物理实体和虚拟模型之间的双向交互反馈、迭代运行,达到物理实体状态在数字空间的同步呈现,基于当前数据和历史数据,通过虚拟模型的诊断、分析和预测,进而优化实体对象在其全生命周期中的决策、控制行为。

4)系统的目的是"以虚映实、虚实互驱、以虚控实",最终实现实体与模型的共享智慧与协同发展。

20.1.2 数字孪生的内涵特征

数字孪生系统的核心是基于数字空间中的虚拟模型,利用当前数据和历史数据,完成对于物理世界的全面呈现、精准表达和动态监测,实现过程诊断、行为预测和辅助决策。其技术内涵特征归纳如下:

(1)数化保真:"数化"指数字孪生体是对物理实体进行数字化而构建的模型。"保真"指数字孪生体需要具备与物理实体高度的接近性,即物理实体的各项指标能够真实地呈现在数字孪生体中,而数字孪生体的变化也能够真实地反映物理实体的变化。

(2)实时交互:"实时"指数字孪生体所处状态是物理实体状态的实时虚拟映射。"交互"指在实时性的前提下,数字孪生体与物理实体之间存在数据及指令相互流动的管道。

(3)先知先觉:"先知"指在根据物理实体的各项真实数据,通过数字孪生体进行仿真实现对物理实体未来状态的预测,预先知晓未来状态能够辅助用户做出更合理的决策。"先觉"指根据物理实体的实时运行状态,通过数字孪生体进行监测,实现对系统不稳定状态的预测,预先觉察即将可能发生的不稳定状态,使用户可以更从容地处理该问题。

(4)共生共智:"共生"指数字孪生体与物理实体是同步构建的,且二者在系统的全生命周期中相互依存。"共智"一方面指单个数字孪生系统内部各构成要素之间共享智慧(即数据、算法等),另一方面指多个数字孪生系统构成的高层次数字孪生系统内部各构成要素之间同样共享智慧。

20.1.3 数字孪生的发展历程

孪生体的概念,最早可以追溯到20世纪60年代NASA的阿波罗计划。在该计划中,NASA制造了两个完全相同的空间飞行器,留在地球上的飞行器称为孪生体(Twin),用来镜像正在执行任务的空间飞行器的状态。在飞行准备期间,孪生体飞行器广泛应用于训练;在任务执行期间,通过孪生体仿真实验,尽可能精确地反映和预测正在执行任务的空间飞行器的状态,从而辅助太空轨道上的航天员在紧急情况下作出最正确的决策。在此阶段,孪生体实际上是通过仿真,实时反映真实运行情况的样机或实体。随着计算机技术和数字化技术在工业领域的快速演进和变革,逐渐出现了数字孪生的概念,通过对其发展历程进行梳理,将其分为三个阶段——概念发展阶段、应用探索阶段和全面拓展阶段。

1.数字孪生的概念发展阶段

2003 年,Michael Grieves 教授在密歇根大学的产品全生命周期管理(Product Lifecycle Management,PLM)课程上提出了"与物理产品等价的虚拟数字化表达"的概念,并给出了定义:一个或一组特定装置的数字复制品,能够抽象表达真实装置并可以此为基础进行真实条件或模拟条件下的测试。虽然这个概念在当时并没有被称为数字孪生体,但是其概念模型却具备数字孪生体的所有组成要素,即物理空间、虚拟空间以及两者之间的关联或接口,因此其可以被认为是数字孪生体的雏形。

2011 年,Michael Grieves 教授在《几乎完美——通过 PLM 驱动创新和精益产品》一书中引用了其合作者 John Vickers 描述该概念模型的名词——数字孪生体。其概念模型包括物理空间的实体产品、虚拟空间的虚拟产品、物理空间和虚拟空间之间的数据和信息交互接口。该模型极大地拓展了阿波罗计划中的"孪生体":①将孪生体数字化,采用数字化的表达方式建立了一个与产品物理实体外表、内容和性质相同的虚拟产品;②引入虚拟空间,建立了虚拟空间和物理空间的关联,使两者可以进行数据和信息的交互;③形象直观地体现了虚实融合、以虚控实的理念;④对该概念进行扩展和延伸,针对工厂、车间、生产线、制造资源,在虚拟空间都可以建立相应的数字孪生体。

在这一阶段,数字孪生还处于概念初步成型阶段,并没有得到广泛重视和大规模推广,其原因主要包括:①信息采集手段落后,多采用人工方式和事后处理,难以实现数据的在线实时采集;②多物理场、多学科的耦合建模手段尚不成熟,相关的软硬件无法支持在虚拟空间中精确定义和描述实体产品的相关属性和行为;③大数据的处理方法和处理手段较少,无法充分利用海量的历史数据;④人工智能方法尚处于萌芽阶段,不能基于历史数据和实时数据对实体对象的未来进行预测、推理和分析。

2.数字孪生的应用探索阶段

随着武器装备的日趋复杂,数字孪生的特点逐渐引起航空航天科研人员的注意,并逐渐开始在航空航天装备的研制与试验中得到应用。此时,数字孪生从概念模型阶段步入初步的规划与实施阶段,人们对其内涵、性质的描述和研究也更加深入。

2009 年,美国国防部提出"机身数字孪生"的概念,将数字孪生用于航空航天飞行器的维护。通过飞行器身上的传感器,相关实验室还能收集到飞行器的飞行数据,用于后续研究。2011 年美国空军研究实验室结构力学部门的 Pamela A. Kobryn 和 Eric J. Tuegel 做了一次演讲,题目是"Condition-based Maintenance Plus Structural Integrity(CBM+ SI)&the Airframe Digital Twin"。在该演讲中,他们首次明确提到了数字孪生(Digital Twin)这个词汇。该演讲的目的是解决未来复杂服役环境下的飞行器维护问题及寿命预测问题。2012 年,NASA 发布的"建模、仿真、信息技术和处理路线图(Modelling Simulation Information Technology & Processing Roadmap)",可以认为是美国空军实验室和 NASA 对其之前研究成果的一个阶段性总结,其中突出了数字孪生体的集成性、多物理性、多尺度性、概率性等特征,主要功能是实时反映与其对应的飞行产品的状态,使用的数据包括当时最好的可用产品物理模型、更新的传感器数据以及产品组的历史数据等。2012 年,面对未来飞行器轻质量、高负载以及能在更加极端环境下有更长服役时间的需求,NASA 和美国空军研究实验室合作并共同提出了未来飞行器的数字孪生体范例。2012 年,美国空军研究实验室提出了"机体数字孪生体"的概念;机体数字孪生体作为正在制造和维护的机体的超写实模型,用来对机体是否满足任务条件进行模拟和判断。同年发布项目研制招标公告,GE、洛马、诺斯罗普·格鲁曼中标参与,并于 2016 年完成项目结题。2016 年开始,美国空军实验室开始在 F-35 上应用数字孪生相关技术。2019 年,美国众议院军事委员会高度评价了 F-35 项目中的数字孪生技术,称其完成了飞行结构完整性项目要求,达到了低成本和延长使用寿命的目标。洛马公司利用数字孪生技术,大大提升了军用战斗机制造和装配的自动化程度。数字孪生使得来自工程设计的 3D 精确实体模型被直接用于数控编程、坐标测量仪检测和工具制造。

数字孪生机体概念模型寿命预测功能示意图如图 20-1 所示。

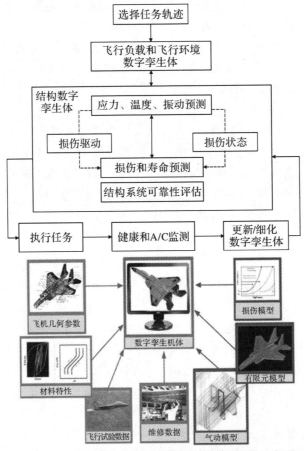

图 20-1 数字孪生机体概念模型寿命预测功能示意图

GE 公司的多型正在使用的民用涡扇发动机和正在研发的先进涡桨发动机采用了或拟采用数字孪生技术进行预测性维修服务,根据飞行过程中传感器收集到的大量飞行数据、环境和其他数据,通过仿真可完整透视实际飞行中的发动机实际运行情况,并判断磨损情况和预测合理的维修时间,实现故障前预测和监控;通过分析和优化,可以延长发动机的服役周期,并改进发动机的设计方案。法国达索公司在 3D Experience 平台上对复杂产品的特点和行为进行展现、建模、模拟和可视化,使得设计者和用户在产品诞生之前和制造过程中就能实现产品互动,发现并消除潜在风险,辅助用户理解产品工作情况。

在这一阶段,由于航空航天设备日趋复杂,其设计、研制、测试、运行、维护等全生命周期成本大幅度增加。世界各军事强国借助数字空间的低成本、高效率、易迭代的巨大优势,在飞行器的智能设计、生成制造、模拟发射、故障诊断和预测、精度分析和提升等诸多环节逐步应用数字孪生技术,数字孪生技术逐步进入应用探索阶段,形成了一系列的研究规范和成功案例。与此同时,各国相关机构开始开展一系列研究工作,并将其视为改变未来军事技术发展的重要范式。2013 年,美国空军发布《全球地平线》顶层科技规划,将数字孪生称为"改变游戏规则"的颠覆性机遇;2016—2020 年,信息技术研究与顾问咨询公司 Gartner 将数字孪生列为当年十大战略科技发展趋势之一;2017 年 11 月,美国武器生产商洛马公司将数字孪生列为未来航空航天与国防的六大顶尖技术之首。

3. 数字孪生的全面拓展阶段

随着人工智能、5G 通信、信息处理、物联网技术等的迅猛发展,数字孪生能力进一步凸显,世界各个经济强国纷纷启动了数字化经济的探索计划,通过制定一系列研发计划和标准规范,将数字孪生技术的应用从航空航天领域逐步扩展到城市建设、智能制造、交通运输等领域。

（1）政策法规方面。全球各国纷纷把握机遇,出台相关的政策文件,推进数字孪生技术在各个行业中的应用。

国外方面,2018 年,美国国防部提出数字工程战略,旨在推进数字工程转型,将国防部以往线性、以文档为中心的采办流程转变为动态、以数字模型为中心的数字工程生态系统,完成以模型和数据为核心的范式转移,其技术核心就是跨生命周期的数字系统模型、数字线索和数字孪生。2020 年 4 月,英国发布了《英国国家数字孪生体原则》,讲述构建国家级数字孪生体的价值、标准、原则及路线图。2020 年 5 月,美国组建数字孪生联盟,将数字孪生作为工业互联网落地的核心和关键,正式发布《工业应用中的数字孪生:定义、行业价值、设计、标准及应用案例》白皮书。德国工业 4.0 参考框架将数字孪生作为重要内容,2020 年 9 月,德国 VDMA、ZVEI、Bitkom 联合 20 家欧洲龙头企业成立"工业数字孪生协会"（Industrial Digital Twin Association,IDTA）,目标是通过统一各个企业数字化工具标准提升数字孪生体并行开发效率。

国内方面,2020 年 4 月,我国发布了《关于推进"上云用数赋智"行动培育新经济发展实施方案》,首次指出数字孪生是七大新一代数字技术之一,并提出了"数字孪生创新计划",要求"引导各方参与提出数字孪生的解决方案"。2021 年 3 月,我国先后发布《"十四五"规划纲要》《"十四五"数字经济发展规划》《"十四五"国家信息化规划》等规划文件,文件中提出要积极完善城市信息模型平台和运行管理服务平台,构建城市数据资源体系,推进城市大脑建设,以因地制宜为原则探索建设数字孪生城市。随后,《"十四五"信息化和工业化深度融合发展规划》《"十四五"智能制造发展规划》等规划文件指出,围绕机械、汽车、航空、航天、船舶、兵器、电子、电力等重点装备领域建设数字化车间和智能工厂,构建面向装备全生命周期的数字孪生系统。

(2)标准规范方面。各个国际组织和行业协会,纷纷开展数字孪生规范标准的制定与探索工作。国际标准化组织自动化系统与集成技术委员会正在开展数字孪生构建原则、参考架构、物理制造元素的数字表示、信息互换及数字孪生可视化元素等方面标准研究;IEEE数字孪生标准工作组正在开展智能工厂物理实体的数字化表征与系统架构等相关标准的研究;ISO/IEC信息技术标准化联合技术委员会数字孪生咨询组在数字孪生的术语、标准化需求、相关技术、参考模型等方面开展研究。国内的陶飞等与国内本领域相关标准技术委员会及应用企业(包括机床、卫星、发动机、工程机械装备等行业)联合发表了《数字孪生标准体系探究》,共同建立了一套数字孪生标准体系架构,并从数字孪生基础共性标准、关键技术标准、工具/平台标准、测评标准、行业应用标准 6 个层面进行具体的阐述。

(3)行业应用方面。伴随着新一代信息技术、物联网技术、人工智能技术的快速发展与应用普及,GE Digital、西门子、PTC、Ansys、达索系统、AVEVA、罗克韦尔自动化、SAP、Altair、ESI Group、微软、Maplesoft、Bentley、Unity 等国际大型公司和工业集团,将数字孪生技术视为重要的行业发展契机和能力提升手段,纷纷打造数字孪生解决方案,推出了一系列数字孪生工具,赋能制造业数字化转型,并将其应用在工业制造、城市管理、装备科研等领域。在这些解决方案中,一些国际厂商基于自身技术打造了综合性平台来构建数字孪生的应用,例如 GE 的 Predix、西门子的 COMOS Platform、PTC 的 ThingWorx、Bentley 的 iTwin Platform,还有一些国际厂商则通过与多家厂商展开合作,提供数字孪生所需要的完整解决方案,譬如达索系统与 ABB、Ansys 和罗克韦尔自动化、Altair 和 ACROME、微软和 Ansys 都曾进行过数字孪生方面的合作。目前,国内外已经初步形成了较为完备的数字孪生产业体系,一大批公司、企业和科研院所正在结合本单位的应用场景和任务需求,开展数字孪生的建设。

随着数字孪生与云计算、物联网、大数据、人工智能、虚拟现实等技术的进一步融合,数字孪生技术已经从传统的航空航天领域逐步扩展到制造、建筑、交通、城市等领域,并从运行维护领域向研发设计和生产制造领域延伸,逐步覆盖产品全生命周期和全产业链。在政、产、学、研各方的共同努力下,以数字孪生为核心的技术、产品、组织和产业正快速成长和成熟,逐步成为改变科技发展的新的范式。

20.2　数字孪生的组成架构与层次划分

数字孪生以数字化的方式建立物理实体的多维、多时空尺度,多学科、多物理量的动态虚拟模型,来仿真和刻画物理实体在真实环境中的属性、行为、规则等,其核心是强调物理系统与虚拟系统的协调感知统一。下面就给出数字孪生的维度组成和层次划分。

20.2.1　数字孪生的维度组成

2011 年, Michael Grieves 教授将数字孪生分为物理空间的实体产品、虚拟空间的虚拟产品、物理空间和虚拟空间之间的数据和信息交互接口三类。2019 年, 陶飞等在其基础上, 对数字孪生维度组成进行了扩充, 提出了五维模型, 将其分为物理实体、虚拟实体、服务、数据和连接。本书在陶飞团队的五维模型基础上, 对其略微进行改进, 将其服务中的功能服务和连接等数字孪生的基础功能整合成孪生引擎, 作为数字孪生的任务核心和管理中枢。整个系统的组成概念如图 20 - 2 所示。

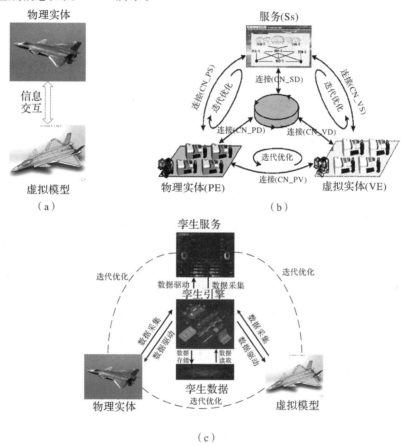

图 20 - 2　数字孪生组成示意图

(a)三维模型;(b)五维模型;(c)改进的五维模型

1. 数字孪生中的物理实体

物理实体是数字孪生系统的研究对象, 是数字孪生所要映射的在物理空间实际存在的一个系统。根据研究对象的不同, 物理实体可以是任何形态, 如从飞机、卫星一直扩展到工厂、城市。在物理实体中, 各个组成部分通过物理连接或活动关系结合起来, 构成一个相对完整的对象系统。为了实现数字孪生功能, 要求物理实体具备数字化接入能力, 即具备较强的数据采集与信息交互能力。

物理实体的各异构要素的全面互联感知是构建数字孪生系统的前提, 要求能够通过各种内在传感器和外部观测设备获取物理实体的运行状态、内部参数和环境信息,主要技术包括数据采集技术和数据传输技术。数据采集装置包括各类传感器、扫码装置、智能终端等;数据传输方式包括现场总线、工业以太网、无线蓝牙、移动通信和专用数据链等。物理实体对于孪生指令的响应是实现数字孪生效果的关键,通过各种数据传输方式,接收虚拟模型、孪生引擎和孪生服务发送的交互信息和控制指令,根据控制指令进行命令执行和状态改变,并将相关信息继续反馈给虚拟模型和孪生引擎,实现进一步的迭代优化。

目前,随着互联网、云计算、边缘计算、边云协同等技术的发展,物理实体各组成部分在空间维度上远距离分布式协同控制成为可能,而不必将系统局限在狭小范围或单一实体内,从而将物理实体模型的范围和内涵大大扩展,使得物理实体具备分散化、社会化、协同化的特点。

2. 数字孪生中的虚拟模型

虚拟模型是物理实体对应于信息空间的数字模型,以及物理实体运行过程的相关信息系统。作为物理实体在数字空间中的数字镜像,要求虚拟模型能够逼真地反映出物理实体的几何特征、运动状态、运行过程。

虚拟模型主要包括几何模型、物理模型、行为模型和规则模型,通过各种连接关系和装配关系构成一个完整的信息系统,并通过数据传输装置与物理实体、孪生引擎和孪生服务进行数据交互,在孪生引擎的调度下,能够从多时间尺度、多空间尺度对物理实体的状态行为进行描述和刻画。

(1)几何模型:主要用于描述物理实体几何参数(如形状、尺寸、位置等)与关系(如装配关系)的三维模型,与物理实体具备良好的时空一致性,通过大量的细节层次渲染,使得几何模型从视觉上更加接近物理模型。通常情况下,几何模型通过三维建模软件(如 3D Max,ProE,AutoCAD、Solid-Works、CATIA 等)或仪器设备(如三维扫描仪)来创建。

(2)物理模型:在几何模型的基础上增加了物理实体的物理属性、约束及特征等信息,通常可用 ANSYS、ABAQUS、Hypermesh 等工具从宏观及微观尺度进行动态的数学近似模拟与刻画,如结构、流体、电场、磁场建模仿真分析等。

(3)行为模型:描述了不同粒度、不同空间尺度下的物理实体在不同时间尺度下的外部环境与干扰,以及在内部运行机制共同作用下产生的实时响应及行为,如随时间推进的演化行为、动态功能行为、性能退化行为、动力学行为等。创建物理实体的行为模型是一个复杂的过程,涉及问题模型、动力学模型、评估模型、决策模型等多种模型的构建,可利用牛顿定律、理论力学、有限状态机、神经网络、以及基于本体的建模方法进行行为模型的创建。

(4)规则模型:包括基于历史关联数据的规律规则,基于隐性知识总结的经验,以及相关领域标准与准则等。这些规则随着时间的推移自增长、自学习、自演化,使虚拟模型具备实时判断、评估、优化及预测的能力,不仅能对物理实体进行控制与运行指导,还能对虚拟模型进行校正与一致性分析。规则模型可通过集成已有的知识获得,也可利用机器学习算法不断挖掘产生新规则。

在使用时,孪生引擎根据任务要求,对上述模型进行组装、集成与融合,从而创建对应物理实体的完整虚拟模型,并通过模型校核、验证与确认(VV&A)来验证虚拟模型的一致性、准确度、灵敏度等,保证虚拟模型能真实映射物理模型。

3. 数字孪生中的孪生数据

孪生数据是数字孪生系统的数据基础,也是数字孪生和传统仿真的一个重要差异,即数字孪生系统能够充分利用各种历史数据和当前数据,并对数据进行融合处理。孪生数据主要包括实体数据、模型数据、服务数据、引擎数据、知识数据和融合数据。

(1)实体数据:主要包括体现物理实体的规格、功能、性能、关系等的物理要素属性数据与反映物理实体运行状况、运行位置、环境参数、突发扰动等的动态过程数据,可通过传感器、嵌入式系统、数据采集卡、智能终端等进行采集。

(2)模型数据:主要包括虚拟模型相关数据,如几何尺寸、装配关系、位置等几何模型相关数据,材料属性、载荷、特征等物理模型相关数据,驱动因素、环境扰动、运行机制等行为模型相关数据,约束、规则、关联关系等规则模型相关数据,以及基于上述模型开展的过程仿真、行为仿真、过程验证、评估、分析、预测等的仿真试验数据。

(3)服务数据:主要包括各种功能服务相关数据,如企业数据、生产数据、产品数据、市场分析数据等。

(4)引擎数据:主要用于记录整个数字孪生运行过程中的孪生引擎调度和驱动中产生的各种状态数据,便于对运行状态进行过程监控和事后分析。

(5)知识数据:包括专家知识、行业标准、规则约束、推理推论、常用算法库与模型库等。

(6)融合数据:对各种数据进行数据转换、预处理、分类、关联、集成、融合等相关处理后得到的衍生数据。通过融合物理实况数据与多时空关联数据、历史统计数据、专家知识等信息数据得到信息物理融合数据,从而反映更加全面与准确的信息,并实现信息的共享与增值。

需要说明的是,在各种数据中,不仅要包含当前的状态数据,还应该保存海量的历史记录数据,从而支撑孪生引擎和孪生服务,能够基于历史状态信息开展故障诊断、状态分析和行为预测等。

4. 数字孪生中的孪生引擎

孪生引擎是数字孪生系统的管理中枢,是实现物理、模型、服务和数据之间实时连接同步的驱动引擎,是数字孪生系统智能算法和智能计算的调度管理驱动,能为用户提供高级智能化服务。在数字孪生引擎的支持下,数字孪生系统才真正形成,实现虚实交互驱动并提供各类数字孪生智能化服务。因此,孪生引擎即是数字孪生系统的"心脏和大脑",整个数字孪生系统,在孪生引擎的连接、调度和驱动下,执行各种服务任务。孪生引擎主要包括孪生信息交互连接和孪生过程调度驱动。

孪生信息交互主要包括物理信息连接和虚拟信息接口两大类型。物理连接主要用于物理实体与孪生引擎、孪生引擎与各种孪生服务之间的物理电气连接,主要包括各种类型的物理电气连接装置、配套的通信协议规范以及相关的控制指令协议,其中电气连接装置包括各种物理连接、串行总线、以太网线、WIFI、5G、专用数据链等,通信协议规范包括 TCP/IP、OPC - UA、MQTT、CoAP 等,控制指令协议是设计者根据任务需求在通信基础上制定的指令,用于实现开始、结束、状态上传等操作。虚拟信息接口主要包括一系列模型接口规范、数据接口规范和通信接口规范,其中,模型接口规范主要包括 FMI、M3D 等标准规范或自定义规范,用于完成仿真引擎与虚拟模型之间的交互和调度;数据接口规范主要包括 JDBC、ODBC等数据库接口协议,用于完成数据的实时存储记录,以及相关数据的检索、读取与融合;通信接口规范涉及 Socket、RPC、MQSeries、API 等通信接口,用于实现孪生引擎与服务程序的双向通信,完成直接的指令传递、数据收发、消息同步等。

孪生过程调度驱动主要以工具组件、中间件、模块引擎等形式支撑数字孪生内部功能运行与实现。其服务主要包括:①面向全部对象的调度管理,如时钟推进、时钟同步、消息控制、状态监控等;②面向虚拟模型的模型管理功能,如建模仿真、模型管理、模型组装与融合、模型 VV&A、模型一致性分析等;③面向孪生数据的数据管理处理功能,如数据存储、封装、清洗、关联、挖掘、融合等功能;④面向孪生服务的综合连接,如数据采集、感知接入、数据传输、协议、接口等。

孪生引擎通过一系列软件协议模块和硬件接口装置,实现了实体、模型、数据、服务之间的互通互联,并完成了各个系统之间的调度管理,使其能够在统一的时空下按照设定有序、安全地完成相关任务。

5. 数字孪生中的孪生服务

孪生服务是数字孪生系统的服务终端,向用户各类应用系统提供各类服务接口,是物理实体、虚拟实体在数字孪生引擎支持下提供的新一代应用服务,是数字孪生系统功能的具体体现。

孪生服务与数字孪生的具体应用任务密切相关,其设计与实现根据不同的行业、不同的规模、不同的用户等级而各有不同。目前,数字孪生服务主要可以分为:①面向终端现场操作人员的操作指导服务,如虚拟装配服务、设备维修维护服务、工艺培训服务;②面向专业技术人员的专业化技术服务,如能耗多层次多阶段仿真评估服务、设备控制策略自适应服务、动态优化调度服务、动态过程仿真服务等;③面向管理决策人员的智能决策服务,如需求分析服务、风险评估服务、趋势预测服务等;④面向终端用户的产品服务,如用户功能体验服务、虚拟培训服务、远程维修服务等。

孪生服务是一个屏蔽了数字孪生内部异构性与复杂性的黑箱,通过多种交互方式向用户提供标准的输入输出,从而降低数字孪生应用实践中对用户专业能力与知识的要求,实现按需使用。目前,随着数字孪生系统的不断进化,孪生服务内容也会不断增加,这是一个逐步完善的过程。

20.2.2 数字孪生的层次划分

数字孪生是多类数字化技术的集成融合和创新应用,基于建模工具在数字空间构建起精准物理对象模型,再利用实时数据驱动模型运转,进而通过当前数据、历史数据与模型集成融合,推动研究对象的全业务流程闭环优化。图 20-3 给出了典型的数字孪生的层次划分。

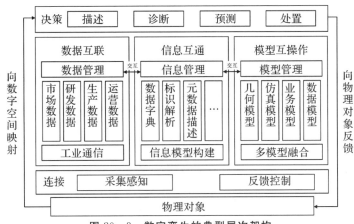

图 20 - 3　数字孪生的典型层次架构

（1）数字孪生的连接层：具备采集感知和反馈控制两类功能，是数字孪生闭环优化的起始和终止环节。通过深层次的采集感知获取物理对象的全方位数据，利用高质量反馈控制完成物理对象的最终执行。

（2）数字孪生的映射层：具备数据互联、信息互通、模型互操作三类功能，并实现数据、信息、模型的实时融合。数据互联指通过通信实现物理对象市场数据、研发数据、生产数据、运营数据等全生命周期数据集成；信息互通指利用数据字典、元数据描述等功能，构建统一信息模型，实现物理对象信息的统一描述；模型互操作指能够通过多模型融合技术，将几何模型、仿真模型、业务模型、数据模型等多类模型进行关联和集成融合。

（3）数字孪生的决策层：在连接层和映射层的基础上，通过综合决策实现描述、诊断、预测、处置等不同深度应用，并将最终决策指令反馈给物理对象，支撑实现闭环控制。

20.3　数字孪生的开发流程与关键技术

数字孪生的研制过程涉及多个学科，是一项极具挑战性的任务。下述介绍数字孪生的开发流程和关键技术等。

20.3.1　数字孪生的开发流程

数字孪生的开发流程主要可分为虚拟建模、虚拟试验和虚实共生三个阶段。下面对其开发过程进行分析，具体如图 20 - 4 所示，用 S、A、R、M 分别标注开发过程中涉及的阶段、活动、文档和模型。

（1）虚拟建模阶段。基于物理实体的历史信息和用户需求确定数字孪生模型建模需求和开发方案，从仿真模型、仿真过程、仿真功能等方面对数字孪生体进行初步概念设计，然后从多学科、多领域角度对多层级数字孪生模型进行详细设计，再通过 3D 建模得到单元级数字孪生模型。

（2）虚拟试验阶段。通过仿真软件等实现单元级数字孪生模型在形状、结构及性能等方面的仿真分析、验证及优化，然后进行模型组装和模型融合得到系统级数字孪生模型，再基于模型交互设计和仿真过程设计进行仿真测试，验证其正确性和有效性。

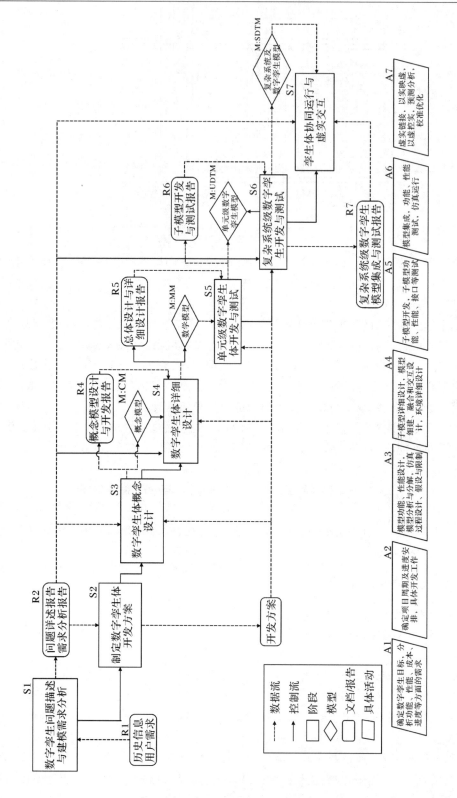

图20-4 数字孪生系统的开发过程

（3）虚实共生阶段。将物理实体与数字孪生体链接，通过数字化设备采集物理实体状态和行为等数据信息，由数字孪生系统中的服务系统进行智能化管控，实现数字孪生模型结构和参数的自动更新，并依据数字孪生模型的预测信息生成智能化决策从而控制和优化物理实体的运行过程。对数字孪生开发过程中的各阶段及其包含的具体活动进行详细分析后，可依照开发顺序逐阶段开展评估工作。若某阶段的评估结果符合可接受准则，即可进入下一开发阶段，否则返回相应的开发阶段进行修改。

20.3.2 数字孪生的关键技术

数字孪生作为一种集成多学科、多尺度、多物理量、多概率的仿真手段，其设计、实施和使用是一项极具挑战性的任务，涉及建模、采集、处理、应用、计算和显示等诸多关键技术。

1. 多领域、多尺度融合建模

多领域建模是指构建不同领域不同专业的模型，在正常和非正常情况下从最初的概念设计阶段开始实施，从不同领域、深层次的机理层面对物理系统进行跨领域的设计理解和建模。其设计难点在于多种特性的融合会导致系统方程具有很大的自由度，其重点在于模型接口规范的设计。

多尺度建模是指构建不同时间尺度的模型，能够从不同时间尺度来描述物理实体随时间推进的演化过程、实时动态运行过程、外部环境、干扰与故障影响等，使得模型能够融合历史数据和当前状态。其难点同时体现在时间尺度统一和多尺度数据融合等方面。

通过构建多领域多尺度融合模型，可以在不同的应用场景下提供不同精度等级的模型，从而达到效率与精度的协调。

2. 高精度实时数据采集传输

高精度数据采集和实时传输是整个数字孪生系统的基础，各个类型的传感器性能，包括温度、压力、振动等都要达到最优状态，以复现实体目标系统的运行状态。传感器的分布和传感器网络的构建以快速、安全、准确为原则，通过分布式传感器采集系统的各类物理量信息表征系统的状态。同时，搭建快速可靠的信息传输网络，将系统状态信息安全、实时地传输至上位机供其应用，具有十分重要的意义。

数字孪生系统是物理实体系统的实时动态超现实映射，数据的实时采集传输和更新对数字孪生具有至关重要的作用。大量分布的各类型高精度传感器在整个孪生系统的前线工作，起着最基础的作用。

目前，数字孪生系统数据采集的难点在于，传感器的种类、精度、可靠性、工作环境等各个方面都受到当前技术发展水平的限制，导致采集数据的方式也受到局限。数据传输的关键在于实时性和安全性，网络传输设备和网络结构受限于当前的技术水平无法满足更高级别的传输速率，网络安全性保障在实际应用中同样应予以重视。传感器水平的快速提升和高带宽低成本传输技术的应用推广，为获取更多用于表征和评价对象系统运行状态的异常、故障、退化等复杂状态提供保障。许多新型的传感手段或模块可在现有对象系统体系内或兼容于现有系统，构建集传感、数据采集和数据传输于一体的低成本体系或平台，这也是支撑数字孪生体系的关键部分。

3. 虚实信息的状态融合

为了实现孪生系统对于真实世界的映像与优化,要求孪生系统能够基于物理实体的当前数据和历史数据,结合多维度、多尺度虚拟模型,对物理实体的运行状态进行分析、诊断与预测。因此,数字孪生的重要内容就是虚实信息的状态融合。

在传统的仿真试验中,主要依据虚拟模型的运算对状态进行分析、诊断与预测,但对于复杂的研究对象,往往难以建立精确可靠的系统级虚拟模型,因而单独采用目标系统的解析物理模型对其进行状态评估无法获得最佳的评估效果。相比较而言,采用数据驱动的方法则能利用系统的历史和实时运行数据,对物理模型进行更新、修正、连接和补充,充分融合系统机理特性和运行数据特性,能够更好地结合系统的实时运行状态,获得动态实时跟随目标系统状态的评估系统。这也是数据孪生的重要技术特征。

目前将数据驱动与物理模型相融合的方法主要有:①采用解析物理模型,利用数据驱动的方法对解析物理模型的参数进行修正;②将解析物理模型和采用数据驱动并行使用,依据两者输出的可靠度进行加权,得到最后的评估结果。以上两种方法都缺少更深层次的融合和优化,对系统机理和数据特性的认知不够充分,融合时应对系统特性有更深入的理解和考虑。目前,数据与模型融合的难点在于两者在原理层面的融合与互补,如何将高精度的传感数据统计特性与系统的机理模型合理、有效地结合起来,获得更好的状态评估与监测效果,是亟待考虑和解决的问题。

目前,无法有效实现物理模型与数据驱动模型的结合,还体现在现有的工业复杂系统和装备复杂系统全生命周期状态无法共享、全生命周期内的多源异构数据无法有效融合、智能对象的系统过程或机理难以描述等方面。

因此,有效提升或融合复杂装备或工业复杂系统前期的数字化设计及仿真、虚拟建模、过程仿真等,进一步强化复杂系统构成和运行机理、信号流程及接口耦合等因素的仿真建模,是构建数字孪生系统必须突破的瓶颈。

4. 全生命周期数据管理

复杂系统的全生命周期数据存储和管理是数字孪生系统的重要支撑。采用云服务器对系统的海量运行数据进行分布式管理,实现数据的高速读取和安全冗余备份,为数据智能解析算法提供充分可靠的数据来源,对维持整个数字孪生系统的运行起着重要作用。通过存储系统的全生命周期数据,可以为数据分析和展示提供更充分的信息,使系统具备历史状态回放、结构健康退化分析及任意历史时刻的智能解析功能。

海量的历史运行数据还为数据挖掘提供了丰富的样本信息,通过提取数据中的有效特征、分析数据间的关联关系,可以获得很多未知但具有潜在利用价值的信息,加深对系统机理和数据特性的理解和认知,实现数字孪生体的超现实属性。随着研究的不断推进,全生命周期数据将持续提供可靠的数据来源和支撑。全生命周期数据存储和管理的实现需要借助于服务器的分布式和冗余存储。由于数字孪生系统对数据的实时性要求很高,如何优化数据的分布架构、存储方式和检索方法,获得实时可靠的数据读取性能,是将其应用于数字孪生系统面临的挑战。尤其应考虑工业企业的数据安全及装备领域的信息保护,构建以安全私有云为核心的数据中心或数据管理体系,这是目前较为可行的技术解决方案。

5.高性能快速仿真计算

在数字孪生系统中,要求孪生引擎具备快速高效的虚拟模型超实时仿真能力,能够超前于物理实体系统给出预测的运算结果,从而进行信息评估和任务决策。为了实现这一目的,要求数字孪生系统具备高性能快速仿真的能力。在进行仿真计算时,一方面,不断优化数据结构、算法结构,提升计算平台的计算速度;另一方面,综合考量系统搭载的计算平台的性能、数据传输网络的时间延迟以及异构模型并行计算的分配,从而设计优秀系统计算架构,满足系统的实时性分析和计算要求。

数字孪生引擎的计算能力直接决定了系统的整体性能,是整个系统的计算基础。目前,提升计算性能的途径很多:一方面,可以采用多核及多任务并行计算,通过调度优化,并行推进,提升系统的计算能力;另一方面,可以采用云计算和边缘计算等先进仿真方法,提升系统的计算速度。

云计算采用分布式计算等技术,集成强大的硬件、软件、网络等资源,为用户提供了便捷的网络访问,用户使用可配置的计算资源共享池,借助各类应用及服务完成目标功能的实现,且无需关心功能实现方式,显著提升了用户开展各类业务的效率。边缘计算是将云计算的各类计算资源配置到更贴近用户侧的边缘,即计算可以在移动设备、边缘服务器、智能家居、摄像头等靠近数据源的终端上完成,从而减少与云端之间的传输,降低服务时延,节省网络带宽,减少安全和隐私问题。云计算和边缘计算以云、边、端协同的形式为数字孪生提供分布式计算基础。

6.虚拟现实精准呈现

虚拟现实技术作为数字孪生的重要展示手段和人机交互单元,能够将系统的制造、运行、维修状态呈现出超现实的形式,对复杂系统的各个子系统进行多领域、多尺度的状态监测和评估,将智能监测和分析结果附加到系统的各个子系统、部件中,在完美复现实体系统的同时,将数字分析结果以虚拟映射的方式叠加到所创造的孪生系统中,从视觉、声觉、触觉等各个方面提供沉浸式的虚拟现实体验,实现实时、连续的人机互动。目前,虚拟现实技术主要包括虚拟现实(Virtual Reality,VR)、增强现实(Augmented Reality,AR)、混合现实(Mixed Reality,MR)等技术。其中,VR 将构建的三维模型与各种输出设备结合,模拟出能够使用户体验脱离现实世界并可以交互的虚拟空间。AR 是虚拟现实的发展,其将虚拟世界内容与现实世界叠加在一起,使用户体验到的不仅是虚拟空间,从而实现超越现实的感官体验。MR 在增强现实的基础上搭建了用户与虚拟世界及现实世界的交互渠道,进一步增强了用户的沉浸感。

虚拟现实技术能够帮助使用者通过数字孪生系统迅速了解和学习目标系统的原理、构造、特性、变化趋势、健康状态等各种信息,并能启发其改进目标系统的设计性能和制造工艺,为优化和创新提供灵感。通过简单地点击和触摸,不同层级的系统结构和状态会呈现在使用者面前,使得数字化的世界在感官和操作体验上更接近现实世界。

20.4 数字孪生的应用

数字孪生以数字化的形式在虚拟空间中构建了与物理世界一致的高保真模型,通过与物理世界间不间断的闭环信息交互反馈与数据融合,模拟对象在物理世界中的行为,监控物理世界的变化,反映物理世界的运行状况,评估物理世界的状态,诊断发生的问题,预测未来趋势,从而优化和改变物理世界。目前,随着数字孪生技术的迅猛发展,其应用场景正在逐步扩展。

下面给出数字孪生的应用场景、适用准则和典型应用。

20.4.1 数字孪生的应用场景

数字孪生通过数据和模型双驱动的仿真、预测、监控、优化和控制,实现服务的持续创新、需求的即时响应和产业的升级优化。数字孪生正在成为提高质量、增加效率、降低成本、减少损失、保障安全、节能减排的关键技术,应用场景正逐步延伸拓展到更为宽广的领域。其功能、应用场景及作用见表 20 - 1。

表 20 - 1 数字孪生的应用场景分析

功　能	应用场景	作　用
模拟仿真	虚拟测试(如风洞试验) 虚拟验证(如结构验证、可行性验证) 过程规划(如工艺规划) 操作预演(如虚拟调试、维修方案预演) 隐患排查(如飞机故障排查)	减少实物实验次数 缩短产品设计周期 提高可行性、成功率 降低试制与测试成本 减少危险和失误
监控	行为可视化(如虚拟现实展示) 运行监控(如装配监控) 故障诊断(如风机齿轮箱故障诊断) 状态监控(如空间站状态监测) 安防监控(如核电站监控)	识别缺陷 定位故障 信息可视化 保障生命安全
评估	状态评估(如汽轮机状态评估) 性能评估(如航空发动机性能评估)	提前判断 指导决策
预测	故障预测(如风机故障预测) 寿命预测(如航空器寿命预测) 质量预测(如产品质量控制) 行为预测(如机器人运动路径预测) 性能预测(如实体在不同环境下的表现)	减少宕机时间 降低风险 避免灾难性破坏 提高产品质量 验证产品适应性
优化	设计优化(如产品再设计) 配置优化(如制造资源优选) 性能优化(如设备参数调整) 能耗优化(如汽车流线性能提升) 流程优化(如生产过程优化) 结构优化(如城市建设规划)	改进产品开发 提高系统效率 节约资源 降低能耗 提升用户体验 降低生产成本
控制	运行控制(如机械臂动作控制) 远程控制(如火电机组远程启停) 协同控制(如多机协同)	提高操作精度 适应环境变化 提高生产灵活性 实时响应扰动

20.4.2 数字孪生的适用准则

数字孪生的建设过程和建设难度相对复杂,不同的行业在开展仿真任务时,应该根据其任务需求,判断是否适用于数字孪生技术。数字孪生技术的适用准则。

表 20-2 数字孪生的应用场景分析

适用准则	数字孪生的作用	举 例	维度
适用资产密集型、产品单价高的行业产品	基于真实刻画物理产品的多维多时空尺度模型和生命周期全业务、全要素、全流程孪生数据,开展设计优化、智能生产、可靠运维等	高端能源装备(如风力发电机、汽轮机、核电装备); 高端制造装备(如高档数控机床); 高端医疗装备; 运输装备(如直升机、汽车、船舶)	产品
适用复杂产品、过程、需求	支持复杂产品、过程、需求在时间与空间维度的解耦与重构,对关键节点和环节进行仿真、分析、验证、性能预测等	复杂过程(如离散动态制造、复杂制造工艺); 复杂需求(如复杂生产线快速个性化设计需求); 复杂系统(如生态系统、卫星通信网络); 复杂产品(如 3D 打印机、航空发动机)	复杂程度
适用极端运行环境	支持运行环境自主感知、运行状态实时可视化、多粒度多尺度仿真,以及虚实实时交互等	极高或极深环境(如高空飞行环境); 极热(如高温裂解炉环境)或极寒环境; 极大或极小尺度(如超大型钢锭极端制造环境、微米和纳米级精密加工环境); 极危环境(如核辐射环境)	运行环境
适用高精度、高稳定性、高可靠性仪器仪表、装备	支持运行环境自主感知、运行状态实时可视化、多粒度多尺度仿真,以及虚实实时交互等	高精度(如精密光学仪器、精准装配过程); 高稳定性(如电网系统、暖通空调系统、油气管道); 高可靠性(如铁路运营、工业机器人)	性能
适用需降低投入产出比的行业	支持行业内的信息共享与企业协同,从而实现对行业资源的优化配置与精益管理,实现提质增效	制造行业(如汽车制造) 物流运输业(如仓库储存、物流系统) 冶金行业(如钢铁冶炼) 农牧业(如农作物健康状态监测)	经济效益
适用社会效益大的工程和场景需求	支持工程和场的实时可视化、多维度和多粒度仿真、虚拟验证与实验以及沉浸式人机交互,为保障安全提供辅助等	数字孪生城市(如城市规划、灾害模拟、智慧交通); 数字孪生医疗(如远程手术、患者护理、健康监测); 文物古迹修复(如巴黎圣母院修复); 数字孪生奥运(如场景模拟)	社会效益

20.4.3 数字孪生的典型应用

当前,以新一代信息技术为代表的新兴技术快速发展,加速推动着经济社会各领域的变革。数字经济在推动经济发展、提高劳动生产率、培育新市场和产业新增长点、实现包容性增长和可持续增长等诸多方面都发挥着重要作用。数字孪生作为数字经济的核心技术之一,是联结物理世界与虚拟空间的一座桥梁。目前,数字孪生已逐步成为一种基础性、普适性的技术体系,其在航空航天、装备制造、交通运输、城市管理等行业的应用场景日益增多,如图所示 20-5 所示。

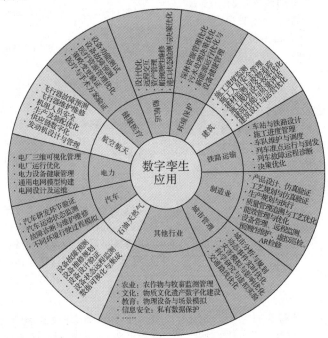

图 20-5 数字孪生的应用场景

下面简要介绍数字孪生技术在航空航天领域的典型应用。

1. 数字孪生在卫星网络中的应用

空间信息网络作为卫星网络的进一步延伸,将卫星网络、各种空间航天器和地面宽带网络联系起来,形成智能化体系,具有巨大的研究意义和应用前景。空间信息网络由于具有节点及链路动态时变、网络时空行为复杂、业务类型差异巨大的特点,其在网络模型构建、网络节点管控、动态组网机理、时变网络传输等方面对网络建设提出了重大挑战。将数字孪生技术引入空间通信网络构建中,构建数字孪生卫星(单元级)、数字孪生卫星网络(系统级)以及数字孪生空间信息网络(复杂系统级),搭建数字孪生空间信息网络管理平台,实现卫星的全生命周期管控、时变卫星网络优化组网以及空间信息网络构建与优化。

卫星网络的数字孪生架构如图 20-6 所示。

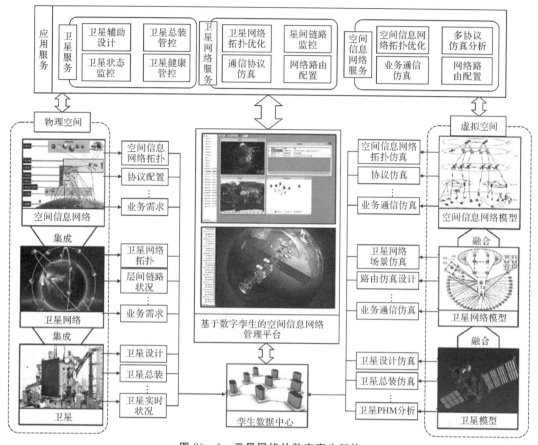

图 20 - 6　卫星网络的数字孪生架构

（1）数字孪生卫星。卫星作为高成本的复杂航天产品，其设计、总装等过程一直存在数字化程度低、智能化水平低等问题，同时，卫星入轨后，其健康监控与维修维护也是一项难以解决的技术难题。借助数字孪生技术，可实现以下功能：①借助孪生模型与仿真，辅助卫星的三维设计与验证；②结合设计模型与数字孪生总装平台，实现总装数字化、智能化；③基于数字孪生的卫星故障预测与健康管理，借助传感器数据及运行数据，结合模型与算法，实现卫星的远程监控、状况评估、预测故障发生、定位故障原因并采取相应维修策略。

（2）数字孪生卫星网络。卫星网络节点高速运行和链路动态变化，对卫星网络拓扑结构时变重构提出了极高的要求。构建数字孪生卫星时变网络，借助高拟真的网络模型和相关协议、算法，结合卫星当前状态数据、历史数据以及相关专家知识库，建立与实际卫星网络镜像映射的虚拟网络，并以此实现对网络行为的高精度的仿真，实时辅助卫星网络拓扑的构建。

（3）数字孪生空间信息网络。在卫星时变网络组网的基础上，整合相关资源，搭建数字孪生空间信息网络平台，实现对整个网络状态与信息的实时监控，并借助相关协议模型、算法及仿真工具,对网络场景与通信行为进行仿真,进而对空间信息网络实现路由预设置、资源预分配、设备预维护,实现空间信息网络的构建与优化。

2.数字孪生在航空发动机研制中的应用

针对航空发动机的研制特点,在设计、生产制造、试验和使用维护等不同的业务域,分析发动机实体特征并以孪生模型进行描述,构建连接实现虚实信息数据的动态交互,并借助孪生数据的融合与分析实现基于孪生的诊断、预测、控制和优化。航空发动机设计中的数字孪生技术框架如图 20-7 所示。

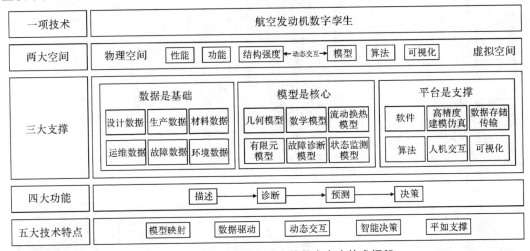

图 20-7　航空发动机设计中的数字孪生技术框架

(1)航空发动机的数字孪生设计。基于数字孪生的产品设计是指在数据的基础上,利用已有物理产品和孪生模型在设计中的协同作用,不断挖掘产生新颖独特的产品概念并开展需求验证,转化成详细的产品设计方案,满足用户需要。在基于数字孪生的设计过程中,集成了包含各种反映真实世界的数字模型,各种模型之间既相互独立又相互耦合。根据需要,数字孪生模型可以按照不同视角重新组合成各种虚拟样机来表征和反映物理实体状态的变化。在工程应用中,根据需求在对已有发动机模型重用的基础上,利用历史数据形成初步的航空发动机数字孪生体,支持多方案筛选;伴随发动机方案确定,产生能够反映发动机功能、性能、结构、可靠性等各方面特性的数字孪生体。在模拟环境下,对发动机的气动性能、结构强度等开展评估,诊断可能发生的故障及其产生机理,为设计优化迭代提供依据。

(2)航空发动机的数字孪生制造。基于数字孪生的生产制造是结合现代传感器、5G 通信等新一代信息技术,通过标准数据接口实现加工过程实时数据交换与传输。通过在线数据监测建立数字孪生模型,并实现加工过程的数字化与实时虚拟可视化。通过在线监测技术实现对加工品质的快速评定,进行智能加工控制与加工设备的动态集成。利用制造过程物理世界和信息世界的深度融合与集成,可以实现每个试件的高性能制造。在零组件制造过程中,自动采集数据(包括图像、工艺和修理数据等)并精准映射到数字孪生体,开展自动分析,识别不合格品并验证影响因素,支撑工艺或设计更改,缩短处理时间,提升制造质量。根据制造、装配过程中生成的数字孪生体的完整情况,实时监测生产线运行状况,及时调整生产工艺、优化工作流程和生产参数,提高生产效率。

(3)航空发动机的数字孪生试验。试验阶段的物理模型包含试验对象(整机、零部件)和试验环境,其数字孪生模型则是虚拟的试验对象与环境,在设计/制造数字孪生的基础上扩充试验设备、试验环境的模拟,以及基于海量历史数据构建的分析模型等。在实际试验之前,利用试验阶段的数字孪生模型:一方面,可以进行试验方案的评估与优化,缩短试验台的建设周期,降低建设经费;另一方面,可以进行大量的虚拟地面试验和高空台试验,预测发动机的功能、性能表现,预测可能出现的故障,评估发动机的可靠性,如平均故障间隔时间、平均维修间隔时间和可靠度等,为设计和制造工艺的优化提供有价值的信息。在实际试验过程中,对采集的试验数据(温度、压力、应力、振动等)和外部数据(环境温度、湿度、压力等)进行分析,与数字孪生的预测结果比较,修正发动机模型、环境模型和设备模型,不断提高数字孪生的预测精度,实现基于数字孪生的高精度预测。

(4)航空发动机的数字孪生运维。在运行维护阶段,利用数字孪生技术,可以对发动机的运行环境和发动机建模,形成数字运行环境和数字运行本体,全面监测和评估发动机性能,结合运行环境信息优化发动机控制,实现早期故障预警和性能退化预测。数字孪生在发动机运行维护过程中主要解决发动机的气路故障诊断、整机性能预测、控制优化等问题。每一台发动机交付时,都有一个虚拟的数字孪生模型同时交付,并在相应的虚拟空间运行。通过在虚拟空间建立相应的环境模型和发动机模型,构成多维度、跨时间、高精度的可以表征物理空间实体行为的数字孪生模型,使得用户能够持续跟踪发动机的运行情况。通过收集实时和离线数据,反馈并修正模型,实现对发动机运行状态的高保真模拟、对故障的精准预测和对可靠性的实时评估。

3.数字孪生在飞行试验中的应用

飞行试验数字孪生利用全面映射试飞对象行为和性能的数字样本,在飞行试验全寿命周期内实现装备数字模型和物理实体之间的同步更新、并行验证和螺旋演进,构建"预测-飞行-比较"试飞模式,让飞行试验更准确、更全面、更高效、更安全。飞行试验的数字孪生架构,如图 20-8 所示。

(1)基于数字孪生的飞行试验设计。通过试验对象建模仿真,能够辅助试飞工程师进行试验任务设计、试验场景构建,基于虚实结合试验数据驱动的模拟仿真以及最终的试验结果评估,从而可以预测或重现在实际物理环境下的试飞情况。其结果与真实飞行试验结果一起,可以作为支撑航空武器装备试验鉴定的结论依据。借助大数据、云计算等手段,评估试飞任务的有效性和安全性,辅助决策后续任务的设计与开展。借助于各专业仿真分析工具,构建装备数字孪生专业模型,包括飞机性能品质、结构强度、飞控系统、航电武器系统等模型,利用基于物联网的数据采集和实时传输、多学科多尺度联合仿真、数据驱动的数字孪生模型动态重构和可视化分析等技术,进行试飞任务设计仿真验证、虚拟推演、实时监控、风险与结果预测分析及试飞技术研究等。

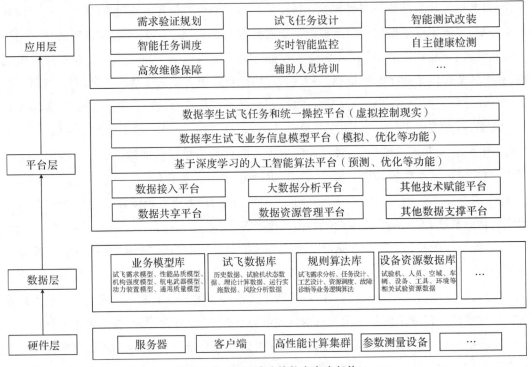

图 20-8　飞行试验的数字孪生架构

(2)基于数字孪生的飞行测试改装。测试改装是指在试验对象上加装数据采集、传输以及处理设备,以及对试飞数据进行处理的过程,具有系统交联复杂、涉及工作面广、时间周期长等特点。数字孪生构建能够模拟真实试验及与改装场地的仿真运行环境,通过传感器采集现实测试改装过程中的所有实时数据,真实映射测试改装过程中的细节。应用数字化模型、大数据分析、3D 虚拟仿真等方法,对整个过程进行仿真、评估和优化,以促进一体化测试改装的进行。借助 AR 等技术获取测试改装作业的实时信息,及时向工艺设计人员反馈,并将设计人员的设计信息推送至测试改装执行人员,有效提升一体化测试改装的效率,保障其任务实施质量。

(3)基于数字孪生的飞行资源调度。利用数字化孪生技术,在试飞早期根据试飞计划进行数字化资源建模,在虚拟资源仿真优化环境中优化资源排布,进行早期决策;通过实时掌握试验场地运行状态,比如,相关人员在虚拟机场里既能看到现实机场的真实情况,获取所需的信息,实现对机场的智能数据分析、智能态势感知,又能辅助相关人员及时进行合理资源调配,面向体系化试飞,综合优化试飞资源,提高飞行保障效率及保障安全。

(4)基于数字孪生的快速维修保障。通过数字孪生技术,可以构建试验对象健康监测模型,利用大数据和人工智能手段分析试验飞机或其设备系统的健康状态,发现或预防问题,最大化提高飞行试验的安全性和维修保障的针对性,快速定位维修保障工作对象,借助 AR技术进行维修指导,辅助机务人员快速进行故障的诊断与排除,降低维护成本,改变维修保障工作模式。

(5)基于数字孪生的试飞人员培训。利用仿真建模等数字孪生技术,同时借助 AR 和VR 等手段,辅助试飞员、试飞工程师、机务人员等进行业务技能培训,使其沉浸在多维感受中,并纠正实时反馈过程中的学员错误措施。

20.5　本章小结

数字孪生作为仿真技术的一个新的突破,通过构建多维度、多尺度的虚拟模型,利用当前数据和历史数据,完成对于物理世界的全面呈现、精准表达和动态监测,完成过程诊断、行为预测和辅助决策等任务。

在本章中:①从多个角度给出了数字孪生的定义,并对其概念进行了总结;②系统地分析了数字孪生的内涵、特征,将其总结为数化保真、实时交互、先知先觉、共生共智;③从概念发展、行业探索和全面应用三个阶段,论述了数字孪生技术的发展历程。在前人研究的基础上,给出了数字孪生的维度组成,将其分为物理实体、虚拟模型、孪生数据、孪生引擎和孪生服务;④给出了数字孪生的层次划分;⑤从精度、时间和空间三个维度论述了数字孪生的发展范式,根据数字孪生的典型开发流程,详细分析了数字孪生中的相关关键技术;⑥分析了数字孪生的应用场景和使用准则,并通过卫星网络、航发研制、飞行试验等三个案例介绍了数字孪生的应用。

20.6　本章习题

1.给出三种数字孪生的定义。

2.简述数字孪生的概念总结。

3.解释数字孪生中"数化保真""实时交互""先知先觉""共生共智"的含义。

4.简述数字孪生中物理实体的概念和任务。

5.简述数字孪生中虚拟模型的概念和任务。

6.简述数字孪生中孪生数据的概念和任务。

7.简述数字孪生中孪生引擎的概念和任务。

8.简述数字孪生中孪生服务的概念和任务。

9. 简述数字孪生的发展范式。

10. 简述数字孪生的典型开发流程。

11. 简述数字孪生的关键技术。

12. 简述数字孪生中多领域多尺度融合建模的技术内涵。

13. 简述数字孪生中虚实信息的状态融合的技术内涵。

14. 简述数字孪生中高性能快速仿真计算的技术内涵。

15. 简述数字孪生的典型应用场景。

16. 简述数字孪生在不同场景中的适用准则。

参 考 文 献

[1] 中国仿真学会.2018—2019 仿真科学与技术学科发展报告[M].北京:中国科学技术出版社,2020.

[2] 中国仿真学会.仿真科学技术学科路线图[M].北京:中国科学技术出版社,2021.

[3] 闫杰,符文星,张凯,等.武器系统仿真技术发展综述[J].系统仿真学报,2019,31(9):1775－1789.

[4] 符文星,于云峰,黄勇,等.精确制导导弹制导控制系统仿真[M].西安:西北工业大学出版社,2010.

[5] 方辉煜.防空导弹武器系统仿真[M].北京:中国宇航出版社,1995.

[6] 郭齐胜.仿真科学与技术导论[M].北京:国防工业出版社,2014.

[7] 邱晓刚,段红,谢旭,等.我国仿真学科研究的发展历程与展望[J].系统仿真学报,2021,33(5):1008－1018.

[8] 邱晓刚,段红,谢旭,等.仿真学科知识体系的若干问题研究[J].系统仿真学报,2021,33(4):753－762.

[9] 文传源.相似理论的探索与研究[J].系统仿真学报,1989,1(1):2－14.

[10] 文传源.系统仿真理论的探索[J].系统仿真学报,2005,17(1):1－6.

[11] 张光鉴,等.相似论[M].南京:江苏科学技术出版社,1992.

[12] 周美立.相似工程学[M].北京:机械工业出版社,1998.

[13] 李铁才,李西峙.相似性和相似原理[M].哈尔滨:哈尔滨工业大学出版社,2014.

[14] 刘兴堂,周自全,李为民,等.仿真科学技术及工程[M].北京:科学出版社,2013.

[15] 亚奎,朱江,林暗,等.飞行仿真技术[M]上海:上海交通大学出版社,2014.

[16] 杨锁昌,张宽桥.半实物仿真技术的研究现状及发展趋势[J].舰船电子工程,2016,36(11):8－11.

[17] 范世鹏,徐平,吴广,等.精确制导战术武器半实物仿真技术综述[J].航天控制,2016,34(3):66－72.

[18] 郑党党,刘更,任俊俊,等.飞机设计中仿真技术应用现状及发展趋势[J].航空制造技术,2015(增刊):68-70.

[19] 符文星,孙力,于云峰,等.导弹武器系统分布式半实物仿真系统研究[J].系统仿真学报,2009,21(19):6073-6076.

[20] 伍智锋.分布式飞行仿真技术研究[D].西安:西北工业大学,2003.

[21] 常晓飞,符文星,闫杰.空空格斗导弹仿真平台的研究[J].弹箭与制导学报,2007,27(2):42-44.

[22] 常晓飞,李萌萌,符文星,等.某型导弹飞控计算机半实物仿真系统的设计[J].西北工业大学学报,2010,28(3):318-322.

[23] 姜波.实时分布仿真平台下的异构系统集成技术研究[D].西安:西北工业大学,2004.

[24] 洪蓓,符文星,闫杰.VMIC实时网络在导弹半实物仿真中的应用[J].飞行器测控学报,2009,28(1):68-72.

[25] 董敏周,孙力,闫杰.导弹飞控系统快速控制原型开发及半实物仿真系统方案研究[J].计算机测量与控制,2009,17(4):703-705.

[26] 吴根水,屠宁,赵松庆,等.红外成像制导空空导弹半实物仿真技术研究[J].航空科学技术,2011(3):58-61.

[27] 符文星,彭勤素.程控试飞器半实物仿真系统研究[J].固体火箭技术,2009,32(2):127-130.

[28] 陈烨.铁鸟测控系统关键技术研究[D].南京:南京航空航天大学,2014.

[29] 喻媛.铁鸟:努力把问题留在地面[J].大飞机,2013(5):59-63.

[30] 张吕泉.支线飞机的铁鸟台架介绍[J].民用飞机设计与研究,2007(3):39-48.

[31] 李振水.飞机铁鸟技术进展综述[J].航空科学技术,2016,27(6):1-4.

[32] 李振水,支超有.现代飞机铁鸟[M].北京:航空工业出版社,2016.

[33] 宋翔贵,张新国,等.电传飞行控制系统[M].北京:国防工业出版社,2003.

[34] 刘林,郭恩友,等.飞行控制系统的分系统[M].北京:国防工业出版社,2003.

[35] 范彦铭.飞行控制[M].北京:航空工业出版社,2021.

[36] 单家元,孟秀云,丁艳.半实物仿真[M].北京:国防工业出版社,2008.

[37] 王恒霖,曹建国.仿真系统的设计与应用[M].北京:科学出版社,2003.

[38] 张春明.防空导弹飞行控制系统仿真测试技术[M].北京:中国宇航出版社,2014.

[39] 邹汝平.多用途导弹系统设计[M].北京:国防工业出版社,2018.

[40] 程进,刘金.半实物仿真技术基础及应用实践[M].北京:中国宇航出版社,2020.

[41] 董国才,张翔,唐同斌.导弹半实物仿真系统通用设计规范研究[J].火控雷达技术,2013,42(4):87-92.

[42] 赵世明,徐海,张旗.导弹仿真模型验证技术与平台设计[J].舰船电子工程,2012,32

(9):101 - 103.

[43] 刘晓宁. 远程空空导弹半实物仿真中的关键技术探讨[J]. 航空兵器,2006(4):36 - 37.

[44] 闫晓东,许志. 飞行器系统仿真实训教程[M]. 西安:西北工业大学出版社,2013.

[45] 刘延斌,金光. 半实物仿真技术的发展现状[J]. 光机电信息,2003(1):27 - 32.

[46] 王建华,符文星,闫杰. 空空导弹系统仿真模型验证平台[J]. 系统仿真学报,2003,15(6):791 - 792.

[47] 柴娟芳,高文,郝恩义,等. 复杂系统实时仿真平台关键技术探讨[J]. 上海航天,2019,36(4):56 - 64.

[48] 张有济. 战术导弹飞行力学设计[M]. 北京:中国宇航出版社,1998.

[49] 王明光. 空地导弹制导控制系统设计[M]. 北京:中国宇航出版社,2019.

[50] 钱杏芳,林瑞雄,赵亚男. 导弹飞行力学[M]. 北京:北京理工大学出版社,2013.

[51] 肖业伦. 大气扰动中的飞行原理[M]. 北京:国防工业出版社,1993.

[52] 贾沛然,陈克俊,何力. 远程火箭弹道学[M]. 长沙:国防科技大学出版社,2009.

[53] 李新国,方群. 有翼导弹飞行动力学[M]. 西安:西北工业大学出版社,2005.

[54] 梁晓庚. 近距格斗空空导弹技术[M]. 北京:航空工业出版社,2018.

[55] 肖业伦. 航空航天器运动的建模:飞行动力学的理论基础[M]. 北京:北京航空航天大学出版社,2003.

[56] 方洋旺,伍友利,魏贤智,等. 航空装备作战建模与仿真[M]. 北京:国防工业出版社,2012.

[57] 闫杰,于云峰,凡永华. 吸气式高超声速飞行器控制技术[M]. 西安:西北工业大学出版社,2015.

[58] 宁津生,王正涛. 地球重力场研究现状与进展[J]. 测绘地理信息,2013,38(1):1 - 7.

[59] 迪斯顿. 飞机及其环境的建模与仿真[M]. 薛红军,张晓燕,译. 北京:航空工业出版社,2015.

[60] 董志明. 战场环境建模与仿真[M]. 北京:国防工业出版社,2013.

[61] 胡世祥. 西昌发射场风场模型[M]. 北京:国防工业出版社,1997.

[62] 季蓉芬. 地球扰动大气模型[J]. 航天返回与遥感,1995,16(1):66 - 81.

[63] 张小达,张鹏,李小龙.《标准大气与参考大气模型应用指南》介绍[J]. 航天标准化,2010(3):8 - 11.

[64] 王文龙. 大气风场模型研究及应用[D]. 长沙:中国人民解放军国防科技大学,2009.

[65] 符文星,尚妮妮,常晓飞,等. 离散阵风幅值计算的方法研究[J]. 西北工业大学学报,2014,32(5):822 - 827.

[66] 崔锋. 航空器运行典型大气环境建模与仿真[D]. 天津:中国民航大学,2016.

[67] 於秋枫. 风切变和大气紊流模型在飞行仿真中的应用研究[D]. 广汉：中国民用航空飞行学院，2009.

[68] 郭惜久，程翔. 随机海浪模型仿真[J]. 四川兵工学报，2010，31(8)：134-136.

[69] 邱宏安. 随机海浪模型的建立及仿真分析[J]. 系统仿真学报，2000(3)：226-228.

[70] 廖瑛，梁加红. 实时仿真理论与支撑环境[M]. 长沙：国防科技大学出版社，2002.

[71] 杨涤，李立涛，杨旭，等. 系统实时仿真开发环境与应用[M]. 北京：清华大学出版社，2002.

[72] 苏金树，卢锡城. 仿真计算机的发展前景[J]. 计算机仿真，1991，8(4)：1-5.

[73] 苏金树. 试论实时仿真计算机系统性能评价[J]. 计算机仿真，1992，9(2)：36-40.

[74] 姚新宇，黄柯棣. 半实物仿真系统的实时性分析[J]. 计算机仿真，1999，16(4)：51-54.

[75] 姚新宇，黄柯棣. 仿真中的时间和实时仿真[J]. 系统仿真学报，1999，11(6)：415-417.

[76] 曹建国，张红宇. 导弹武器系统开发中的仿真机系统综述[J]. 计算机仿真，2004，21(4)：1-4.

[77] 徐德华. 实时半实物仿真系统关键技术的研究[D]. 哈尔滨：哈尔滨工程大学，2005.

[78] 李兴玮，曹娟. 仿真计算机的过去、现在和未来[J]. 系统仿真学报，2009，21(增刊)：106-111.

[79] 陈瑞杰. 实时操作系统 RTOS 发展概述[J]. 通信电源技术，2016，33(4)：199-200.

[80] 赵立业，张激，游夏. 实时操作系统的性能分析和评估[J]. 计算机工程，2008(8)：283-285.

[81] 殷红珍，唐硕，黄勇，等. 组合导航系统快速原型设计[J]. 计算机辅助工程，2008(3)：45-48.

[82] 李青松. 基于 VxWorks 的四旋翼飞行器实时仿真[D]. 成都：电子科技大学，2017.

[83] 刘正雄，黄攀峰，闫杰. RTX 下高分辨率精确授时系统设计[J]. 计算机测量与控制，2011，19(7)：1755-1757.

[84] 单勇. 实时半实物仿真平台关键技术研究与实现[D]. 长沙：中国人民解放军国防科技大学，2010.

[85] 李存. QNX Neutrino 实时操作系统性能分析[J]. 微型电脑应用，2014，30(3)：35-37.

[86] 闫冬梅. 基于 YHSIM 的图形化建模技术研究与实现[D]. 长沙：中国人民解放军国防科技大学，2012.

[87] 张卫君，张显兵，王峥瀛，等. 仿真系统图形化建模技术研究与实现[J]. 中国水利水电科学研究院学报，2016，14(4)：316-320.

[88] 龚书. 分析计算机应用软件开发中编程语言的选择[J]. 数字通信世界，2019(4)：253.

[89] 常晓飞，符文星，闫杰. 基于 RT-LAB 的某型导弹半实物仿真系统设计[J]. 系统仿真学报，2009，21(18)：5720-5723.

[90] 常晓飞，符文星，闫杰. RT-LAB 在半实物仿真系统中的应用研究[J]. 测控技术，2008，27(10)：75-78.

[91] 万士正,常晓飞,闫杰.基于 RT – LAB 的飞控系统快速原型开发[J].电子测量技术, 2012,35(10):115 – 118.

[92] 任利民.基于 iHawk 平台和飞行动力学模型实时仿真系统设计[D].沈阳:沈阳航空航 天大学,2016.

[93] 张笑虹.基于 Higale 的导弹飞行控制软件测试环境仿真平台的开发[D].上海:上海交 通大学,2018.

[94] 符文星,孙力,朱苏朋,等.仿真转台频率响应指标的确定方法研究[J].弹箭与制导学 报,2009,29(4):69 – 71.

[95] 王鑫,闫杰,冯冬竹.高速飞行器转台测试设备研制关键技术[J].计算机测量与控制, 2011,19(2):354 – 355.

[96] 李亮,孙力,闫杰.两轴转台控制系统设计[J].电子测量技术,2009,31(2):4 – 8.

[97] 倘亚朋.五轴仿真转台关键技术研究[D].北京:北京理工大学,2017.

[98] 李碧政.大型五轴仿真转台的总体机械结构设计与分析[J].内燃机与配件,2018,261 (9):1 – 5.

[99] 李秋红.三轴转台有限元结构分析[D].哈尔滨:哈尔滨工程大学,2007.

[100] 周耀兵.三轴转台伺服控制研究[D].哈尔滨:哈尔滨工程大学,2007.

[101] 魏春光.转台测角系统的研制[D].哈尔滨:哈尔滨工业大学,2006.

[102] 陈康.转台系统通用软件的研究[D].西安:西北工业大学,2004.

[103] 孔洁.电液三轴飞行转台控制系统软件设计[D].哈尔滨:哈尔滨工业大学,2012.

[104] 管伟民.某型电动飞行仿真转台的建模、控制与仿真[D].西安:西北工业大学,2007.

[105] 付兴武,苏东海,赵克定,等.三轴飞行姿态仿真转台高性能指标及其实现[J].中国惯 性技术学报,1998(2):62 – 66.

[106] 刘昆华.被动式气动负载仿真[M].北京:航空工业出版社,2015.

[107] 闫杰,孙力,杨军,等.动态负载仿真系统研制中的关键技术问题[J].航空学报,1997 (1):23 – 26.

[108] 闫杰.动态负载仿真系统中非线性因素的分析和抑制[J].西北工业大学学报,1998 (2):266 – 270.

[109] 符文星,孙力,于云峰,等.电动负载模拟器控制系统设计[J].西北工业大学学报, 2008,26(5):621 – 625.

[110] 符文星,孙力,于云峰,等.大力矩电动负载模拟器设计与建模[J].系统仿真学报, 2009,21(12):3596 – 3598.

[111] 黄勇,孙力,闫杰.连接刚度对电动负载模拟器性能的影响[J].弹箭与制导学报,2004 (增刊):170 – 173.

[112] 黄勇,孙力,闫杰.电动负载模拟器的同步控制研究[J].弹箭与制导学报,2010,30(2):42-44.

[113] 焦宗夏,华清,王晓东,等.负载模拟器的评价指标体系[J].机械工程学报,2002,38(11):26-30.

[114] 杨智.电液舵机负载模拟器多余力矩消除的研究[D].秦皇岛:燕山大学,2012.

[115] 司丹丹,赵晓蓓,符文星.应用多路前馈和负反馈提高电动加载系统性能研究[J].测控技术,2008,27(5):90-93.

[116] 张彪.电液负载模拟器多余力矩抑制及其反步自适应控制研究[D].哈尔滨:哈尔滨工业大学,2009.

[117] 吴自豪.负载模拟器建模与控制研究[D].西安:西北工业大学,2017.

[118] 李建府.电动负载模拟器建模与控制系统设计[D].西安:西北工业大学,2011.

[119] 王哲.被动式力矩伺服系统加载策略研究[D].哈尔滨:哈尔滨工业大学,2015.

[120] 王茂.电动负载模拟器控制系统设计与设计[D].西安:西北工业大学,2016.

[121] 于丽娜.负载模拟器的设计与分析[D].西安:西北工业大学,2018.

[122] 常青,闫杰,孙力.电液伺服动态负载仿真系统中多余力矩的测量及抑制[J].机床与液压,2001(3):16-17.

[123] 邹海峰,孙力,闫杰.飞行器舵机电动伺服加载系统研究[J].系统仿真学报,2004,16(4):657-659.

[124] 闫杰,赵晓蓓.电液伺服加载系统数学模型的建立及有效性分析[J].航空学报,1998,19(1):51-54.

[125] 陈康,黄勇,孙力.电动直线舵机方波加载系统研究[J].宇航学报,2008,29(5):1515-1520.

[126] 尉建利,汤柏涛,董斌,等.直线气动舵机加载测试系统设计与实现[J].飞行器测控学报,2010,29(4):58-62.

[127] 周明广,于云峰,闫杰.直线舵机加载台控制系统建模与设计[J].测控技术,2011,30(6):53-56.

[128] 郭行,陈康,孙力,等.一种引入位置比例控制提高电动负载模拟器性能的控制系统设计方法[J].西北工业大学学报,2014,32(2):235-239.

[129] 黄勇,于云峰,孙力.基于遗传算法的电动负载模拟器 ITAE 控制器设计和仿真[J].宇航学报,2008,29(5):1521-1525.

[130] 张广春,符文星,闫杰.RTX 在负载模拟器控制软件中的应用[J].计算机仿真,2009,26(8):287-290.

[131] 符文星,朱苏朋,孙力.弹簧杆刚度对电动负载模拟器的性能影响研究[J].弹箭与制导学报,2009,29(2):286-288.

［132］陈建国,司冀,白钧生,等.飞机铁鸟舵面加载系统[J].兵工自动化,2015,34(1):71－75.

［133］吴家铸.视景仿真技术及应用[M].西安:西安电子科技大学出版社,2001.

［134］万明.Vega Prime 视景仿真开发技术[M].北京:国防工业出版社,2015.

［135］刘卫东,高立娥,康凤举,等.可视化与视景仿真技术[M].西安:西北工业大学出版社,2012.

［136］高颖,郭淑霞.虚拟现实视景仿真技术[M].西安:西北工业大学出版社,2014.

［137］黄安祥.空战战术仿真技术与设计[M].北京:国防工业出版社,2014.

［138］侯建文.航天任务分布式视景仿真技术[M].北京:中国宇航出版社,2013.

［139］李俊山,王蕊,李建军.三维视景仿真可视化建模技术[M].北京:科学出版社,2011.

［140］余佳.基于 Unity3D 的汽车驾驶视景仿真系统开发[D].武汉:华中科技大学,2020.

［141］戈文一.面向 D 级飞行模拟机视景系统的高真实感三维地形构建关键技术研究[D].成都:四川大学,2021.

［142］代歆竹.可见光视景仿真系统逼真度研究[D].西安:西安电子科技大学,2018.

［143］陈瑞.航天发射测控任务视景仿真系统设计与实现[D].长沙:中国人民解放军国防科技大学,2016.

［144］孙起帆.基于 Vega Prime 的飞行模拟器视景仿真系统的研究与实现[D].太原:中北大学,2020.

［145］王博伦.救助船模拟器视景仿真及数据实时通信的研究[D].大连:大连海事大学,2022.

［146］李少毅,马骏,姚远,等.基于 DMD 的可见光目标模拟系统设计与实现[J].计算机测量与控制,2013,21(3):735－737.

［147］丁艳,金伟其,郭玉柱,等.基于大屏幕的可见光目标模拟器技术研究[J].光学技术,2008(4):610－612.

［148］贾晓洪,梁晓庚,唐硕,等.空空导弹成像制导系统动态仿真技术研究[J].航空学报,2005(4):397－401.

［149］隋起胜,史泽林,饶瑞中.光学制导导弹战场环境仿真技术[M].北京:国防工业出版社,2016.

［150］黄曦.高真实感红外场景实时仿真技术研究[D].西安:西安电子科技大学,2014.

［151］王莹.图像末制导仿真技术的研究[D].长春:中国科学院研究生院,2014.

［152］阮日权.空中目标场景红外多波段仿真研究[D].西安:西安电子科技大学,2013.

［153］宣益民,韩玉阁.地面目标与背景的红外特征[M].北京:国防工业出版社,2004.

［154］彭明松.地面复杂环境与典型目标光学特性的数字仿真[D].北京:北京理工大学,2016.

［155］颜轶.空中背景下目标与干扰红外场景仿真系统［D］.武汉:华中科技大学,2015.

［156］夏雄风,李向春,明德烈.复杂地面场景的红外特性建模及仿真效果研究［J］.计算机与数字工程,2016,44(10):2007－2010.

［157］艾敏.海洋场景的红外成像仿真与实现［D］.西安:西安电子科技大学,2014.

［158］柴华.海面舰船尾迹实时动态红外仿真研究［D］.西安:西安电子科技大学,2017.

［159］杨东升,慕德俊,戴冠中.机载红外诱饵运动特性仿真技术研究［J］.西北工业大学学报,2009,27(6):781－785.

［160］童奇,李建勋,方洋旺,等.面源红外诱饵对抗成像制导导弹的仿真研究［J］.红外与激光工程,2015,44(4):1150－1157.

［161］夏仁杰.基于物理模型的红外烟幕仿真方法研究［D］.西安:西安电子科技大学,2019.

［162］蔡方伟.实时红外辐射传输与成像仿真技术研究［D］.北京:中国科学院大学,2017.

［163］黄有为,金伟其,王霞,等.红外视景仿真技术及其研究进展［J］.光学与光电技术,2008,35(6):91－96.

［164］范永杰,金伟其,朱丽红.红外场景辐射模拟技术发展［J］.红外技术,2013,35(3):133－138.

［165］张励,田义,李奇.动态红外场景投影器的研究现状与展望［J］.红外与激光工程,2012,41(6):1423－1431.

［166］黄勇,吴根水,李睿.注入式红外成像仿真系统设计［J］.测控技术,2012,31(2):123－126.

［167］王刚,孙嗣良,张凯.飞机目标的红外建模与探测器成像［J］.科学技术与工程,2012,12(2):377－380.

［168］周琼,闫杰.红外导引头动态场景仿真技术:英文版［J］.红外与激光工程,2009,38(2):226－231.

［169］柏微.点源红外目标模拟器方案设计［D］.哈尔滨:哈尔滨工业大学,2010.

［170］马斌,程正喜,翟厚明,等.国产电阻阵列技术的发展趋势［J］.红外与激光工程,2011,40(12):2314－2322.

［171］高辉,赵松庆,吴根水,等.基于电阻阵列的红外场景生成技术［J］.航空学报,2015,36(9):2815－2827.

［172］张凯,黄勇,孙力,等.MOS基于电阻阵列的红外场景生成技术［J］.西北工业大学学报,2007,25(1):108－112.

［173］黄勇,吴根水,赵松庆,等.256×256元MOS电阻阵驱动方法研究［J］.航空兵器,2013(6):39－42.

［174］陈韧,王建华,孙嗣良,等.128×128像元MOS电阻阵非均匀性校正算法研究［J］.红外技术,2010,32(2):68－72.

［175］张凯,马斌,黄勇,等.256分辨率电阻阵性能测试及非线性校正方法［J］.红外与激光

工程,2012,41(11):2921 - 2926.

[176] 董敏周,王建华,孙力,等.基于 MOS 电阻阵的红外目标模拟生成系统[J].红外与激光工程,2008,37(3):411 - 415.

[177] 胡浩宇,董敏周,孙力,等.基于 MOS 电阻阵的红外热图像生成控制系统[J].计算机测量与控制,2010,18(9):2085 - 2087.

[178] 张凯,孙嗣良.红外动态场景目标模拟器系统设计[J].红外与激光工程,2011,40(1):12 - 16.

[179] 李鹏,林奕,张凯,等.基于微反射镜的红外半实物仿真系统设计[J].电子测量技术,2008,(11):50 - 53.

[180] 庞广宁.基于 DMD 的红外目标模拟系统关键技术研究[D].长春:长春理工大学,2018.

[181] 高烽.雷达导引头概论[M].北京:电子工业出版社,2010.

[182] 吴兆欣.空空导弹雷达导引系统设计[M].北京:国防工业出版社,2007.

[183] 刘佳琪,吴惠明,饶彬,等.雷达电子战系统射频注入式半实物仿真[M].北京:中国宇航出版社,2016.

[184] 隋起胜,张忠阳,景永奇.防空导弹战场电磁环境仿真及试验鉴定技术[M].北京:国防工业出版社,2016.

[185] 杨帆,董正宏,尹云霞,等.战场复杂电磁环境计算与仿真技术研究[M].北京:国防工业出版社,2019.

[186] 李修和.战场电磁环境建模与仿真[M].北京:国防工业出版社,2014.

[187] 安红,杨莉.雷达电子战系统建模与仿真[M].北京:国防工业出版社,2017.

[188] 刘宇,顾振杰.阵列式射频仿真系统中目标特性仿真与实现[J].火控雷达技术,2013,42(3):52 - 56.

[189] 李佳欢.雷达目标模拟系统中环境特性的建模与分析[D].长春:长春理工大学,2013.

[190] 陈芸.弹载雷达杂波干扰建模与仿真技术研究[D].西安:西安电子科技大学,2018.

[191] 王战雷.典型目标和环境建模仿真技术研究[D].成都:电子科技大学,2014.

[192] 姜通.雷达半实物仿真系统若干问题研究[D].西安:西北工业大学,2009.

[193] 姚远.雷达抗箔条干扰技术的研究[D].西安:西安建筑科技大学,2012

[194] 勾儒渊.飞行模拟训练中的电磁环境仿真系统实现[D].成都:电子科技大学,2016.

[195] 解东亮.宽带雷达目标模拟系统关键技术研究[D].南京:南京航空航天大学,2017.

[196] 高建栋,韩壮志,何强,等.雷达回波模拟器的研究与发展[J].飞航导弹,2013(1):63 - 66.

[197] 倪虹,路军杰,倪汉昌.射频仿真系统天线阵设计方案评述[J].战术导弹技术,2010(4):104 - 109.

[198] 刘晓斌,赵锋,艾小锋,等.雷达半实物仿真及其关键技术研究进展[J].系统工程与电子技术,2020,42(7):1471-1477.

[199] 安丰增,吴兆欣,王海锋,等.雷达型空空导弹半实物仿真系统方案[J].航空兵器,2004(3):38-40.

[200] 蔚楠.小型微波暗室测试系统设计[D].太原:太原理工大学,2021

[201] 詹海兵.微波暗室的综合设计[D].西安:西安电子科技大学,2017.

[202] 崔升,沈晓冬,袁林生,等.电磁屏蔽和吸波材料的研究进展[J].电子元件与材料,2005(1):57-61.

[203] 史印良.微波暗室设计评估与验证方法的研究[D].北京:北京交通大学,2017.

[204] 许洪岩.吸波材料模型及暗室性能研究[D].北京:北京交通大学,2007.

[205] 李力.HL微波暗室建设项目质量控制研究[D].哈尔滨:哈尔滨工程大学,2017.

[206] 李华民.暗室静区的仿真和测试[D].北京:北京邮电大学,2006.

[207] 李想,张锐,赵金龙,等.基于几何光学法和惠更斯原理的微波暗室性能分析[J].数学的实践与认识,2012,42(14):192-201.

[208] 孔静,高鸿,李岩,等.电磁屏蔽机理及轻质宽频吸波材料的研究进展[J].材料导报,2020,34(9):9055-9063.

[209] 郭浩,张部生,梁婷.电磁屏蔽暗室中的接地设计[J].电子科技,2013,26(11):59-61.

[210] 王惠南.GPS导航原理与应用[M].北京:科学出版社,2006.

[211] 刘海颖,王慧南,陈志明.卫星导航原理与应用[M].北京:国防工业出版社,2003.

[212] 谭述森,杨俊,明德祥,等.卫星导航终端复杂电磁环境仿真测试系统理论与应用[M].北京:科学出版社,2018.

[213] 杨俊.卫星导航信号模拟源理论与技术[M].北京:国防工业出版社,2015.

[214] 李冰.导航信号模拟源的研究与实现[D].西安:西安电子科技大学,2013.

[215] 陈莉华.GNSS卫星模拟信号产生技术的研究与实现[D].北京:北京邮电大学,2014.

[216] 眭晨阳.欺骗干扰式GNSS卫星导航信号产生技术研究[D].南京:南京航空航天大学,2019.

[217] 侯博,谢杰,刘光斌.卫星信号模拟器的发展现状与趋势[J].电讯技术,2011,51(5):127-132.

[218] 韩春好,刘利,赵金贤.伪距测量的概念、定义与精度评估方法[J].宇航学报,2009,30(6):2421-2425.

[219] 汤震武.卫星导航信号模拟源关键指标测量校准及溯源方法研究[D].长沙:中南大学,2013.

[220] 杨腾飞.GPS卫星导航信号仿真研究[D].杭州:浙江理工大学,2016.

［221］谭畅.GNSS 轨道、钟差产品综合及性能分析［D］.武汉：武汉大学,2017.

［222］孙菲浩.Galileo 卫星钟性能分析与钟差预报算法研究［D］.北京：中国矿业大学,2019.

［223］张静,刘经南,李丛.国际参考电离层模型的研究与探讨［J］.桂林理工大学学报,2017,37(1):114－119.

［224］毛悦,朱永兴,宋小勇.全球系统广播电离层模型精度分析［J］.大地测量与地球动力学,2020,40(9):888－891.

［225］马永超.高精度对流层延迟建模与应用研究［D］.西安：西安科技大学,2020.

［226］刘中流.中国地区 GNSS 对流层延迟建模与研究［D］.桂林：桂林理工大学,2018.

［227］朱国辉,张大鹏,戴钢,等.GPS 定位系统中的几种对流层模型［J］.全球定位系统,2006,31(4):36－38.

［228］宋佳.GNSS 区域对流层实时建模及应用研究［D］.武汉：武汉大学,2018.

［229］付娟.GPS 导航信号的质量评估研究［D］.西安：西安电子科技大学,2018.

［230］郭超云,路辉.多路相干导航卫星信号模拟方法［J］.导航定位学报,2017,5(2):65－71.

［231］张利云,黄文德,明德祥,等.多路径效应分段仿真方法［J］.大地测量与地球动力学,2015,35(1):106－110.

［232］罗益鸿.导航卫星信号模拟器软件设计与实现［D］.长沙：中国人民解放军国防科技大学,2008.

［233］陈振宇.基于 BOC 调制的导航信号精密模拟方法研究［D］.长沙：中国人民解放军国防科技大学,2011.

［234］黄智刚,王陆潇,梁宵.导航电文设计与评估技术研究综述［J］.数据采集与处理,2015,30(4):747－759.

［235］孔月明.北斗导航电文数据处理关键技术研究［D］.天津：中国民航大学,2017.

［236］陈星全.新体制卫星导航系统的软件接收机的研究与实现［D］.成都：电子科技大学,2020.

［237］彭鸣.GNSS 卫星信号模拟器的研究与实现［D］.北京：北京邮电大学,2010.

［238］张春明.防空导弹飞行控制系统仿真测试技术［M］.北京：中国宇航出版社,2014.

［239］王万齐,沈海燕,王志华,等.高铁联调联试车载集成综合显示平台关键技术研究及应用［J］.中国铁路,2019(7):7－14.

［240］张清东.CTCS－3 级列车运行控制系统联调联试及典型案例分析［D］.北京：中国铁道科学研究院,2014.

［241］吕亮,潘笑宇.非标设备验收流程及重点注意事项［J］.设备管理与维修,2022(16):1－2.

［242］杨培鹰.项目档案验收的步骤与重点［J］.机电兵船档案,2014(1):35－37

[243] 邢陈思.信息化项目验收方法与实践[J].金融科技时代,2015(12):93-95.

[244] 林任,万军,吴永亮,等.军贸产品验收实施要求与方法实践[J].航天标准化,2017(2):20-23.

[245] 刘茸茸,王欢.从档案验收情况分析项目档案存在的问题[J].兰台内外,2022(11):73-75.

[246] 姚雪琴,岳振兴.核电项目档案验收准备工作研究[J].办公室业务,2019(23):119-120.

[247] 曾予新.建设项目档案验收和文件审查研究[J].城建档案,2017(7):83-87.

[248] 单永海,程永生,白洪波.装备试验过程质量管理研究[J].装备指挥技术学院学报,2008,19(4):107-111.

[249] 孙贤明,樊晓光,丛伟.综合航电系统故障处理机制研究[J].测控技术,2016,35(10):146-149.

[250] 张陶,朴忠杰,刘智卿,等.航天型号重大质量事故调查处理程序探索与研究[J].质量与可靠性,2015(3):22-24.

[251] 范春萍."双归零"与负责任创新:中国航天质量保障案例研究[J].工程研究:跨学科视野中的工程,2017,9(5):465-473.

[252] 侯成杰.航天器C语言软件常见编程错误分析及检测方法研究[J].空间控制技术与应用,2013,39(6):53-57.

[253] 李冠霖,张宝玲.高校电子实验室的日常管理与维护研究[J].电子世界,2020(17):17-18.

[254] 张杰,何燕,郭秀花.科研型实验室日常管理探讨[J].基础医学教育,2015,17(5):411-413.

[255] 李文清,符文星,闫杰.典型干扰对导弹弹道参数的影响研究[J].弹箭与制导学报,2011,31(4):144-147.

[256] 沙建科,徐敏,施雨阳.导弹级间分离干扰动力学仿真研究[J].应用力学学报,2014,31(3):364-369.

[257] 万士正,常晓飞,闫杰,等.某导弹半实物仿真系统误差建模及影响分析[J].指挥控制与仿真,2014,36(1):117-120.

[258] 高先德.某弹道导弹弹道仿真及其误差源分析[D].西安:西安电子科技大学,2010.

[259] 高显忠.战术导弹概率设计与蒙特卡罗方法研究[D].长沙:中国人民解放军国防科技大学,2009.

[260] 尚磊云,唐硕.基于方差分析的Monte Carlo制导精度分配方法研究[J].飞行力学,2009,27(3):93-96.

[261] 曹裕华.装备试验设计与评估[M].北京:国防工业出版社,2016.

[262] 王凯.武器装备作战试验[M].北京:国防工业出版社,2012.

[263] 唐雪梅,李荣.武器装备综合试验与评估[M].北京:国防工业出版社,2013.

[264] 郭齐胜,罗小明,潘高田.武器装备试验理论与检验方法[M].北京:国防工业出版

社,2013.

[265] 金振中,李晓斌.战术导弹试验设计[M].北京:国防工业出版社,2013.

[266] 肖滨,黄文斌,陆铭华.作战仿真实验的研究与实践[J].军事运筹与系统工程,2010
(1):28-33.

[267] 孙毓凯,孙斐,任宏光,等.直升机载空空导弹工程验证试验与鉴定技术研究[J].弹箭
与制导学报,2020,40(3):60-64.

[268] 丁其伯.关于试验分类和试验文件编写问题[J].航空标准化与质量,2001(2):9-12.

[269] 霍玉倩.航天产品试验通用文件编制要求研究[J].航天标准化,2015(4):17-21.

[270] 张培跃,钱思宇.航空类军工产品设计定型环境鉴定试验概述[J].电子产品可靠性与
环境试验,2016,34(5):57-60.

[271] 黄济海.武器装备设计定型试验标准化工作探析[J].国防科技,2015,36(3):40-44.

[272] 王建军,鄂炜,王嘉春,等.航天器地面大型试验质量管理研究[J].航天工业管理,
2020(10):3-8.

[273] 方开泰.正交与均匀试验设计[M].北京:科学出版社,2001.

[274] 刘瑞江,张业旺,闻崇炜,等.正交试验设计和分析方法研究[J].实验技术与管理,
2010,27(9):4.

[275] 张宏军.作战仿真数据工程[M].北京:国防工业出版社,2014.

[276] 李卫东.应用统计学[M].北京:清华大学出版社,2014

[277] 方洪鹰.数据挖掘中数据预处理的方法研究[D].重庆:西南大学,2009.

[278] 李晓菲.数据预处理算法的研究与应用[D].成都:西南交通大学,2006.

[279] 吕顿.商业火箭飞行数据预处理技术的研究与实现[D].哈尔滨:哈尔滨工业大
学,2018.

[280] 王哲,李国辉,肖景新.某型飞行模拟器飞行性能验证数据预处理方法[J].机电工程,
2017,34(11):1343-1347.

[281] 甄诚.飞行器半实物仿真数据管理系统的设计与实现[D].哈尔滨:哈尔滨工业大
学,2020.

[282] 李晓菲.数据预处理算法的研究与应用[D].成都:西南交通大学,2006.

[283] 谷阳阳,赵圣占.遥测数据野值剔除方法的对比与分析[J].战术导弹技术,2012(2):
60-63.

[284] 陈俊,查亚兵,焦鹏,等.制导仿真数据仓库研究[J].计算机仿真,2011,28(7):100-104.

[285] 金慧琴,王正磊,胡文春.飞机飞行参数数据预处理方法研究[J].指挥控制与仿真,
2017,39(3):121-125.

[286] 程开明.统计数据预处理的理论与方法述评[J].统计与信息论坛,2007(6):98-103.

[287] 李明,卢煜,苏振中.数据预处理中填补空缺值的方法技术[J].电脑知识与技术,2009,5(7):1546-1548.

[288] 李伟,周玉臣,林圣琳,等.仿真模型验证方法综述[J].系统仿真学报,2019,31(7):1249-1256.

[289] 唐见兵,查亚兵.作战仿真系统校核、验证与确认及可信度评估[M].北京:国防工业出版社,2013.

[290] 廖瑛.系统建模与仿真的校核、验证与确认(VV&A)技术[M].长沙:国防科技大学出版社,2006.

[291] 王子才,张冰,杨明.仿真系统的校核、验证与验收(VV&A):现状与未来[J].系统仿真学报,1999(5):321-325.

[292] 刘庆鸿,陈德源,王子才.建模与仿真校核、验证与确认综述[J].系统仿真学报,2003(7):925-930.

[293] 焦鹏.导弹制导仿真系统 VV&A 理论和方法研究[D].长沙:中国人民解放军国防科技大学,2010.

[294] 樊浩,黄树彩.面向 VV&A 过程的某半实物仿真系统可信度评估[J].战术导弹技术,2010(4):110-115.

[295] 郑利平.仿真 VV&A 分析和管理方法研究[D].合肥:合肥工业大学,2008.

[296] 王振芳.航空电子综合化仿真系统的可信度研究[D].西安:西北工业大学,2007.

[297] 张明国,焦鹏.导弹仿真系统试验结果的可信性评估[J].计算机仿真,2008(2):83-86.

[298] 秦立格.复杂仿真系统可信度评估及其工具研究[D].哈尔滨:哈尔滨工业大学,2009.

[299] 豆建斌,王小兵,单斌,等.制导武器半实物仿真试验可信度评估研究[J].系统仿真学报,2017(12):3023-3029.

[300] 张忠.仿真系统可信度评估方法研究[D].哈尔滨:哈尔滨工业大学,2014.

[301] 刘坤.半物理仿真系统可信度评估及其工具研究[D].北京:中国地质大学,2016.

[302] 张源原,周晓光,朱鹏,等.LVC 分布式仿真体系结构及构建过程[M].北京:国防工业出版社,2022.

[303] 王东昊.LVC 资源组件生成工具开发[D].哈尔滨:哈尔滨工业大学,2020.

[304] 杨芸,胡建军,李京伟.LVC 训练体系建设发展现状及关键技术[J].兵工自动化,2023,42(1):4-15.

[305] 徐强,金振中,杨继坤.基于 LVC 的水面舰艇作战试验环境构设研究[J].舰船电子工程,2021,41(9):157-160.

[306] 张昱,张明智,胡晓峰.面向 LVC 训练的多系统互联技术综述[J].系统仿真学报,2013,25(11):2515-2521.

[307] 冯琦琦,蔡卓函,先大蓉. 军用 LVC 仿真技术的发展研究[J]. 价值工程,2020,39(27):176 - 179.

[308] 刘怡静,李华莹,刘然,等. LVC 空战演训系统发展研究[J]. 飞航导弹,2020(12):55 - 60.

[309] 杜楠,彭文成,谭亚新. LVC 装备试验仿真系统体系结构关键技术研究[J]. 兵器装备工程学报,2022,43(增刊):102 - 107.

[310] 黄健,郝建国. HLA 仿真系统综合设计[M]. 北京:国防工业出版社,2008.

[311] 徐忠富,王国玉,张玉竹,等. TENA 的现状和展望[J]. 系统仿真学报,2008(23):6325 - 6329.

[312] 张霖,陆涵. 从建模仿真看数字孪生[J]. 系统仿真学报,2021,33(5):995 - 1007.

[313] 陶飞,刘蔚然,刘检华,等. 数字孪生及其应用探索[J]. 计算机集成制造系统,2018,24(1):1 - 18.

[314] 陶飞,刘蔚然,张萌,等. 数字孪生五维模型及十大领域应用[J]. 计算机集成制造系统,2019,25(1):1 - 18.

[315] 张冰,李欣,万欣欣. 从数字孪生到数字工程建模仿真迈入新时代[J]. 系统仿真学报,2019,31(3):369 - 376.

[316] 陶飞,张辰源,张贺,等. 未来装备探索:数字孪生装备[J]. 计算机集成制造系统,2022,28(1):1 - 16.

[317] 陶飞,张贺,戚庆林,等. 数字孪生十问:分析与思考[J]. 计算机集成制造系统,2020,26(1):1 - 17.

[318] HAAG S,ANDERL R. Digital twin-proof of concept[J]. Manufacturing Letters,2018,15:64 - 66.

[319] TUEGEL E J,INGRAFFEA A R,EASON T G,et al. Reengineering aircraft structural life prediction using a digital twin[J]. International Journal of Aerospace Engineering,2011,2011:1 - 14.

[320] 刘瑜,谢强. 数字孪生的技术特点及在飞行试验中的应用展望[J]. 系统仿真学报,2021,33(6):1364 - 1373.

[321] 孟松鹤,叶雨玫,杨强,等. 数字孪生及其在航空航天中的应用[J]. 航空学报,2020,41(9):6 - 17.

[322] 金杰,夏超,肖士利,等. 基于数字孪生的火箭起飞安全系统设计[J]. 计算机集成制造系统,2019,25(6):1337 - 1347.

[323] 王建军,向永清,何正文. 基于数字孪生的航天器系统工程模型与实现[J]. 计算机集成制造系统,2019,25(6):1348 - 1360.

[324] 张霖. 关于数字孪生的冷思考及其背后的建模和仿真技术[J]. 系统仿真学报,2020,

32(4):1 - 10.

[325] 张辰源,陶飞.数字孪生模型评价指标体系[J].计算机集成制造系统,2021,27(8):2171 - 2186.

[326] 袁胜华,张腾,钮建伟.数字孪生技术在航天制造领域中的应用[J].强度与环境,2020,47(3):57 - 64.

[327] 董雷霆,周轩,赵福斌,等.飞机结构数字孪生关键建模仿真技术[J].航空学报,2021,42(3):113 - 141.

[328] 王巍,刘永生,廖军,等.数字孪生关键技术及体系架构[J].邮电设计技术,2021(8):10 - 14.

[329] 聂蓉梅,周潇雅,肖进,等.数字孪生技术综述分析与发展展望[J].宇航总体技术,2022,6(1):1 - 6.

[330] 刘蔚然,陶飞,程江峰,等.数字孪生卫星:概念、关键技术及应用[J].计算机集成制造系统,2020,26(3):565 - 588.

[331] 刘永泉,黎旭,任文成,等.数字孪生助力航空发动机跨越发展[J].航空动力,2021,19(2):24 - 29.

[332] 胡权著.数字孪生体第四次工业革命的通用目的技术[M].北京:人民邮电出版社,2021.

[333] 陆剑峰,张浩,赵荣泳.数字孪生技术与工程实践模型＋数据驱动的智能系统[M].北京:机械工业出版社,2022.